保全鳥類学

山岸 哲 [監修]　(財)山階鳥類研究所 [編]

京都大学学術出版会

口絵1　絶滅危惧IB類のクマタカ（兵藤崇之）（序章，3章，11章）

口絵2 秋篠宮殿下・同妃殿下によるコウノトリの放鳥(兵庫県立コウノトリの郷公園)(序章,6章)

口絵3 人工巣台上で巣づくりした放鳥コウノトリ.口絵2の個体は左側(兵庫県立コウノトリの郷公園)(序章,6章)

口絵4 リュウキュウウグイス（A）とダイトウウグイス（B）（梶田　学）（1章，2章）

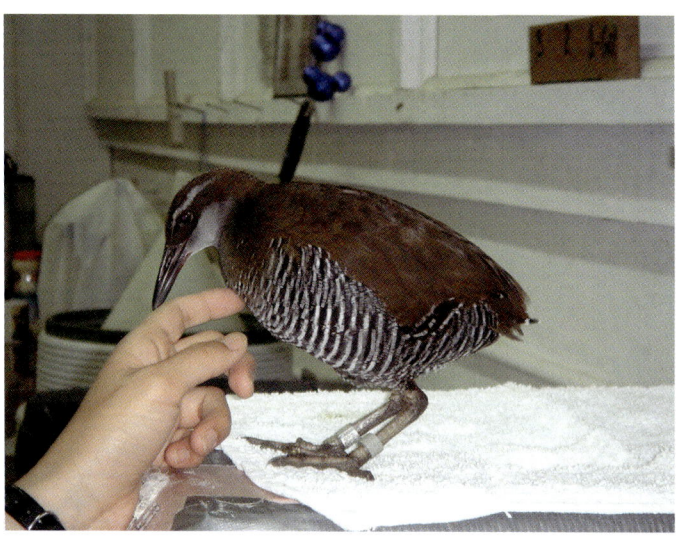

口絵5　人工増殖されたグアムクイナ（尾崎清明）（6章）

口絵6　アホウドリ（長谷川博）（序章，4章）

口絵7　燕崎のアホウドリ（長谷川博）（序章，4章）

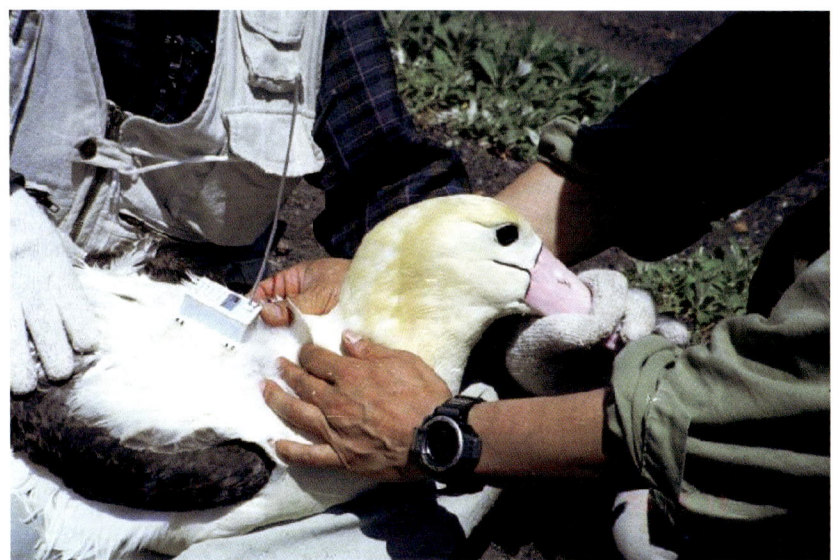

口絵8　人工衛星追跡用送信機を取り付けられたアホウドリ（山階鳥類研究所）（4章, 12章）

口絵9　アホウドリを再導入する小笠原聟島（山岸　哲）（4章）

口絵10 夏羽のライチョウ（中村浩志）（序章, 5章）

口絵11 冬羽のライチョウ（中村浩志）（序章, 5章）

口絵12　ソウシチョウ（松元　哲），繁殖は高地の自然林だが，冬季には低地に降りてきて餌台に来ることもある．右下はソウシチョウの巣卵（東條一史）（9章）

口絵13　ガビチョウ（高柳茂），右下はガビチョウの巣卵（内田　博）（9章）

口絵14　柿田川の河畔林（(財)柿田川みどりのトラスト）（7章）

口絵15　温帯林（ブナ）（日浦　勉）（7章, 10章）

口絵 ix

口絵16　マレーシアの熱帯雨林（永田尚志）（7章，10章）

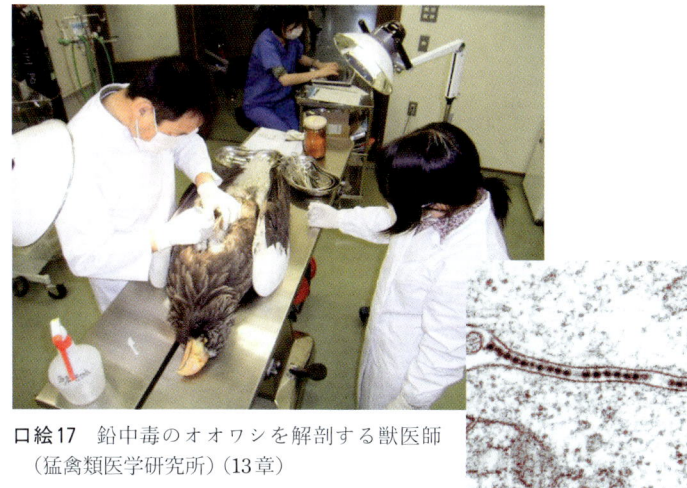

口絵17　鉛中毒のオオワシを解剖する獣医師（猛禽類医学研究所）（13章）

口絵18　Vero細胞に感染し増殖したウェストナイルウィルス．きれいに並んで見える一つ一つがウィルス粒子である（高崎智彦）（14章）

口絵19　海岸に漂着した重油（小野宏治）（15章）

口絵20　油汚染されたウトウとカンムリウミスズメ（中央の小型の個体）（小野宏治）（15章）

口　絵　xi

口絵21　青森県蕪島のウミネコ営巣地（溝田智俊）（8章）

口絵22　市街地でゴミを漁るハシブトガラス（松原　始）（16章）

口絵23 カウアイ島で人工飼育されたコアホウドリの雛（山岸　哲）（4章）

目　　次

口　絵

序章　わが国における野生鳥類の保全に関する問題点
　　―レッドデータブック（RDB）を中心として―（山岸　哲）　1
　1　レッド・リストと保護増殖事業計画　2
　2　レッド・リストの問題点　7

第Ⅰ部　鳥類保全の単位

1　鳥類の保全と分類学（山﨑剛史）　13
　1　種と亜種の概念　14
　2　国際動物命名規約　19
　3　日本の鳥類分類学の現状　22
　4　最近の研究例　23

2　鳥類の保全における単位について
　　―生態学的側面からの考察―（高木昌興）　33
　1　日本列島の固有種　34
　2　日本の鳥類の亜種　36
　3　多くの亜種を産する島々　43
　4　南大東島と父島における新しい個体群　49
　5　鳥類保全の単位　50

3　クマタカの遺伝的多様性（浅井芝樹）　57
　1　絶滅危惧種における問題―遺伝的多様性の重要性　58
　2　遺伝子とDNA塩基配列　60
　3　ミトコンドリアDNA　63
　4　クマタカのミトコンドリアDNA全塩基配列　65
　5　羽毛サンプルとそのハプロタイプ　66
　6　遺伝子流動の分析　69

- 7 Nested Cladistic Analysis　70
- 8 遺伝的多様性　78
- 9 クマタカが置かれている状況について　82

第II部　絶滅の危機に向き合って

4　大型海鳥アホウドリの保護（長谷川博）　89
- 1 方針と調査　90
- 2 従来営巣地の保全管理　91
- 3 新営巣地形成の人為的促進　93
- 4 鳥島集団の個体数増加　96
- 5 尖閣諸島集団の監視調査　100
- 6 小笠原諸島聟島列島に第3繁殖地の形成　100

5　ライチョウの現況と保全に関する展望（中村浩志）　105
- 1 世界の最南端に分布する日本のライチョウ　106
- 2 日本でのライチョウ研究の歴史　108
- 3 ライチョウの生活　109
- 4 分布と生息個体数　111
- 5 遺伝的多様性　114
- 6 ライチョウを取り巻くさまざまな問題　118
- 7 ライチョウの飼育研究　122

6　希少鳥類の野生復帰（大迫義人）　127
- 1 希少鳥類の絶滅と保全　127
- 2 導入と野生復帰　129
- 3 希少鳥類の野生復帰の事例　130
- 4 野生復帰計画の考え方と進め方　140

第III部　群集と生態系の保全

7　鳥類群集の保全（村上正志・平尾聡秀）　151
- 1 景観と鳥類群集　152
- 2 河川─森林エコトーンの鳥類群集　154

3 アンブレラ種・象徴種・指標種　156
    4 鳥類の群集生態学と保全　159
    5 いかに鳥類群集を保全するか？　162

8 陸上生態系と水域生態系をつなぐもの
   ―海鳥類の物質輸送と人間とのかかわり―（亀田佳代子）　167
    1 生態系における鳥類の役割　167
    2 生物地球化学的視点から見た水域から陸域への 物質輸送の意味　168
    3 動物を介した水域から陸域への物質輸送　169
    4 鳥類による水域から陸域への物質輸送の研究例　173
    5 海鳥類による養分供給と人間による鳥糞利用　184

9 日本の外来鳥類の現状と対策（金井　裕）　191
    1 日本の外来鳥類の生息現況　192
    2 外来鳥類の防除対策　204

10 鳥類は環境変化の指標となるか？（永田尚志）　211
    1 環境汚染の指標としての鳥類　212
    2 生息環境のモニタリング指標としての鳥類　214
    3 地球環境問題の指標としての鳥類　223
    4 環境指標としての鳥類の利点と欠点　230
    5 鳥類モニタリングの重要性　230

第IV部　鳥類保全にハイテクを使う

11 ラジオトラッキングを用いた猛禽類の研究（山﨑　亨）　235
    1 ラジオトラッキングとラジオテレメトリー　235
    2 ラジオトラッキングの種類と利用方法　236
    3 ラジオトラッキングは万能ではない　237
    4 ラジオトラッキングを行う場合の心構え　238
    5 ラジオトラッキングの仕組み　238
    6 猛禽類におけるラジオトラッキング　242
    7 ラジオトラッキングの方法　243
    8 ラジオトラッキングデータの解析と保全対策　250
    9 ラジオトラッキングの課題　256

12 人工衛星で渡りの追跡（尾崎清明）　261
  1　衛星追跡の仕組み　262
  2　研究成果　264
  3　保全への利用　272
  4　衛星追跡の今後の課題　273

第Ⅴ部　鳥類保全と人間生活

13 鳥類保全と重金属研究（市橋秀樹）　281
  1　重金属元素とは　282
  2　環境中の重金属分析法　283
  3　重金属の毒性　290
  4　鳥類と重金属元素―元素各論　296
  5　金属と親和性の高い生体物質　308

14 鳥類と感染症（髙崎智彦・伊藤美佳子）　313
  1　ウェストナイルウイルス　313
  2　鳥インフルエンザウイルス　315
  3　ニューカッスル病ウイルス　317
  4　家禽のサルモネラ症　318
  5　鳥とヒトの感染症の関係　319

15 油汚染と海鳥（岡奈理子）　321
  1　日本での油汚染と被害鳥　322
  2　油に汚染されやすい水域と生活型別鳥類　325
  3　指標としての海岸漂着鳥　328
  4　油に遭遇して死に至るメカニズムを考える―犠牲が最多のウトウをケーススタディーとして　334

16 保全鳥類学における「人間の心」
   ―ハシブトガラスを例として―（松原　始）　351
  1　カラスの現在　351
  2　カラスとは？　354
  3　カラス問題とその検証　358

4　どのような対策があるのか　361
　　5　駆除の効果　362
　　6　カラスをめぐる都市の生態系　364
　　7　検証―ゴミ対策　367
　　8　カラス問題と人の心　370

読書案内　375
索　　引　379
著者一覧　391

序章

わが国における野生鳥類の保全に関する問題点
──レッドデータブック（RDB）を中心として──

山 岸　哲

　種の平均寿命は，化石の記録から計算すると，約200万年程度と推定されており，鳥類では200年に1種ぐらいが絶滅してきたものとみられている。ところが，人間が出現してからは，この状況は一変してしまった。1600年以降の世界の絶滅鳥類の記録を調べてみると，この400年間で私たちは128種の鳥類を失っている。これは先に述べた地史的なスケールで自然界で生じていた絶滅の約60倍の速度で鳥類の絶滅が進行していることを意味している。

　絶滅した218種すべての直接的な絶滅原因を特定できているわけではないが，特定できたものでは，人間が持ち込んだ移入種が原因と思われるもの39％，人間による生息地の破壊が原因と思われるもの36％，人間の狩猟によると思われるものが23％であり，ほとんどすべてが人間活動によって絶滅に追い込まれている。2000年の国際自然保護連合のレッドデータブックから計算すると，今後この傾向はさらに加速され，わずか100年後の2100年には，絶滅の心配のある種類は450種を越えると予想されている（127ページも参照）[1,2]。こうした状況の中で，わが国における野生鳥類の保全に関する問題点をレッドデータブック（RDB）を中心に本章で探ってみるとともに，本書の前書きに代えたい。

1 レッド・リストと保護増殖事業計画

　2005年9月24日, 飼育増殖された5羽のコウノトリが, 兵庫県豊岡市の空に放された (口絵2)。その後, 野外でのペアリングも成功し, 2006年4月には, 1つがいが産卵に成功したという (口絵3)。このプロジェクトについては, 本書の第6章で大迫氏が詳しく書いているので, そちらに任せたいが, トキが最後まで生息した佐渡島でも, まったく類似の事業が環境省主導で現在進行している。なぜ放鳥をしなければならなくなったかというと, 両種ともわが国では野生状態で絶滅してしまったからである。

　環境省は2002年8月に『改定・日本の絶滅のおそれのある野生生物』, いわゆるレッドデータブック (RDB) の鳥類編を出版した[3]。RDBの中で,「わが国ではすでに絶滅したと考えられる (絶滅EX)」,「飼育・栽培下でのみ存続している (野生絶滅EW)」,「ごく近い将来における絶滅の危険性が極めて高い (絶滅危惧IA類CR)」,「IA類ほどではないが, 近い将来における絶滅の危険性が高い (絶滅危惧IB類EN)」,「絶滅の危険性が増大している (絶滅危惧II類VU)」種, または亜種 (本書14ページ, 36ページ参照) を取り出し, さらに「種の保存法」における希少野生動物種について網掛けをしてみた (表1)。

　当時は, まだ「キン」が禽舎内で生存していたので, トキは「野生絶滅 (EW)」のランクに入れられているが, 2003年10月10日にこれが死亡したため, 日本産のトキに関しては「絶滅 (EX)」に入ることになる。トキを含めると, 私たちはすでに14種を失ったことになる (ただし, ダイトウウグイスについては23ページ, 41ページ参照)。一方, コウノトリが「絶滅危惧IA類 (EN)」に入っているのは, 日本産のコウノトリは絶滅したとはいえ, まれに冬季に冬鳥として渡ってきたり, そのうちの一部が周年日本に留まったりするからである (138ページ参照)。

　コウノトリやトキのように, 人工飼育・増殖させて野生復帰させる場合に, 最大の問題点は, 飼育はできたが日本産のものから子孫を残せなかったことであろう。両種とも, 順調に増加し始めたのは, コウノトリは1985年にハバロフスク産の, トキは1996年に中国産のものが入ってきてからである。繁殖

表1 日本産鳥類のレッドリストカテゴリー

ランク	対象種，または対象亜種		
絶滅 (EX)	ハシブトゴイ カンムリツクシガモ マミジロクイナ リュウキュウカラスバト オガサワラカラスバト	ミヤコショウビン キタタキ ダイトウミソサザイ オガサワラガビチョウ ダイトウウグイス	ダイトウヤマガラ ムコジマメグロ オガサワラマシコ
野生絶滅 (EW)	●トキ*		
絶滅危惧IA類 (CR)	チシマウガラス コウノトリ クロツラヘラサギ シジュウカラガン ダイトウノスリ カンムリワシ	カラフトアオアシシギ コシャクシギ↓ ●ウミガラス ウミスズメ ●エトピリカ ワシミミズク	●シマフクロウ ●ノグチゲラ ミユビゲラ ウスアカヒゲ↓↓↓↓ ●オオトラツグミ↓↓ （シマアオジ　NTから）
絶滅危惧IB類 (EN)	コアホウドリ アカオネッタイチョウ アカアシカツオドリ サンカノゴイ オオヨシゴイ ツクシガモ ●オジロワシ オガサワラノスリ クマタカ	●イヌワシ シマハヤブサ↑ ●ヤンバルクイナ↑ チシマシギ↓↓↓ ヘラシギ↑ ●アマミヤマシギ↓ セイタカシギ↓ アカガシラカラスバト↑ ヨナクニカラスバト	キンバト キンメフクロウ オーストンオオアカゲラ↓ ヤイロチョウ モスケミソサザイ オオセッカ オガサワラカワラヒワ （ミゾゴイ　NTから） （アカモズ　NTから） （ヒメウ　ランク外から）
絶滅危惧II類 (VU)	●アホウドリ* ヒメクロウミツバメ クロコシジロウミツバメ↑↑ オーストンウミツバメ クロウミツバメ↑ アオツラカツオドリ コクガン ヒシクイ トモエガモ ●オオワシ オオタカ↓ リュウキュウツミ↑ チュウヒ↑ ハヤブサ ライチョウ ●タンチョウ	ナベヅル マナヅル オオクイナ↑ シマクイナ↑ アカアシシギ ホウロクシギ ツバメチドリ ズグロカモメ オオアジサシ コアジサシ ケイマフリ カンムリウミスズメ シラコバト リュウキュウオオコノハズク ブッポウソウ↑ クマゲラ	アマミコゲラ サンショウクイ チゴモズ↑↑ タネコマドリ アカヒゲ ホントウアカヒゲ↑ アカコッコ↑ ウチヤマシマセンニュウ↑ イイジマムシクイ ナミエヤマガラ↑ オーストンヤマガラ オリイヤマガラ↓ ハハジマメグロ↑ コジュリン ルリカケス （ズグロミゾゴイ　NTから） （ベニアジサシ　NTから） （サシバ　ランク外から） （ヒクイナ　ランク外から） （ヨタカ　ランク外から）

本表では絶滅危惧種までを示し，アミかけは「種の保存法」における希少野生動植物種を示す（環境省　2002より）．
＊国際保護鳥　●保護増殖事業計画が作成されている種
□□□ 種指定の特別天然記念物
┄┄┄ 種指定の天然記念物
（マガンは種指定の天然記念物であるが，準絶滅危惧種で，このリストには掲載されていない）
矢印の方向及び数はランクがいくつ変わったかを示す，矢印1つが1段を示す．
（　）内の鳥名はこの表より下ランク，あるいはリスト外から入ったものを示す．
（環境省の2006年12月22日の報道発表による）．

が当初うまくいかなかったのは，人工増殖技術が確立してなかったことが原因に挙げられるが，それだけではなく，野外から最終的に収容された個体が高齢であり，繁殖能力がすでになかったからかもしれない。こうした状況の下では，放鳥した際に自然の個体群は存在せず，野生の個体と交流することができなく，放鳥された個体は全く独自に生活を始めなくてはならない。また，遺伝的多様性を保つのもむずかしい（78ページ，114ページ参照）。これらを解決するには，野生個体群が存在するうちに，人工増殖を開始し，放鳥するのが良いことは誰でもわかっているが，それがなかなかできないのは，それなりの理由があるようだ。

　まず，どの時点で，どの種から人工増殖に踏み切るべきかの全体案が国にないことによる。国の中央環境審議会野生生物部会に特定の種の「保護増殖事業計画」があがってきて，その種の保全計画の基本方針が認められるわけだが，もちろんその計画自体に問題はほとんどない。表2は，これまでわが国で策定された保護増殖事業計画のすべてである。他の生物に比べて鳥類は多くの種が取り上げられてはいるものの，他の種ではなく，これらの種がなぜ取り上げられたかわかりづらい。国は「RDBというバイブルがあるので，その上位ランクのもので，種の保存法の指定種を加味して，どれから保護するか決めています」という。しかし，実際に現在策定されている保護増殖事業計画を鳥類に限ってみても13種であり，これらはいずれも種の保存法にかかっている種ではあるが，必ずしも上位ランクのものからとは言いがたい（表1）。どのように決められてきたのかを想像をたくましくすると，それは声の大きい熱心な研究者がやっている種から上がってきたものらしい。決まり方のもう一つは，国交省，農水省，水産庁，県や市，地権者などとの調整がうまくいったものから事業として上がってくるらしい。

　つまり，国としての全体案がないのである。鳥だけではなく，魚類も，植物も，哺乳類もほぼ同様である。すべての野生生物について，どれからどのように保護したらよいのか，国家戦略に欠けていることが大きな問題点である。国家戦略ができてこそ，どれから保護増殖計画をたてるべきかという問題も解決できるであろう。調整できたものから，声の大きい研究者の言うものから，地域で保護活動が十分盛り上がったものから，やっていくというのが本

表2　保護増殖事業計画一覧（37種）

平成17年12月現在

	種　名	策定省庁		告示年月日
（哺乳類）	ツシマヤマネコ	環境庁, 農林水産省		平成7年7月17日
	イリオモテヤマネコ	環境庁, 農林水産省		平成7年7月17日
	アマミノクロウサギ	文部科学省, 農林水産省, 環境省		平成16年11月19日
（鳥類）	アホウドリ	環境庁		平成5年11月26日
	トキ	環境庁	当初	平成5年11月26日
		農林水産省, 国土交通省, 環境省	変更	平成16年1月29日
	タンチョウ	環境庁, 農林水産省, 建設省		平成5年11月26日
	シマフクロウ	環境庁, 農林水産省		平成5年11月26日
	イヌワシ	環境庁, 農林水産省		平成8年6月18日
	ノグチゲラ	環境庁, 農林水産省		平成10年7月28日
	オオトラツグミ	環境庁, 農林水産省		平成11年8月31日
	アマミヤマシギ	環境庁, 農林水産省		平成11年8月31日
	ウミガラス	環境省		平成13年11月30日
	エトピリカ	環境省		平成13年11月30日
	ヤンバルクイナ	文部科学省, 農林水産省, 国土交通省, 環境省		平成16年11月19日
	オジロワシ	文部科学省, 農林水産省, 国土交通省, 環境省		平成17年12月1日
	オオワシ	文部科学省, 農林水産省, 国土交通省, 環境省		平成17年12月1日
（両生類）	アベサンショウウオ	環境庁, 建設省		平成8年6月18日
（魚類）	ミヤコタナゴ	環境庁, 文部省, 農林水産省, 建設省		平成7年7月17日
	イタセンパラ	環境庁, 文部省, 農林水産省, 建設省		平成8年6月18日
	スイゲンゼニタナゴ	農林水産省, 国土交通省, 環境省		平成16年7月29日
	アユモドキ	文部科学省, 農林水産省, 国土交通省, 環境省		平成16年11月19日
（昆虫類）	ベッコウトンボ	環境庁, 文部省, 農林水産省		平成8年6月18日
	ゴイシツバメシジミ	環境庁, 文部省, 農林水産省		平成9年4月3日
	ヤンバルテナガコガネ	環境庁, 文部省, 農林水産省		平成9年4月3日
	ヤシャゲンゴロウ	環境庁, 農林水産省		平成17年12月16日
（植物）	キタダケソウ	環境庁		平成7年7月17日
	レブンアツモリソウ	環境庁, 農林水産省		平成8年6月18日
	ハナシノブ	環境庁		平成8年6月18日
	チョウセンキバナアツモリソウ	農林水産省, 環境省		平成16年7月29日
	ムニンツツジ	農林水産省, 環境省		平成16年11月19日
	ムニンノボタン	農林水産省, 環境省		平成16年11月19日
	アサヒエビネ	農林水産省, 環境省		平成16年11月19日
	ホシツルラン	農林水産省, 環境省		平成16年11月19日
	シマホザキラン	農林水産省, 環境省		平成16年11月19日
	タイヨウフウトウカズラ	農林水産省, 環境省		平成16年11月19日
	コバトベラ	農林水産省, 環境省		平成16年11月19日
	ウラジロコムラサキ	農林水産省, 環境省		平成16年11月19日

（環境省ホームページより）

当なら，それは少々無節操のそしりを免れまい。国としての，保護増殖のプライオリティーを決める権威ある委員会を早急に設けること，できれば日本学術会議のようなところに諮問して，そのような委員会を立ち上げて欲しいと思う。そして，調整できない場合には，調整できない理由をつまびらかにすることが重要であろう。「できるものから少しずつでもやって，実績を積んできた」という国の言い分もわからないではないが，そろそろ全体を見通したマスタープランを作るべきときがきているだろう。

さて，保護すべき生物のプライオリティーが決まったとして，次の問題点は保護増殖事業計画に具体的な目標が掲げられていないことであろう。事業計画は法制度上のこともあり，なるべく漠然と書いてあるらしい。肝心な，いつまでに，どのような状態にするのか書き込まれていないから，結果を評価しようがないのである。国も責任を問われたとき，「できるだけ頑張ります（ました）」というだけであって，どこにどのような問題があるのかがはっきりしないのが現状だろう。「それはそれぞれの分科会に検討していただいています」ということだが，分科会のメンバーすら公表されてはいない。

アメリカではアホウドリ（口絵6）を絶滅危惧種のリストから外すための条件として，以下のような四つの細かい目標を立てている。1番目に，全体で1000組のつがいが三つの異なる地域にある島々で繁殖し，かつ，2番目に，そのうちの4分の1に当たる250組以上が二つ以上の鳥島以外の非火山島で繁殖し，かつ，3番目に，250組の1割に当たる25組以上が尖閣諸島以外の島，例えば昔生息していた小笠原諸島などで繁殖して，かつ，4番目には，これらの3繁殖集団の個体数が，いずれも過去7年以上の期間に，3年の移動平均で年率6％以上で増加していること，という具体的な目標を立てているのである。目標が具体的であるから，できたかできないかの評価が明確になされるはずだ。

こうした目標がわが国でできない理由は，法制上のこともあろうが，そのほかにも，野生生物の生態研究が遅れていることがあげられる。アホウドリで「3年間の移動平均で年率6％以上増加していけばよろしい」という数字は，長谷川氏の個体群生態学的パラメーターの研究（97ページ参照）から出てきたわけで，こうした数字が，ヤンバルクイナやライチョウ（口絵10, 11）や，世

界の鳥すべてにわかっていてこそ，具体的な保全の目標が立てられるのであろう。

2 レッド・リストの問題点

　レッドデータブック（RDB）にしたがって，野生生物に対する国の保全施策が決定されるばかりではない。RDBは「水戸黄門の印籠」のようなものであり，「これが目に入らぬか！」と開発する側をひれ伏させる効能をもってきた。自然保護の活動家やマスコミも，開発に反対するときには判で押したように「ここは絶滅危惧種（あるいは希少種）の○○が生息する貴重な場所だ」と論陣を張る。そのような絶大な社会的影響力をもつものだからこそ，RDBに掲載される種は科学的に見て正しいものでなくてはならない。ところが，これまでのRDBの最大の欠点は，その結論がどのように導かれたのかわかりづらいことだ。大方の場合は，専門家と称する人が，その人の個人的経験に基づいて，「私が少ないというのだから希少種なのだ」といわんばかりの決め方でRDBがつくられてきた。つまり「反証」できないから，とても科学的というには程遠い。日本植物分類学会が絶滅のリスクを定量的に評価しようとしたり[4]，科学的判定システムを開発しようとする「近畿鳥類RDB研究会」の試み[5]などは残念ながら例外的である。日本鳥学会も率先してこのことに取り組むべきであろう。

　次の問題点は，レッド・リストは一旦決めるとなかなか変更できないことである。新たに危険な種が出てきたり，現在のリストのランクをアップする必要があっても，その対応が迅速に行われない。この際に，ランク・アップには「野生生物のためになることだから」という大義名分があり，ほとんど誰も反対しない。問題はランク・ダウンの場合である。たとえば，アホウドリやタンチョウは，実情に合わせて，過去にランクダウンされたことは周知の通りであるが，むずかしいのは猛禽類である。クマタカやオオタカはレッドリスト策定のときより，かなり数が多いことがわかってきている[6]。クマタカ（口絵1）は環境省の2002年のレッドデータブックでは全国に250羽未満

だろうということで，絶滅危惧IB類に分類されている。これは近い将来に絶滅の危険性が高いというランクである。2004年8月に環境省は全国で少なくとも1800羽という報道発表をしているが，実際の数はこれよりも多いのではないかと思う。一方，絶滅危惧II類にランクされるオオタカも環境省は2005年12月に繁殖個体数は全国で少なくとも1824〜2240羽と発表した。これも実際にはもう少し多いだろう。

しかし，猛禽に関して言えば，これをランクダウンすることは罪悪のように考えられている節がある。ファナティックな保護論者は「生息数は，なるべく少な目に言っておくのが保護上は正しいやり方だ」と公言する者もいる。本当は，ランクダウンは喜ぶべきことであり，数が増えてきてリストに挙がっている鳥たちを究極までランクダウンさせて，レッドデータリストから消すことが野生生物保護の真の目標であると思う。猛禽類では，アメリカで1999年に，ハヤブサがこうして絶滅危惧のリストから実際にはずされている[7]。

レッドデータリストを常に見直さないとどういう不都合が起こるだろう。今RDBの絶滅危惧IB類(250羽未満)に属するある鳥が，本当は少なく見積もって2000羽いるとする。RDB上で迅速に2000羽に直しておかないと，これが野外で1000羽に生息数が落ちたときに大変なことが起きるだろう。250羽が1000羽だから，「4倍にも増えているじゃないか」ということになってしまう。ところが1000羽は生息していても，真実は個体数が半減するほど，とんでもないことが野外で起きているわけで，これは一時も放置できない非常事態であろう。だから，それが真実であるなら，ランクダウンしておかないと，その鳥のためにも正しい保全施策は生まれてこないことになる。

さらに，レッドデータブックにない種をどうするかという問題がある。あまりにRDBをバイブル化すると，レッドデータブックにない種は国家戦略の中に入ってこないことになる。たとえば，カシラダカなどの普通種の冬鳥が，どんどん減ってきてしまっている[8]。しかし，これはレッドデータブックには上がっていないから，当然野生生物部会の話にも出てこない。猛禽類でいうと，表1にない里山のサシバの方がよほど危ないのである[6]。こうした普通種も含めて，野生生物の保全の国家戦略が今必要なのだ。

最後に，天然記念物や国際保護鳥とRDBの関係も見直す必要があろう。表1には，RDBに掲載された鳥類のどれが特別天然記念物・天然記念物・国際保護鳥に指定されているかも表示した。表からわかるように，RDBのランクと「特別天然記念物」「天然記念物」のランクが必ずしも整合していない。また，所轄官庁も，環境省と文化庁で，必ずしも連携がうまく取れているとは思えない。協力し合って保全に尽くすというより，「どの種はどちらで」というように分担してしまっている気配すら見受けられる。また，国際保護鳥については，国際的視野に立って鳥類の保全がなされることの必要性を示しているが，最近になって，トキについては日中の，アホウドリについては日米の良好な共同が計られるようになってきたことは喜ばしい限りである。

　こうした状況の中で，RDBを再検討して個別に種を守るのも大切だが，絶滅危惧種が多い，沖縄とか小笠原の島嶼の自然・生息環境全体を丸ごと守ることもまた重要であろう（43ページ参照）。また，本章では人工増殖のことに持に焦点を当てたが，こうして増殖された個体が野生復帰する先である生息地の確保と改良こそ最重要であることは言を待たない。これらの問題については，これから続く各章にまかせたい。本書が，わが国の鳥類をどのように保全していくのか考える一助になることを願っている。

（追記）

　国は2006年12月22日の報道で，レッド・リストの見直し結果を公表したので，本章にいささか付け加えておく必要が生じた。それを表1に反映させた。本文中にある，オオタカはランクダウンされたし，サシバはレッドデータブックのランク外から絶滅危惧Ⅱ類に入った。リストの見直しがこのように着々と進んでいることは大変喜ばしいことであるが，見直しによってランクが下がった種が11種であるのに対し，26種がランクを上げている。さらに絶滅危惧ⅠB類が25種から32種に28％増加していることは，鳥たちを取り巻く環境状況が一層悪化していることを示している。また今回の見直しで，トキが野生絶滅（EW）に残された理由については，その根拠となる何らか

の説明が必要であっただろう。

引用文献

1) BirdLife International (2000). *Threatened Birds of the World*. pp. 852.
2) バードライフ・アジア(編)(2003)『絶滅危惧種・日本の野鳥』pp. 207. 東洋館出版社. 東京.
3) 環境省自然環境局野生生物課. (2002).『改定・日本の絶滅のおそれのある野生生物―レッドデータブック―(2. 鳥類)』pp. 278.
4) 環境省自然環境局野生生物課編. (2000).『改定・日本の絶滅のおそれのある野生生物―レッドデータブック―(8. 植物I維管束植物)』pp. 660.
5) 山岸 哲(監修)2002.『近畿地区・鳥類レッドデータブック ―絶滅危惧種判定システムの開発』pp. 226. 京都大学学術出版会. 京都
6) Kawakami, K. & Higuchi, H. 2003. Population trend estimation of three threatened bird species in Japanese rural forest: the Japanese night heron *Gorsachius goisagi*, goshawk *Accipiter gentiles* and grey-faced buzzard *Butastur indicus*. *J. Yamashina Inst. for Ornithol*. 35: 19-29.
7) Tom Cade & William Burnham (eds.) 2003. *Return of the Peregrine, A North American Saga of Tenacity and Teamwork*. The Peregrine Fund. pp. 394.
8) 米田重玄・上木泰男 (2002)「環境省織田山一級ステーションにおける標識調査」『山階鳥研報』. 34: 96-111.

第Ⅰ部

鳥類保全の単位

第1章

鳥類の保全と分類学

山﨑 剛史

　2002年3月，日本では生物多様性の保全について国家計画の見直しが行われ，「新・生物多様性国家戦略」が作成された。この国家計画は，人類の生活基盤であり，豊かな文化をはぐくむための土壌でもある多様性に富んだ生物相を保全することを目指している。この目的を達成するためには，まずはじめに国内に生息する生物の「戸籍簿」を手にする必要があるだろう。どの地域にどのような生物が生息しているのかがわからなければ，保全のしようがないからである。

　生物の戸籍簿作り（すなわち，種や亜種の記載）を専門とする学問領域は分類学（systematics, taxonomy）とよばれる。保護行政は分類学者による種や亜種の認識が正確に行われて初めて意味のあるものになる。たとえば，沖縄島で繁殖しているウグイスはこれまで長くリュウキュウウグイスという亜種だと信じられてきた。この亜種は琉球列島に広く分布しているため，沖縄島の集団はレッドリストに掲載されることはなく，保全の対象にはまったくなっていなかった。しかし，最近，分類学者による再検討が行われた結果，じつは沖縄島で繁殖しているウグイスはリュウキュウウグイスではなく，南大東島の固有亜種とされ，すでに絶滅したと思われていたダイトウウグイスであることが明らかになったのである（この研究の詳細については章の後半で紹介する）。分類学者によって亜種の認識が改められた結果，沖縄島のウグイスは最も優先して保護すべき鳥の一つと考えられるようになり，行政はこの集団の保全

へ向けて動き出した。この例からもわかるように,生物の保全は分類学の十分な研究がなければまったく立ち行かないのである。

この章では保全鳥類学の観点から鳥類分類学を概説する。章の前半では種および亜種という用語の意味を説明し,学名に関するルールを紹介する。さらに章の後半では日本における鳥類分類学の現状と最近の研究例について紹介する。

1　種と亜種の概念

環境省が最近発表した鳥類版レッドデータブック[1]の帯紙には「絶滅のおそれのある鳥類の現状を詳述。総数137種・亜種を掲載した鳥類版レッドデータブック」との文言がある。このことからもわかように,生息状況の調査や絶滅のおそれの評価など,保全に関わる行政は普通,種と亜種を単位にして行われる。法律によって守られている対象は分類学者が認識した種や亜種なのである。したがって,保全に携わるものは種・亜種という用語の意味を正確に理解しておく必要がある。

種(species)は分類学において最も基本的な用語の一つだが,その意味はリンネによって近代的な分類学が始められた18世紀以降,ずっと同じだったわけではない。この用語をどのように定義するかについては現在でも分類学者の間で活発な議論が交わされている。これまでに提唱された種概念はかなりの数に上るが,それらを網羅的に紹介するのは他書に任せることにし[2],ここでは鳥類分類学・保全鳥類学に特に関係の深い部分に限って種概念の変遷の歴史を解説したい。種概念の変遷史を知ることは,亜種(subspecies)という用語がなぜ鳥類分類学に導入されたかを理解するためにも必要である。

(1) 形態学的種概念

初期の鳥類分類学者にとって種という用語は,単に形が非常によく似た個

体を集めたものを意味していた。つまり形が同じなら同種，違えば別種という考え方である。このような種の概念は形態学的種概念（morphological species concept）とよばれる。

　この種概念は18世紀には広く一般的に用いられており，種をこのようにとらえていた当時の分類学者はおおよそ次のようにして研究を進めていた。まずはじめに分類学者はすでに名前が付いている種について基準になる標本を1個体ずつ用意しておく。これらの基準にはそれぞれの種について最も"典型的な"個体を選んでおく。そして未同定の標本が得られた場合には絵あわせのようにしてこれらの基準と比較する。もし同じ形をした基準が見つかれば問題の標本はその基準と同種である。もしどの基準とも形が違っていればそれは新種であり，記載を行わなければならない。

　形態学的種概念に基づく研究プログラムは研究材料となる標本の数がまだそれほど多くなかったころにはとても上手く機能していたが，19世紀に入って世界の各地から探検家が標本を持ち帰るようになるにつれ，次第に破綻を露呈し始めた。このころになると，異なる地域に分布し，形態学的種概念に基づいて明らかな別種だと信じられてきた2種が，あいだの地域に中間型が発見されたせいで区別できなくなってしまうという例が多く知られるようになったのである。形態が地理的に徐々に変わっていく種に対しては"典型的な"形の標本を用意することができない。

(2) 多型種の概念

　生物の特徴が地理的に少しずつ変化する現象はクライン（cline）とよばれる。19世紀の終わりごろになると，それまで別種として扱われてきた2集団が，研究の進展によって実際にはクラインの両極端にすぎないと判明したときには，これら2"種"を亜種のランクに格下げし，単一の種にまとめることが分類学の慣習となった。

　一部の分類学者はこの慣習をさらに一歩進めて，島などに孤立している"形態種"についてさえ，中間型が観察できないのは海があるからにすぎず，もし陸続きだったなら大陸のものとの間にクラインが見られるにちがいない

として，これらを亜種のランクに格下げした（日本列島などの東アジア島嶼部の鳥にはその例が多い）。

こうして種の概念はもはや形態学的種概念とはまったく異なるものに変化した。形態学的種概念によれば，種は互いに形がよく似た個体からなる均質なものだが，新たな種概念によると，種は変異に富み，さまざまな地理的品種（＝亜種）を含む。このような種は多型種（polytypic species）とよばれる。

(3) 生物学的種概念

20世紀前半にはメンデルの法則が再発見されたことをきっかけに，遺伝学が著しい発展をとげた。鳥類分類学者E・マイアはその成果を取り込んで，種を「現実に交配を行っているか，あるいは潜在的に交配しうる自然集団で，他のそのような集団からは生殖の面で隔離されているもの」と再定義した[3]。つまり，彼にとって種という用語は，生殖によって遺伝子を交換しあう遺伝子プールを意味していた。たとえば，ハシブトガラス（*Corvus macrorhynchos*）とハシボソガラス（*Corvus corone*）は形態が違うから別種（形態学的種概念）なのではなくて，むしろ逆に，両者は別種だからこそ（＝遺伝子を交換しないからこそ）形態が違うのである。このような種概念は生物学的種概念（biological species concept）とよばれる。

この種概念は，19世紀以降，分類学者が慣習的に行ってきた多型種の認識に対して理論的基盤を与えた。この種概念によると，亜種とは同種内の他亜種との間に生殖隔離機構（繁殖行動の違いなど，自由交配を妨げる機構）を発達させるまでには至っていない地理的品種だと解釈できる。

生物学的種概念は少なくとも鳥類分類学では非常に広く受け入れられた。日本鳥学会が最近出版した『日本鳥類目録　改訂第6版』[4]も明らかにこの種概念を採用している。

(4) 系統学的種概念

生物学的種概念の支持者は非常に多いが，その一方でこれを批判するもの

の数も決して少なくはない。たとえば，鳥類分類学者J・クレイクラフトは，生物学的種概念にのっとって生物を分類した場合，独自の歴史を持った"進化の単位"の多くが見落とされるおそれがあると指摘した[5-7]。

　クレイクラフトの批判を理解するためには，まずはじめに生物学的種概念のもとで，島などに孤立した集団がどのように扱われているのかを知る必要がある。たとえば，研究の結果，ある島の生物がその島に固有の形態的特徴を持つことがわかったとしよう。このとき分類学者はこの生物集団を大陸の種の亜種と考えるのか，それとも独立種にするのかという問題に直面する。生物学的種概念に従えば，その分類学者は島の集団と大陸の集団の間に生殖隔離機構が生じているかどうかを調べなければならない。しかし，これは実際にはとても難しい問題である。これら二つの集団は別の場所にすんでいるので，野外観察によるアプローチはもちろん不可能である。交配実験という方法も考えられるが，同じ場所にすみ，野外では交雑しないことがわかっている2種の間でさえ，飼育下ではヒナが生まれることがあるので[8]，有効な手段とは言い難い。結局，分類学者は"推定"によってしかこの問題にアプローチすることができないのである。よく使われるのは形態に基づく方法で，既知種の種間の違いに比べ，これら2集団の差異が小さいと判断できれば生殖隔離は生じていないと推定して亜種にし，差異が十分に大きいと判断したなら独立種にするのである。

　いま述べたような推定方法が主観的なものであることは明らかである。クレイクラフトはこのような問題点を指摘し，生物学的種を使って進化の研究や保全を行うのは危険だと主張した。さらに彼は，たとえ生殖隔離の有無を客観的に調べることのできる方法があったとしても，それでもなお生物学的種は独自の歴史を持った"進化の単位"ではないので，進化生物学や保全生物学の基本単位として不適切だと論じた。たとえば，ある島の生物集団が大陸のものと明確に異なる特徴を備えていたとしよう。そのような特徴は，大陸のものとの違いの大きさにかかわらず，島の集団が独自の進化の歴史を経てきたことの証拠にほかならない。生物学的種は①このような"進化の単位"一つだけからなる場合（亜種をもたない種。単型種（monotypic species）とよばれる）もあれば，②そのような単位を複数含む場合（亜種をもつ種。すなわち多型

種)もあるのである[1]。

　形態の違いが小さいと判断されて"進化の単位"が亜種にランクされた場合,問題は特に深刻である。現在,亜種とされている生物集団のなかには,1-(2)で述べたように,クラインの分割にあたるものが多く含まれている。しかし,人間を子供・大人・老人に客観的に三分割することができないことからわかるように,連続的な変化の分割には必ず恣意性が伴うのである。このため,亜種は自然界に実在する単位ではないという見解もよく聞かれる[2]。このように亜種は人為的な存在と見なされる場合もあるので,島などに隔離された結果,独自の特徴を発達させた"進化の単位"を亜種として扱うのは,進化の研究や保全にとってとても危険なことである。これらの"進化の単位"は決して人為的な存在ではないからである。

　クレイクラフトはこれらの問題を考慮したうえで,生物学的種概念に代わるものとして系統学的種概念(phylogenetic species concept)を提唱した[5]。鳥類における系統学的種とは,少なくとも一つのユニークな特徴を持つことによって,他から明確に識別できる地域集団を意味する。つまりクレイクラフトは,クラインの恣意的な分割にすぎないようなものを除外したうえで,独自の特徴を発達させている亜種についてはすべて種に昇格しようと提案したのである。この種概念は形態学的種概念に一見似ているが,種を定義づける特徴以外にはクラインなどの変異を許す点,形態だけでなく,行動・生態・生化学的特徴なども利用しうる点などが異なる。この種概念の適用例にはフウチョウ類[11]や南米のウロコインコ類[12]などがある。ただし,この種概念は違いがどんなにわずかでも識別可能であれば独立種にするため,種名が爆発的に増えてしまうおそれがあり,適用に反対する人も多い。

　種概念にはここで紹介した以外にも進化学的種概念[13,14](生物学的種概念を

---

　[1]集団遺伝学に基づき,地域個体群こそが進化の単位だと考える読者もいるかもしれない。クレイクラフトの言う"進化の単位"は系統発生の歴史を問うときの最小単位を意味している。このことについて詳しく知りたい読者は,ニクソンとウィーラーの論文[9]を参照してほしい。

　[2]たとえばマイアにとって亜種とは,単に分類学者が考案した"便利な道具"にすぎない[10]。彼によれば,クラインの両端それぞれに別の亜種名をつけておけば,たとえそれが人為的なものであっても,博物館で標本を整理するときにとても便利だという。

拡張したもので，化石記録や無性生殖生物などにも適用される）など，多数のものがある。種は分類学のなかで最も基本的な用語の一つだが，現在でもその意味については議論が絶えない。これは，進化の研究を行ったり，分類体系を構築するうえで，生物のどのような特徴に着目することが最も重要なのかについて，研究者の意見が食い違っているためである[3]。

　日本の鳥類学に限っていえば，いま最も広く受け入れられているのは間違いなく生物学的種概念である。しかし，たとえこの種概念を支持する場合であっても，クレイクラフトが指摘したような問題があることは知っておく必要がある。この種概念を採用するときでも，やはりクラインを恣意的に分割したような亜種は分類体系から削除した方がよいだろう。これらは人為的な存在であり，分割して保護してもほとんど意味がないからである。生物学的種概念を保全の目的で用いたいなら，まずこのような分類の再検討を行って，明確な特徴を備えるものだけに亜種名を与えるようにし，そのうえで「亜種は人為的な単位である」という誤解を完全に払拭する必要がある。

　なお，生物学的種概念に基づいて鳥類を保全する際の問題点については，生態学の立場から第2章でさらに詳しい議論が行われる。そこでは生物学的種に代わる保全鳥類学の基本単位として進化学的に重要な単位（Evolutionary Significant Unit）が紹介されているが，クレイクラフトによると，この単位は本節で解説した系統学的種に内容がとても近い[7]。

2　国際動物命名規約

　前節で紹介したような概念のいずれかに基づいて，分類学者は自然のなかから種や亜種に相当する生物集団を見つけ出してくる。これらの集団は適切な学名が与えられ，分類体系に載るようになれば，保護行政の対象になる。ここでは分類学者が種や亜種に学名を与えるときに従うべきルール"国際動

---

　　［3］現在用いられている種概念は相当な数に上るが，それらは互いに深刻に矛盾したものではなく，ある一つの枠組みからそのすべてを理解することができるという見解もある。この点について興味のある読者はデ・ケイロスの論文[15]を参照してほしい。

物命名規約"について解説しよう。

　動物の命名法に関するルールは，19世紀の初めに起きた学名の大混乱に対する反省から生まれた。この時期にはたくさんの研究者が世界各地の動物をばらばらに調査したせいで，同じ種に対していくつもの名前が付けられてしまい，学名の数が爆発的に増加した。このような状況の中，適切な学名と不適切な学名を区別するための国際的取り決めが緊急に必要とされたのである。

　『国際動物命名規約　第4版』[16]は前文，90条の条文，用語集からなっている。この規約を守らずに付けられた動物の名称は分類体系に載らない。規約には学名の混乱を避けるための原理がいくつか含まれているが，以下ではそれらのうち，この章の内容を理解するうえで特に重要な「先取権の原理」と「タイプ化の原理」について説明する。

(1) 先取権の原理

　一つの種や亜種に対して与えられた複数の学名を異名という（同物異名，シノニムともいう）。たとえば，同じ種についての記載論文が複数の人によって前後して出版されるなどした場合には，一つの種に二つ以上の学名が付いてしまうことがある。また，別々の学名が付けられている二つの亜種（亜種Aと亜種B）を詳しく比較し直した結果，じつは両者の区別は不可能だとわかることがある。このような場合，両者を統合して新しく認識された亜種はAとBという二つの学名を持つことになってしまう。

　異名は正確なコミュニケーションの妨げとなるので，『国際動物命名規約』はそのうちの一つを正式な学名として採用する方法を定めている。このとき適用されるのが先取権の原理であり，使用可能な異名のうち，発表の日付の最も早いものが有効名として採用される。たとえば，森岡[17]は北海道に分布するヒヨドリ（*Hypsipetes amaurotis*）の亜種エゾヒヨドリ（*H. a. hensoni*）と本州〜九州に分布する亜種ヒヨドリ（*H. a. amaurotis*）の形態を比較した結果，これらは実際には識別することができないとの結論を得た。彼が新たに認識した北海道〜九州に分布するヒヨドリの亜種には，先取権の原理によって，より発表年代の古い学名 *H. a. amaurotis* が採用された（*H. a. amaurotis* は1830年，

H. a. hensoni は1892年に記載された)。

(2) タイプ化の原理

　ある鳥類分類学者が越冬期に採集した20個の標本に基づいて新しい亜種Aを記載したとしよう。鳥類のなかには，別の地域で繁殖している複数の亜種が同じ地域に来て越冬する例があるが，後年，別の分類学者がこの20個の標本を再調査した結果，じつはそのなかに二つの亜種が含まれていることがわかったとする。この場合，これらの2亜種のうち，どちらがAという名前でよばれるべきだろうか？

　このような問題を解決するため，『国際動物命名規約』に採用されているのがタイプ化の原理である。この原理は，新しい学名を発表するとき，後々の混乱を予防するため，研究材料とした標本の中から学名の基礎にするものを一つだけ指定することを求めている（このような標本をホロタイプとよぶ）。先ほどの例でいえば，亜種名Aの発表の際にそのような標本が一つだけ選ばれていたなら，たとえ後の研究で20個の標本のうちに二つの亜種が含まれていることがわかったとしても，学名の混乱は生じない。ホロタイプが含まれる方の亜種がAという学名でよばれることになるからである。

　以下に，タイプ化の原理に関係する用語のうち，本章の内容を理解するうえで必要なものをまとめておくので参考にしてほしい。

ホロタイプ：新しい種や亜種の学名を発表するときにただ一つ指定される標本。その学名はこの標本に恒久的に結び付けられる。
タイプシリーズ：新しい種や亜種の学名を発表するときに研究材料として使用されたすべての標本。ホロタイプはこのなかから指定される。
パラタイプ：タイプシリーズのうち，ホロタイプに指定されたもの以外の残りすべての標本。

3　日本の鳥類分類学の現状

　日本の鳥が分類学の研究対象になったのは19世紀のことである。この時期にオランダ・ライデン自然史博物館のC・J・テミンクとH・シュレーゲルが出版した『日本動物誌』は，P・F・シーボルトが収集した標本に基づいて198種の鳥類を報告した。その後の研究の進展によって，現在では日本在来の鳥類として542種が知られるようになっている[4]。

　日本の鳥についての分類学的研究は他の動物群に比べれば進んでおり，1981年のヤンバルクイナ（*Gallirallus okinawae*）の発見を最後に，名前の付いていない繁殖鳥は見つかっていない。このように日本の鳥類相についてはその輪郭が一応は明らかになっているといえるが，それでもまだ現在の分類体系は鳥類の多様性のパターンを十分正確に反映しているとは言い難い。それは，これまでに行われた研究が，①研究に用いた標本の数が少ない，②比較標本の採集地が限られている，③標本採集や現地調査の時期が限られているなどの問題点を持つことによる。

　①や②は，地理的変異のパターンの把握を妨げる。じつはクラインの一部にすぎない亜種や，あるいは独自の特徴を持つにもかかわらず，見落とされている集団が日本にはまだ数多く残されているに違いない。また，③は渡りや季節変異の影響を検出しがたくし，正確な分類を妨げる。たとえば，八重山諸島に分布するシロガシラ（*Pycnonotus sinensis*）はかつて与那国島と石垣島の間で後頭部の白斑の広さが違うとされ，これらの島のものが別亜種に分類されていた。しかし，これは標本の採集時期が島間で違っていたことによる誤りで，いまではこの鳥の白斑の広さは季節的に変化することが知られている[18]（図1）。

　日本では新種や新亜種の発見の見込みが少なくなるにつれて鳥類分類学者の数が激減した経緯があり，このような問題の多くが手付かずのまま放置されている。分類学が保全鳥類学の土台であることを考えるとこれは非常に危険な状況である。いま認識されている亜種が本当に他の亜種から識別可能なのかどうか，あるいは独自の特徴を持っているにもかかわらず，分類体系に

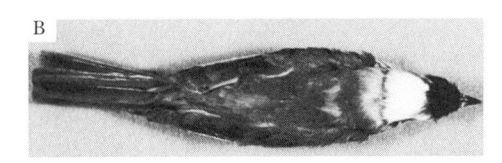

図1 シロガシラの後頭部白斑に見られる季節変異
(A) 与那国島産冬羽(1986年12月採集標本。神奈川県立生命の星・地球博物館所蔵)
(B) 与那国島産夏羽(1936年6月採集標本。財団法人山階鳥類研究所所蔵)
(C) 与那国島産夏羽(1998年7月撮影)

載せられていない集団が本当にもうないのかどうか,一刻も早く再検討しなければならない。

4 最近の研究例

前節で述べたように,日本の鳥の「戸籍簿」にはまだまだ再検討の余地がある。今後,研究が進むにつれて,鳥類の多様性について我々が持っている知識は大きく改められていくに違いない。ここでは,そのような再検討の好例として,ダイトウウグイス,ウスアカヒゲ,リュウキュウハシブトガラスについて最近行われた分類学的研究を紹介しよう。

(1) ダイトウウグイス

ウグイス(*Cettia diphone*)は東アジア一帯に住む鳥で,琉球列島のものは背面の色彩の違いなどによってリュウキュウウグイス(*C. d. riukiuensis*)とダイトウウグイス(*C. d. restricta*)の2亜種に分けられる。従来の見解では,リュウキュウウグイス(背面が灰緑色)は留鳥として琉球列島に広く分布し,一方の

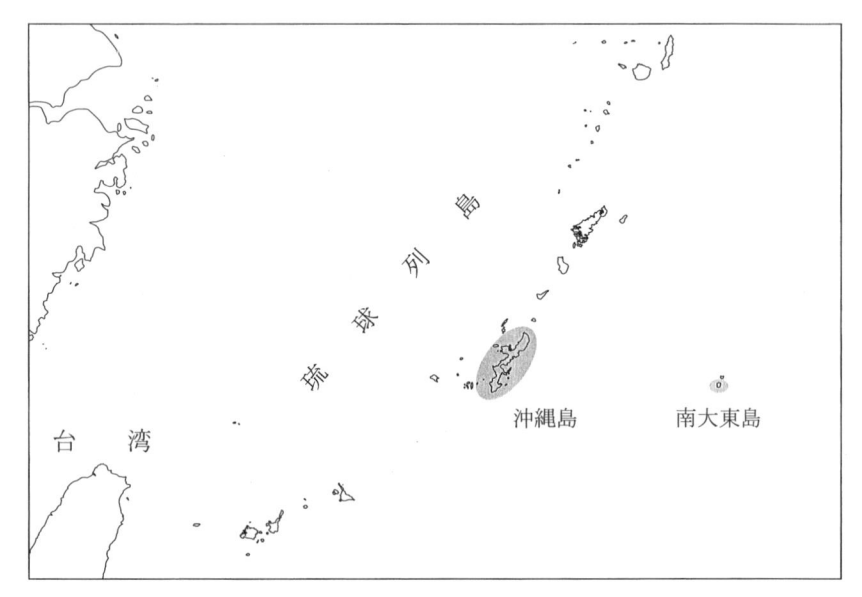

図2 南大東島・沖縄島の位置

　ダイトウウグイス(背面が褐色)は南大東島(図2)に固有とされていた。ダイトウウグイスは近年の観察例がまったくないため、すでに絶滅したと考えられていた[4]。

　ところが、最近、梶田ら[19]は、リュウキュウウグイスの分布域とされる沖縄島(図2)でダイトウウグイスによく似た褐色の背面を持つウグイスを捕獲したのである。梶田らによると、彼らが調査した沖縄島のウグイス(231個体)は背面の色彩に基づいて灰緑色型(163個体)と褐色型(68個体)の二つの型に容易に分けることができた。

　梶田らはさらに研究を進め、①これら2型には羽色だけでなく、翼や嘴の長さにもはっきりとした違いがあること、②これら2型は生息時期が異なり、褐色型がほぼ年間を通じて記録されている一方で、灰緑色型は11月～3月にしか記録されていないことを明らかにした。このことは褐色型が一年中沖縄島に生息する留鳥であること、灰緑色型が冬期にのみ渡来する冬鳥であることを示唆している。次に梶田らは灰緑色型・褐色型の形態の特徴を詳しく調べ、それらがリュウキュウウグイス・ダイトウウグイスのタイプシリーズに

よく一致していることを示した。以上の結果から，リュウキュウウグイスは沖縄島では留鳥ではなく冬鳥であり，この島で繁殖しているウグイスはすでに絶滅したと考えられていたダイトウウグイスであると彼らは結論した（口絵4）。

リュウキュウウグイスは80年もの間，留鳥だと信じられてきたが[4,20-24]，梶田らによる分類の再検討によって，少なくとも沖縄島のものは冬鳥であることがわかった。また，南大東島に固有とされ，すでに絶滅したと思われていたダイトウウグイスは実際には沖縄島にも分布しており，ここでは絶滅をまぬがれていることが明らかになった。今後はこの貴重なダイトウウグイス集団の保全を図るためにさまざまな調査が行われていくと思われる。しかし，もし梶田らによる分類の見直しがなければ，この集団は有効な保護策も打ち立てられないうちに人知れず絶滅してしまっていたかもしれないのである。

なお，リュウキュウウグイスについては，その繁殖地がどこなのかに関して今後の調査が期待される。北海道や本州北部などの多雪地帯のウグイスは夏鳥であることが知られているが，越冬地がまだ特定されていない。リュウキュウウグイスはこれらの地域で繁殖した後，沖縄島に渡ってくるのかもしれない。現在，北海道や本州北部のウグイスは亜種ウグイス（*C. d. cantans*）に分類されており，リュウキュウウグイスとは別亜種だと考えられているが，これら2亜種が本当に区別できるのかどうかを早急に再検討する必要がある。

(2) ウスアカヒゲ

前項で紹介したウグイスと同じように，渡りによって分類が混乱しているものとして，国内では他にアカヒゲ（*Erithacus komadori*）を挙げることができる。アカヒゲは長崎県の男女群島と琉球列島にのみ分布する日本固有の鳥で，国の天然記念物・国内希少動植物種に指定されている（図3）。従来の見解によると，本種は奄美諸島以北の亜種アカヒゲ（*E. k. komadori*），沖縄諸島のホントウアカヒゲ（*E. k. namiyei*），八重山諸島のウスアカヒゲ（*E. k. subrufus*）の3亜種に分けられる[24]（図4）。しかし，近年，本種について分類学的な研究が行われた結果，ウスアカヒゲという亜種を認めるかどうかについては研究者

図3 アカヒゲ（トカラ列島中之島産オス。梶田学氏撮影）

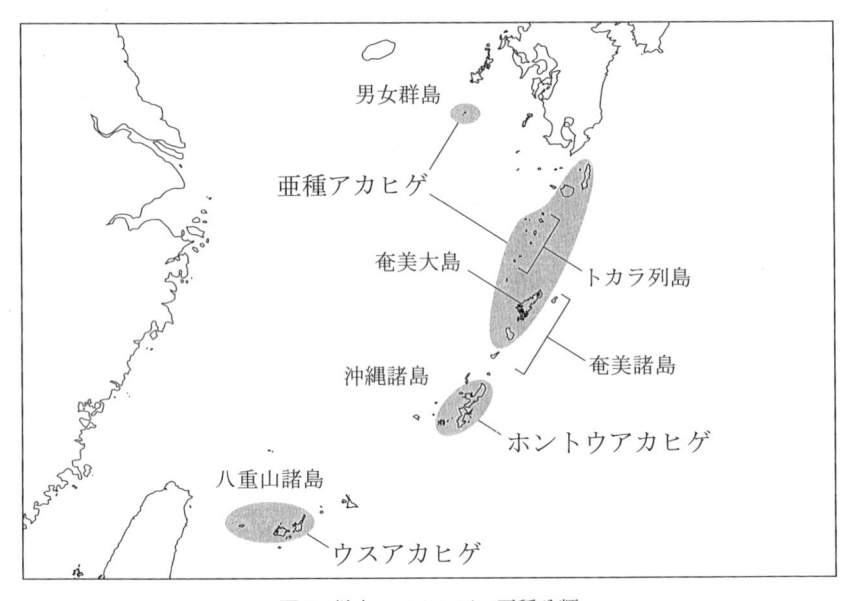

図4 従来のアカヒゲの亜種分類

の間で意見が分かれるようになった。

　長い間，ウスアカヒゲは八重山諸島に留鳥として生息すると考えられてきたが，森岡[24]はそこでの記録が秋にしかないことを指摘して，この亜種は実際には冬鳥かもしれないと論じた。一方，川路・樋口[25]によると，アカヒゲの亜種のうち，最も北部に分布している亜種アカヒゲは，奄美大島では留鳥だが，それよりも北のトカラ列島などでは夏鳥である。ウスアカヒゲの特徴は背面の色が薄いこと，オスの額にある黒色部が広いことなどとされるが，川路・樋口が博物館等に所蔵されている標本を調査したところ，このような特徴を持つ個体は亜種アカヒゲの標本の中にも多数見られた。以上のことから彼らは亜種アカヒゲは羽色の個体変異に富み，ウスアカヒゲ型の個体をも含むと結論し，八重山諸島の"ウスアカヒゲ"は越冬中の亜種アカヒゲが誤って別亜種として記載されたものだと考えた。彼らの見解に従えばウスアカヒゲは亜種アカヒゲの異名である。

　一方，森岡[26]はウスアカヒゲのホロタイプが越冬中の個体であることについては同意するものの，ウスアカヒゲを亜種アカヒゲの異名とすることについては慎重である。彼は1989年の6月から8月にかけてトカラ列島で亜種アカヒゲの標本を採集した。これらの標本には羽色の変異がほとんどなく，ウスアカヒゲのホロタイプのように額の黒色部が著しく広い個体は含まれていなかった。この結果は，亜種アカヒゲが個体変異に富み，ウスアカヒゲ型の個体をも含むという川路・樋口の説とは矛盾する。さらに森岡は博物館等で亜種アカヒゲの標本を再調査し，①これらの標本が狭額型（トカラ列島のもののように黒色部が狭いもの）と広額型（ウスアカヒゲのホロタイプのように黒色部が広いもの）の二つの型にはっきりと分けられ，中間型が見られないこと，②奄美大島産の標本の大部分は狭額型であること，③広額型はほとんどが産地不明のもので，データのはっきりしたものは奄美大島産のもの1点だけであり，しかもそれは冬期に採集されたものであることなどを明らかにした。これらのことから森岡は，広額型と狭額型の違いは単一集団内の個体変異ではなく，奄美大島やトカラ列島で繁殖している亜種アカヒゲはすべて狭額型で，広額型の個体はより北方の集団から来た冬鳥か旅鳥かもしれないと論じた。トカラ列島以北には男女群島など，アカヒゲの形態的特徴が詳しく調べ

られていない地域がいくつかある。広額型，すなわちウスアカヒゲはこれらの島で繁殖している亜種である可能性も考えられる。今後のさらなる調査・研究が必要である。

(3) リュウキュウハシブトガラス

日本は数多くの島からなる海洋国で，面積1 km^{2}以上の比較的大きな島に限っても341島を数える。当然，分類学的な調査が行き届いていない島もまだ多い。これらの島々には独特な特徴を持った鳥が人知れず分布しているかもしれない。ここではそのような例として，現在筆者が玉川大学教育博物館の柿澤亮三氏とともに行っているリュウキュウハシブトガラスの研究を紹介したい。

ハシブトガラスはロシアから東アジア・東南アジアを経て，アフガニスタンに至る広い分布域を持つ鳥で，国内には対馬にチョウセンハシブトガラス (*C. m. mandshuricus*)，北海道〜九州に亜種ハシブトガラス (*C. m. japonensis*)，奄美諸島〜宮古諸島にリュウキュウハシブトガラス (*C. m. connectens*)，八重山諸島にオサハシブトガラス (*C. m. osai*) が分布するとされる[4]。この分類は基本的に前世紀初めに発表されたE・シュトレーゼマンの研究[27]に基づいているが，彼の研究は少なくとも日本のハシブトガラスに関する限り，十分なものとは言い難い。たとえば，彼が調査したリュウキュウハシブトガラスの標本は沖縄島・宮古島の2島のみで採集されたものである。

最近，筆者らは奄美・沖縄諸島の七つの島 (図5) で採集されたリュウキュウハシブトガラスの標本182個体を調査する機会を得た。骨格の特徴に関する11の測定値を計測して，正準判別分析[4]で解析したところ，これらの島のものはすべて同一の亜種に分類されているにもかかわらず，島間に著しい形態の違いが見出された。この結果は，奄美・沖縄諸島のリュウキュウハシブ

---

[4] 正準判別分析は多変量解析法の一つで多数の測定値の情報をより少ない数の変数に要約する。この研究では11個の測定値に含まれる情報が三つの正準変量に要約された。分類学では形態変異の調査にこの手法がよく用いられる。サンプル間で正準変量のレンジが重ならないことは，形態にはっきりとした違いがあることを意味する。

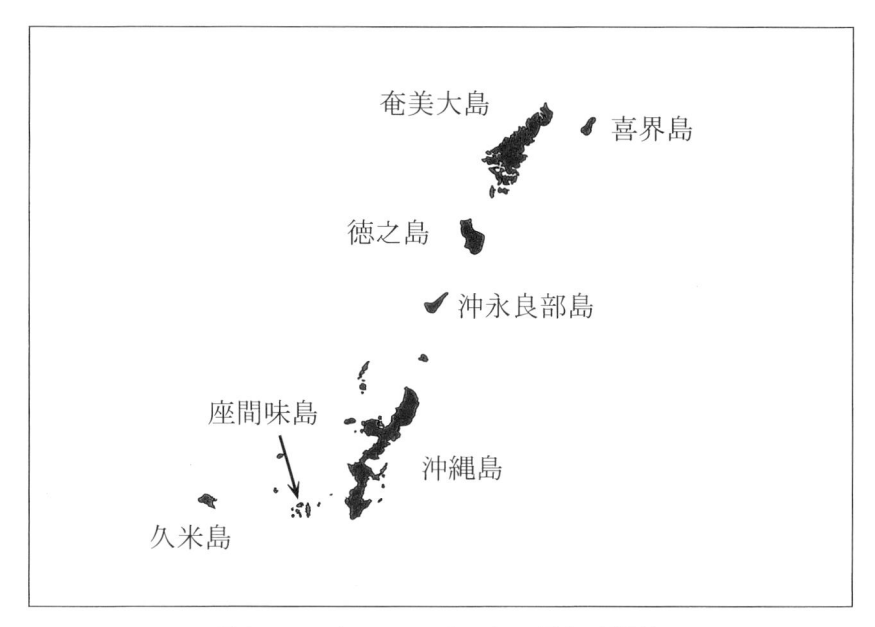

図5 リュウキュウハシブトガラス標本の採集地

トガラスがいくつかの明確に分化した地域集団を含むことを示唆している。今後，これらの集団の分類学的な扱いを決定するため，研究に用いる標本の数をさらに増やし，集団間の遺伝的分化の程度についても調査を行っていく必要がある。

　鳥類分類学は保全に携わるものに対して「守るべきものは何か」を示すというこの上もなく重要な役割を担っている。しかし，ここで紹介した研究例からわかるように，日本の鳥類の分類学的研究は未だ発展の途上にあり，鳥類の「戸籍簿」にはまだ多くの誤りが含まれているに違いない。「戸籍簿」の誤りは絶滅のおそれのある集団を見落とすことにつながりかねず，保全鳥類学にとって死活問題である。

　現在は広域に分布すると考えられていて，保全上まったく注目を浴びることのない鳥であっても，じつは明確に分化した地域集団を含んでいる可能性がある。しかも，それらの集団の分布域は非常に限られたものであるかもしれない。このような「守るべき集団」を見落とすことなく，一刻も早く保全の

対象にするため，今後の分類学的研究の進展が強く求められている。

　本稿をまとめるにあたっては，疋田努・戸田守・梶田学の各氏をはじめとする京都大学動物学教室の関係者の方々にさまざまな便宜を図っていただいた。また，玉川大学教育博物館の柿澤亮三氏は共同研究の内容を紹介することを快諾して下さった。リュウキュウハシブトガラスの研究を進めるうえでは，財団法人山階鳥類研究所の山岸哲所長，赤崎広和・横山貞夫・高橋和美・吉岡強・武田静助・重信英樹・丸山信一・與座勝美・砂川江美子・棚原憲実・仲宗根清一・仲村裕介の各氏をはじめとする奄美・沖縄諸島の方々に多大なご支援をいただいた。これらの関係各位に深く感謝の意を表したい。

引用文献

1) 環境省（編）(2002)『改訂・日本の絶滅のおそれのある野生生物―レッドデータブック　鳥類』自然環境研究センター, 東京.
2) 秋元信一 (1992)「種とはなにか」柴谷篤弘・長野　敬・養老孟司（編）『講座　進化 7　生態学からみた進化』東京大学出版会, 東京. 79-124.
3) Mayr, E. (1942) *Systematics and the origin of species*. Columbia University Press, New York.
4) 日本鳥類目録編集委員会（編）(2000)『日本鳥類目録　改訂第6版』日本鳥学会, 帯広.
5) Cracraft, J. (1983) Species concepts and speciation analysis. In Johnston, R.F. (ed.), *Current ornithology*, Vol. 1, Plenum Press, New York: 159-187.
6) Cracraft, J. (1987) Species concepts and the ontology of evolution. *Biology and Philosophy*, 2: 329-346.
7) Cracraft, J. (1997) Species concepts in systematics and conservation biology - an ornithological viewpoint. In Claridge, M. F., Dawah, H. A., & Wilson, M. R. (eds.), *Species: the units of biodiversity*, Chapman & Hall, London: 325-339.
8) 狩野康比古 (1983)「カモメの交雑行動 ― オオセグロカモメ♀×ウミネコ♂ ― 」,『遺伝』37 (7) : 58-63.
9) Nixon, K. C. & Wheeler, Q. D. (1990) An amplification of the phylogenetic species concept. *Cladistics*, 6: 211-223.
10) Mayr, E. (1982) Of what use subspecies? *Auk*, 99: 593-595.
11) Cracraft, J. (1992) The species of the birds-of-paradise (Paradisaeidae) : applying the

phylogenetic species concept to complex patterns of diversification. *Cladistics*, 8: 1–43.
12) Joseph, L. (2000) Beginning an end to 63 years of uncertainty: The Neotropical parakeets known as *Pyrrhura picta* and *P. leucotis* comprise more than two species. *Proc. Acad. Nat. Sci. Philadelphia*, 150: 279–292.
13) シンプソン, G. G. (1974)『動物分類学の基礎』白上謙一訳, 岩波書店, 東京.
14) ワイリー, E. O. (1991)『系統分類学——分岐分類の理論と実際』宮　正樹・西田周平・沖山宗雄訳, 文一総合出版, 東京.
15) de Queiroz, K. (1998) The general lineage concept of species, species criteria, and the process of speciation: a conceptual unification and terminological recommendations. In Howard, D. J., & Berlocher, S. H. (eds.), *Endless Forms: species and speciation*, Oxford University Press, Oxford: 57–75.
16) 動物命名国際審議会(2000)『国際動物命名規約　第4版　日本語版』日本動物分類学関連学会連合, 札幌.
17) Morioka, H. (1994) Subspecific status of certain birds breeding in Hokkaido. *Mem. Natn. Sci. Mus.*, Tokyo, 27: 165–173.
18) Yamasaki, T. (2002) Seasonal variation of plumage color in Japanese Light-vented Bulbul *Pycnonotus sinensis orii* in the Yaeyama Group, Southern Ryukyus. *Ornithol. Sci.*, 1 (2): 155–158.
19) 梶田　学・真野　徹・佐藤文男(2002)「沖縄島に生息するウグイス*Cettia diphone*の二型について——多変量解析によるリュウキュウウグイスとダイトウウグイスの再評価——」,『山階鳥類研究所研究報告』33: 148–167.
20) Kuroda, N. (1925) *A contribution to the knowledge of the avifauna of the Riu Kiu islands and the vicinity*. Published by the author, Tokyo.
21) Hachisuka, M., Kuroda, N., Takatsukasa, N., Uchida, S., & Yamashina, Y. (eds.) (1932) *A hand-list of the Japanese birds*. Revised. The ornithological society of Japan, Tokyo.
22) A special committee of the ornithological society of Japan (ed.) (1942) *A hand-list of the Japanese birds*. Third and revised edition. The ornithological society of Japan, Tokyo.
23) A special committee of the ornithological society of Japan (ed.) (1958) *A hand-list of the Japanese birds*. Fourth and revised edition. The ornithological society of Japan, Tokyo.
24) The ornithological society of Japan (1974) *Check-list of Japanese birds*. Fifth and revised edition. Gakken, Tokyo.
25) Kawaji, N. & Higuchi, H. (1989) Distribution and status of the Ryukyu Robin *Erithacus komadori*. *J. Yamashina. Inst. Ornithol.*, 21: 224–233.
26) 森岡弘之(1990)「トカラ列島の繁殖鳥類とその起源」,『国立科博専報』23: 151–166.
27) Stresemann, E. (1916) Über die Formen der Gruppe *Corvus coronoides* Vig. & Horsf. *Verh. Ornithol. Ges. Bayern*, 12 (4): 277–305.

第2章

鳥類の保全における単位について
──生態学的側面からの考察──

高木昌興

　日本列島は様々な地史的な歴史をもった大小6800個以上の島から構成されている[1]。現在,北海道,本州,四国,九州は大きな島々だが,白亜紀には互いに繋がった陸弧として中国大陸の縁にあった[2]。南西諸島は,第四紀の氷期と間氷期の海水面の変動によって,陸橋を形成した時期と海沈した時期を持つ[3]。また,小笠原諸島は第三紀初期に海底火山が隆起して島となり,一度も大きな陸地とつながった歴史を持たない海洋島である[4]。日本列島は地史的な歴史の複雑さ,大陸の辺縁に位置する場所の特殊性,南北3000 kmにわたる亜寒帯から亜熱帯までの多様な自然環境を併せ持っている。これらを反映し,日本列島では542種の鳥類が確認されている[5]。世界の鳥類は8600種から1万種とされているので[6],その約6％にあたる。また,日本だけに周年生息し,日本以外に生息地を持たない日本列島の固有種は,絶滅種も含めると15種(表1参照),固有の亜種は約100亜種に区分されている。これらの鳥類の多くは,個体の移出入が制限される島々で,地史的な時間を隔離され進化してきたと考えられる。

　本章では,様々な地史的歴史を背景に持つ日本の鳥類について,その生態的な側面から保全の単位について議論を進める。まず,日本列島における固有種の形成について紹介する。次に,多くの亜種を持つ種,持たない種を例にして,移動分散と亜種の関係について述べ,固有種や固有亜種を多く産する島嶼の特徴について解説する。このような事例をもとに,現在認識されて

いる種や亜種をそのままの形で保全の単位として用いることの利点および欠点について考察する。なお，本章では，主に陸上で生活している鳥類を対象とする。

1 日本列島の固有種

日本列島の固有種は現在11種である。これらは由来によって主に二つの類型に区分けされてきた。一つは，日本列島が島嶼化する以前からの生き残りで，大陸では絶滅したため日本列島のある地域に固有となった，遺存固有種，または古（旧）固有種と呼ばれるものである。もう一つは，大陸などから移住し，種分化したとされるもので，隔離分化固有種，または新固有種と呼ばれるものである。ここでは古固有種と新固有種を用いる。

古固有種としての仮説が出されている種は，ノグチゲラ（*Sapheopipo noguchii*）[7]，アオゲラ（*Picus awokera*）[8]，カヤクグリ（*Prunella rubida*）である[8]。新固有種としての仮説が出されている種は，アマミヤマシギ（*Scolopax mira*）[9,10]である。

両方の仮説が出されている種は，ヤマドリ（*Syrmaticus soemmerringii*）[8,11]，セグロセキレイ（*Motacilla grandis*）[11]，アカヒゲ（*Erithacus komadori*）[9,10,12]，アカコッコ（*Turdus celaenops*）[13,14]，ルリカケス（*Garrulus lidthi*）[7-9]である。

ヤンバルクイナ（*Gallirallus okinawae*）[15]，メグロ（*Apalopteron familiare*）[16]については，この類型では区分されていない。

固有種の起源は，ほとんど解明されていないのが現状である。近年になって行なわれた羽色の再検討やDNAの解析は，古固有か，新固有かに答えを与えつつある。ここでは，ルリカケス，アカコッコ，アカヒゲについて紹介する。

(1) ルリカケス

奄美大島と徳之島にだけ生息しているルリカケスは，その形態の類似か

ら西ヒマラヤとネパールに分布するインドカケス（*Garrulus lanceolatus*）に最も近縁と考えられた[7]。この2種は極端に隔離して分布することから、かつて大陸に広く分布していたルリカケスとインドカケスの祖先種が、現在の狭い地域に隔離された古固有種と考えられた[7]。一方、ユーラシア大陸に広く分布するカケス（*G. glandarius*）が、日本列島では*japonicus*型の亜種群、すなわち亜種カケス（*G. g. japonicus*）、亜種サドカケス（*G. g. tokugawae*）、亜種ヤクシマカケス（*G. g. orii*）を形成し、その分派個体群が奄美大島でルリカケスに特殊化したとする仮説が新固有種説にあたる[8]。

近年、ルリカケス、インドカケス、カケスの形態的特徴の再検討、およびミトコンドリアDNAの解析が行なわれた[17]。その結果、ルリカケスはインドカケスに近縁で、カケスとはやや類縁関係が遠いことが示され、ルリカケスは古固有種と結論されている。

(2) アカコッコ

アカコッコは鳥島を除く伊豆諸島、およびトカラ列島中之島で繁殖する。かつては、屋久島にも本種が生息していた[18]。

アカコッコの羽色はアッサム地方からビルマ・雲南に生息するムナグロアカハラ（*Turdus dissimilis*）、およびボルネオのキナバル山のタイワンツグミの一亜種（*T. poliocephalus seebohmi*）に類似していることから古固有種と考えられた[13]。一方、アカコッコが分類学的にアカハラに最も近縁であるという新固有種説は、アカハラが島嶼に隔離されることで独自の形質を獲得したとするものである[14]。

1988年にアカコッコが鹿児島県トカラ列島中之島で繁殖していることが確認された[19]。伊豆諸島、屋久島、中之島の3カ所で独立に同じような形質が獲得されるのは不自然と考えられ、この発見により古固有種説が再浮上した。

近年、アカコッコ、ムナグロアカハラ、およびアカハラの羽色について比較検討が行われた[20]。その結果、アカコッコとムナグロアカハラの間に多くの差異を認められ、アカコッコとアカハラには共通点が見いだされた。さらに、ミトコンドリアDNAの解析により、アカハラとの同一性が高いことが明

らかにされ，アカコッコは新固有種と結論されている[20]。

(3) アカヒゲ

　アカヒゲ（*Erithacus komadori*）は，長崎県の男女群島と，屋久島から与那国島までの南西諸島全域で繁殖している（八重山諸島の亜種ウスアカヒゲは越冬中の北部の個体群の可能性がある）。アカヒゲはコマドリ（*E. akahige*）に近縁であり，分化の程度は同一上種内の種の違いか，それをやや越える程度に過ぎず，コマドリは日本列島の特産種なので，その起源はかなり古いと考えられている[10]。アカヒゲの産地である奄美大島や沖縄島が，現在のように独立した島になったのは，約100〜150万年で地史的には比較的新しい。つまり，コマドリと比較すると，アカヒゲの分派個体群としての歴史は浅く，その点からは新固有種となる。

　一方，朝鮮江原道と鹿児島県霧島の採集例，台湾和平島における冬期の観察例を根拠として，以前は広範囲に分布していたものが，南西諸島に依存固有の分布を示すようになったとの古固有種説もある[12]。アカヒゲの起源については，さらに検討が必要である。

2　日本の鳥類の亜種

　種の下位の分類学上の単位である亜種は，同種と考えられる異所的に生息している集団のうち，他地域とは明らかに異なった形質を発達させているもので形質の不連続性が判断基準となる[21,22]。鳥類の亜種は伝統的に大きさ（測定値）の変異と羽色の変異によって認識されてきた[23]。固有種と同様に，島に隔離されている集団が亜種として区分されることが多い。亜種も移動分散が制限される状況で，地史的時間経過によって形成されたと考えられる。

　まず，日本列島に広域的に分布し，多くの亜種に区分されている例として，コゲラ（*Dendrocopos kizuki*）とヤマドリを紹介する。同様に広域に分布するが，亜種に区分されないモズ（*Lanius bucephalus*），スズメ（*Passer montanus*），カワ

ガラス (*Cinclus pallasii*) および，島嶼の集団が亜種に区分されるが，北海道から九州までの集団が亜種に区分されていないヤマガラ (*Parus varius*)，ウグイス (*Cettia diphone*) について紹介する。

　これらの例から，亜種の区分と移動分散の距離や頻度との関係についてのいくつかの仮説を提示したい。なお，鳥類の亜種は伝統的に外部形態の特徴に基づいて認識されてきた。そのため，外部形態に認識しやすい形質を持っている種とそうでない種では，亜種数に差が出てくるかもしれない。亜種数の多さを生物学的な性質と結びつける場合，循環論に陥る可能性があることに注意を要する。

(1) コゲラ

　コゲラは，北海道から沖縄県西表島まで9亜種に区分されている。羽色が淡い北方の個体群から褐色が強い羽色を持つ南方の個体群まで，クラインを示す種である。このクラインは，乾燥・冷涼な気候下で生活するものは，湿潤・温暖な気候下で生活するものに比べてメラニン色素が少なく明るい色彩を呈すというグロージャーの法則にあてはまる[24]。

　北海道とその属島のコゲラは亜種エゾコゲラ (*Dendrocopos kizuki ijimae*)，九州は亜種キュウシュウコゲラ (*D. k. kizuki*)，隠岐および対馬は亜種ツシマコゲラ (*D. k. kotataki*)，奄美諸島は亜種アマミコゲラ (*D. k. amamii*)，沖縄島および屋我地島は亜種リュウキュウコゲラ (*D. k. nigrescens*)，西表島は亜種オリイコゲラ (*D. k. orii*)，屋久島と伊豆諸島は亜種ミヤケコゲラとされている。これらは，最も近くの他の亜種に区分されるコゲラの生息域から海峡に隔てられており，個体の交流は少ないと思われる。一方，本州北・中部の亜種コゲラ (*D. k. seebohmi*) と本州西部および四国の亜種シコクコゲラ (*D. k. shikokuensis*) は側所的に分布している。両亜種の分布の境界付近では個体は亜種間で交流している可能性が高い。生息範囲が広い種ほど出生地分散，および繁殖地分散の両方の距離が短いことが示唆されている[25]。コゲラは比較的生息範囲が広い留鳥性の鳥である。そのため，分散距離が短く，個体群ごとの羽色の特徴を顕著にする可能性がある。その結果，多くの亜種に区分されている

(2) ヤマドリ

　日本の固有種であるヤマドリは，本州北部から九州まで分布している。これらは5亜種に区分されている。本州北部はヤマドリ (*Syrmaticus soemmerringii scintillans*)，本州太平洋岸と愛媛県南部では亜種ウスアカヤマドリ (*S. s. subrufus*)，本州南西部・四国では亜種シコクヤマドリ (*S. s. intermedius*)，九州北中部では亜種アカヤマドリ (*S. s. soemmerringii*)，九州中南部では亜種コシジロヤマドリ (*S. s. ijimae*) と呼ばれる。四国のほぼ全域に分布するヤマドリには，亜種シコクヤマドリの名称がつけられているが，愛媛県南部の個体群だけは亜種ウスアカヤマドリと区分される。地理的に連続し，個体群間の交流が可能と思われる場所に亜種区分の境界がある。特に，本州における亜種の区分は不明瞭である。キジ (*Phasianus colchicus*) もヤマドリと同様に側所的に生息する集団が4亜種に区分されている。

　両種共にスズメ目 (Passeriformes) に比べて，長距離の飛翔に適しているとは考えられないので，地理的な障壁が明瞭でなくとも，それぞれの地域で固有の形態や羽色を獲得し得たのかもしれない。

(3) モズ

　モズ (*Lanius bucephalus*) は北海道，本州，四国，九州，種子島まで広く繁殖域をもち，伊豆諸島，小笠原諸島の父島，大東諸島の南・北大東島などの島嶼でも繁殖する。北海道および本州北部の個体群は夏鳥で，北海道で繁殖期に標識された個体が千葉県，兵庫県，九州などで越冬している。他の地域では留鳥とされているが，長野県で標識された個体が徳島県で越冬した記録がある。また，本州の低地では，2月から5月にかけた時期に一度目の繁殖が終了するとモズは見られなくなり，秋に再びもとの繁殖場所に戻る[26]。これらのモズが一時的にどこに移動しているのかは，まだ確かめられていない。しかし，本州の標高の高い地域の繁殖が4月から6月に始まること，その地域で

繁殖するモズの羽衣が摩耗していることから，低地から高地に移動して再度繁殖している可能性があると考える研究者もいる[27]。モズは日本国内を広く季節的に移動している種といえる。渡り鳥の出生地からの分散距離は，留鳥よりも長いことがイギリスの多くの種を用いた比較研究で示されており[25]，モズの個体群間の交流は比較的多いと推察される。

　モズでは土地に対する執着性についても興味深い結果が得られている。1980年代から1990年代にかけて，アカモズ(*Lanius cristatus*)の個体数は顕著に減少したが，モズの個体数には大きな変化が見られなかった[28,29]。渡り性鳥類の個体群動態を把握する上で，ある個体が前年に繁殖した場所に，その翌年帰って来る確率を明らかにすることは重要である。個体数の顕著な減少傾向から，アカモズの帰還率はモズよりも低いと推察される。ところが，実際は逆でモズの雄の平均帰還率は18％，雌は0％であったのに対し，アカモズの雄は43％，雌は13％であった[29]。モズは繁殖に成功しても前年の繁殖場所に執着せず，アカモズは執着する傾向が強いことが帰還率の差の要因になっていた。また，アカモズは環境選好の幅が狭く，好適な環境が減少していることも同じ場所に帰還する要因になると考えられた。一方，モズは環境選好性の幅が広いことから，定着可能な環境が多いこともその要因と考えられた。さらに巣立った可能性が高いモズの雛のうち，産まれた場所付近に戻って来た個体は2％に過ぎなかった。つまり，モズでは個体群間の個体の交流が起こりやすく，日本全域に分布するにもかかわらず羽色などの変異を少なくし，このような特徴が亜種に区分されない理由となっているのかもしれない。

(4) スズメ

　スズメ(*Passer montanus*)は，北海道から沖縄，多くの離島を含め，広く日本列島全体に分布し，単一の亜種スズメ(*P. m. saturatus*)からなる。留鳥性と考えられているが，出生地付近から300 km以上の移動が確認され，成鳥にも100 km以上移動する個体がいることが明らかになっている[30]。また，廃村になるとスズメは消え，人が住み着くとスズメも住み着くことからスズメには

比較的大きな移動能力があることが示唆される[31]。全国各地のスズメにこのような長距離の移動分散の性質があると仮定すれば,集団間の個体の交流の頻度は高いだろう。

(5) カワガラス

カワガラス(*Cinclus pallasii*)は渓流に生息する留鳥である。北海道から九州屋久島に至るまで,亜種カワガラス(*C. p. pallasii*)に区分される。本種の羽色は濃茶褐色の単色なので,亜種分類を困難にする可能性があるだろう。なお,前述の通り,生息範囲が広い種ほど出生地分散,および繁殖地分散の両方の距離が短い。カワガラスの分布範囲は,多くの亜種に区分されている種とも重なっており,単純に分散だけでは結論できない。しかし,単一の亜種にしか区分されないという理由で,広い範囲の個体群間に交流があるとは限らない点は注意すべきである。

(6) ヤマガラ

ヤマガラは,北海道から西表島まで分布し,台湾にも同種の一亜種が生息する。国内には8亜種,北海道,本州,四国,九州,伊豆諸島大島などの亜種ヤマガラ(*P. v. varius*),伊豆諸島北部の亜種ナミエヤマガラ(*P. v. namiyei*),伊豆諸島南部の亜種オーストンヤマガラ(*P. v. owstoni*),南北大東島の亜種ダイトウヤマガラ(*P. v. orii*),種子島の亜種タネヤマガラ(*P. v. sunsunpi*),屋久島の亜種ヤクシマヤマガラ(*P. v. yakushimensis*),奄美諸島,沖縄島の亜種アマミヤマガラ(*P. v. amamii*),西表島の亜種オリイヤマガラ(*P. v. olivaceus*)が区分される。

亜種ヤマガラ以外は,すべて小さな島々における固有亜種である。形態的特徴では,亜種オーストンヤマガラが他の亜種よりも一回り程度大きく,他亜種がクリーム褐色をしている部分が暗赤茶褐色をしている点で大きく異なる。

上述の8亜種のうち絶滅した亜種ダイトウヤマガラと亜種ヤクシマヤマガ

ラを除いた6亜種と台湾の亜種タイワンヤマガラ (*P. v. castaneoventris*) について，ミトコンドリアDNAを用いて類縁関係が検討された[32]。その結果，亜種タイワンヤマガラは分化の程度が大きく，他の6亜種は遺伝的に近縁であることがわかった。1996-97年の秋から冬に，亜種オーストンヤマガラの生息地である三宅島で，体が小さく体色のうすい亜種ヤマガラが越冬したことがはじめて確認された[33]。どこから飛来したのかは不明であるが，亜種ヤマガラは伊豆諸島の島間を移動できることが示された。三宅島は，野鳥愛好家や研究者が丹念に観察を続けている地域である。それまで，このような例がなかったことは，ヤマガラは土地に対する執着性が比較的強いことを示す一例とも言える。その一方で亜種オーストンヤマガラを本州の飼育下で換羽させると亜種オーストンヤマガラに特徴的な暗赤茶褐色ではなく基亜種の羽色に変化するという[34]。この事例は，羽色によって亜種区分されている集団の保全を実施するうえで，羽色の可塑性を考慮すべきであることを示唆している。さらに近年，神津島の亜種ナミエヤマガラに関して亜種オーストンヤマガラの浸透交配による羽色の変異の可能性なども示唆されており[35]，今後ヤマガラの地域間，地域内変異は，亜種の分類に関するモデルケースとなるかもしれない。

(7) ウグイス

　日本では5亜種に区分されている。亜種カラフトウグイス (*Cettia diphone sakhalinensis*) は，南千島で繁殖する。亜種ウグイス (*C. d. cantans*) は最も広い繁殖分布域を持ち，北海道から種子島，および伊豆諸島では鳥島まで繁殖する。亜種ハシナガウグイス (*C. d. diphone*) は，小笠原諸島と硫黄列島だけで繁殖する。亜種リュウキュウウグイス (*C. d. riukiuensis*, 口絵4) は，沖縄本島などで繁殖するとされていた。また，南大東島に固有な亜種ダイトウウグイス (*C. d. restricta*, 口絵4) は1921年以来記録がなかった。しかし，沖縄島におけるウグイスの捕獲調査から，亜種リュウキュウウグイスとされていたウグイスは，冬季に北方から渡来するウグイスであり，現在沖縄島で繁殖しているウグイスの特徴は，絶滅したとされる亜種ダイトウウグイスの特徴に一致すること

が確かめられた[36]（第1章により詳しく解説）。沖縄島に北方から渡来するウグイスの亜種はまだ決定されていないが，北海道以北の個体群の可能性があるという（梶田学氏 私信）。また，2003年に筆者らは，南大東島においてウグイスの繁殖を確認した。このウグイスの由来は明らかではないが，沖縄島の亜種ダイトウウグイスとは異なる形質を持っている。比較的近年，南大東島に移入が起こったことは間違いないだろう。

多くの鳥は出生地や繁殖を経験した場所に執着するが，ウグイスは場所に対する執着性が弱く，かつ長距離の飛翔能力も兼ね備えていることが，分布域の拡大や再構築を可能にさせる要因と思われる。

(8) 移動分散の研究の重要性

このような事例を見てくると，移動分散の研究が保全生物学的に重要である。移動分散は，経験・理論双方で侵入や生息域の拡大に関係し[33]，メタ個体群やシンクソースの動態[37]，遺伝子流動や遺伝的構造[38]などの研究に欠くことができないと認識されている。しかし，種ごとの生息域全体に渡る広範囲な分散パターンを明らかにするような試みはほとんどない。つまり，異なる亜種間の交流，個体群間の交流については分かっていないというのが現状である。たとえば，生息地の範囲（ユーラシア全域，日本列島，琉球列島など），生息地タイプ（森林性，草原性，湿地性など），餌（種子食，雑食など），個体数の豊富さ，形態学，社会システム，生活史（繁殖回数，一腹卵数など），移動様式（渡り，漂鳥，留鳥など），系統関係などによって，分散距離や頻度がどのように違うかを解析し，個体群間の交流の有無や程度の評価に加えることが，保全の単位をより明確にすることに役立つと思われる。

なお，移動分散できたとしても，集団間に生殖隔離が働いている状態では遺伝子の交換は行われない。分散様式から示唆的な情報が得られたとしても，交配の可能性について，より緻密に検討する必要がある。

3　多くの亜種を産する島々

　伊豆諸島，琉球列島，小笠原諸島，硫黄列島，および大東列島は，多くの固有種と固有亜種を産する。このような島々の地史的歴史と固有鳥類の分布様式を概観する。小笠原諸島と大東諸島には，過去60年程の間に偶然の飛来によってトラツグミとモズの個体群が形成された。これらは地史的時間スケールで進化して来た種や亜種と同じように扱うことはできないので，ここではこのような事例の意義付けを行なう。

(1) 伊豆諸島

　伊豆諸島は，北から大島，利島，新島，式根島，神津島，御蔵島，三宅島，八丈島，青ヶ島，いくつかの岩礁を経て，最南端の鳥島からなる火山性の島嶼である。最も大きな大島の面積は約91 km^2，最高標高は764 m。三宅島，御蔵島，八丈島は標高800 mを超える山を持つ。約200万年前以降の火山活動によって形成されたと推測される[39]。伊豆諸島には，両生類が自然分布しておらず[40]，昆虫の分布から見ても，最終氷期に伊豆諸島の島々の間に陸橋（古伊豆半島）が存在したことを示す生物地理学的証拠は希薄であるという[41]。しかし，約2万年前頃の最終氷期の極寒期の海面は現在よりも100〜140 m低く[42]，島間の距離は現在よりも短かった。したがって，島間の鳥類の移動は現在より容易であったと推察される。

　伊豆諸島には，日本の固有種であるアカコッコ，日本にしか繁殖地がないイイジマムシクイが生息し，いくつかの固有亜種を産する（表1）。

　伊豆諸島と屋久島や種子島に生息する鳥類は，共通の亜種に区分されることがある。前述の亜種ミヤケコゲラは，その一例である。また，伊豆諸島の大島，新島，本州の一部，および屋久島，種子島に分布するキジは，同じ亜種シマキジとされる。また，伊豆諸島の神津島，三宅島，八丈島，および屋久島，種子島で繁殖するコマドリは，亜種タネコマドリとされる。これらのように伊豆諸島と屋久島の個体群に同じ亜種名が与えられるのは，現在のところ形

表1 主要な島弧で繁殖する日本の固有種と固有亜種
（日本列島以南で越冬するものを含む）

		伊豆諸島	琉球列島	小笠原諸島	硫黄列島	大東諸島
種	絶滅		リュウキュウカラスバト (*Columba jouyi*) ミヤコショウビン (*Halcyon miyakoensis*)	オガサワラカラスバト (*C. versicolor*) オガサワラガビチョウ (*Cichlopasser terrestris*) オガサワラマシコ (*Chaunoproctus ferreorostris*)		リュウキュウカラスバト
	現存	アカコッコ (*Turdus celaenops*) イイジマムシクイ (*Phylloscopus ijimae*)	ヤンバルクイナ (*Gallirallus okinawae*) アマミヤマシギ (*Scolopax mira*) ノグチゲラ (*Sapheopipo noguchii*) アカヒゲ (*Erithacus komadori*) アカコッコ イイジマムシクイ ルリカケス (*Garrulus lidthi*)	メグロ (*Apalopteron familiare*)		
亜種	絶滅			ムコジマメグロ (*A. f. familiare*) ハシブトゴイ (*Nycticorax caledonicus crassirostris*)	マミジロクイナ (*Poliolimnas cinereus brevipes*)	
	現存	シマキジ (*Phasianus colchicus tanensis*) ミヤケコゲラ (*Dendrocopos kizuki matsudairai*) モスケミソサザイ (*Troglodytes troglodytes mosukei*) タネコマドリ (*Erithacus*)	リュウキュウツミ (*Accipiter gularis iwasakii*) シマウズラ (*Turnix suscitator okinavensis*) リュウキュウヒクイナ (*Porzana fusca phaeopyga*) ヨナクニカラスバト (*C. janthina stejnegeri*) キンバト (*Streptopelia orientalis stimpsori*) ズアカアオバト (*Sphenurus formosae permagnus*) チュウダイズアカアオバト (*S. f. medioximus*) リュウキュウコノハズク (*Otus elegans elegans*) リュウキュウオオコノハズク (*Otus lempiji pryeri*)	オガサワラノスリ (*Buteo buteo toyoshimai*) アカガシラカラスバト (*C. janthina nitens*) オガサワラヒヨドリ (*H. a. squameiceps*) ハシナガウグイス (*C. d. diphone*) オガサワラカワラヒワ	シマハヤブサ (*Falco peregrinus furuitii*) ハシブトヒヨドリ (*H. a. magnirostris*) イオウジマメジロ (*Z. j. alami*)	ダイトウウカイツブリ (*Tachybaptus ruficollis kunikyonis*) ダイトウノスリ (*B. b. oshiroi*) ダイトウミソサザイ (*T. t. orii*) ダイトウウグイス ダイトウヤマガラ (*P. v. orii*) ダイトウメジロ (*O. e. interpositus*) ダイトウヒヨドリ

第2章　鳥類の保全における単位について　　45

アカヒゲ (*akahige tanensis*)
ナミエヤマガラ (*Parus varius namiyei*)
オーストンヤマガラ (*P. v. owstoni*)
シチトウメジロ (*Zosterops japonicus stejnegeri*)
リュウキュウアオバズク (*Ninox scutulata totogo*)
リュウキュウアカショウビン (*H. coromanda bangsi*)
オーストンオオアカゲラ (*Picus awokera takatsukasae*)
オーストンオオアカゲラ (*Dendrocopos leucotos owstoni*)
ミヤケコゲラ
アマミコゲラ (*D. k. amamii*)
リュウキュウコゲラ (*D. k. nigrescens*)
オリイコゲラ (*D. k. orii*)
リュウキュウツバメ (*Hirando tahitica namiyei*)
リュウキュウサンショウクイ (*Pericrocotus divaricatus tegimae*)
アマミヒヨドリ (*Hypsipetes amaurotis ogawae*)
リュウキュウヒヨドリ (*H. a. pryeri*)
イシガキヒヨドリ (*H. a. stejnegeri*)
タイワンヒヨドリ (*H. a. nagamichii*)
オガサワラミソサザイ (*T. t. ogawae*)
タネコマドリ
ホントウアカヒゲ (*E. k. namiyei*)
ウスアカヒゲ (*E. k. subrufus*)
オオトラツグミ (*Zoothera dauma major*)
コトラツグミ (*Z. d. horsfieldi*)
ダイトウウグイス (*Cettia diphone restricta*)
リュウキュウキビタキ (*Ficedula narcissina owstoni*)
リュウキュウサンコウチョウ (*Terpsiphone atrocaudata illex*)
タネヤマガラ (*P. v. sunsunpi*)
ヤクシマヤマガラ (*P. v. yakushimensis*)
アマミヤマガラ (*P. v. amamii*)
オリイヤマガラ (*P. v. olivaceus*)
アマミシジュウカラ (*P. m. amamiensis*)
オキナワシジュウカラ (*P. m. okinawae*)
イシガキシジュウカラ (*P. m. nigriloris*)
シマメジロ (*Z. j. insularis*)
リュウキュウメジロ (*Z. j. loochooensis*)
ヤクシマカケス (*Garrulus glandarius oppi*)
リュウキュウハシブトガラス (*Corvus macrorhynchus connectens*)
オサハシブトガラス (*C. m. osai*)
(*Carduelis sinica kittlitzi*)
(*H. a. borodinonis*)
ダイトウメジロ (*Z. j. daitoensis*)

態上の差異を重視する基準において同一亜種とすることに矛盾しないからである。個体の交流が起こり難いと推察される地域に，同一亜種とされる個体群が分布しているという事例が，複数種において認められることは興味深い。なお，地理的な分布から，タネコマドリの両個体群間に直接の類縁は考えにくい。その解釈として，類似した環境のもと平行進化が起こり，その結果飛び離れた地域に分布していると考える説がある[18]。タネコマドリは，渡り鳥なので越冬地や渡りの中継地で両島の個体群が混合している可能性もあるだろう。つがい形成が行われるタイミング次第では，両島の個体の交流があるかもしれない。生態学的な側面からの調査が必要とされる。

(2) 琉球列島

　琉球列島は屋久島から台湾までの島嶼を含めて呼ぶ弧状列島の総称である。弧状列島の形状を見せ始めたのは，第四紀更新世，約150万年前である[3]。この列島は氷期と間氷期の気象変化によって繰り返される海水面の上昇と低下，さらに地殻変動も要因となって，陸橋が形成された時期，小さな島々に分割された時期を繰り返し経験してきた[3, 43, 44]。

　南西諸島には日本の固有種9種，固有の45亜種を産する。(表1)。固有種のうち2種は絶滅した。

　南西諸島の亜種について注目すべきことは，本土に夏鳥として渡来する種が，南西諸島では留鳥になっていることである（表1）。留鳥化は，繁殖回数を増やし，一腹卵数を小さくするなど，生活史形質を変化させる[45, 46]。また，一繁殖期における繁殖回数が多いほど，出生地および繁殖値分散の距離が短くなる[25]。生活史形質と移動分散の問題は，亜種分化に関係が深いと思われる。南西諸島を移動する渡り性の集団と留鳥性の集団間に遺伝的交流があるのかどうかは，それぞれを種として独立させるべきかどうかの考え方と関係し，興味深い。

(3) 小笠原諸島・硫黄列島

　小笠原諸島は東京から約1000 kmの太平洋上にある海底火山の隆起によってできた大洋島である。急峻な地形を持つ約20個の島々から構成される。この列島には，約4000万年前の火山活動でできた岩石が分布しており，赤道付近から3000万年以上かけて，現在の位置まで移動したと考えられる[39]。列島で最も大きい父島の面積は約24 km^2, 最高峰は中央山319 m, 二番目に大きい母島の面積21 km^2, 乳房山463 mである。

　小笠原諸島では，固有種の4種を産する（表1）。オガサワラカラスバト（*Columba jouyi*）は，カラスバト（*C. janthina*）の亜種と考えられた時期もあったが，種として再確認されている[47]。オガサワラガビチョウ（*Cichlopasser terrestris*）はツグミ属（*Geocichla*亜属）に属すが，類似種はない[48]。オガサワラマシコ（*Chaunoproctus ferreorostris*）はベニマユマシコ（*Propyrrhula subhimachala*）に類似するとも[49]，アカマシコ属（*Carpodacus*）に近縁とも言われている[48]。これらの固有種は，類縁する可能性がある種や属がフィリピンからヒマラヤにかけた暖温帯を中心にした分布域を持つことから，アジア大陸の古い鳥類相が生き残ったものの一部と考えられている[48]。メグロ（*Apalopteron familiare*）を除いた3種は既に絶滅し，2亜種に区分されていたメグロも亜種ハハジマメグロ（*A. f. hahajimra*）を残して，亜種ムコジマメグロ（*A. f. familiare*）は絶滅した。

　固有の亜種では，亜種ハシブトゴイ（*Nycticorax caledonicus crassirostris*）が絶滅し，現在5亜種が生息している。これらの固有の亜種は，伊豆諸島成立後に渡来した祖先種が分化を遂げた比較的歴史の新しいものと推察される[48]。それは本土から近く地史的な歴史の浅い伊豆諸島に，より分化の進んだオーストンヤマガラやアカコッコが分布し，小笠原で区分されている亜種の分化の程度はそれらよりも低いからである。

　硫黄列島は，小笠原諸島の南約200 kmに位置する火山に由来する大洋島で，北硫黄島，硫黄島，南硫黄島から構成される。最も大きな硫黄島の面積は約23 km^2, 最高標高は161 mである。海上に隆起したのが，数10万年前程と推定され，小笠原諸島よりもはるかに新しい島嶼である[50]。この列島は，固有の4亜種を産したが（表1），マミジロクイナ（*Poliolimnas cinereus brevipes*）は絶滅し

た。

　小笠原諸島，硫黄列島ともに火山によってできた大洋島であるが，成立の年代は大きく異なる。小笠原諸島は固有種4種を産するにも関わらず，硫黄列島で種レベルの分化が起こらなかった要因は地史的な時間差にあるのだろう。

(4) 大東諸島

　大東諸島は，沖縄本島の東400〜500 kmの太平洋上に位置する北大東島，南大東島，沖大東島（ラサ島）の三つの島から構成される。この諸島は1200万年前に赤道付近で海底火山が隆起して誕生した。火山は北上しながら沈降し，同時に環礁を上部に発達させながら，第三紀鮮新世末の200〜170万年前に現在の位置付近に現れた。そして，約100万年前頃に隆起したと推定される[43,44,51]。最も大きな南大東島の面積は約31 km^{2}で，最高標高は76 mである。島の外周は幅数百メートルの丘が取り囲み，中央がくぼんだ盆の様な形状をしている。

　大東諸島は固有7亜種を産する。そのうち亜種ダイトウコノハズク（*Otus elegans interpositus*），亜種ダイトウヒヨドリ（*Hypsipetes amaurotis borodinonis*），亜種ダイトウメジロ（*Zosterops japonicus daitoensis*）は現在も生息しているが，他の4亜種は絶滅した。

　大東諸島は比較的古い地史的な歴史を持つにも関わらず，固有種が進化しなかった理由は明らかではない。動物の島嶼分布は，大陸からの距離，他の島の存否（孤島，列島，群島など），海峡の広さや深さ，地史的古さ（隔離の長さ）や変遷，季節風や海流，動物自体の拡散能力，島内の生息環境，島の広さと地形，高さ，人為的影響の複合作用と考えられる[8]。これら要素を考慮に入れ，大東諸島をはじめ，固有種や固有亜種を産する島嶼における鳥類相の経時的変化を記述していくことが重要である。このような地道な記述研究が，島嶼における鳥類の進化研究に示唆を与えるであろう。

4 南大東島と父島における新しい個体群

　これまでに取り上げたような固有種や固有亜種は地史的な時間スケールを経て形成されたと考えられる。しかし、進化の起こるスピードは遥かに早い。たとえば、ガラパゴス諸島のダーウィンフィンチ類は、数年のスケールの環境変化によって形態を変化させる[52]。日本各地の鳥類も様々な環境変化、たとえば、台風や冷夏などを経験することで変化していると考えられるが、継続的に調査をしなければその様相は明らかにはできない。

　そのような研究に適した素材が、日本でも過去60年ほどの間に3種の鳥類で提供された。その一つがモズである。南北大東島では約30年前[53]、父島では約20年前[54]にモズが繁殖を開始し個体群ができた。このように形成された年代が特定できる自然の鳥類個体群は稀である。南北大東島と父島は、最も近いモズの繁殖地である種子島、および青ヶ島から、それぞれ海洋によって約500 km, 600 km隔離されている。モズは移動分散傾向が強い種として紹介したが、数百キロメートルにおよぶ海上を移動し、新たな個体群ができるには多くの偶然が作用しなければならないだろう。

　それに加え、南北大東島のモズは少ない個体数から増加した可能性が高いと思われる。これを証明するには遺伝解析に頼らなければならない。このような場合に有用なのが、個体群の遺伝的多様性の度合いを示す指標である対立遺伝子の種類と数、そして、ある遺伝子座を占める対立遺伝子の頻度で表現されるヘテロ接合度である。対立遺伝子数は多い程、ヘテロ接合度は値が大きい程、遺伝的多様性が高い。解析の結果、父島と南大東島の個体群の遺伝的多様性は渡り性の北海道の個体群よりも低く、少ない個体数が元になって個体群が形成されたと推察された。

　1998年に収集したモズの形態形質に関して解析を行なったところ、南大東島では、モズの尾長が北海道および父島よりも短かった。父島のモズの嘴は、北海道および南大東島の雄より大きくなっていた。それぞれの形質は、少ない個体数で個体群が形成された場合に、元になった個体の形質が広がる創始者効果によるものと推察している。

創始者の個体数が少なければ，必然的に近親交配の確率が高くなり，近交弱勢を起こす可能性がある。父島では，1998年に捕獲調査した17個体のうち，9個体が舌に異常な形状を示し，口腔内に腫脹を持つ個体があった。5個体にはフショ（跗蹠）の鱗が列状に張り出す症状が見られた。北海道個体群では認められない症状であり，近親交配による悪影響かもしれない。なお，1998年に南大東島で捕獲した25個体にはこのような症状は全くなかった。南大東島と父島の個体群の歴史には10年の隔たりがある。近交弱勢と思われる症状が南大東島で認められないのは，劣勢有害遺伝子を持つ個体が既に排除され，遺伝的多様性は低いものの健全な個体群になっているためと予想している。低い遺伝的多様性が，個体群にどのような影響を与えるか，今後が注目される。

なお，小笠原諸島父島および母島では，現在トラツグミが繁殖している。トラツグミは戦時中か戦後のある時期に定着した可能性が高く[48]，小笠原諸島における歴史は約60年と浅い。南大東島で2003年に繁殖が確認されたウグイスは，重複侵入によって個体群が確立されてきていると思われる。これらもモズと同様に今後の動態は注目に値する。

5 鳥類保全の単位

保全生物学は，生物多様性の保全にとりくむ学問である[55]。生物多様性は，生態系，種，遺伝子の三つのレベルで表現される[6,55,56]。

種の多様性は，ある限定された地域内の生物の種数としてとらえることができる。日本で，一般的に保全鳥類学で用いられる種の概念は，「種とは実際もしくは潜在的に交配可能な自然個体群の集まりをいい，これらの個体群は他の種の個体群とは繁殖のうえで隔離されている（マイアー）[57]」という生物学的種概念である[55]。しかし，第1章で示されているように，日本では基本的に形態の調査に基づいて種の区切り方が決められており，DNA等を用いた種間の遺伝的交流の有無を確かめた研究はまだ少ない。つまり，ある限定された地域の生物多様性を保全する場合，現在の種分類を利用しなければ多様性

を定量することが困難であるというのが実情である（鷲谷と矢原[58]を参照）。(現実的に)種は消失を定量化できる単位なので保全の焦点になり[59]，利便性のために現段階の種を用いているといえるだろう。

　亜種は，種内の多様性を表現できる基準である。例に挙げた島々の鳥類の固有性を見るとわかるように，形態形質をはじめとした形質の差異を基準にして区分できる違いは，異なる進化的な歴史を積み重ねた結果を反映している。つまり，遺伝的多様性を保全する場合の基準として役立つ。しかし，亜種も種と同様に保全生物学のために作られた基準ではなく，保全を実践する際の遺伝的多様性の単位として利用する場合には，注意が必要である。主に現在認識されている亜種の基準は，個体群の進化的歴史や現在および過去における遺伝子流動を必ずしも十分に組み込めていないことが問題とされる[59]。

　たとえば，現在の日本産鳥類の亜種区分は多くの場合，形態形質の差異に基づいているので，異所的に分布していて形態が類似している個体からなる個体群は同一の亜種に分類される。もし，これらの個体群が遺伝的に独立している場合には，保全学的には区分けが必要である。屋久島と伊豆諸島に生息するコゲラやキジ，コマドリに同一亜種名が与えられる例がこれにあたる可能性がある。この場合，保全の対象範囲が過小評価されることになる。ここでは日本の鳥類の亜種を例にして話を展開しているが，日本よりも地理的に広い視野で見れば，近縁種であるインドカケスとルリカケスなどにも同じ論理を当てはめることができる。つまり，遺伝的交流が絶たれてから，地史的な時間が経過している両個体群は，片方はもう一方の代わりにはならない。

　一方，ヤマドリやコゲラの様に側所的に生息している個体群が異なる亜種に区分される例がある。亜種間に十分な遺伝的交流がある場合を想定した場合，亜種の区分は保全の単位としての実質的な意味は持っていない。また，遺伝的交流が広い範囲にわたり，羽色にクラインを示すような種の場合を考えると，表現形発現に対する環境の影響の比率が大きい可能性がある。亜種オーストンヤマガラが飼育下では，淡色化する現象がこれにあたる[34]。この亜種区分は保全対象を過大評価することになる。また，現在認識されている亜種は信頼できる分類学の論理に従わずに，恣意的に国境が関係しているなどの理由で分類されているとの批判もある[50]。

このような問題点を補うために，現在認識されている種や亜種の代わりに進化的に重要な単位（Evolutionary Significant Unit = ESU）が，保全の単位として考案された[50]。前章で紹介された系統学的種概念は，現状の種分類・亜種分類の問題点を克服するために分類学者が発案したものだが，ESUはこの概念と内容的に非常によく似ているとされる[60]。ESUは分子系統的に単系統となる種を基準とする。個体群が隔離されてきた進化的な期間を明らかにすることが，この概念で最も重要とされる点であり，分子系統学的データが用いられる[61, 62]。保全生物学の三つの異なる保全レベルのうち，種のレベルと同等に位置する重要性を有するといえるだろう。ESUは個体群の移住などに伴う短期的な変化を表現することが難しいなどの問題点を持っている。

そこで，管理の単位（Management Unit=MU）が個体群間の同一性や異質性を評価するために用いられている[63]。この単位は，分岐からの期間が進化的に際立った形質を蓄積するのに十分ではない個体群や遺伝子流動の制限などの要因が個体群を遺伝的に独立ではなくしている場合の評価に用いられる。MUの基準は，ミトコンドリアDNAのハプロタイプの頻度の違いが用いられる。遺伝的な違いをより重要な評価基準とするESUやMUでも，どの程度の変異があれば単位として区切ることができるのか，ということが問題となる。結局，実際に保全を行なう区域の設定や生存不可能になっている個体群に他地域から同種を移入する場合などには恣意的な要素は排除できない。現在認識されている種や亜種を保全の基準として受け入れる必要がある。過去の分布様式を参考にしなければ有効な対策は立てられないということである。移動分散に関する情報は，このような問題にも示唆を与えることができる。つまり，保全のために作られた基準であるESUやMUと現在認識されている種や亜種は，生態学的な情報を含め相互補完的に使われる必要がある。保全の単位としてESUやMUを採用すれば，現行の分類体系をそのまま用いる場合に生じる問題は部分的に解消される。

現在認識されている種や亜種は，一目瞭然にコストをかけずに判別が可能なのに対し，ESUやMUの判断には，遺伝解析のために大きなコストを必要とする。事実上，すべての集団に遺伝解析を導入するのは不可能である。したがって，現在認識されている種や亜種の区分を利用することなしに保全の対

象となる単位を明確にすることはできない。上述のように亜種の区分を保全に利用することには注意を要するが，さらに人は生態学的に重要な形質をすべて認識できるわけではないので，亜種だけに頼ることはできない。つまり，保全の対象を決定する際には対象となる集団の遺伝学的な調査を施す必要がある。

　最後に島の鳥類を材料にして生態学研究を実践している立場から，以下について強調しておきたいと思う。分類学および保全生物学共に，進化的に十分な時間が経過したものを対象としている。私は，モズやトラツグミのように偶然の飛来によって形成される歴史の浅い個体群，重複侵入で個体群の構造が刻々と変化していると思われる南大東島のウグイスなども保全される価値を持っていると思う。なぜなら，アカコッコやメグロも，最初は近縁種が隔離された場所に個体群を確立したことが，現在の固有種に至る始まりだったからである。隔離された集団では，任意交配からのずれ，遺伝的浮動，突然変異，自然選択などの様相を直接評価できる可能性があり，進化の研究をする上で有用な情報を提供する貴重な材料である。そのような研究は個体数が減少した希少種の保全に有用な情報を提供するであろう。

引用文献

1）日本離島センター（2003）『離島統計年報』財団法人日本離島センター.
2）杉村新，中村保夫，井田善明（1988）『図説地球科学』岩波書店. 東京.
3）木崎甲子郎（1980）『琉球の自然史』築地書館. 東京.
4）伊藤元巳（1996）「島嶼における植物の種分化」『生物の種多様性 バイオダイバーシティ・シリーズ1』裳華房. pp. 259-270.
5）日本鳥学会（2000）『日本鳥類目録』改訂第6版. 日本鳥学会. 帯広.
6）Bruford, M. W. (2002) Biodiversity-evolution, species, genes. Eds. Norris, K. & Pain, D. J. *Conserving Bird Biodiversity*. pp. 1-19, Cambridge Univ. Press. Cambridge.
7）山階芳麿（1942）「琉球列島特産鳥類3種の分類学的位置と生物地理学的意義について」*Trans. Biogeogr. Soc. Japan* 3: 319-328.
8）黒田長久（1972）『動物地理学』共立出版. 東京.

9) Short, L. L. (1973) Notes on Okinawa birds and Ryukyu Islands zoogeography. *Ibis* 115: 264-267.
10) 森岡弘之 (1974)「琉球列島の鳥相とその起源」『国立科博専報』7: 203-211.
11) 樋口広芳 (1996)「日本の鳥類相」『日本動物百科3鳥類I』樋口広芳・森岡弘之・山岸哲編集. 平凡社. 東京. pp. 6-9.
12) Kawaji, N. and Higuchi, H. (1989) Distribution and status of the Ryukyu Robin *Erithacus komadori*. *J. Yamashina Inst. Ornith.* 21: 224-233.
13) 山階芳麿 (1942)「伊豆七島の鳥類 (並びに其の生物地理学的意義)」『鳥』11: 191-270.
14) 藤村和男 (1948)「アカコッコに就いて」『鳥』12: 57-62.
15) Yamashina, Y. & Mano, T. (1981) A New species of Rail from Okinawa Island. *J. Yamashina Inst. Ornithol.* 13: 1-6.
16) Springer, M. S., Higuchi, H., Ueda, K., Minton, J., and Sibley, C. G. (1995) Molecular evidence that the Bonin Islands "Honeyeater" is a white-eye. *J. Yamashina Inst. Ornithol.* 27: 66-77.
17) 梶田学, 川路則友, 山口恭弘, Khan AA (1999)「ルリカケス *Garrulus lidthi* の系統関係について──DNA解析と形態の両面から──」『日本鳥学会1999年度大会講演要旨集』p44, 東京大学.
18) 森岡弘之 (1976)「鳥類から見た屋久島の生物地理的地位」『国立科博専報』9: 163-171.
19) Kawaji N, Higuchi H, & Hori H. 1989. A new breeding record of the Izu Island Thrush *Turdus celaenops* from the Tokara Islands, southwest Japan. *Bull. Brit. Orn. Club* 109: 93-95.
20) 梶田 学, 太田紀子, 柿沢亮三 (1998)「アカコッコ *Turdus celaenops* の系統関係について──DNA解析と形態の両面から──」『日本鳥学会1998年度大会講演要旨集』p37, 北九州大学.
21) 馬渡峻輔 (1994)『動物分類学の論理 多様性を認識する方法』東京大学出版会. 東京.
22) 片倉晴雄 (1995)「多次元的種を分類する オオニジュウヤホシテントウ種群を例として」. P116-128. 馬渡峻輔編著.『動物の自然史 現代分類学の多様な展開』北大図書刊行会. 札幌. 274pp.
23) 森岡弘之 (1977)「伊豆・小笠原諸島のウグイスの分類学の考察」『国立科博専報』10: 171-177.
24) 山田常雄ほか (1983)『岩波生物学事典第3版』岩波書店. 東京. 1404pp.
25) Paradis E, Baillie SR, Sutherland WJ & Gregory RD. 1998. Patterns of natal and breeding dispersal in birds. *J. Anim. Ecol.* 67: 518-536.
26) 山岸 哲 (1981)『モズの嫁入り 都市公園のモズの生態を探る』大日本図書. 東京. 158pp
27) 茂田良光 (1993)「高原モズとは何者か」『バーダー』7 (10): 36-41. 文一総合出版. 東京.
28) Haas CA & Ogawa I. 1995. Population trends of Bull-headed and Brown Shrikes in Hok-

kaido, Japan. *Proceedings Western Foundation Vertebrate Zoology* 6: 72-75.
29) Takagi M. (2003) Philopatry and habitat selection in bull-headed and brown shrikes. *J. Field Ornithol.* 74: 45-52.
30) 山階鳥類研究所（2004）『おもしろくてためになる 鳥の雑学事典』日本実業出版社．東京．241pp.
31) 佐野昌男（1974）『雪国のスズメ（自然にいきる）』誠文堂新光社，東京．236pp.
32) 太田紀子・梶田学・柿沢亮三（1999）「PCR-RFLP法により検出されたシジュウカラ科のmtDNA（cytb）の種内変異」『日本鳥学会1999年度大会講演要旨集』p43, 東京大学．
33) Yamamoto, Y. and Higuchi, H. (2004) First Record of the Varied Tit Subspecies *Parus varius varius* from Miyake Island of the Izu Islands, Central Japan. *J. Yamashina Inst. Ornithol.* 35: 144-148
34) 小島哲朗　1962「オーストンヤマガラの気候による換羽後の羽色変化」『鳥』17: 204-205.
35) Yamaguchi, N. 2005. Cheek patch coloration varies greatly within a subspecies of the Varied Tit *Parus varius*. *Ibis* 147: 836-840
36) 梶田　学・真野　徹・佐藤文男（2002）「沖縄島に生息するウグイス *Cettia diphone* の二型について——多変量解析によるリュウキュウウグイスとダイトウウグイスの再評価——」『山階鳥研報』33: 148-167.
37) Brawn JD & Robinson SK 1996. Source-sink population dynamics may complicate the interpretation of long term census-data. *Ecology* 77: 3-12.
38) Neigel, J. D. & Avise, J. C. (1993) Application of a random walk to geographic distribution of animal mitochondrial DNA varaiation. *Genetics* 135: 1209-1220.
39) 高橋直樹（1995）「伊豆諸島・小笠原・マリアナ島弧の地誌」『特別展 伊豆・小笠原・マリアナ島弧の自然——房総の南に連なる島じま——』千葉県立中央博物館．pp. 33-36.
40) 長谷川雅美（1995）「2. 伊豆諸島と小笠原諸島の爬虫両生類相」『特別展 伊豆・小笠原・マリアナ島弧の自然——房総の南に連なる島じま——』千葉県立中央博物館，千葉．pp. 40-43.
41) 池田清彦（1984）「昆虫分布論序説」『月刊むし』165: 2-10
42) 田淵洋（1979）『新版 自然環境の生い立ち 第四紀と現在』朝倉書店．東京．
43) 神谷厚昭（1984）『シリーズ沖縄の自然1 琉球列島の生いたち』新星図書出版．浦添．
44) 神谷厚昭（1988）『シリーズ沖縄の自然3 琉球列島の地形』新星図書出版．浦添．
45) Crick, H. Q. P., Gibbons, D. W. and Magrath, R. D. (1993) Seasonal changes in clutch size in British birds. *J. Anim. Ecol.* 62: 263-273.
46) Svensson, E. (1995) Avian reproductive timing: when should parents be prudent? *Anim. Behav.* 49: 1568-1575.
47) 黒田長禮（1930）「日本及臺灣産鳥類數種の再調査」『鳥』6: 1-12.
48) 森岡弘之（1987）「小笠原の鳥」『日本の生物』1 (2): 30-35.
49) 蜂須賀正氏（1930）「再びオガサワラマシコを論ず」『鳥』6: 268-269.

50) 清水善和（1998）『小笠原自然年代記 自然史の窓3』岩波書店. 東京.
51) 池原貞雄・加藤祐三（1997）『沖縄の自然を知る』築地書館.
52) Grant, B. R. and Grant, P. R. (1989) Evolution Dynamics of a Natural Population. *The large Cactus Finch of the Galápagos.* Univ. Chicago Press, Chicago and London.
53) 高木昌興（2000）「南大東島に生息するモズの羽色および形態の記載, 島内の分布状況と繁殖生態」『山階鳥研報』32: 13-23.
54) 千葉勇人（1990）「小笠原諸島におけるモズの繁殖」『日鳥学誌』38: 150-151.
55) 樋口広芳編著（1996）『保全生物学』P13-14. 東大出版会. 東京.
56) 井上民二・和田英太郎（1998）『岩波講座 地球環境学5 生物多様性とその保全』岩波書店. 東京.
57) 金子之史（1998）『哺乳類の生物学1 分類』東京大学出版会. 東京.
58) 鷲谷いずみ・矢原徹一（1996）『保全生態学入門──遺伝子から景観まで』文一総合出版, 東京.
59) Pullin, A. S. (2002) *Conservation Biology*.『保全生物学 生物多様性のための科学と実践』（井田秀行・大窪久美子・倉本宣・夏原由博 共訳）共立出版. 東京. (2004)
60) Cracraft, J. (1997) Species concepts in systematics and conservation biology - an ornithological viewpoint. In Claridge, M.F., Dawah, H.A., & Wilson, M.R. (eds.), *Species: the units of biodiversity*, Chapman & Hall, London: 325-339.
61) Avise JC & Ball RM (1990) Principles of genealogical concordance in species concepts and biological taxonomy. *Oxford Surveys in Evolutionary Biology* 7: 45-68.
62) Moritz, C. (1994) Applications of mitochondrial DNA analysis in conservation ? a critical review. *Molecular Ecology* 3: 401-411.
63) Moritz, C. (1994) Defining evolutionary significant units for conservation. *Trends in Ecology and Evolution* 9: 373-375.
64) Shigesada N, Kawasaki K & Takeda Y. (1995) Modeling stratified diffusion in biological invasions. *American Naturalist* 146: 229-251.
65) Ryder OA 1986. Species conservation and systematics: the dilemma of subspecies. *Trends in Ecology and Evolution* 1: 9-10.

第3章

クマタカの遺伝的多様性

浅井芝樹

　クマタカ (*Spizaetus nipalensis*, 口絵1) は全長 80 cm, 翼を広げると 165 cm になる大型の猛禽類で, 日本の森林にすむワシタカ類としてはイヌワシに次いで大きい。よく繁った森林が残り, 急峻な斜面のある山地に生息する。世界的にはインドから中国南部, 台湾にかけて生息し, 日本では北海道から本州, 四国, 九州に至る山林に周年生息する。日本に生息するのは *S. n. orientalis* という亜種でこの亜種はほぼ日本固有亜種といってよい (朝鮮半島に迷行した記録がある)。

　2002年度版のレッドデータブックでは絶滅危惧ⅠB類 (近い将来における絶滅の危険性が高い種) とされ, 2004年8月31日に環境省は報道発表資料として全国で1800羽という推定値を発表した。

　クマタカは大型の肉食動物で食物連鎖の頂点に位置するのでそもそも個体数が少ない。また, 深い森を好むため, 森林破壊が進んで生息地が失われることによる個体数減少が以前から懸念されていた。しかしながらこれまでクマタカ個体群の構造や動態について科学的見地にたった研究調査の公表は非常に少なく, 本種の保護のために利用できる科学的情報はまだ少ない。本章では遺伝的多様性という観点からクマタカが現在おかれた状況について考えていきたい。

1　絶滅危惧種における問題——遺伝的多様性の重要性

　ある種，あるいは個体群が絶滅しないようにするにはある程度以上の個体数が維持されるということが最も重要だろう。しかし，同じ個体数であっても，絶滅しやすい場合と絶滅しにくい場合がある。例えば，その個体群が抱えている遺伝子の多様性によって絶滅の可能性が異なる。

　各個体の生存能力，例えば病気への抵抗性などは，その個体が持つ遺伝子の組み合わせによって大きく左右されると考えられる。強力な伝染病がある個体群を襲ったとき，その個体群中の個体が皆同じ遺伝子しか持っていなければ，その遺伝子がたまたまその伝染病への抵抗性を持つものでない限り，すべての個体が感染して死んでしまうかもしれない。それに対し，その個体群中に様々な遺伝子があれば，抵抗性がなく死んでしまうものがいる一方で，遺伝的に抵抗性を持っており，生き残るものもあるだろう。

　環境は常に変動しているので，絶滅危惧種は様々な脅威にさらされることになる。このとき，個体群中に単一の遺伝子しかないよりは，様々な遺伝子が存在している方が環境変動に対して適応力があり，長く維持されると考えられる。したがって，ある種・個体群を保全する場合，単に個体数だけでなくその個体群が持つ遺伝子の数，すなわち遺伝的多様性が問題となる。

　遺伝子は親から子へ伝えられることで残っていくが，実際には個体群サイズは有限なので前の世代から伝えられなかった遺伝子も必ずあるはずだ。

　個体群サイズ（N）がどの世代でも一定である個体群を考えると，祖先が異なる対立遺伝子の組み合わせ（ヘテロ接合体）は毎世代 $1/(2N)$ ずつ減少することになる[1]。これはつまり，何世代も続いてきた遺伝子の系統が確率的に毎世代減少していくことを示している。このように偶然に，ある対立遺伝子の頻度が増えたり減ったりすることを遺伝的浮動と呼ぶ。遺伝的浮動により，多様性は $1/(2N)$ ずつ減少するので，個体群が小さいときは遺伝的多様性の喪失が早い。絶滅が危惧される種というのは個体数がすでに減ってしまっているので，遺伝的多様性の減少がより懸念されるのである。

　小さな個体群では遺伝的浮動により遺伝的多様性が失われやすいが，他の

個体群から移入する個体があれば，つまり，新しい遺伝子の導入があればそれがわずかであっても遺伝的多様性が維持される[2]。個体群間の遺伝子の交流を遺伝子流動と言うが，地域個体群間の遺伝子流動は遺伝的多様性を維持する上で重要である。他の個体群から孤立しており，遺伝子流動の少ない個体群は，個体群サイズが同程度であっても遺伝子流動が多い個体群より遺伝的多様性が失われやすく，したがって絶滅可能性が高いと考えられる。

　クマタカを含む絶滅危惧種についてその遺伝的多様性を調べるとき，どの程度遺伝子が交流しているかを考慮する必要がある。必ずしも分布域全体で自由に交配できるとは限らない。移動能力の低い種であれば各地域個体群間で個体の出入りがなく，遺伝子流動がない可能性も十分ある。遺伝子流動の程度を考慮しないで分布域全体の遺伝的多様性を調べれば，実際には多様性が低い個体群がいくつかあるだけなのに，全体として多様性が高いように見えるかもしれない。

　図1のAでは，全体が一つの個体群でどの個体も自由に交配できると見なされている。このとき，黒型の個体と白型の個体は7個体ずつであり，78ページで述べられる遺伝子多様度を計算すると0.5となる（簡単のため半数体を扱っているものとする）[1]。ところが，実際にはBのようにお互いに交配できない二つの個体群であった場合には，黒と白が2：5，あるいは5：2であり，いずれも遺伝子多様度が0.4となる[2]。つまり，対象が遺伝的交流のある一つの個体群（Aのような場合）であれば，全サンプルを用いて計算された遺伝的多様性指標を用いてもよいが，もし，対象が遺伝的交流を妨げる障壁で分けられた複数個体群（Bのような場合）であった場合，それぞれの個体群で遺伝的多様性指標を計算しなければ，正しい評価ができない。

　実効性のある保全保護対策とするためには，遺伝子が交流している範囲を

---

[1] i番目のハプロタイプの相対頻度をx_iとすると，遺伝子多様度（ハプロタイプ多様度）は$1-\sum x_i^2$である（母集団を対象とする場合$\frac{n}{(n-1)}$を掛けない）。したがって，白と黒が7個体ずつの場合，$1-\left(\frac{7}{14}\right)^2-\left(\frac{7}{14}\right)^2=1-\frac{1}{4}-\frac{1}{4}=0.5$となる。

[2] 註[1]と同様に$1-\sum x_i^2$なので，白：黒が2：5，あるいは5：2のとき，$1-\left(\frac{2}{7}\right)^2-\left(\frac{5}{7}\right)^2=1-\frac{4}{49}-\frac{25}{49}=\frac{20}{49}=0.4081...$である。

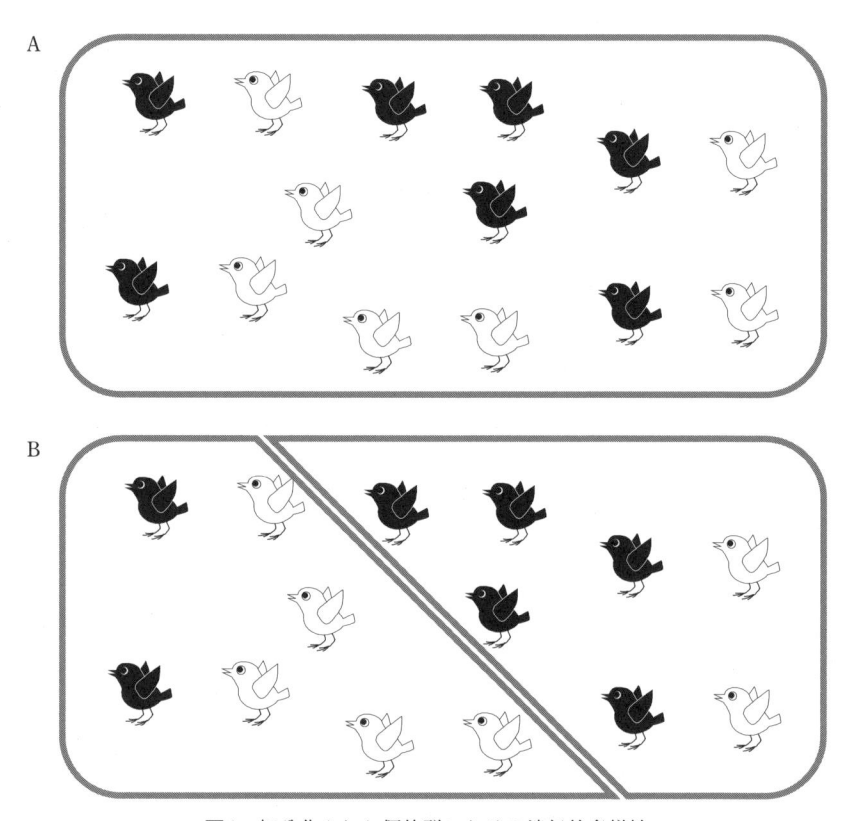

図1 細分化された個体群における遺伝的多様性

一つの個体群と認識して対応しなければならない。また，お互いに個体の移出入がある個体群だとしても，個体の移動ルートが特定地域に限定しているならば，そのポイントが破壊されることでお互いに遺伝子流動のない隔離個体群になってしまうかもしれない。こういった問題を回避するために，どのような遺伝子流動があるかを知ることが重要である。

2 遺伝子とDNA塩基配列

これまでの文脈に従って遺伝的多様性を調べるなら，それぞれの遺伝子座

についてどれくらいの対立遺伝子があるのか，その頻度を明らかにすればよい。しかし，個体群中に「遺伝子」の種類がどれくらいあるかということを議論することよりも，むしろ個体群中で見いだされるDNA塩基配列の種類がどれくらいあるかを議論することの方が多い。混乱を回避するために，これらの違いを簡単に説明しよう。

「遺伝子」は，「遺伝」という生物学的現象をつかさどる最小単位を言う。例えば，血液型A型の遺伝子というものが存在する訳だが，この情報を運ぶのは物質名で言うとデオキシリボ核酸（DNA）といういくつかの元素が次々と結びついた長い分子である。DNAはヌクレオチドという単位に分解することができ，ヌクレオチドはさらに糖，リン酸，塩基という構成要素に分解できるが，このうち塩基にはアデニン（A），シトシン（C），グアニン（G），チミン（T）の4種類がある（図2）。このA, C, G, T, 4種類のいずれかの塩基を持つヌクレオチドが，どのような順序で結びつくかによってそれぞれ異なる遺伝情報を伝える。言ってみればACGTという四つの文字で書かれた"文章"である。この文章は3文字ずつの"単語"（コドン）でできており，それぞれの"単語"は一つのアミノ酸に翻訳される。アミノ酸の配列は特定のタンパク質となり，生体内で機能する。

しかし個体間で比較すると，機能的に同じ役割を持つタンパク質を持っていても，アミノ酸配列には若干の違いが生じていることがある。当然のことながらこの違いは塩基配列に由来する。すなわち，それらの個体はDNA塩基配列が異なっている。また，コドンは理論的には$4^3=64$通りあるが，対応するアミノ酸の種類は20種類である。したがって一つのアミノ酸に対応するコドンが複数あり得る。特に，コドンの3文字目が違っていても同じアミノ酸に対応していることが多い。つまり，完全に同じアミノ酸配列を持つ個体間でも塩基配列が異なっている場合がある。

結局のところ，機能的な意味での「遺伝子」としては全く同一であっても，そのDNA塩基配列には様々なものがあり得るということだ。これらの違いは「機能的な遺伝子」の多様性は意味していない（ただし，これらの違いが進化の過程で機能的な意味を持つようになる可能性は十分ある）。あくまでも「DNA塩

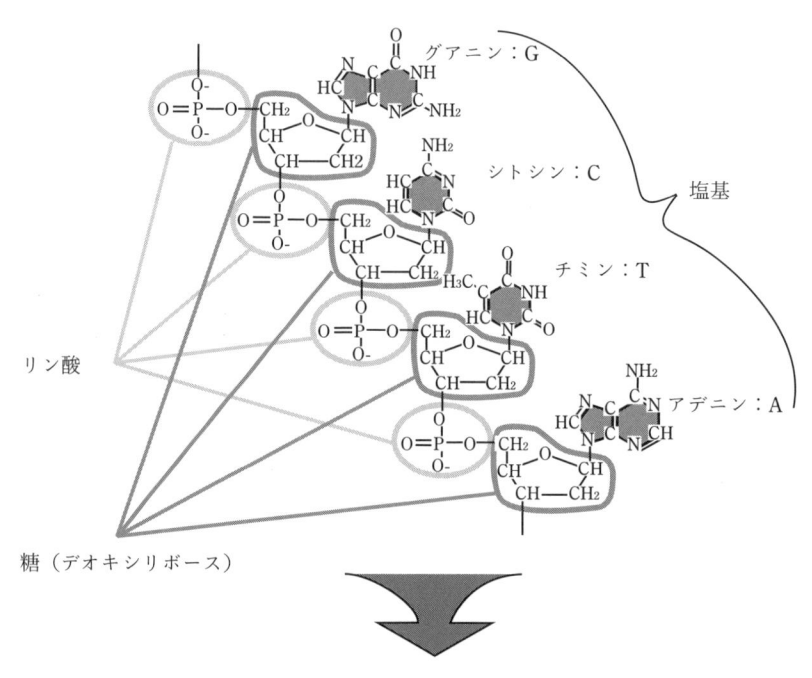

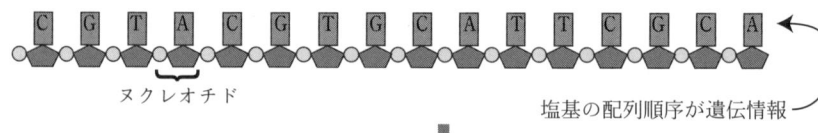

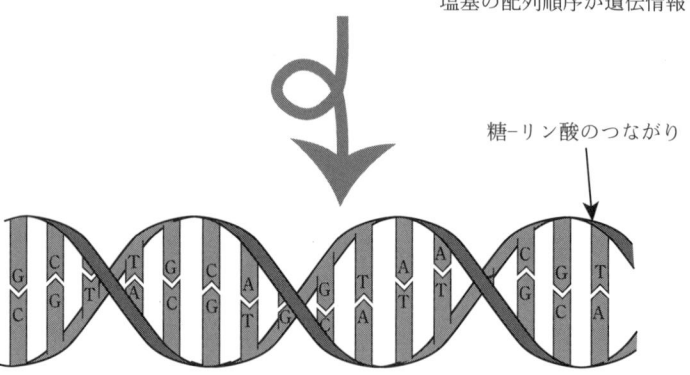

図2 DNA分子

基配列」の多様性である。しかし，遺伝の法則に従ってコピーされ次世代に受け継がれるのはDNAなので，DNA塩基配列が異なれば，それは家系が異なっていることを意味する。これから紹介する「遺伝的多様性」で実際に測っているのは，「家系の多様性」である。それぞれの家系にはそれぞれ独特の遺伝子が受け継がれているだろう。個体群中に多くの家系が存在するということは，多様な遺伝子が存在することに等しいとみなしているわけだ。

3　ミトコンドリアDNA

　ミトコンドリアは細胞内小器官の一つで酸素呼吸によりエネルギーを取り出す。DNAのほとんどは核内に存在するが，ミトコンドリア内にもわずかながら存在する。これはミトコンドリアDNAと呼ばれ，DNA鎖の端と端がつながって環状構造をしている。動物では1万6000～1万9000 bp（塩基対）程度である。

　ミトコンドリアは核内ではなく細胞質内に存在するから，ミトコンドリアDNAが親から子へ伝わるときは卵の細胞質を通じて受け継がれる。したがって，母親のミトコンドリアDNAだけが引き継がれ，父親のミトコンドリアDNAは次世代に残らない（母系遺伝）。また，核DNAでの減数分裂のように相同な配列間で組み替えが起こるというようなことがない。したがって，DNA塩基配列の違いは突然変異に由来しており，核のDNAを扱うことに比べれば，二つの配列をより単純な仮定で比較できる。さらに，核のDNAより突然変異率が高いので比較的最近に分岐した系統でも塩基配列に差が生じている傾向にある。これらの特徴から，ミトコンドリアDNAは系統学の研究によく用いられてきた。

　核のDNAには遺伝情報を持たない領域がたくさんある。これらの部位はイントロンと呼ばれ，その機能的な意味は現在のところ不明である（ただし，このような部位が発現するよう変化したとき，適応度の大きな変化をもたらしうるので進化的に重要であると考えられている）。しかし，ミトコンドリアDNAではイントロンがほとんどないのが特徴である。その環状DNA中に13のタンパク

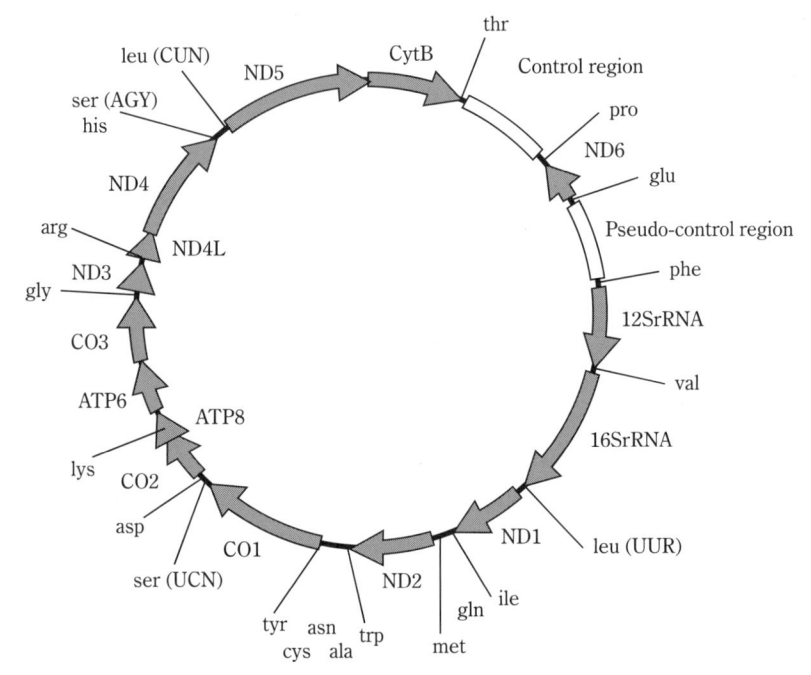

図3 クマタカのミトコンドリアDNA（Y. Yamamoto未発表データより）

ミトコンドリアDNAは環状構造をしており，クマタカの場合全体で1万7667 bpであった。矢印は遺伝子あるいはRNAの情報があるところを示しており，その方向が読みとる方向を示す。小文字で示されている所に転写RNAの情報がある（どのアミノ酸に対応しているかが示されている）。白抜きのところがコントロール領域（Control region）と擬コントロール領域（Pseudo-control region）である。

質と22の転写RNA，二つのリボソームRNAの配列をコードしている（図3）。ミトコンドリアDNAは全体として突然変異率が高いが，その中でもコントロール領域（Dループ領域）と呼ばれる領域で特に突然変異率が高い。コントロール領域は，DNAを複製する際に酵素が結びつく認識部位と考えられている。先に，遺伝子としては同一でも塩基配列が異なる場合を紹介した。しかし，突然変異はランダムに起こるので，コドンの3文字目以外のところでも生じるし，その結果としてタンパク質の機能を損なうようなアミノ酸置換も生じうる。そういった突然変異はほとんどの場合，その個体に有害な結果をもたらす。結果として，自然淘汰によって不利な突然変異を持つ個体は死亡し，個体群中からその突然変異が消失するということになる。要するにDNA

塩基配列の多型というのはむしろ見つかりにくいと考えられるのだ。ところが，イントロンやミトコンドリアDNAのコントロール領域などはそもそも淘汰にかからないため，突然変異が蓄積されやすい。鳥類のミトコンドリアDNA全体では突然変異が100万年あたり2％と推定されているが，ミトコンドリアDNAコントロール領域では100万年あたり21％という推定値がある[3]。このように分岐率が高いので種内に多型があり，特定の種の遺伝的多様性を調べることに適したDNA領域であると考えられる。

4　クマタカのミトコンドリアDNA全塩基配列

　本章で紹介する研究例では，クマタカのミトコンドリアDNAのコントロール領域，1158 bpの中でも特に塩基置換率が高いと考えられる部位（ドメインⅠ）418 bpだけを扱った。しかしそれに先だって，筆者と共同研究している兵庫医科大学の山本義弘博士によってミトコンドリアDNAの全塩基配列が解読された。特定の塩基配列を解読する研究では，通常，人工的にDNAを複製するPCR法と呼ばれる実験を利用するのだが，このためにはターゲットになる配列の前後配列があらかじめわかっていなければならない。その前後配列を目印にしてその間の配列を増幅し，増幅されたDNAの塩基配列を読むのである。したがって，前後配列の情報を引き出さなければならないわけだ。このためにクマタカのミトコンドリアDNAの全塩基配列が解読された。この解読を1サンプルで行ってターゲット領域の前後配列を確かめ，他のサンプルはその情報にしたがって上記の418 bpだけを読みとる方法を使ったのである。

　ミトコンドリアDNA内の遺伝子の配置は多くの動物で共通である。しかし，コントロール領域の配置が分類群によって少し異なっていることが明らかにされつつある。クマタカのミトコンドリアDNA全塩基配列を調べた結果，そのコントロール領域の配置はニワトリとは異なっており，ニワトリでコントロール領域がある位置にはコントロール領域に類似した別の配列があった。このような擬コントロール領域とでも言うべき配列は他の鳥類でも見つかっており，特にワシタカ類で特徴的で，ハヤブサ（*Falco peregrinus*），ノスリ

(*Buteo buteo*)で同様の擬コントロール領域がある。また，やはり山本博士が明らかにしたカオグロクマタカ(*Spizaetus alboniger*)のミトコンドリアDNAでも同様であった。これらコントロール領域や擬コントロール領域の配置の違いがどのように生じてきたのか明らかになれば，鳥類の進化を解明する手がかりとなるかもしれない。

5 羽毛サンプルとそのハプロタイプ

遺伝的多様性を調べるには広い地域で多くの個体から細胞を採取する必要がある。しかし，クマタカは個体数が少なく，捕獲も困難な鳥である。

独立行政法人水資源機構では水の安定的な供給の確保を図ることを目的にダムの建設と管理を行っているが，そのダム建設予定地の環境アセスメントとしてクマタカの生息状況と繁殖行動の観察を実施している。繁殖終了後に巣の調査を行い，その際に巣とその周辺に落ちている羽毛を採取している。これらの羽毛の根元には体に付着していたときの細胞が残されているので，この細胞からDNAを抽出することが可能であった。水資源機構と国土交通省の協力を得て各地のクマタカ羽毛を集めることで，クマタカ自体に影響を及ぼすことなく広い範囲から多くのサンプルを得ることができた。またこのような羽毛サンプルの他に，各地で拾われた鳥の死体が財団法人山階鳥類研究所に標本として寄贈されることがあるが，これらの中に含まれていたクマタカの筋肉からもDNAが抽出され，本研究のサンプルとして用いられた。

本書は実験手引書ではないので，DNA抽出法やDNA塩基配列を決定するまでの操作については割愛する。結果としては，250あまりのサンプルのうちおよそ70％，178サンプル（ほとんどが羽毛サンプル）でミトコンドリアDNAのコントロール領域配列が明らかになった。野外で落ちている羽毛を用いたため必然的に傷んでおり，細胞が付着していると考えられる根元部分が失われていたり，水が浸透していたりしていたので目的のDNA塩基配列を読むことができないサンプルがあった。ただし，今回の実験では685 bp以上のDNA断片を検出対象としたので，読むことができなかった理由はDNAが失われてい

たためではなく，野外に放置されている間にDNAが分解され，685 bpより小さく断片化していただけかもしれない。もっと小さなDNA断片を対象とする実験であれば，扱えるサンプル数は増えるだろう（ただし，これはミトコンドリアDNAに限ったことかもしれない。核DNAを対象とした場合では100 bp程度の断片でも扱えない場合があった）。

178サンプルのDNA塩基配列は上記のミトコンドリアDNAコントロール領域の418 bpだけを対象に分析されたが，26タイプの塩基配列，すなわちハプロタイプ（本研究の対象は遺伝的な意味を持った一連の配列ではないので「遺伝子型」が26見つかったのではない。遺伝情報の有無とは関係なく塩基配列の違いを言うときにはハプロタイプという用語を用いる）に分けることができ（図4），それぞれ任意の番号を与えた。ただし，ハプロタイプ24は実際には塩基配列を決定する実験で2通りの配列が検出されるヘテロプラスミーと呼ばれるものであった。これは一個体中のミトコンドリアDNAに2種類の配列があるためと考えられる。こういった状態は世代を経るにつれどちらか一方の配列が優勢になり，単一のハプロタイプになると考えられる。しかし，ヘテロプラスミーを含めると分析がややこしくなるため，この24番に属する4サンプルはすべて省いた。したがって，分析では174サンプル，25ハプロタイプが扱われている。

本研究で扱われたサンプルのほとんどは野外に落ちていた羽毛であったため，どの個体がどのハプロタイプであったのかは決定できなかった。ということは，同じ個体から落ちた羽をたくさん採集している可能性もある。しかし，遺伝的多様性や遺伝子流動の単位となるのは個体であるため，どの羽毛がどの個体に由来するのか推定する必要があった。本研究で用いられた推定法は，(1) ハプロタイプが違うサンプルは違う個体に由来する，(2) 野外で採集する際に対象となっていた巣が異なっている場合には，ハプロタイプが同じでも違う個体に由来する，という二つの基準を用いた。同じ巣から得られた複数のサンプルは，つがいの一方から複数採集された可能性と，つがいの両方から採集された可能性の二つが考えられ，ハプロタイプが二つ見つかっていれば明らかにつがいの両方から採集されたと見なせるが，ハプロタイプが一つしか見つかっていない場合，つがいの一方から採集されたのか，

68　第I部　鳥類保全の単位

Haplotype	Site																					
	36	51	60	71	78	88	107	110	117	192	224	253	258	270	283	297	305	341	380	407	415	416
1	T	G	T	C	C	-	C	A	G	A	G	C	C	A	T	T	C	T	G	T	A	A
2	.	.	.	.	-	.	.	.	.	.	.	.	.	.	.	.	.	.	.	.	.	.
3	.	.	.	.	.	.	.	.	.	.	.	.	.	.	.	.	.	.	.	A	.	.
4	.	.	.	.	.	.	.	.	.	.	.	.	T	.	.	C	.	.	A	.	.	.
5	.	.	.	.	.	.	.	.	.	.	.	.	.	.	C	T	.	A	.	.	.	.
6	.	.	.	.	.	.	.	.	.	.	.	.	.	.	.	C	.	.	A	.	.	.
7	C	.	.	T	.	.	.	.	.	.	.	.	.	.	.	C	.	.	A	.	.	.
8	.	.	.	.	.	.	.	.	.	.	.	.	.	.	.	C	.	.	A	.	.	.
9	.	.	.	.	.	.	.	A	.	.	.	.	.	.	.	C	.	.	A	.	.	.
10	.	.	.	.	.	.	.	A	.	A	.	T	G	.	C	.	C	A	.	.	.	G
11	.	.	.	T	.	.	.	.	.	.	.	.	.	.	.	C	.	.	A	.	.	.
12	.	.	.	.	-	.	.	.	.	.	.	.	.	G	.	C	.	.	A	.	.	.
13	.	.	.	.	T	.	.	A	.	.	.	.	.	.	.	C	.	.	A	.	G	.
14	.	.	.	.	.	.	.	A	.	.	.	.	.	.	.	C	.	.	A	.	G	.
15	.	.	.	.	-	.	.	A	.	.	.	.	.	.	.	C	.	.	A	.	G	.
16	.	.	.	.	-	.	T	.	G	.	.	.	.	G	.	C	.	.	A	.	.	.
17	.	A	A	.	.	.	.	.	.	.	.	.	.	G	.	C	.	.	A	.	.	.
18	.	.	.	.	.	.	.	.	G	.	.	.	.	G	C	C	.	.	A	.	.	.
19	.	.	.	.	.	.	.	.	.	.	.	.	.	G	.	C	.	.	A	.	.	.
20	.	.	.	.	.	G	.	.	.	.	.	.	.	.	.	C	.	.	A	.	.	.
21	.	.	.	.	.	.	.	.	.	.	.	.	.	.	.	.	.	-	A	-	.	.
22	.	.	.	.	.	.	.	.	.	.	.	.	.	.	.	.	.	.	A	.	.	.
23	.	.	.	.	-	.	.	.	G	.	.	.	.	G	C	C	.	.	A	.	.	.
24	.	.	.	.	.	.	.	.	R	.	.	.	.	.	.	.	.	.	A	.	.	.
25	.	.	.	.	-	.	.	.	.	.	T	.	.	.	.	.	.	.	A	.	.	.
26	.	.	.	.	.	C	.	.	.	.	.	.	.	.	.	C	.	.	A	.	.	.

図4 各ハプロタイプと多型部位（Asai *et al*. 2006[14] より）
22の部位で多型が見られた。ドットはハプロタイプ1と同じ塩基であることを示す。ダッシュは欠失が起きていることを示している。ハプロタイプ24とされたサンプルは正確には117番目の部位（site）でAになっているものとGになっているものの混合である（Rで示されている）。

同じハプロタイプを持つつがいの両方から採集されたのかは残念ながら区別できなかった。したがって，本研究では，個体数としては最小個体数で推定したことになる。

　サンプルと個体の関係を上記の方法で推定してサンプルの重複を排除した結果，全国23地域の68個体からサンプルをとり，25ハプロタイプを検出，ということになった。

6　遺伝子流動の分析

　ハプロタイプの頻度と採集地から，まず遺伝子流動がどのようであるかを分析する。こういった分析をする際，任意の個体群のハプロタイプ頻度から遺伝的分化係数（F_{ST}）を計算することが考えられる。これは全体のハプロタイプ多様度（h_T）に対する任意（局地）個体群のハプロタイプ多様度（h_S）を比較したものである[4]。

$$F_{ST} = \frac{(h_T - h_s)}{h_T}$$

任意個体群のF_{ST}値が1に近ければ独立性が高いといえるだろう。しかしこの方法では，統計学的有意性の検出力が小さい[5]。そもそも，明確に個体群を定義できなければこの方法は用いることができない。クマタカについては日本国内で明確に分離した個体群が知られているわけでなく，むしろ知られていない個体群構造があるのかどうかを検出したいので，遺伝的分化係数のような方法は向いていない。そこで，Nested Cladistic Analysisと呼ばれる分析法を用いることとした。

　この方法では，まずハプロタイプ間の系統関係を推定し，近縁なハプロタイプからなるクレードを定義する。そして，そのクレードに含まれるハプロタイプの地理的分布からクレードの広がり具合を数量化する。その数値のばらつきを，遺伝子流動が制限されていない場合に予測されるばらつきからどの程度ずれているか検定し，有意にずれていれば，遺伝子流動が制限されていると見なすのである。つまり，系統関係に基づいたクレードが先にあり，その地理的分布を検証するので，任意の個体群を定義する必要がない。検定の結果，遺伝子流動の制限が見つかれば，それがどのようなパターンで生じているのかを解釈することになる。

　このNested Cladistic Analysisについて以下にごく簡単に紹介する。

7　Nested Cladistic Analysis

　まず各ハプロタイプの関係を最節約的アルゴリズムによるネットワーク樹で表現する[6,7]。これは1塩基置換を表す枝で各ハプロタイプをつないだもので，ハプロタイプの近縁関係を表している。

　次にネットワーク樹に基づいてクレードを定義する[8]。ネットワークの先端にあるハプロタイプと，先端とひとつの枝でつながる節（ハプロタイプ）をひとつのクレードとしてくくり，ひとつのグループとする（図5）。これはつまり，もっとも近縁なハプロタイプの組をつくっているわけだ。先端にあるハプロタイプをすべてクレードに組み込んだら，ネットワーク樹の内側に残ったハプロタイプもまた，クレードにまとめていく。このときは，すでにくくったクレードと一つの枝でつながるハプロタイプは先端と見なす。そしてやはり新しく定義された先端ハプロタイプをそれと一つの枝でつながったハプロタイプとともに一つのクレードとするのである。こうして，すべてのハプロタイプがいずれかのクレードに含まれるようにくくってしまう。さらに，ネットワークの先端にあるクレードと，先端とひとつの枝でつながるクレードをひとつのクレードとしてくくって1ステップ上のクレードとする。このことにより，近縁なクレードの組を作っているわけだ。この場合も，大きいクレードで小さいクレードがすべてくくられるまで繰り返す。すべてくくられれば，さらに1ステップ上のクレードを定義する。ネットワーク全体がひとつの組になるまでこれを繰り返す。クレードは近縁家系群を意味し，ステップが上がると共通祖先がより古い家系群を形成することになる。

　図5は今回クマタカで見つかったハプロタイプに基づいて作成されたネットワーク樹である。右上端にNo. 18とされたハプロタイプがあり，No. 23と一塩基異なっている。No. 18は先端と見なされ，一塩基置換のNo. 23とともにクレード1-6としてくくられている。同様にそのすぐ下のNo. 16は先端と見なされ，一塩基置換のハプロタイプとともにクレード1-4としてくくられている。ただし，No. 16とともにくくられたハプロタイプは本研究では見つからなかったハプロタイプである。No. 16とNo. 12の間には2塩基の違いが

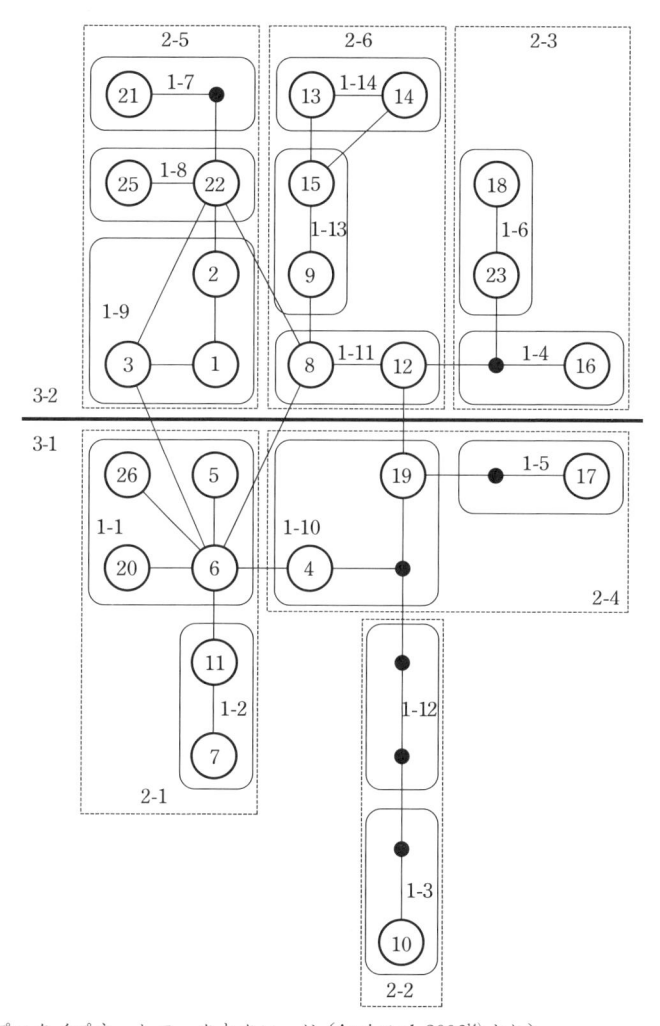

図5 ハプロタイプネットワークとクレード（Asai *et al*. 2006[14]より）
数字の入った円がハプロタイプとそのハプロタイプNo.を示す。黒丸は仮想のハプロタイプである。直線1本が1塩基置換を示す。ハプロタイプ21と10は10塩基の隔たりがあるが，両者の塩基置換は9部位である（図4参照）。例えば次のようなネットワーク：ACGT－ACCT－ACCA－TCCA－TCGAがあったとする。これはネットワークとしてはすべて1塩基置換でつながっているが両端は2塩基置換である。つまり，ネットワーク樹は最も置換が少ないもの同士を結ぶので同一箇所の2度の置換を含めると必ずしもネットワークの先端同士の隔たりとその2組の実際の塩基置換数は一致せず，ループ状に表現されてしまう。
角の丸い矩形は1ステップレベルのクレードを示し，点線の矩形は2ステップレベルのクレードを示す。3ステップレベルのクレードは太実線で隔てられた上側と下側の二つである。

あったので，この間に仮想的なハプロタイプを置いたのである．さて，すべてのハプロタイプが1ステップレベルのクレードでくくられたとする．クレード1-6は先端クレードであるから，このクレードから1塩基置換のクレード1-4とともに一つのクレードとしてくくられ，クレード2-3となる．同様の過程ですべてが入れ子状のクレードで定義される．図5では3ステップレベルで終了である．なぜなら，この上をくくるとネットワーク全体をくくることになるからである．

　次に，あるクレードに含まれるハプロタイプがどこで採集されたサンプルであるかについて注目する．まずは，ネットワーク樹とClade distance, Nested clade distanceとの関係について図6を参照してほしい．ハプロタイプbはネットワーク樹で先端にあたり，ハプロタイプaはbと一塩基置換で結ばれる．したがって，aとbは一つのクレードで定義される（図6上）．一方，ハプロタイプaとbの採集地を地図上にプロットすると（図6下），ハプロタイプaの地理的中心Aとハプロタイプbの地理的中心Bを求めることができる．黒色太実線で示された距離は，ハプロタイプaの中心地からそれぞれの採集地までの距離であり，その平均値（Clade distance）はハプロタイプaの広がりを示す．同様に灰色太実線の平均値（Clade distance）はハプロタイプbの広がりを示す．また，ハプロタイプaとbの両方を含む採集地の地理的中心地を求めることもできる（☆印）．これは，ハプロタイプaとbを含むクレードの地理的中心であり，ここからハプロタイプaの採集地までの距離（矢印付き点線）はクレードの中心からどれだけ離れているかを示している．すなわち，この距離の平均値（Nestede clade distance）が大きければ，ハプロタイプaがこのクレード中で偏った分布であることを示す．同様に，ハプロタイプbについてもクレード内で偏っているかどうかをクレード中心からの平均距離（矢印付き実線の平均長；Nested clade distance）で表すことができる．

　クマタカの例で言うと，ハプロタイプ6は9カ所から採集された．また，ハプロタイプ5は2カ所で採集された．これらの採集地の緯度経度に基づいてその地理学的中心地を求める．採集された各サンプルについて中心地からの距離を計算し，平均して，これをClade distanceとする．これはクレードの地理的な広がりを数値化している．ハプロタイプ6では84であり，ハプロタイ

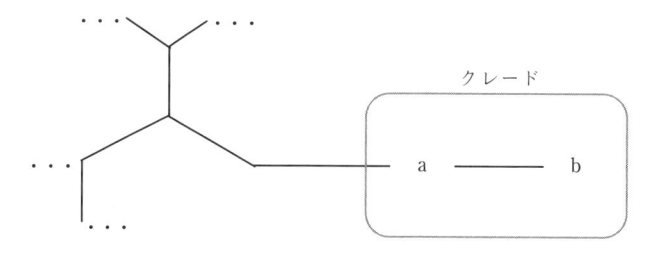

ハプロタイプaとbを含むネットワーク樹の一部

ハプロタイプaとbの採集地

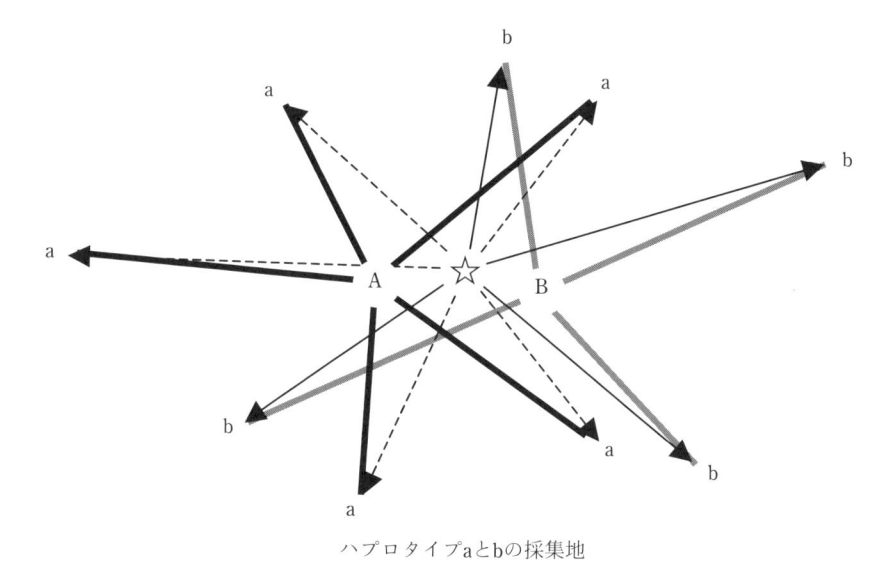

図6 Nested Cladistic Analysisにおける Clade distance と Nested clade distance の概念図

プ5では257であった（表1）。したがって，ハプロタイプ5の分布の方が広いと考えられる。

次は，1ステップ上のクレードの中心地から各ハプロタイプの平均距離を求める。これを Nested clade distance とする。先に述べた，ハプロタイプ6とハプロタイプ5はともにクレード1-1に組み込まれている（このクレードにはハプロタイプ20と26も含まれている）。クレード1-1の中心地からハプロタイプ6が採集された地点までの平均距離は138であり，ハプロタイプ5では658であった。したがって，クレード1-1ではハプロタイプ5の方が他と比べて遠

表1 Clade distance と Nested clade distance (Asai et al. 2006[14] より改変)

0ステップレベル			1ステップレベル			2ステップレベル			3ステップレベル		
ハプロタイプ	C	N	クレード	C	N	クレード	C	N	クレード	C	N
5	257	658	1-1	262	253	2-1	231	226	3-1	229	232
6	84[S]	138[S]									
20	0	65									
26	21	319									
7	15	32	1-2	50[S]	128						
11	10	121									
10	—	—	1-3	—	—	2-2	43	119			
17	—	—	1-5	0	519						
4	98	161	1-10	224	272	2-4	309	305			
19	284	368									
16	—	—	1-4	0	102	2-3	133	611[L]			
18	0	492	1-6	89	161						
23	0	49									
21	—	—	1-7	0	754						
22	0	451	1-8	160	344	2-5	258	278	3-2	372	373[L]
25	24	98									
1	80	165									
2	86	163	1-9	231	213						
3	89	413									
8	207	199	1-11	213	264						
12	93	245									
9	0	413	1-13	222	282	2-6	221[S]	377			
15	148	192									
13	0	187	1-14	107	151[S]						
14	101	102									

C, N はそれぞれ Clade distance と Nested clade distance を示す。S と L はそれぞれ有意に小さい距離と有意に大きい距離を示す。一つ上のステップで他のクレードがないクレードでは，Clade distance と Nested clade distance を計算できない（ハプロタイプ 10, 16, 17, 21, クレード 1-3）。ハプロタイプ No. とクレード No. は図5と対応している。

くにあると言える。

　しかし，これらの距離（Clade distanceとNested clade distance）を単純に比較して大きいとか小さいとか即断はできない。ハプロタイプ6は12個体見つかっているのに対し，ハプロタイプ5は2個体しか見つかっていない。ハプロタイプ5を持つ個体のうち，たまたま，遠くに現れた個体がサンプリングされただけかもしれない。このような可能性について考えるためには統計学的処理をして検定を行わなくてはならない。Nested Cladistic Analysisでは一つのクレード内に含まれるクレードの1セット（クレード1-1であれば，ハプロタイプ5, 6, 20, 26）の間で有意に大きな，あるいは小さなClade distance（もしくはNested clade distance）を検出するために，サンプルサイズを一定に保つあるアルゴリズムで繰り返し抽出したシミュレーションと比較する[9, 10]。クレード内で地理学的相関がないなら（帰無仮説），1000回のシミュレーションで作られたClade distance分布の95％を含む範囲に収まるはずである。

　有意に大きな，あるいは有意に小さな距離があるなら，クレードの広がり方，すなわち，ハプロタイプの行き来に何らかの制限（遺伝子流動の制限）があったと考えられる。つまり，個体が分散していく過程に何らかの制約あると考えるわけだ。統計学的検定ではクレード1-1に含まれる四つのハプロタイプのうちハプロタイプ6のClade distanceとNested clade distanceが有意に小さいことが示された（表1）。ここにいたってようやく数学的根拠に基づいて，クレード1-1内ではハプロタイプの分布パターンが一様ではなく，他のハプロタイプの分布と比べて，ハプロタイプ6の分布は狭く，クレード1-1の中心からの距離が近い，ということが言える。

　さて，ハプロタイプの分布に偏りがあるということは，個体の行き来に何らかの偏りがある，あるいは，制限があるということだが，これだけでは孤立した個体群があることにはならない。遺伝子流動の制限が検出される理由には，(1) 距離による孤立化 (isolation by distance)，(2) 分布拡張 (range expansion)，(3) 分断化 (fragmentation) が考えられる。調べられた分布域に対し，個体の移動能力が小さければ，分布の端と端の個体群を比べたときに何世代もの間，遺伝的交流がないこともあり得る。近隣の個体群間ではお互いに行き来があっても遺伝子流動の制限が検出されうるということである。

(1) の距離による孤立化とはこのような場合を言う。また，最近になってある方向に突然分布を広げた場合，開拓地に分布したハプロタイプでは Nested clade distance が大きくなり，有意差が検出される。この場合も，ハプロタイプの分布に偏りがあるということだが，2個体群間の行き来がないのではなく，(2) の分布拡張ということになる。(3) の分断化がもっともイメージしやすいパターンで，過去に一つの集団だったものが，地理的な障壁によって行き来がなくなり何世代もたったときに生じる遺伝子流動の制限である。

このように，ひとたび遺伝子流動の制限が検出されても，それがどのように生じたものであるかは難しい解釈を伴う。遺伝子流動が制限されるパターンを三つ紹介したが，実際にはこれらのパターンが複雑に組み合わさっていることもよくあるだろう。例えば，分布が広がって距離による孤立化が起こっているところへ，分布域の中に地学的変動が起こって分断化されるということや，遠く離れた地域への分布拡張の後，その個体群が隔離されたり，一度隔離された個体群が分布を拡大変形するうちに再びどこかで接触したりすることも多いだろう。また，サンプリングに偏りがある場合，例えば実際の分布域の端と端だけでサンプリングした場合，距離による孤立化と分断化は区別できないかもしれない。

Nested Cladistic Analysis を開発したテンプルトンらはクレード内のどの距離で有意差が検出されたかによって，これらパターンのうちどれがもっともありそうか推定する基準を提案している[9, 11]。この基準に従って解釈すると，クマタカで見いだされた遺伝子流動の制限は，どのクレードでも (1) の距離による孤立化であると推定された。したがって，クマタカのいくつかの家系は，対象地域に対して移動距離が小さいため孤立したように見えると考えられた。しかし，改めて考えてみるとこれは非常に不思議なことに思える。というのはクマタカは大型の鳥である。日本国内を行き来するのが困難なほどクマタカの移動能力が小さいとは思えない。また，ハプロタイプ5の二つのサンプルが見つかったのは北海道と中部地方であって実際に長距離を移動することができそうだ（日本から朝鮮半島へ迷行した記録がある）。もし，距離による孤立化という解釈が間違いで，どこかにクマタカの移動を阻む障壁があ

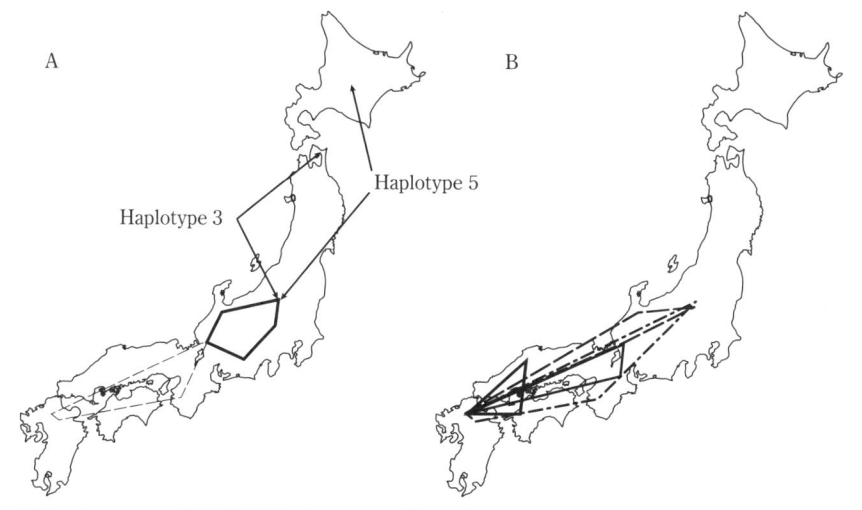

図7 クレードの分布範囲（Asai *et al.* 2006[14] より）
Aは0ステップレベル，すなわちハプロタイプの分布を表し，Bは1ステップレベルのクレードの分布を表している．典型的な例を採集地の最外郭を結んだ多角形で示した．Aでは，太線と破線がそれぞれハプロタイプ6と8の分布を示している．ハプロタイプ3と5は2カ所で採集された（矢印）．Bでは太実線，細実線，破線，一点破線がそれぞれクレード1-14, 1-8, 1-10, 1-11の分布を示している．ハプロタイプ6とクレード1-14では，Clade distanceかNested clade distanceのいずれかが統計学的に有意であり，遺伝子流動が制限されていたが，他のクレードは重複して，さらに広く分布している．ここに図示されていないクレードでもすべて同じであった．

るとすればどうだろうか．これも実際のところ，調査対象である日本国内にはクマタカが移動できないほどの山脈や海，砂漠が広がってるわけではないので考えにくい．それでも思いも寄らないものが障壁になっているかもしないので，クレードの分布がどのようなものか見てみることにする．もし，障壁があれば，複数のクレードで共通する分布境界が見つかると思われる．そこで，Clade distanceやNested clade distanceが有意に小さかったハプロタイプ6やクレード1-14を地図上に描き，その他のクレードの分布を重ね合わせると，他のクレード分布は重複して広がっていた（図7）．やはり，テンプルトンらの推定基準が示すように分断化が生じているわけではないようだ．そこで考えられることは，クマタカは長距離移動が可能であるが，地理的なものとは関係なく（少なくともいくつかの家系では）あえて短距離移動をしているのではないだろうか．つまり，生態学的な理由で長距離移動をあまり選択しな

い種なのではないだろうか。この理由については生態学的データがないのでまったく不明である。生息適地がすでに飽和しており（個体数が多い可能性と生息地が不足している可能性の二つの要因がありうる），遠くへ巣立ってもあまりいいなわばりがもてる見込みが少ないので親のなわばりの近くに定着するのかもしれない。

Nested Cladistic Analysis から，(1) 日本国内には地理的に分断化された個体群が見つからないこと，(2) おそらくクマタカは（少なくともいくつかの家系では）長距離移動をあまりしないこと，がわかった。

ところで，Nested Cladistic Analysis は非常に複雑，あるいは煩雑な計算を伴うが，これらの計算を行うソフトウェアが提供されている。アメリカ，ユタ州のブリガムヤング大学（Brigham Young University）生物学農学部にあるクランドール研究室（Crandall Lab）では，研究室のウェブサイトで TCS と GeoDis というソフトウェアを無料で提供しており，それぞれネットワーク樹作成とクレード作成，距離計算とその検定が行える。筆者の研究もこれを利用して行われた。

（クランドール研究室の URL: http://InBio.byu.edu/Faculty/kac/crandall_lab/Computer.html）

8　遺伝的多様性

さて，前節では日本のクマタカ個体群を分集団に分ける理由がないことが示された。そこで，ここでは対象となったサンプルがすべて一つの個体群に由来すると見なし，一括して分析することとする。

遺伝的多様性の指標としては遺伝子多様度がもっとも一般的である。遺伝子多様度（h）はサンプル数を n とし，i 番目の対立遺伝子頻度を x_i とすると以下の式で表される[12]。

$$h = \frac{n(1 - \sum x_i^2)}{(n-1)}$$

これはサンプルからランダムに 2 サンプル選び出したときにその二つの遺

伝子が異なっている確率である。したがって，期待ヘテロ接合体頻度とも言える。本書で対象としているのはハプロタイプであるが，対立遺伝子をハプロタイプに読み替えればまったく同じ計算が可能である（ハプロタイプで計算したときにはハプロタイプ多様度と言うことがある）。hは0から1までの値をとるわけだが，1に近いほど多様性が高いと言える。クマタカで計算したところ$h=0.94$となった。

一方，比較的よく計算されるもう一つの指標に塩基多様度（π）がある。これは，二つの塩基配列間で異なっている塩基の割合の平均値であり，ハプロタイプiとjの頻度をそれぞれx_i, x_jとし，この二つのハプロタイプ間で異なる塩基の割合をπ_{ij}とすると以下の式で表される[13]（nはサンプル数）。

$$\pi = \frac{n}{(n-1)} \sum_{ij} x_i x_j \pi_{ij}$$

これをクマタカで計算したところ，0.7％となった。つまり，サンプルから二つのハプロタイプを取り出したとき，平均すると対象の418 bpのうち約3 bpが異なっているということである。この指標は単にハプロタイプの頻度だけでなく，ハプロタイプがどれくらい違っているかを評価している。

指標は簡単に計算できるが，実際のところこれが高いのか低いのかについて絶対的な評価基準はない。そこで，その他の研究例と比較したのが表2である。これを見ると，クマタカのハプロタイプ多様度は，ズアオアトリ，アトリ，キョウジョシギ，ハマシギ，オオハシウミガラスとウミガラスの大西洋個体群，カタシロワシのように危機的状況にあると見なされていない種（個体群）に近い値であり，日本のイヌワシやタンチョウ，キジオライチョウ，アカオカケス，ソウゲンライチョウの一種でニューメキシコの個体群，スペインカタシロワシ（仮称）といった絶滅危惧種（個体群）と比べてはるかに高い値である。塩基多様度で見ても，上記の絶滅危惧種（個体群）のうちライチョウ類をのぞけば，クマタカは高い方である。塩基多様度はむしろ，その個体群の古さを反映する可能性が高いので，比較対象になったライチョウ類に比べればクマタカが日本に侵入した時期が新しいということかもしれない。

また，図8に塩基置換頻度分布図を示した。これはサンプル中から二つのサンプルを取り出したとき異なっている塩基の数を頻度分布で表したもので

表2 ハプロタイプ多様度（h）と塩基多様度（π）の他種との比較（Asai et al. 2006[14] より改変）

和名	学名	出典	h	π	n	備考
スペインカタシロワシ（仮称）	Aquila adalberti	16	0.32	0.0010	60	個体群サイズは140つがいと推定されている
カタシロワシ	Aquila heliaca	16	0.78	0.0055	34	個体群サイズは5,000と推定される
イヌワシ	Aquila chrysaetos japonica	17	0.26	0.0017	14	
クマタカ	Spizaetus nipalensis orientalis	本研究	0.94	0.0070	68	
エゾライチョウ	Bonasa bonasia	18	$0.8 \leq$		8-17	
キジオライチョウ	Centrocercus urophasianus	19	0.64-0.87	0.0241-0.0393	17-26	大型系統の個体群
キジオライチョウ	Centrocercus urophasianus	19	0.06	0.0011	31	ギューニソンの個体群（小型系統）
ソウゲンライチョウ属の一種	Tympanuchus pallidicinctus	20	0.70-1.00	0.0034-0.0254	2-26	オクラホマの個体群
ソウゲンライチョウ属の一種	Tympanuchus pallidicinctus	20	0.67-1.00	0.0042-0.0131	3-23	ニューメキシコの個体群（安定個体群）
タンチョウ	Grus japonensis	21	0.78	0.0087	29	日本を含む東アジアの個体群
タンチョウ	Grus japonensis	21	0.25	0.0047	15	日本の個体群
キョウジョシギ	Arenaria interpres	22	0.96	0.0104	25	
ハマシギ	Calidris alpina	22	0.93	0.0368	25	
ウミガラス	Uria aalge	23	0.71	0.0054	22	西大西洋の個体群
ウミガラス	Uria aalge	23	0.72	0.0048	57	東大西洋の個体群
オオハシウミガラス	Alca torda	23	0.95	0.0173	42	西大西洋の個体群
オオハシウミガラス	Alca torda	23	0.88	0.0097	81	東大西洋の個体群
アカオカケス	Perisoreus infaustus	24	0.83	0.0014	65	フェノスカンジナビアの個体群、110,000–400,000つがいと推定されている
ズアオアトリ	Fringilla coelebs	25	0.89 (0.20–0.94)	0.1290 (0.0015–0.0080)	42 (9–14)	
アトリ	Fringilla montifringilla	25	0.87	0.0026	10	

引用された研究が、地域別に多様度を計算している場合、多様度は範囲を示した。

図8 塩基置換頻度分布図

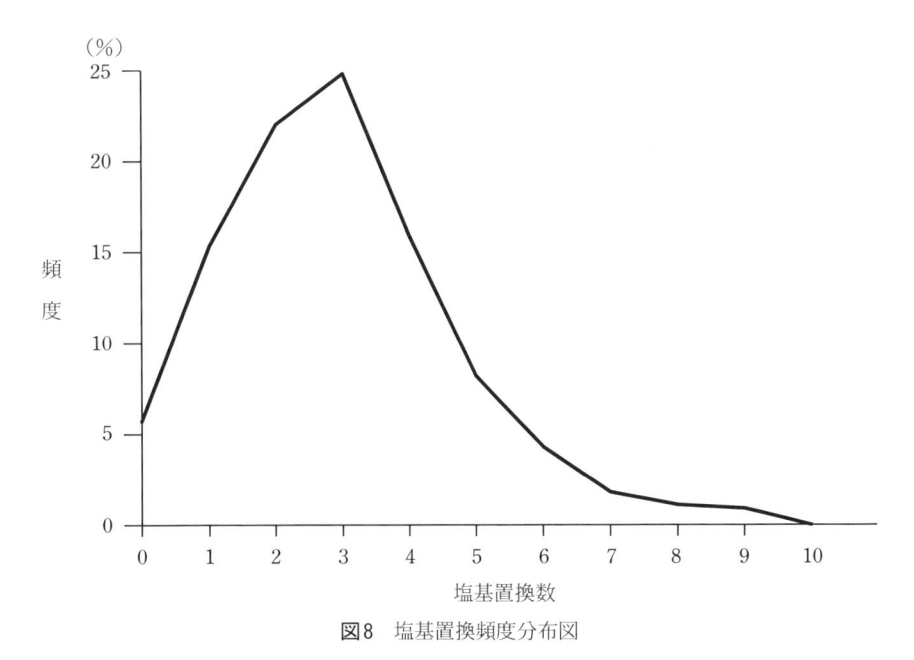

ある。この頻度分布図はハプロタイプ家系が広がっていく様子について過去の状態を反映する傾向がある。過去にボトルネックを経験していると，この分布図の形が多峰形になる。一方，最近侵入して特にボトルネックなどを経験せずに拡張した個体群では単峰形になる。ただし，何世代もたってから他の個体群からの侵入があると多峰形になるだろう。クマタカについては一見して単峰形だと見なせる。

ところで先に述べたとおり，遺伝的多様性を計算するためにそれぞれの羽毛サンプルが同一個体由来かどうかを推定した。今回の方法では最小個体数で推定したので，遺伝子多様度，塩基多様度を過大評価した可能性もある。そこで，念のため，174の羽毛サンプルをすべて計算に入れる，すなわち，すべて別個体に由来するとして計算してみた。この結果，遺伝子多様度と塩基多様度はそれぞれ，0.91と0.7％でほとんど変わらなかった。この値は最大個体数で計算しているので，真の値は先の値との間にあると言える。いずれにせよ，遺伝的多様性は高いと言える。

遺伝的多様性に関する分析をまとめると、クマタカは日本に侵入して以来，特に大きなボトルネックを経験しておらず，単純に拡張し，現在でもその間に増加した遺伝的多様性を維持しているようである。

ところで，上記のハプロタイプ多様度，塩基多様度，塩基置換頻度分布などはすべてArlequinというソフトウェアで計算できる。Arlequinはジュネーブ大学理学部のウェブサイト http://lgb.unige.ch/arlequin/ で入手可能である。

9 クマタカが置かれている状況について

クマタカの遺伝的多様性は十分高いだろうと考えられた。しかし，これはクマタカを保護しなくてもよい，ということを意味しているわけではない。遺伝的多様性というのは，結局のところ突然変異の積み重ねを見ているので，過去の出来事を見ているのと同じである。つまり，遺伝的多様性が高ければ過去に十分な数の家系が維持されていたことは確実であるが，現時点においてはどうなのか直接的な証拠を与えているわけではない。また，今後どう推移するかはまったく予測できない。しかし，今のところは遺伝的多様性が高いことはほぼ確実であり，環境変動への抵抗性はあるだろう。

日本のクマタカ個体群が環境の変動に極端に弱いという心配はないだろうが，絶滅危惧種の本当の姿を知るにはやはり生態学的データの方が直接的だ。現在のクマタカはその個体数だけでなく，繁殖成功率の低下が問題であるとも言われる。繁殖成功率の低下についてはクマタカの繁殖成功がどんな要因によって左右されるのか観察するしかなく，DNAのデータだけではクリアできない。

ところで，冒頭に書いたようにクマタカはレッドデータブックにおいて絶滅危惧ⅠB類とされている。タンチョウとイヌワシはそれぞれ絶滅危惧Ⅱ類と絶滅危惧ⅠB類に指定されているが，表2に示されたように両者とも遺伝的多様性は非常に低い。遺伝的多様性だけで評価すれば，タンチョウとイヌワシの絶滅危惧レベルはほぼ同じで，クマタカはそれよりランクを下げてもよいように思える。もちろん，絶滅危惧の評価基準は遺伝的多様性以外のも

のも重要だ。例えば，個体数で言えばタンチョウは回復傾向にあり，イヌワシとクマタカは減少傾向にあるとされているが，正確な個体数はよくわかっていない。特にクマタカの個体数はよくわからないようだ。タンチョウが絶滅危惧Ⅱ類であるのは個体数が回復してきていることを反映したものだと思われるが，遺伝的多様性が極端に低いので予断は許さない。実際，タンチョウの保護に携わっている人たちは，タンチョウが密集して生息していることから，感染症の蔓延を危惧しているが，そこに遺伝的抵抗性が弱い可能性も考慮に入れると，早急に手を打つべきだろうと思われる。実はレッドデータブックのカテゴリー基準には遺伝的多様性は考慮されていない。

　クマタカに関して言えば，残念なことに生態学的情報があまりにも少なく，遺伝的多様性以外の議論ができない。近いうちに（手遅れにならないうちに）もっと多くの情報が公表されることを期待したい。

　絶滅が危惧される種というのは，単に個体数だけでなく，その遺伝的多様性が維持されているかどうかが重要である。また，遺伝的多様性が維持できるかどうかは遺伝子流動によって左右されるので，遺伝子流動がどのようであるのか調べる必要がある。絶滅危惧種のクマタカについて，全国で採集された羽毛サンプルを利用できる機会を得たので，羽毛の根元に残された細胞からDNAを抽出し，ミトコンドリアDNAの中でももっとも変異が多いとされている領域の塩基配列を調べ，遺伝子流動と遺伝的多様性について分析した。その結果，日本の中で個体群が細分化されているという証拠は見つからなかった。副次的にクマタカは長距離の移動はあまりしないのではないかという推測が得られた。そして，遺伝的多様性は十分に高いことがわかった。クマタカを保護するためにはさらに多くの生態学的情報を収集することが大事だろう。

引用文献

1) Wright, S (1931) Evolution in Mendelian Populations. *Genetics* 16: 97-159.
2) Lacey, R. C. (1987) Loss of genetic diversity from managed populations: Interacting effects of drift, mutation, immigration, selection, and population subdivision. *Conservation Biology* 1: 143-158.
3) Quinn, T. W. (1992) The genetic legacy of mother goose: phylogeographic patterns of lesser snow goose Chen caerulescens maternal lineages. *Molecular Ecology* 1: 105-117.
4) 根井正利 (1987)『分子進化遺伝学』. 培風館, 東京.
5) Templeton, A. R. (1998) Nested clade analyses of phylogeographic data: testing hypotheses about gene flow and population history. *Molecular Ecology* 7: 381-397.
6) Templeton, A. R., Boerwinkle, E. and Sing, C. F. (1987) A cladistic analysis of phenotypic associations with haplotypes inferred from restirction endonuclease mapping. I. Basic theory and an analysis of alcohol dehydrogenase activity in drosophila. *Genetics* 117: 343-351.
7) Templeton, A. R., Crandall, K. A. and Sing, C. F. (1992) A cladistic analysis of phenotypic associations with haplotypes inferred from restriction endonuclease mapping and DNA sequence data. III. Cladogram estimation. *Genetics* 132: 619-633.
8) Templeton, A. R. and Sing, C. F. (1993) A cladistic analysis of phenotypic associations with haplotypes inferred from restriction endonuclease mapping. IV. Nested analyses with cladogram uncertainty and recombination. *Genetics* 134: 659-669.
9) Templeton, A. R., Routman, E. and Phillips, C. A. (1995) Separating population structure from population history: a cladistic analysis of the geographical distribution of mitochondrial DNA haplotypes in the tiger salamander, *Ambystoma tigrinum*. *Genetics* 140: 767-782.
10) Roff, D. A. and Bentzen, P. (1989) The statistical analysis of mitochondrial DNA polymorphisms: χ^2 and the problem of small samples. *Molecular Biology and Evolution* 6: 539-545.
11) Posada, D., Crandall, K. A. and Templeton, A. R. (2000) GeoDis: A program for the Cladistic Nested Analysis of the Geographical Distribution of Genetic Haplotypes. *Molecular Ecology* 9: 487-488.
12) Nei, M (1973) Analysis of gene diversity in subdivided populations. *Proceedings of the National Academy of Sciences of USA* 70: 3321-3323.
13) Nei, M. and Tajima, F. (1981) DNA polymorphism detectable by restriction endonucleases. *Genetics* 97: 145-163.
14) Asai, S., Yamamoto, Y. and Yamagishi, S. (2006) Genetic diversity and extent of gene flow in the endangered Japanese population of Hodgson's hawk-eagle, *Spizaetus nipalensis*. *Bird Conservation International* 16: 113-129.
15) 渡辺ユキ・松本文雄・古賀公也 (2003)「野生タンチョウ *Grus japonensis* におけるコ

クシジウム感染」『山階鳥類学雑誌』35：55-60.
16) Martínez-Cruz, B., Godoy, J. A. and Negro, J. J. (2004) Population genetics after fragmentation: the case of the endangered Spanish imperial eagle (*Aquila adalberti*). *Molecular Ecology* 13: 2243-2255.
17) Masuda, R., Noro, M., Kurose, N., Nishida-Umehara, C., Takechi, H., Yamazaki, T., Kosuge, M. and Yoshida, M. C. (1998) Genetic characteristics of endangered Japanese golden eagles (*Aquila chrysaetos japonica*) based on mitochondrial DNA D-loop sequences and karyotypes. *Zoo Biolology* 17: 111-121.
18) 馬場芳之・藤巻裕蔵・小池裕子 (1999)「日本産エゾライチョウ *Bonasa bonasia* の遺伝的多様性と遺伝子流動」*Japanese Journal of Ornithology* 48: 47-60.
19) Kahn, N. W., Braun, C. E., Young, J. R., Wood, S., Mata, D. R. and Quinn, T. W. (1999) Molecular analysis of genetic variation among large- and small-bodied sage grouse using mitochondrial control-region sequences. *Auk* 116: 819-824.
20) van den Bussche, R. A., Hoofer, S., Wiedenfeld, D. A., Wolfe, D. H. and Sherrod, S. K. (2003) Genetic variation within and among fragmented populations of lesser prairie-chickens (*Tympanuchus pallidicinctus*). *Molecular Ecology* 12: 675-683.
21) Hasegawa, O., Takada, S., Yoshida, M. C. and Abe, S. (1999) Variation of mitochondrial control region sequences in three crane species, the red-crowned crane *Grus japonensis*, the common crane *G. grus* and the hooded crane *G. monacha*. *Zoological Science* 16: 685-692.
22) Wenink, P. W., Baker, A. J. and Tilanus, M. G. (1994) Mitochondrial control-region sequences in two shorebird species, the turnstone and the dunlin, and their utility in population genetic studies. *Molular Biology and Evolution* 11: 22-31.
23) Moum, T. and Árnason, E. (2001) Genetic diversity and population history of two related seabird species based on mitochondrial DNA control region sequences. *Molecular Ecology* 10: 2463-2478.
24) Uimaniemi, L., Orell, M., Mönkkönen, M., Huhta, E., Jokimäki, J. and Lumme, J. (2000) Genetic diversity in the Siberian jay *Perisoreus infaustus* in fragmented old-growth forests of Fennoscandia. *Ecography* 23: 669-677.
25) Marshall, H. D. and Baker, A. J. (1997) Structural conservation and variation in the mitochondrial control region of fringilline finches (*Fringilla* spp.) and the Greenfinch (*Carduelis chloris*). *Molecular Biology and Evolution* 14: 173-184.

第II部

絶滅の危機に向き合って

第4章

大型海鳥アホウドリの保護

長谷川　博

　大型海鳥アホウドリ *Phoebastria albatrus* は，19世紀の末から20世紀の初めにかけて，羽毛採取のために500万羽以上も乱獲され，急速に個体数を減らし[1,2]，1949年には絶滅したと信じられた[3]。しかし1951年に，最大の繁殖地であった伊豆諸島鳥島で，生き残って繁殖している10羽あまりが再発見され[4]，さらに，それから20年後の1971年に，かつての繁殖地の一つである尖閣諸島南小島でも，約60年ぶりに12羽が再発見された[5]。

　再発見以後，アホウドリは，国の天然記念物に指定され（1958年），つづいて特別天然記念物に格上げされ（1962年），さらに繁殖地の鳥島も天然保護区域に指定されて（1965年），法的に保護された。これと同時に，現地で，中央気象台鳥島測候所（のちに気象庁鳥島気象観測所と改称）の人々が，繁殖状況の監視調査（モニタリング）だけでなく，野生化したネコの退治や営巣環境の改善など，実際の保護活動に献身した[6,7]。

　これらの初期の保護活動が実って，アホウドリ（口絵6）は1964年の産卵期には28組のつがいが繁殖し，11羽のひなを育てるまでに回復した。しかし，1965年に鳥島で火山性地震が群発し，火山噴火の危険が迫ったため，気象観測所は閉鎖され，鳥島は無人島にもどった[6]。結局，火山は噴火しなかったが，アホウドリの保護活動は途絶えてしまった。

　それから8年後の1973年に，ランス・ティッケルが英国海軍の協力によって鳥島に上陸し，24羽のひなを観察し，個体数の増加を確認した[8,9]。筆者は，

まったく偶然に彼と出会って強い刺激を受け，アホウドリの保護研究を志し，1976年にようやくこれに着手して，以後およそ30年間にわたって継続してきた[10]。

1　方針と調査

　絶滅のおそれのある種を復活させることは，結局，その種の個体数と繁殖集団の数を増やすことである。このためには，まず生態学的調査によって個体数を減らす主要因をつきとめ，それを排除しなければならない。つぎには繁殖成功と生き残りの向上を図り，個体数の増加率を引き上げるために積極的に努力し，さらに動物行動学を応用して新たな繁殖集団を形成し，繁殖分布域を拡大することが必要である。

　筆者は，学生時代に昆虫個体群生態学とそれを応用した害虫防除技術を学んだ。その基本的課題は，害虫による被害を経済的に許容される水準より低く維持することである。そのためにはさまざまな方法を駆使して，害虫を対応する個体数密度より低く押さえ込むことが重要だった。

　絶滅危惧種の保護は，ちょうどこの裏返しで，いろいろな方法を組み合わせて，いかに早くしかも効率的に，絶滅のおそれがなくなった水準まで個体数や繁殖地を増やすかということが課題となる。したがってこれらの種の保護には，個体数の現状の正確な把握や，実施された保護活動の効果を評価するための監視調査が不可欠となる。また，繁殖生態や行動，集団生物学的特性の研究もとくに重要である。

　ただ，アホウドリの場合，その主繁殖地の鳥島は無人の孤島で，渡島に時間も費用もかかるため，調査地を頻繁に訪れることが困難である。そのため，繁殖期に2回だけ訪れて，繁殖つがい数と巣立ちひな数，それに観察個体数を調べるという最低限のことしかできなかった。これに加えて，非繁殖期に毎年ほぼ1回，現地で保護作業に従事した。以下にアホウドリの保護がどのように展開されてきたかを述べ，この種の再生のための今後の課題を示したい。

2　従来営巣地の保全管理

　再発見以後,アホウドリは法的に保護され,個体数を減らす最大の要因であった繁殖地での人間による捕獲(乱獲)は排除された。また,この種の営巣地を破壊した火山活動(1902年と1939年に大噴火)は鎮まり,アホウドリの繁殖に影響を及ぼすことはなくなっていた。したがって,繁殖地以外,すなわち海洋での死亡要因がなければ,個体数は順調に増加するはずだった。

　しかし,1973年に24羽のひなが巣立った後,74年には11羽,77年には15羽,78年には少なくとも12羽,79年には22羽,80年には20羽と,巣立つひなの数はむしろ減少した(図4を参照)。もし,そうした状態がつづけば,アホウドリの個体数はいずれ減少に転じると予想された。この原因は,繁殖個体数の減少ではなく,卵やひなの事故死であって,繁殖に失敗するつがいが多くなったためだと推論され,もしそうであれば,営巣環境を改善することによって繁殖成功率を引き上げることができ,その結果,巣立つひなの数も増えるはずだと指摘された[11-13]。

(1) 植物の移植による繁殖成功率の引き上げ

　従来営巣地は鳥島の南東端に位置する燕崎にある。ここは,溶岩流の上に火山灰が堆積した急傾斜の斜面で(平均斜度23度),アホウドリはその中腹からやや上部のイソギクやラセイタソウが疎生する群落で営巣していた(口絵7)。

　しかし1970年代後半には,おそらく乾燥と数の増えた鳥たちの活動(巣材利用,踏み付け,脱糞など)の集中によって,これらの植物が痛めつけられて植生が衰退し,営巣地の中央部は裸地になっていた。そのため,営巣地の地面は不安定になり,アホウドリは植物を利用した丈夫な巣を造ることができなくなった。その結果,卵が巣から転がり出たり,幼いひなが強風で吹き飛ばされたりする事故が多発していると推測された。

　1981年と82年に,環境省と東京都によって,鳥島に自生するハチジョウス

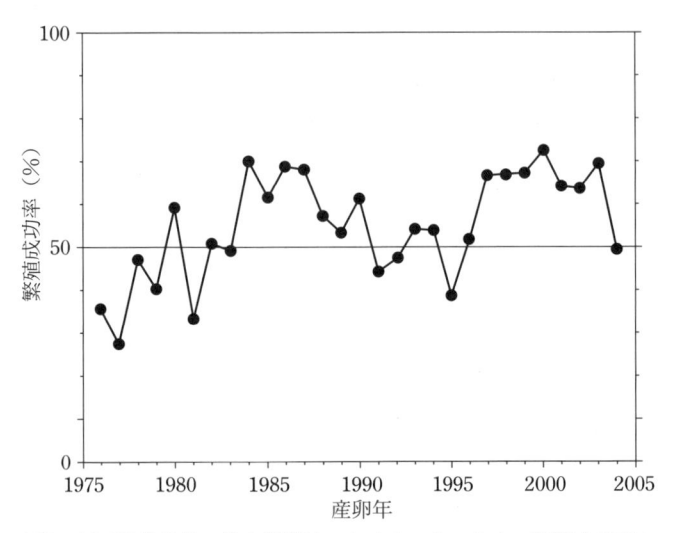

図1 伊豆諸島鳥島の従来営巣地におけるアホウドリの繁殖成功率の推移。
1976, 1977, 1978年は推定値。1982年に草移植工事が終了し, 86年に補植。1990年に緊急砂防工事, 1993年から2004年まで営巣地保全管理工事が実施された。1995年9月には戦後最大級の台風が鳥島に接近して営巣地の植生をほぼ壊滅させ, 2004年には繁殖期中期に南西からの大風が吹いて, 繁殖に失敗したつがいが多くなった。

スキやイソギクの株を営巣地の裸地部分に移植して好適な営巣環境を造成する工事が行なわれ, つづいて86年には, ススキ株を補植し, 小泥流の発生を防止する工事が実施された。これによって, 繁殖成功率は, 移植前の平均44％から, 移植直後の50％, 植物が生育した移植後には67％へと, おおはばに引き上げられ, かつ繁殖成功率の年変動も安定した（図1）。これにともない巣立ちひな数は急増して, 85年についに50羽を超え, その後も増えて（図4を参照）, この保護活動は成功を収めた。

(2) 砂防と植栽による従来営巣地の保全管理

営巣環境の改善によって, 繁殖成功率が引き上げられて安定し, 巣立ちひな数は順調に増えるはずだった。しかし, 1987年に燕崎の斜面の最上部に堆積していた火山灰が地滑りを起こし, 土石流となって海岸まで流れ落ちた。

そして，その翌年から泥流が営巣地に流れ込み，ススキを枯死させ，地面は再び不安定になった。その結果，繁殖成功率は低下し始めた（図1）。

1990年に，泥流を止めるための緊急砂防工事が実施されたが，人力による工事であったため制約が多く，結局，泥流を止めることはできなかった。営巣地に流れ込んだ泥流は，卵を埋めたり，ひなを押し流したりして，繁殖成功率を40％台に低下させた（図1）。さらに，再び地滑りが発生すると，営巣地が破壊されるおそれが高まった。

この危機に対処するため，環境省と東京都は，1993年に大規模な砂防工事を行なった。パワーショベルによって燕崎の斜面に中央排水路を掘削し，土砂が営巣地に流れ込むことを防止した。また，各所に土留めの小堰堤を設置した。さらに，営巣地に丸太を埋設し，まず物理的に地面を安定させ，そのあとでシバを植栽することにした。

1994年から2004年まで，環境省と東京都は，中央排水路に堆積した土砂の除去や新しい排水路の掘削，浸食防止堰堤の設置，シバ・チガヤの植栽などを軸とする従来営巣地保全管理工事を継続した。その結果，超大型で非常に強い台風12号（中心気圧925〜930 hPa，最大風速50 m/s）が鳥島に来襲した1995年産卵期や，営巣地の下の海岸地形を大きく変えるほどの南西の強風が繁殖期の前半に吹いた2004年産卵期のような特異年を除けば，繁殖成功率はしだいに引き上げられ，1997年産卵期から地滑り発生前の水準（67％）に回復して，安定した（図1）。そして，その繁殖期には燕崎から129羽のひなが巣立ち，巣立ちひな数はしだいに増えて，2003年産卵期には192羽になった（図4）。

こうして，従来営巣地の保全管理に成功し，巣立ちひなの数が増加したため，鳥島集団の総個体数は1999年に推定で1000羽を超え，2005年には約1700羽になった。

3　新営巣地形成の人為的促進

燕崎の従来営巣地から巣立った多数のひなは，成長して出生地の鳥島にもどってくる。そのとき，従来営巣地に住み着いてしまうと，地滑りの危険に

常にさらされることになり，何ら根本的な解決にはならない。

　従来営巣地からみて島の反対側には，草本植物に覆われたなだらかな斜面が広がっている。この斜面の中腹の平均斜度は17度で，その面積は約40ヘクタールで，燕崎の約10倍もある。ここは，傾斜がゆるやかなため地滑りが起こるおそれはなく，アホウドリにとって安全な場所である。もし，帰ってきた若鳥をこの北西斜面に誘引して，そこ定着させ，新しい営巣地を形成することができれば，アホウドリは自らの繁殖能力を十分に発揮するようになり，個体数の増加を加速させるはずである。

　このように構想して，筆者は1990年に従来営巣地の保全管理と同時に，北西斜面に新営巣地を形成する中長期計画を提案した。このためには，アホウドリが集団で繁殖する習性をたくみに利用する。つまり，デコイ（実物大の模型）を多数ならべ，そこから録音した音声を再生・放送して，繁殖前の若鳥を誘引し，新営巣地の形成を人為的に促進するのである。この方法は，全米オーデュボン協会のスティーブ・クレスがニシツノメドリ *Fratercula arctica* の集団繁殖地の復元のために開発し[14]，いくつかの種で成功し，実績を積んでいた[15]。

　1991年から2年間の予備実験でデコイの誘引効果を確認し，1992年産卵期から「デコイ作戦」が本格的に開始された。その後も，デコイの数やその配置，卵模型の設置，音声放送の種類とプログラムなどに，さまざまな改良と工夫をこらした結果，開始から3年後の1995年産卵期に最初の1組のつがいが産卵し，その卵からひなが誕生して，巣立った[16]。

　そのつぎの1996年には2組のつがいが産卵したが，両方とも繁殖に失敗した。それ以後，2003年産卵期まで7年間，最初の1組のつがいだけが産卵し，さらに6羽のひなを育てた。しかし，デコイの配置や音声放送プログラムを変えなかったため，アホウドリが"擬似営巣地"に慣れてしまい，新営巣地への飛来頻度や着陸率，滞在する個体の数が減少した。そのため，1998年産卵期から，デコイの配置を大きく変更して，さらに放送音声の音質を上げ，繰り返しをほとんどなくした。この結果，誘引効果はその年だけ一時的に高まったが，やはり鳥がそれらに"慣れ"て，翌年からは以前の水準にもどってしまった。

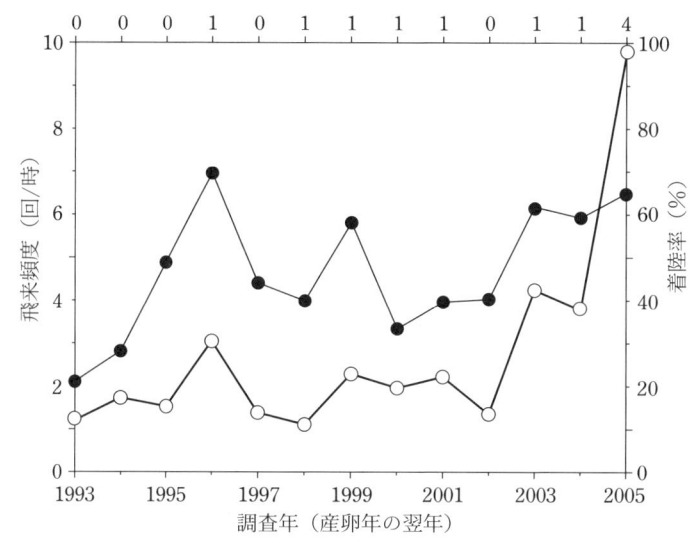

図2 新営巣地の上空へのアホウドリの飛来頻度（○）と飛来した個体の着陸率（●）．
観察は3月の末から4月の下旬までで，若鳥と成鳥をまとめて示した．上部の数字はその年に育てられていたひなの数．各年の総観察時間は図4を参照．1994, 1995, 1996年期にデコイの追加や音声放送装置の改良を行ない，1999年期にもデコイの配置と音声放送放送システムを改良した．

　しかし，1997年産卵期以降，従来営巣地で毎年百数十羽のひなが巣出つようになり，それらが成長して鳥島に帰ってきたため（産卵から数えて3年後に，生存していると推定される個体の半数，4年後には大部分が帰ってきて，求愛行動をする），従来営巣地が混雑し始め，2002年産卵期から新営巣地に飛来・着陸・滞在する個体数が増加した（図2, 3）．そして，2004年産卵期には新たに3組のつがいが産卵し，従来の1組とあわせて，ついに4組が新営巣地で産卵した．これら4組のつがいはすべて繁殖に成功して，4羽のひなが巣立った．こうして「デコイ作戦」の開始から12年かかって新営巣地が確立した．さらに，翌2005年の産卵期には合計15組のつがいが産卵した．

　この新営巣地では，最初の産卵から10年間に合計14個の卵が生まれ，それらから11羽のひなが巣立ち，繁殖成功率は78.6％であった．この間に従来営巣地では2280個の卵から1411羽のひなが巣立ったから，繁殖成功率は61.9％となり，新営巣地のほうがはるかに繁殖に適しているといえる．今後，混雑

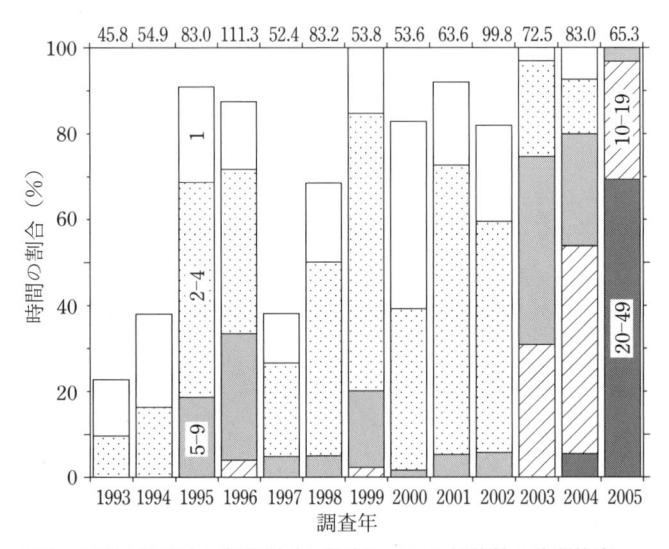

図3 昼間の観察中に新営巣地に滞在していた個体数の時間比率。
1羽だけ，2羽から4羽，5羽から9羽，10羽から19羽，20羽から49羽の5階級（濃くなるほど滞在個体数が多くなる）に分け，それらの個体数が滞在していた時間の割合を示す。上部の数字は 総観察時間（時間）。

した従来営巣地から若鳥がどんどん移ってくると考えられるので，この新営巣地の繁殖つがい数は急速に増加すると予測され，2020年には従来営巣地の数を上まわると推測される。

4　鳥島集団の個体数増加

こうして，従来営巣地での繁殖成功率の引き上げに成功し，安全な場所に新営巣地を形成することにも成功した。この結果，鳥島のアホウドリ集団は順調に個体数を増加させてきた（図4）。

(1) 回帰分析による繁殖つがい数の予想

筆者が個体群資料を系統的に取り始めた1979年以降，鳥島のアホウドリ集

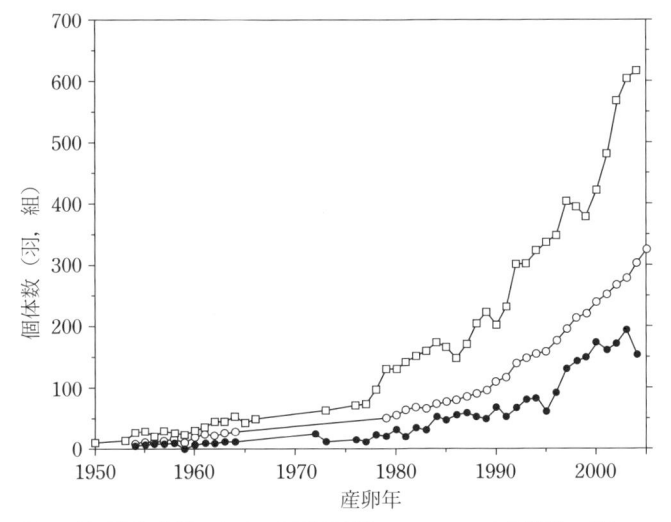

第4章 大型海鳥アホウドリの保護　97

図4 伊豆諸島鳥島における再発見以降のアホウドリ個体数の増加。観察個体数（□），繁殖つがい数（○），巣立ちひな数（●）を示す。観察個体数は，営巣地とその上空，すぐ沖の海上でカウントされた成鳥と若鳥（ひなをのぞく）の数のシーズン最高値。アホウドリは一腹1卵だから，繁殖つがい数は総産卵数と一致する。1950～60年代の資料は鳥島気象観測所，1972年はティッケル，1973年はNHK取材チーム，1976年以降は筆者による。

団はほぼ指数関数的に成長してきた（図5）。回帰分析によると，繁殖つがい数の増加率は年7.6％で（決定係数0.993），もし，今後もこの割合で増え続けるなら，2010年産卵期には繁殖つがい数は480組，2020年には約1000組に達すると予想される。

(2) 単純集団モデルによる予測

　鳥島の繁殖集団の増加を予測するため，つぎのようなごく単純な集団モデルを用いた。ある年の繁殖集団の個体数（N_t）は，前年からの生き残り個体数と新たに繁殖集団に加入する個体数の和であるから，成鳥の年生残率S，巣立った幼鳥と繁殖年齢前の若鳥の年生残率をs，出生率をf，繁殖開始年齢をaとすれば，

$$N_t = (N_{t-1} \cdot S) + (N_{t-a} \cdot f \cdot s^a)$$

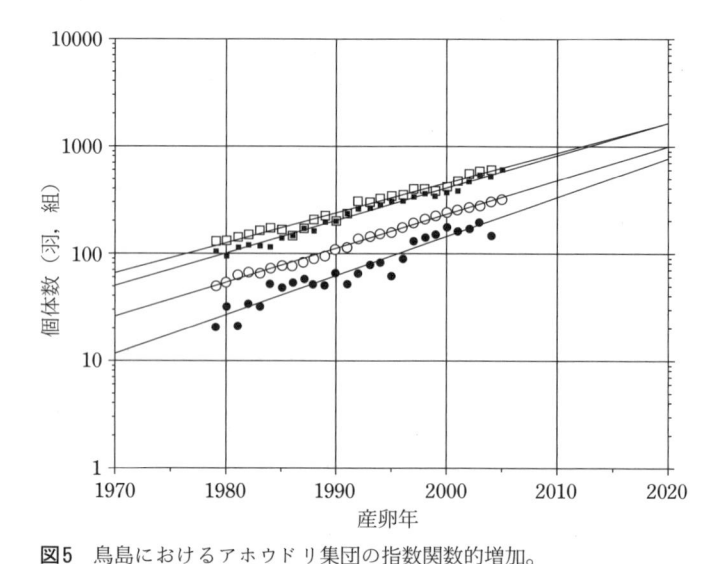

図5　鳥島におけるアホウドリ集団の指数関数的増加。
観察個体数（□），抱卵期の観察個体数（■），繁殖つがい数（○），巣立ちひな数（●）を示す。縦軸を対数変換すれば，それぞれの数は直線回帰によく適合し，傾きもほぼ等しい（保全管理工事によって近年，繁殖成功率が引き上げられたため，巣立ちひな数の傾きだけは他よりやや大きい）。この図から，抱卵期の観察個体数は8～9年後の繁殖つがい数に，さらに7～8年後の巣立ちひな数に対応することがわかる。

となる。また，出生率 f は，性比（雌の割合）を r，繁殖可能な個体のうちその年に繁殖している割合（すなわち繁殖参加率。これは繁殖周期にも依存する）を q，一腹卵数を c，繁殖成功率を p とすれば，それらの積，

$$f = r \cdot q \cdot c \cdot p$$

になる。

　したがって，これらの集団生物学的特性を野外調査によって明らかにすれば，たとえ粗い近似であっても，より生物学的な予測が可能になる。さらに，いくつかの仮定をおけば（たとえば，各パラメーターの個体数密度依存性を無視し，食物資源が豊富だと仮定するなど），年齢構成集団モデルを構築して，さまざまなシナリオにもとづいて個体数変化のシミュレーションを行なうことも可能になる。

　1979年産卵期から1997年産卵期まで，すべてのひな（合計966羽）に個体識別可能な標識（番号を彫った色足環）を装着して，追跡観察をした。その結果，

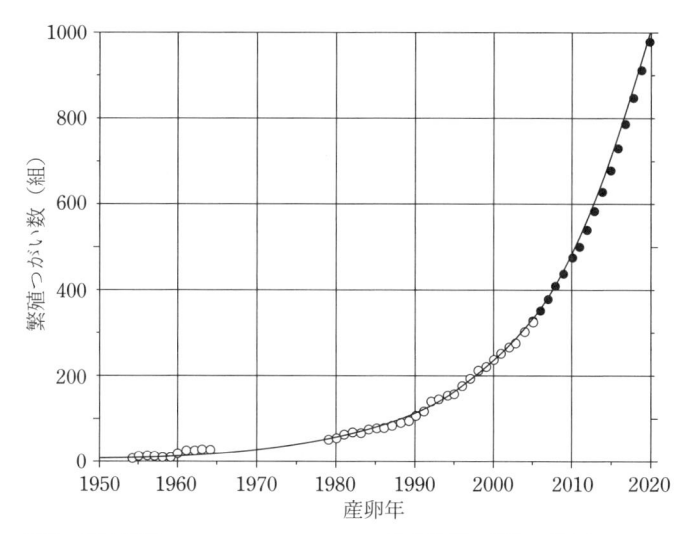

図6 単純集団モデルによるアホウドリ繁殖集団の増加の予測。
これまでの観察値（○）と単純モデルによる予測値（●）。曲線は観測値に指数関数的増加を仮定して当てはめたもの（図5を参照）。この図から，2011年産卵期に約500組，2020年には約1000組に達すると予測される。

巣立ち後の生残率はほぼ一定で，平均して年95.5％，繁殖開始年齢は約7歳（産卵から数えて7年後）であった。また，アホウドリは一雄一雌（単婚）で毎年繁殖し，一腹卵数は1個で，ある年の成鳥の繁殖参加率は約80％であった。繁殖成功率は最近8年間の平均をとって65％とし，性比を同等，つまり50％，生残率を成鳥と若鳥で少し差をつけて，$S=0.96$，$s=0.95$と想定した。

ただ，色足環が火山灰によって削られて磨耗し，数字が読めなくなったり，破れて脱落したものもあったりしたため，実際に得られた資料の精度は統計的検討が可能なほど高くはなかった。そのため，ここでは上述の値が固定しているとして，単純集団モデルによって繁殖つがい数を予測した（図6）。

この方法による予測は，回帰分析による予想と非常によく一致した。したがって，鳥島のアホウドリ集団は，もし現在の環境が変わらなければ，今後も年率7～8％で指数関数的に個体数を回復してゆくと期待される。もし，予測された傾向から大きく乖離することがあれば，どのパラメーターが変化したためなのか，原因を究明することができ，それにもとづいて効果的な保護

対策を立案することができるようになる。

5　尖閣諸島集団の監視調査

　アホウドリが大集団をなして繁殖していた尖閣諸島では，1897年から羽毛採取が始まり，11年間で約100万羽が捕獲された。そして1910年ころにはごく少数が生き残るだけになり，その後は観察されなかった。そのため，アホウドリは尖閣諸島から絶滅したと考えられていた。

　しかし，1971年に琉球大学の池原貞雄らによって，南小島で約60年ぶりに12羽の生存が再発見された[5]。だが，その時も，その後もしばらく，ひなは確認されなかった。ようやく，1988年に少なくとも7羽のひなが観察され，繁殖が確認された。そして，1991年には10羽，1992年には11羽のひなが観察され，さらに2001年にはひな24羽と成鳥・若鳥79羽が，2002年にはひな33羽と成鳥・若鳥81羽が観察され，個体数の増加が決定的となった（図7）。

　この個体数の増加にともなって，尖閣諸島集団は南小島の断崖中段の狭い岩棚から，2001年にはその山頂部の斜面へ，さらに2002年には隣接する北小島へと営巣分布域を拡大した。

　このように，尖閣諸島のアホウドリ集団は，鳥島集団より20年遅れて，ほぼ同じかそれよりわずかに速いペースで回復していると推測される。そして，現在およそ60組の繁殖つがいが営巣し，総個体数はおおまかに300〜350羽と推定される。

6　小笠原諸島聟島列島に第3繁殖地の形成

　現在，地球上のアホウドリの総個体数は，鳥島集団が325組の繁殖つがい，約1700羽で，尖閣諸島集団とあわせて，およそ385組，2000羽に回復し，9〜10年で2倍の割合で着実に増加している。しかし，それでも安心できない事情がある。

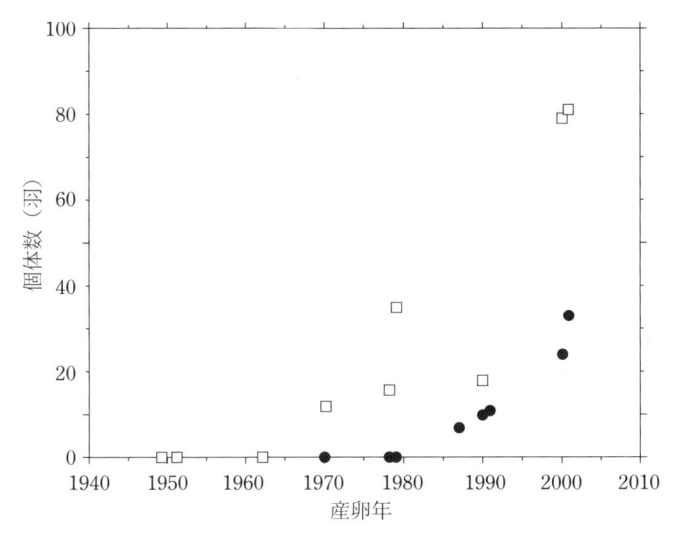

図7 尖閣諸島におけるアホウドリの個体数の増加。
観察個体数（□）と巣立ちひな数（●）を示す。1940〜60年代は高良鉄夫，1970年代は池原貞雄，1980年代以降は筆者の調査による。この繁殖集団は，伊豆諸島鳥島より20年後に再発見され，その後，鳥島集団とほぼ同じかやや速いペースで，着実に個体数を増加させている。

　その第一は，繁殖集団全体の約85％を占める鳥島集団が，火山噴火の危険にさらされていることである。鳥島は，日本列島に存在する108の火山のうち，もっとも活動が活発な13の火山の一つであり，つい最近では2002年に小噴火を起こした。もし，産卵期から片方の親鳥が小さいひなを守っている10月から翌年1月までの約4か月間に，大噴火が起これば，繁殖集団の半数近くが失われるおそれがある。その噴火は確実に起こるが，いつ起こるかはだれも予測できない。鳥島集団は，いわば"自然の"不安定性を抱えていることになる。

　また第二には，尖閣諸島をめぐって日本・中国・台湾の間で領土問題が未解決なことがあげられる。今のところ，尖閣諸島集団は日本の巡視船によって守られて安全であるが，場合によっては領土問題に巻き込まれるおそれがあり，南・北小島のアホウドリ繁殖地は"政治的に"不安定だといえよう。

　この予測される危機に対処するためには，火山島ではなく，領土問題もない安全で安定した島に，アホウドリの第3の繁殖地をつくることが必要であ

る。その候補地として小笠原諸島聟島列島が最適である（口絵9）。ここでは1930年代までアホウドリが繁殖していたし，また，最近，1羽の成鳥が定期的に訪れていて，その他に時々，若鳥が飛来している[17]。

この構想は，筆者がかねてから抱いていたが，鳥島の火山噴火からまもない2002年11月に，ハワイ諸島カウアイ島で開催されたアメリカ連邦政府魚類野生生物保護局「アホウドリ再生チーム」の第1回会合で現実的に議論された。そして，2004年5月に千葉県我孫子で開かれた第2回会合でまとめられ，さらに同年8月に南米ウルグアイのモンテビデオで開催された第3回国際アホウドリ・ミズナギドリ類会議の場で，世界の専門家から意見を聴いて具体化された。

じつは，1990年代後半になって，アホウドリが非繁殖期を過ごすアラスカ海域で，タラ底はえなわ漁業によるアホウドリの混獲数が増加した（1980年代から90年代前半まで2羽だったが，95年に2羽，96年に1羽，98年に2羽となった）。これを重視した連邦政府はアホウドリを「生物種保存法」による絶滅危惧種に指定し（2000年8月），積極的に保護することに決定した。

国際チームが検討した事業計画[18]の骨子は，つぎのようにまとめられる。孵化から約1か月後のアホウドリのひな（約10羽から始めて少しずつ増やす）を鳥島から聟島列島に移動して，そこで2月から5月半ばまで人間が飼育し，巣立たせる。これを5〜6年間くりかえして約100羽のひなを海に飛び立たせれば，数年後から成長した若鳥が聟島列島に帰り始め，定着して，新しい繁殖集団の核が形成される（図8を参照）。この繁殖集団が確立するには，おそらく開始から約20年の歳月を要するであろう。

予測できない火山噴火に備えて，なるべく早く，確実に新しい繁殖集団を形成するため，このように非常に積極的な方法が採用される。ただ，進め方は慎重かつ綿密で，まず別種のアホウドリ類のひなで飼育担当者の技術訓練を行ない（口絵23），その翌年に個体数の多いクロアシアホウドリのひなで，鳥島から聟島列島への運搬と飼育の予行演習を行ない，さまざまな具体的問題を洗い出し，そのつぎの年からアホウドリのひなを移動させるという手順を踏む。

環境省はアメリカ連邦政府と共同でこの大計画に取り組むことを決め，今

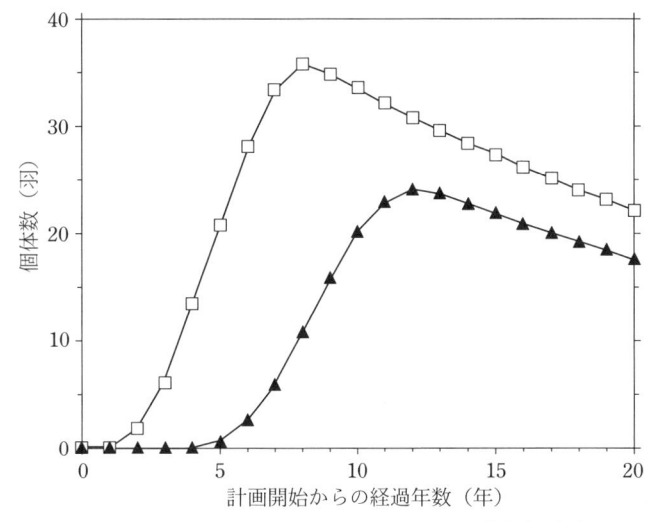

図8 小笠原諸島聟島列島におけるアホウドリの仮想的繁殖集団。毎年10羽のひなを5年間にわたって手飼いして巣立たせ、それらがすべて聟島列島に帰還すると仮定した場合（鳥島集団と同様の生残率、帰還率、繁殖参加率などを仮定）の帰還個体数（□）と繁殖可能個体数（▲）のシミュレーション。理想的に進めば、計画開始からおよそ10年後に最初の繁殖つがいが産卵し、15年後に数組のつがいが繁殖するようになるだろう。手飼いするひなの数を毎年少しずつ増やして行けば、帰還個体数が増え、繁殖集団の形成が早まるはず。

後、この事業が現地の生態系に及ぼす影響の予測・評価や小笠原の人々への計画の説明などが行なわれ、2006年から実際に動き出す。

　国際協力による保護によって、アホウドリは再生に向かって大きくはばたき始めた。多くの人々のたゆみない努力によって、再発見からおよそ75年で、一時絶滅したとされたアホウドリは地球上によみがえることになるだろう。

　筆者のアホウドリ保護研究は、多くの機関や非常にたくさんの個人から支援を受けた。また、実際の保護活動には数えきれないほど多くの人々が関わった。これらの人々の情熱や善意がなければ、アホウドリはここまで回復しなかったにちがいない。ご支援・協力・激励してくださったすべてのみな

さんに，深く感謝いたします。

引用文献

1) 山階芳麿（1931）「鳥島紀行」『鳥』7: 5-10.
2) 山階芳麿（1942）「伊豆七島の鳥類，並びに其の生物地理的意義」『鳥』7: 5-10.
3) Austin, O. L. (1949) The status of Steller's Albatross. *Pacific Science*, 3: 283-295.
4) 山本正司（1954）「鳥島の"あほうどり"」『中央気象台測候時報』21: 232-233.
5) 池原貞雄・下謝名松栄（1971）「尖閣列島の野生動物」池原貞雄編『尖閣列島学術調査報告』p. 85-114. 琉球大学，那覇.
6) 藤沢格（1967）『アホウドリ』169pp. 刀江書院，東京.
7) 渡部栄一（1963）「鳥島のあほう鳥」気象庁編『南鳥島・鳥島の気象累年報および調査報告』p. 156-168. 気象庁，東京.
8) Tickell, W. L. N. (1975) Observations on the status of Steller's Albatross (*Diomedea albatrus*) 1973. *Bulletin of the International Council for Bird Preservation*, 12: 125-131.
9) Tickell, W. L. N. (2000) *Albatrosses*. 448pp. Pica Press, Sussex.
10) 長谷川博（2003）『50羽から5000羽へ：アホウドリの完全復活をめざして』224pp. どうぶつ社，東京.
11) Hasegawa, H. (1980) Observations on the status of the Short-tailed Albatross *Diomedea albatrus* on Torishima in 1977/78 and 1978/79. *Journal of the Yamashina Institute for Ornithology*, 12: 59-67.
12) Hasegawa, H. & DeGange, A. R. 1982. The Short-tailed Albatross *Diomedea albatrus*, its status, distribution and natural history. *American Birds*, 34: 806-814.
13) Hasegawa, H. 1984. Status and conservation of the seabirds in Japan with special attention to the Short-tailed Albatross. Croxall, J. P., Evans, P.G.H. & Schreiber, R. W. ed. *Status and Conservation of World's Seabirds*, 487-500. International Council for Bird Preservation Technical Publication No. 2. Cambridge, U.K.
14) Kress, S. W. (1978) Establishing Atlantic Puffins at a former breeding site. Temple, S. A. ed. *Endangered Birds: management techniques for preserving threatened species*. p. 373-377. Univ. of Wisconsin Press, Madison.
15) Kress, S. W. (1987) The use of decoys, sound recordings, and gull control for re-establishing a tern colony in Maine. *Colonial Waterbirds*, 6: 185-196.
16) 長谷川博（1997）「アホウドリはよみがえるか」『科学』67: 211-218.
17) 小笠原自然文化研究所（2003）『海鳥繁殖調査報告書』52pp. 東京都小笠原支庁土木課自然公園係，父島.
18) US Fish & Wildlife Service (2005) Short-tailed Albatross Draft Recovery Plan. 62pp. Anchorage, Alaska. (on-line: http://ecos.fws.gov/docs/recovery_plans/2005/051027.pdf)

第5章

ライチョウの現況と保全に関する展望

中村 浩志

　ライチョウは，北半球の北部を中心に広く分布し，鳥の中では最も寒冷な気候に適応した鳥の1種である。その中にあって，本州中部の高山帯にのみ生息する日本のライチョウは，世界の最南端に分布し，他の地域の個体群とは完全に隔離された貴重な亜種で，国の特別天然記念物に指定されている。その生息数は，20年ほど前に20年間ほどかけて実施した調査によると，3000にも満たないことが明らかにされた。その後，同じ時期に同じ方法で実施した調査によると，各地で減少傾向にあり，特に南アルプス白根三山のように激減している地域もあることが解った。最近の個体数の減少に加え，山岳ごとに集団が隔離されており，遺伝的な多様性も低いことも明らかになった。最近では，従来からの捕食者であるカラス類，キツネ，テンに加え，ニホンジカ，ニホンザル，チョウゲンボウといった本来低山に生息する動物の高山帯への進出が見られ，ライチョウの捕食と高山の植生破壊が急速に進行している。さらに，地球温暖化問題など，日本のライチョウは現在さまざまな問題を抱えており，今のうちからしっかりした基礎調査とそれに基づいた保護対策の実施が必要なことを指摘する。

1　世界の最南端に分布する日本のライチョウ

　ライチョウ *Lagopus mutus* は，日本では本州中部の高山にのみ生息する鳥である（口絵10）。大きさは鶏のチャボほどで，ほぼ周年にわたって高山に生息する。ずんぐりした体形，足の指先まで生えた羽毛，雪や氷を搔いて餌をついばむのに適した鋭いくちばしと爪を持っている。また，雪に覆われる冬には真っ白な羽毛に衣替えし（口絵11），雪穴を掘ってその中で眠るという習性を持つ。ライチョウの特徴を一言でいったら，世界で最も寒い気候に適応した鳥といえるだろう。昭和30年（1955）に国の特別天然記念物に指定されており，長野県，富山県，岐阜県の県鳥ともなっている。さらに，種の保存法に基づく国内希少野生動物種，環境省のレッドデーターブックのVU（絶滅危惧種II類）に指定されている。

　分類学的にはキジ目，ライチョウ科の鳥である。ずんぐりした体形，強い足と嘴，主に地上で生活するなど，キジ科の鳥と共通した特徴を多く持つ。キジ科の鳥は，赤道を中心に北半球と南半球に分布するが，ライチョウ科の鳥は，ユーラシア大陸北部，北米北部といった北半球北部の寒帯から亜寒帯の地域に棲み，両者の分布はほとんど重なっていない。キジ科の鳥は暖かい地域に適応したのに対し，ライチョウ科の鳥は寒い地域に適応した鳥である。

　ライチョウ科の鳥は，世界で9属，16種が生息する。このうちライチョウ属の鳥は，ライチョウのほか，ヌマライチョウとオジロライチョウがいる。これら3種は，寒い環境に適応したライチョウ科の鳥の中でも最も寒冷な地域に棲み，冬は白，夏には白・黒・茶のまだら模様に衣替えするという共通点がある。なお，日本にはもう1種，エゾライチョウが生息するが，ライチョウとは別の属の鳥で，北海道の森林に棲む。

　ところで，ライチョウは日本だけに棲む鳥ではない。北半球の北部を中心に北極を取り囲むように広く分布している（図1）。ソ連北部からアラスカ，カナダ北部といった北極を取り囲む地域のライチョウは，寒冷なため木が育たず，雪解けの夏にコケや地衣類，草本類，矮性低木が生えるツンドラ（寒地高原）と呼ばれる標高の低い地域に棲んでいる。それに対し，南に分布する

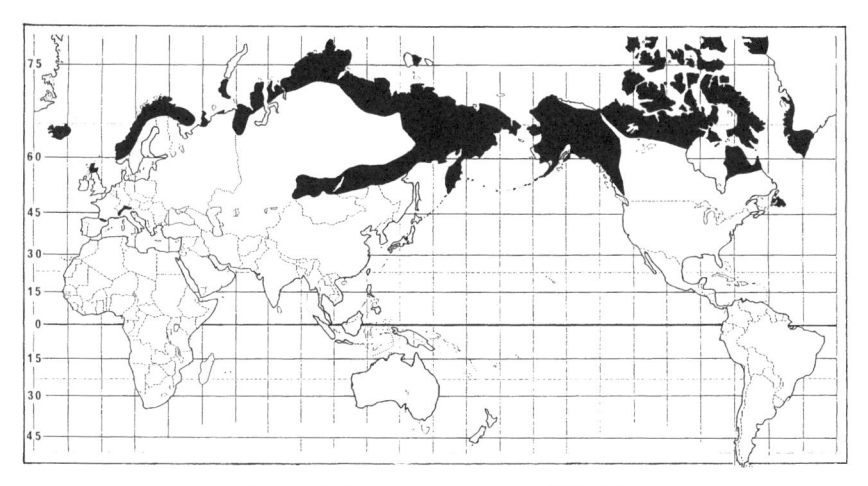

図1 ライチョウ *Lagopus mutus* の世界分布

　ライチョウは，標高の高い高山に棲んでいる。その典型例が日本のライチョウであり，フランスとスペインの国境にあるピレネー山脈のライチョウ，さらにヨーロッパアルプスのライチョウである。

　世界のライチョウは，計23亜種に分けられている。日本のライチョウはその中の一亜種のニホンライチョウ *L. m. japonicus* で，世界で最も南に分布する亜種である。また，他の地域のライチョウとは，完全に隔離されている点でも特殊な亜種である。東北や北海道にも高山はあるが，ここには生息していなく，樺太にも生息していない。最も近いのが，カムチャッカ半島から北海道に連なる千島列島の中間付近の島に棲むライチョウである。ここに棲むライチョウと日本のライチョウとは，約1600 kmも離れている。

　なぜ，北極圏のライチョウは標高の低いツンドラに棲んでいるのに，日本など南の地域では高山に棲むのだろうか。かつて氷河時代には，ライチョウの分布は現在よりもずっと南に広がっていた。その最盛期には現在よりも海水面がずっと低く，日本列島は大陸と陸続きであった。日本のライチョウは，その時期に大陸から日本列島に移り棲み，ナウマンゾウやオオツノジカと共に生活していたと考えられる。その後温暖となり，ライチョウの分布は北に退いたが，北に戻れなくなり高山に取り残されたのが，日本のライチョウや

ヨーロッパアルプス，ピレネー山脈のライチョウである。

2 日本でのライチョウ研究の歴史

ライチョウが，文献上で最初に登場するのは，歌集「夫木和歌抄」の中で「らいの鳥」の名で後白河法皇によって詠まれた「しら山の松の木陰にかくろひて，やすらにすめるらいの鳥かな」（後鳥羽院）の詩である。この詩は，岐阜県と石川県の県境にある白山のライチョウを詠んだものである。今からおよそ700年前のこの時代に白山に登る人がいて，白山で見たライチョウについての話が，当時の都京都にも語り伝えられて後白河法皇の耳にも入り，詠まれた詩であろう。日本では古くから高い山には神々が鎮座しているという山岳信仰があり，この時代には信仰の対象としての登山がすでに行われていたことがわかる。

その後江戸時代には，全国の霊山の中でも白山，立山（富山県），御岳（長野県）にはライチョウという霊鳥が生息することが広く知られていたと考えられ，ライチョウの絵がいくつも描かれている。しかし，多くの絵は，ライチョウを見て描いたとは思えない絵であるので，人から聞いた話をもとに絵師が描いたものである。

ライチョウに関するそれまでの資料をひとまとめにすると共に，ライチョウに関する科学的な成果を初めて残したのが，信州における博物学の創始者と呼ばれている矢沢米三郎である[1]。彼は，1929年に著した「雷鳥」の本の中で，ライチョウの分布する山岳，この鳥の習性や生態，形態，餌内容や羽の色の季節変化等について解説している。

特に注目されるのは，2月〜11月まで各月の羽の色を精密に描いた図である。それまで描かれた多くの絵とは異なり，実物を手にして描いた正確なものである。また，ライチョウの雄は雛が孵化すると家族と離れて生活するという，この鳥の繁殖生態の重要な点にもすでに気づいている。高山に棲む霊鳥とされていたライチョウの実態が彼によって初めて明らかにされた。その後1930年代頃から高山への登山者が急増し，人による生息地の破壊とライ

チョウへの危害が増加し，1955年に国の天然記念物に指定されるに至った。

その後1961年から63年にかけて，高山でのさらに詳しいライチョウの生活実態が信州大学教育学部の故羽田健三を中心に大町山岳博物館職員と信州大学教育学部の学生らによって明らかにされた。この調査は，北アルプスの爺ヶ岳を調査地に，計86名が参加し，5月から10月まで連続的に毎日調査する繁殖時期を中心とした調査，さらに3月から4月の40日間連続の調査という本格的なものであった[2]。この調査によって，高山でのライチョウの生活の実態はほぼ解明されたといって良く，その後今日に至るまで，これを超える調査は実施されていない。

3　ライチョウの生活

ライチョウは，寒帯に相当する厳しい日本の高山でどんな生活をしているのだろうか。その生活の実態については，先にふれたように，羽田健三を中心に爺ヶ岳での研究によってほぼ解明されているので，その概要を以下に述べる。

長い冬の間，ライチョウは風が強く雪が積もらない高山の尾根筋といった場所に僅かに顔を出す高山植物をついばみ，群れで生活している。4月に入り，雪解けが始まる時期からようやく繁殖の準備が開始される。群れの中で雄同士の争いが始まり，しだいに激しさを増してゆく。山頂付近の雪解けの早い繁殖に適した場所から順に，争いに強い雄がなわばりを形成する。なわばりができると，雌がその雄と一夫一妻のつがい関係を形成し，つがい単位の繁殖期の生活へと移行してゆく。この頃までには，冬の間白一色であった羽毛が，黒や茶色が混じった夏羽へと衣替えを終える。

6月に入る頃，雌は背丈が30 cmほどの背の低いハイマツの地上に簡単な巣をつくり，ニワトリの卵よりも小さめの卵を4個から8個産む（図2）。最後の卵を産み終えた日から卵を温める抱卵行動が開始される。卵を温めるのは雌の仕事である。雄は，目立つ岩の上などで，なわばりの見張り行動を行い，独身のアブレ雄などが侵入するとなわばりから追い出す行動をしている。雌は

図2 ハイマツの下の巣と卵

　抱卵中，一日に2回から3回ほど巣を出て，その間に集中して餌を食べ，30分後には巣に戻って抱卵を続ける。雌が巣から出ると，雄は雌の近くに飛んできて，採食中の雌を護衛する。

　7月に入る頃，卵は抱卵を開始してから20日から23日で孵化する。孵化は一斉に始まり，孵化した雛は，羽毛が乾き終わる頃には歩くことができる。そして，その数時間後には，雌親に連れられて，そろって巣を離れる。その後，雛を守り一人前になるまで育てるのは雌親のみである。雄親は，雛が孵化すると，なわばり行動をやめ，家族と離れ，単独で目立たない夏の生活に入る。

　梅雨があける7月中旬，アルプスは夏山の時期を向かえる。孵化したばかりのかわいらしい雛を連れたライチョウの家族に出会えるのはこの頃である。しかし，雌親にとってこの時期は最も大変な時期である。オコジョやキツネに加え，猛禽類など多くの捕食者から雛をまもり，育てなければならない。雌親は，片時も警戒を怠らず，捕食者の接近に気付くと，鋭い警戒の声を発する。この声を聞くと，雛たちはすぐに動きを止めるか，近くのハイマツの下などに急いで逃げ込む。雌親は，オコジョやキツネといった地上性の捕食者に対しては，すかさず翼が折れて飛べないしぐさをし，注意を自分に引きつけ，雛のいる場所から遠ざけようとする。しかし，このような懸命の努力にかかわらず，最初の頃5羽，6羽いた雛は，雛が大きくなるとともに数が

減ってゆく。日本の高山は，ライチョウにとって決して安全な場所ではない。

　雛たちにとって，短い夏の時期は，沢山の餌を食べ，冬が来るまでに親と同じ大きさで成長しなければならない大切な時期である。雛たちは，活発に動きながら，高山植物の芽や葉，花，果実，種子，さらに昆虫をついばんで食べる。孵化直後には体重が20ｇほどであった雛も，9月の末には400ｇほどになり，親と見分けが付かないくらいまで成長する。わずか2ヶ月半ほどの間に，この大きさで成長しないと，厳しい冬の時期を乗り越えられないからである。

　10月の後半になると，アルプスの山々に初雪が降り，冬の時期を迎える。ライチョウは，この高山での環境の変化に合わせるように白い羽毛に衣替えし，長く厳しい冬の間をじっと耐え，群れで生活する。

4　分布と生息個体数

　羽田健三は，退官するまでの30年ほどにわたりライチョウを研究したが，最後のテーマとして取り組んだのが，どこの山に何羽のライチョウが生息するかという課題であった。この調査は，各山の繁殖時期のなわばり数を推定するという方法によって行われた。ライチョウは，平均すると直径が300ｍほどの大きさのなわばりを持ち，抱卵期は各雄のなわばりが最も安定する時期である。そのため，この時期に高山に登り，まずライチョウを発見に努める。目立つ岩の上に立ち，見張り行動をしている雄を見つけたら，そこになわばりがあると判断され，その雄の雌はハイマツの下につくられた巣で卵を温めていると推測される。また，登山道を歩いて，雌が抱卵の時期だけにする特別大きな糞「抱卵糞」を見つけたら，たとえ雄を見つけることができなくても，そこになわばりがあり，現在雌が抱卵中であると判断される。この抱卵の時期には，雌は日に2回から3回ほど巣を離れ，餌を食べに出るが，その時に普段より特別に大きな糞（図3）をする。また，ライチョウはニワトリに近い種類であるので，砂浴びが好きである。登山道で砂浴び跡をみつけたら，その近くにライチョウが生息している証拠となる。さらに，新しい糞を

図3 抱卵中の雌の特別に大きな抱卵糞

見つけたら，そこにライチョウが生息していることの証拠になる。

そのため，調査は主に登山道を歩きながら，ライチョウを発見すること，糞や砂浴び跡，糞などの痕跡を探し，さらに地形と植生を考慮してなわばりの分布を一つずつ推定するという方法で，ライチョウの生息する全山について調査が行われた。

この調査は1961年に行われた北アルプス爺ヶ岳での調査に始まり，1985年に全山を調べ終えた。調査を開始してから実に24年間かかったことになる。その調査結果については，この年に開催された日本鳥学会のシンポジウムで，羽田健三が24年かけた研究の集大成として「日本におけるライチョウの分布と生息個体数および保護の展望」という題で講演した。その時の発表資料によると，推定されたなわばり数の合計は1201なわばりであったが，その後なわばり数の再検討により，1181なわばりに訂正された。

このなわばり数を基に繁殖個体数を推定すると，ライチョウは基本的に一夫一妻なので，この数を2倍した2402羽となる。この繁殖個体の他に，雌を持たないアブレ雄がいる。北アルプスの9山岳と南アルプス仙丈ケ岳の計10山岳での詳しい調査結果によると，平均すると雄3羽のうち1羽がアブレ雄であった。そのため，なわばり数を2.5倍した2952.5羽が，アブレ雄も含んだ日本に生息するライチョウの合計数となる。すなわち，約3000羽というのが

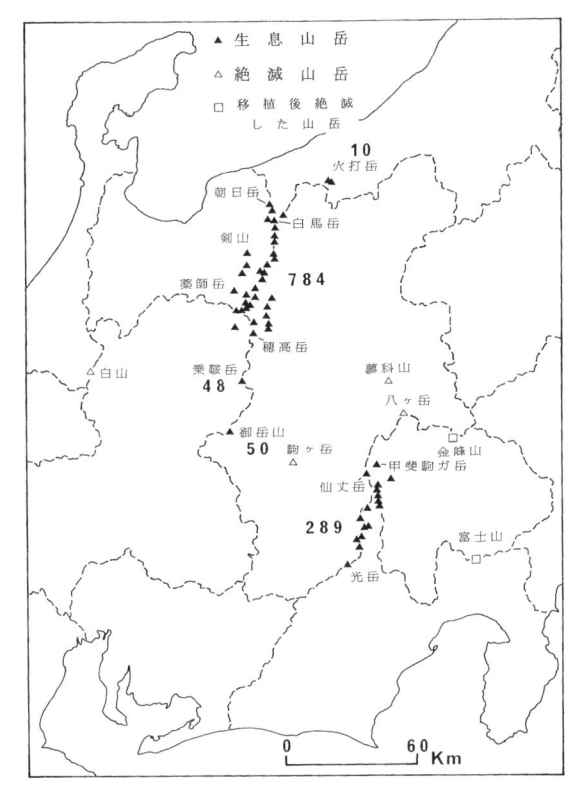

第5章 ライチョウの現況と保全に関する展望   113

図4 ライチョウの生息する主な山岳と山塊ごとの推定なわばり数

日本に生息するライチョウの推定数という結論となった。

　図4は，この24年間にわたる調査で得られたライチョウの生息する主な山岳と山塊ごとの推定なわばり数を示したものである。日本でライチョウが最も北に分布する山は新潟県の火打山で，ここで計10なわばり，生息個体数にすると25羽と推定された。北アルプスでこの鳥が最も北に分布する山は朝日岳で，最も南に分布する西穂高岳までの北アルプス全体で計784なわばり，生息個体数にすると合計1969羽と推定された。また，北アルプスの南に位置する独立峰の乗鞍岳とさらに南の独立峰の御岳では，それぞれ48と50なわばり，生息数にするとそれぞれ120羽，125羽のライチョウが生息すると推定

された。一方，南アルプスでは，最も北の生息山岳である甲斐駒ヶ岳から最も南の生息山岳である光岳の隣のイザルケ岳までに計289なわばり，合計722.5羽が生息すると推定された。イザルケ岳に生息する1つがいのライチョウは，日本の最南端で繁殖するつがいであると同時に，世界のライチョウの中で最も南に分布するつがいであることも解った。

　図4の結果は，今から20年以上前に24年間かけて調査した結果である。その後の生息数はどうなっているのであろうか。信州大学教育学部の生態研究室では，2000年から以前の調査と同じ時期，同じ方法で調査することで，この間の生息数の変化を明らかにする調査を開始した。これまで，代表的な山を抽出する形で，火打山，乗鞍岳，御岳，北アルプスのいくつかの山岳，南アルプス北部の白根三山，南部の聖岳から光岳にかけて調査を行って来ている。その結果，多くの山では生息数はほぼ前回と同じかやや減少している程度であったが，南アルプスの白根三山で特に減少が著しく，1981年の調査では計100のなわばりが推定されたが，23年後の2004年には40なわばりほどになっていることがわかった。特に減少が著しかったのは，北岳周辺で33なわばりであったものが，4なわばりと激減していることがわかった。この減少の原因については，環境省の補助金を得て山梨県が検討委員会を設置し現在調査中である。

5　遺伝的多様性

　最近の保全生物学の研究では，遺伝子解析が欠かせない分野の一つとなって来ている。特に集団の遺伝的多様性の解析は，野生動物の保全を考える場合に重要である。その理由は，ある集団がさまざまな遺伝子を持つ個体から構成されている遺伝的多様性の高い集団であったら，同じ遺伝子の個体のみから構成されている多様性の低い集団に比べ，より絶滅が起きにくいと考えられるからである。

　ライチョウのDNAに関する研究は，Holderらによるミトコンドリア DNAのコントロール領域に関する研究[3]がある。日本のライチョウのミトコンド

表1　各地域における分析試料数と得られたハプロタイプ

ハプロタイプ	火打山	北アルプス		乗鞍岳	御嶽	南アルプス	合計
		白馬周辺	立山周辺				
LmAk1	2	3	0	11	0	22	38
LmAk2	0	0	0	0	0	1	1
LmHu	2	0	0	0	0	0	2
LmHi1	5	13	14	33	18	0	83
LmHi2	0	1	0	0	0	0	1
合計	9	17	14	44	18	23	125

リアDNAの研究は，九州大学の馬場芳之によって開始された。日本各地の高山からライチョウの羽毛を集め，DNAを取り出し，ミトコンドリアDNAの遺伝的な多様性を調査した[4]。その結果によると，日本のライチョウは，祖先ノードと推定される大陸のハプロタイプLmMCAから分化し，約2万年前の最終氷期以後に国内でさらに分化したと考えられている。

しかし，これまでに分析に用いられた日本のライチョウのサンプル数は25個体ぶんであり，日本国内での分化や各山岳集団の遺伝的多様性や集団間の遺伝的距離を解明することで，国内での分化とその後の動向をさらに詳しく明らかにするには，資料数が少なすぎた。そのため，中部森林管理局が登山者等に呼びかけて，ライチョウの羽毛の収集に努めていただくと共に，信州大学教育学部の私の研究室を中心に各地の山岳から血液サンプルを集め，九州大学の馬場芳之との共同研究という形でこれらの問題を解明することになった。集めた血液の分析は，当時私の研究室大学院生の所洋一と学生の森口千英子が行った。

その結果，ようやく資料数も多く集まり分析も進んで，上記の問題を考える足がかりがつかめてきたので，2004年の9月に奈良で開催された日本鳥学会大会で調査結果が発表された。解析されたのは，ミトコンドリアDNAのコントロール領域内のドメインIと呼ばれる約390塩基と，ドメインIIと呼ばれる約300塩基である。馬場[4]のサンプルに加えて24個体ぶんの羽毛サンプル，さらに76個体の血液サンプルが解析された。

その結果，馬場ら[4]のLmAk1とLmHi1の2ハプロタイプに加え，新たに三

つのハプロタイプが見出された（表1）。最も古いタイプであるLmAk1は，火打山，北アルプスの白馬岳周辺，乗鞍岳，さらに南アルプス北部の白根三山といった広範囲から得られた。特に南アルプス北部では，32個体のうち31個体がこのタイプであることがわかり，最も古いタイプは南アルプスの集団に多く残されていることがわかった。南アルプス北部では，LmAk1から分化したLmAk2が1個体見出された。また，火打山では最も古いタイプの他，LmHuというハプロタイプが2個体見出された。もう一つ，最も古いタイプから分化したLmHi1は，火打山のほかに北アルプス，乗鞍岳，御嶽と広い範囲で見出され，このタイプは，北アルプスとその周辺の山岳で現在多数を占めていることが明らかになった。しかし，このタイプは，南アルプスでは今のところ見出されていない。北アルプスを中心に分化したこのLmHi1から，さらに分化したLmHi2が北アルプスの白馬周辺で1個体が見い出された。

　以上の結果から，最終氷河期に大陸のライチョウから分化した最も古いタイプのLmAk1は，当初北アルプスと南アルプスおよびそれらの周辺の山岳に広く分布していたが，現在は南アルプスに多く残っている。それに対し，北アルプスとその周辺の山岳では，この古いタイプから新しいタイプLmHi1に置き換わりが起きているものと考えられる。その点で特に注目されるのが，御岳の結果である。解析した18個体すべてがLmHi1であった。このことは，かつて氷河期以後この山にはLmAk1という古いタイプのハプロタイプ集団があったが，その後絶滅した可能性があり，その後に北アルプスで誕生したLmHi1という新しいタイプの集団が入って来たものと推察される。御岳のライチョウが一度絶滅したと考えられる理由には，この山は現在も活火山であるので，有史以前の時代の火山爆発で絶滅したのかもしれない。もう一つの可能性は，約6000年前の縄文時代中期には，現在よりも年平均気温が1℃から2℃高かったと考えられることから，この時代にこの山の高山帯の面積が縮小し，個体数が減少した結果絶滅した可能性も考えられる。

　以上表1の結果を基に，各山岳のハプロタイプ多様度を計算したものが表2である。このハプロタイプ多様度とは，集団を構成する個体の遺伝的な多様性を測る尺度であり，0から1の値をとる。0とは，すべての個体が同じハプロタイプを持つ集団であり，1はすべての個体が異なるハプロタイプからなる

表2 ハプロタイプ多様度 (h)

火打山	北アルプス		乗鞍岳	御嶽	南アルプス
	白馬周辺	立山周辺			北部
0.667	0.404	0.000	0.284	0.000	0.087

表3 集団間の遺伝的距離 (F_{ST})

		火打山	北アルプス		乗鞍岳	御嶽	南アルプス
			白馬周辺	立山周辺			
北アルプス	火打山						
	白馬周辺	0.110					
	立山周辺	0.37304	0.076				
	乗鞍岳	0.105	−0.019	0.142			
	御嶽	0.423	0.099	0.000	0.158		
	南アルプス	0.515	0.745	0.948	0.662	0.953	

※下線は別集団であることが有意ではなかったもの ($p<0.05$)

集団を意味する。火打山は，解析した9個体から三つのハプロタイプが見出されたので，多様度は0.667で，今回調査した集団の中では最も高い値が得られた。それに対し，北アルプスの立山周辺と御岳では，それぞれ14個体と18個体解析した結果，すべての個体が同じタイプであったので，多様度は0.0という結果になった。南アルプス北部では32個体のうち31個体が同じハプロタイプであったことから，多様度は0.063と極めて低い結果となった。北アルプスの白馬周辺と乗鞍岳では共に2つのタイプが見出されたが，古いタイプの個体と新しいタイプであるLmHi1の個体のどちらも見られ，多様度はそれぞれ0.40と0.312という値であった。このことから日本のライチョウは生息山岳の集団ごとの遺伝的な多様性に大きな差がみられることが明らかになった。このように，集団間に差がみられるものの，日本全体としてみると，ハプロタイプ多様度は0.495となり，外国でのピレネー山脈のライチョウの0.591，ヨーロッパアルプスでの0.525と比較すると多様度は低いという結果であった。

さらに上記の表1の結果を基に，集団間の遺伝的距離（Fst）を計算した（表3）。結果は，南アルプスと他の集団の間では，いずれも0.584以上の値となり，

別集団と判定された（P < 0.05）。それに対し，北アルプスとその周辺の山岳間では，火打山と御岳の間で0.423と比較的高い値を示した以外は，いずれもそれ以下であり，互いに個体の交流があった集団であることがわかった。このことは，日本のライチョウは，北アルプスとその周辺の集団と南アルプスの集団に大きく2つの集団にわけられることを意味している。

　この2004年の日本鳥学会で発表された結果には，まだ不十分な点があった。それは，北アルプスの白馬周辺と立山周辺はともに北アルプス北部の集団であり，南部の資料がほとんど得られていないこと，また南アルプスの資料のほとんどは北部の白根三山で得られた資料で，南部の資料が不足している点である。この点は，今後の課題として残された。

6　ライチョウを取り巻くさまざまな問題

　日本のライチョウは，現在さまざまな問題をかかえている。まず，もともと生息数が少ない上に，山岳毎に集団が孤立している点である。動物の集団が安定して存続するには，最低1000個体が必要といわれている。しかし，南アルプスではすでにこの数以下で，北アルプスとその周辺の山岳の個体群とは完全に個体の交流が絶たれ，孤立化している。さらに，先にふれたようにミトコンドリアDNAを分析したところ，日本のライチョウは，外国のライチョウに比べ遺伝的多様性が低く，特に御嶽山や南アルプスの集団では多様性が低いことがこれまでの調査から解った。

　最近になって，日本のライチョウにとって極めて深刻な問題が日本の高山で進行していることがわかってきた。それは，本来低山に生息していたニホンザル，ニホンジカといった野生動物の高山帯への進出である。さらにもう一つ，将来非常に心配される問題がある。それは，地球温暖化である。以下，この二つの問題について考えてみることにしたい。

（1） 高山に進出した野生動物の問題

　私がこの問題に最初に気付いたのは，2003年の10月に南アルプスの白根三山にライチョウ調査に訪れた時である[5]。この山を調査に訪れた理由は，1981年にこの地域に生息するライチョウを調査しているので，その後の様子を見るためであった。22年ぶりに訪れ，大変驚いたことが3つあった。一つは，北岳周辺には以前に多数のライチョウが生息し，南アルプスの中で最も生息密度の高い場所の一つであったが，1羽も観察されなかったのである。もう一つ驚いたのは，20年ほど前に全く見られなかったニホンザルの糞が白根三山の高山一帯に広く見られたことである。わずか20年ほどの間に，北アルプスだけでなく南アルプスの高山にもニホンザルが進出していることに大きなショックを受けた。さらに，驚いたことは，同じく20年ほど前には見られなかったニホンジカの足跡，糞，食痕が亜高山帯から高山帯にかけて広く見られたことである。

　これらの問題を詳しく調査するため，翌年の2004年6月に再び白根三山を訪れた。白根お池小屋から北岳に登る途中に草すべりと呼ばれるお花畑がある。この草すべりでニホンジカの多数の足跡とシカが食べた食痕を見つけた。以前の調査の折りにも同じコースを登ったが，その時には全く見られなかった光景である。よく見ると，食べられているのは，サンカヨウ，ヤグルマソウ，ミヤマシシウドなどの植物で，ホソバトリカブトやミヤマバイケイソウといった毒草は全く食べられていなかった。そのことから，このままシカの食害が続けば，この草すべりのお花畑は，毒草のみの草地に変わることを予想した。

　この予想は，さらにその翌年の2005年6月に南アルプスの南部の聖岳から光岳にライチョウの調査に訪れた時に，現実のものとなった[5]。この山を訪れた理由も，20年ほど前の1984年にこの地域でもライチョウを調査しているので，その後の様子を見るためであった。長野県側の遠山川沿いに登り，聖平小屋のある尾根にたどりついて驚いた。20年前には見られなかったニホンジカの足跡が一面に残されていたからである。さらに驚いたことに，聖平小屋付近に見られる風衝地やなだれ植生の場所に，かつて見られたお花畑が失

図5 ニホンジカの食害で毒草のトリカブトとバイケイソウのみになったお花畑 （南アルプス聖平小屋付近）

われ，トリカブトやバイケイソウといった毒草のみがまばらに生えた草地に変わっていた（図5）。原因は，ニホンジカがかつてきれいな花を咲かせていたお花畑の植物をすっかり食べてしまい，毒草のみを食べ残したからである。ニホンジカの糞が草地のあちこちに残されていた。

別の場所には，草地の中に10 m四方が鉄の柵と金網で囲まれた場所があった。その柵に付けられた説明版によると，この場所はかつてニッコウキスゲのお花畑であったが，ニホンジカの食害で失われてしまったため，地元静岡県の南アルプス高山植物保護ボランティアネットワークが柵を設け，シカが入れないようにすることで植生の回復を試みているとのことであった。しかし，いったん失った植生は，簡単には取り戻せるものではない。柵に中の植生は，その外と比べて回復している兆候はまだ何も見られなかった。

ニホンジカによる食害は，この聖平小屋付近に留まらず，聖岳から光岳にかけての一帯に渡っており，南部ほど深刻であることがわかった。特に食害のひどかったのは光岳周辺で，高山帯の斜面にまでシカが歩いてできた無数の道が残されていた。今でも登山地図には，聖岳から光岳にかけて各地にお花畑と記されているが，いずれの場所にもお花畑といえる場所は存在しなかった。

南アルプス北部に位置する北岳とその周辺には，特に見事なお花畑が存在する。ここには，すでに10年ほど前からニホンザルの群れが住み，高山植物を食べて生活している。サルに加え，ニホンジカが草すべりなど亜高山のお花畑の植物を食べ尽くし，本格的にこれらの高山に進出した時，北岳とその周辺のお花畑は失われ，現在の南アルプス南部と同じ状態になるのは，時間の問題のように思える。

　長野県では，ニホンジカは南部に多く生息し，殊に南アルプス南部の山麓にあたる大鹿村では，シカによる林業被害が深刻で，林床の植物はシカに食べられ丸坊主の状態である。増えたシカは，亜高山と高山に分布を拡大した他，県の北部にも分布を拡大し，最近では北アルプス山麓にも分布を拡大している。すでに述べたように，北アルプスの高山には，南アルプスと同様，すでにニホンザルが広く進出している。現在，山麓まで進出したニホンジカが，南アルプスと同様，将来高山にまで分布を拡大する可能性は充分考えられる。そうなったら，日本の高山のお花畑は失われ，高山の生態系は破壊され，高山植物を餌とし，高山を生活の場としているライチョウへの影響は計り知れないものがあると予想される。

(2)　地球温暖化の影響予測

　気候変動に関する政府間パネル（IPCC）がまとめた第三次報告（IPCC2001）によると，世界の年平均気温は1900年から2000年の100年間に0.6±0.2℃上昇したとされている。これに対し，日本ではこの100年間に年平均気温が1.0℃上昇し，特に最近の10年間で0.2℃上昇しており，上昇率は最近ほど急激となっているとのことである。ライチョウにとって，地球温暖化の影響が懸念されるのは，気温が上昇すれば，森林限界が上に登り，ライチョウが生活できる高山帯の面積が狭くなるからである。ライチョウは，日本で真っ先に温暖化の影響を受ける動物と考えられる。では，温暖化の進行によってどの程度の影響をうけるのであろうか。

　先に示した各山岳のなわばり分布を推定した20年以上前の調査があるので，このデータをもとに，温暖化の影響を試算してみた[5]。試算には，年平均

気温が1℃上昇したら,森林限界は154 m上昇すると仮定した。分析の結果,年平均気温が1℃上昇したら生息個体数は20年ほど前の計2953羽から89.8％に減少し,2651羽になると推定された。2℃上昇したら51.2％に減少し1512羽に,3℃上昇したら20.4％に減少し602羽になると推定された。3℃上昇したら御嶽山,乗鞍岳のライチョウは絶滅し,南アルプスのライチョウは,37.5羽にまで減少し,絶滅に近い状態となる。北アルプスの集団も3℃上昇した場合には,549羽にまで減少し,穂高岳と槍ヶ岳を中心とした集団と白馬岳を中心にした集団とに分離し,絶滅が起こりやすくなるものと判断された。

日本のライチョウは,現在より年平均気温が1℃から2℃高い状態を,今から約6000年前の縄文時代に経験している。そのため,年平均気温の2℃までの上昇には何とか耐えられる可能性はあるが,それ以上上昇した場合は,絶滅する可能性が極めて高くなると考えられる。

ただし,これは温暖化の問題だけを考えた場合である。温暖化が深刻となる以前に,高山に進出した野生動物の方が先にライチョウを滅ぼす可能性が高いのかもしれない。温暖化の問題は,これからの長期的な課題であるのに対し,高山に進出した野生動物の問題は,極めて急を要する課題である。

7　ライチョウの飼育研究

ライチョウ飼育の試みは,江戸時代に始まる。江戸の本草学者後藤光生著の「雷震記」によると,享保の初めに幕府の命を受けた役人が乗鞍岳で数十羽のライチョウを捕らえ飼育を試みた。しかし,江戸まで生きたまま運べたのは5〜6羽で,それも幾日も経たずに死亡した。その後,白山や立科山のライチョウの飼育が試みられたが,同様に短期間に死亡している。明治に入り1900年代初めには,槍ヶ岳で9月に捕らえた若鳥2羽のうち1羽を翌年の8月まで,ほぼ1年間飼育した記録がある。

ライチョウの平地飼育は,大町山岳博物館により1963年(昭和38)から本格的に開始された[6]。平地飼育の目的は,すでにその2年前から開始されていた爺ヶ岳での生態調査では解明できない,この鳥の生理,病理,生態等につ

いての資料を得ること，将来に備えて飼育技術を確立することであった。繁殖期にあたる6月下旬から7月上旬に爺ヶ岳などから卵を採集し，大町山岳博物館で卵を孵化させ，雛を育てるという試みが開始された。

　採集された卵は，鶏のチャボに仮親として抱かせる方法と孵卵器に入れて人工孵化する2つの方法がとられた。日本のライチョウでは共にの前例のない初めての試みである。ライチョウの生息地は2400m以上の高山であり，大町山岳博物館の標高780mとは，標高差が1600m以上もある。8月の平均気温は山の上（白馬岳）では9.4℃に対し，博物館ではそれよりも13.9℃も高い23.3℃である。もともとライチョウが棲めない環境で，小さな育雛箱と狭いケージで，しかも初期の段階は冷房施設のない環境での試みであった。卵や雛の温度調節，餌の問題などすべてが試行錯誤から始まり，平地での人口飼育は困難を極めた。5年間に30個の卵を山から採集し，平地での孵化と育雛を試みたが，さまざまなトラブルで孵化した雛も多くは孵化後まもなく死亡し，翌年まで生き残り繁殖に至るものはごく少数であった。開始7年目の1969年になっても，この年に扱った49卵のうち孵化したのは31羽の雛で，その雛も孵化後10日以内に25羽，40日以内に30羽が死亡し，翌年成鳥になったのはたった1羽のみであった。

　1970年には人工気候室の宿舎が完成し，温度調節が可能となった。この年に初めて飼育下で三世の雛が誕生した。その後も山からの卵の採集が続けられたが，人の手で育てられた雛が卵を産み，雛を育てる個体が次第に増加しだした。1982年には，19羽の三世が誕生した。このうち1羽が翌年以後も生存し，1984年には四世の雛が3羽成鳥までに達し，1985年と86年には合わせて20羽の五世の誕生を見た。しかし，すべての個体が1年以内に死亡し，以後の世代に発展できる個体がいなくなり，大町山岳博物館での世代交代は，5世代でストップしてしまった。

　その後，1987年の繁殖期には，飼育個体が1羽のみとなった。そのため，山から6卵を採集し，再飼育を開始することになった。その後飼育個体数は増加したが，再び減少に転じ，2004年2月には最後に残った1羽も死亡してしまった。1963年から開始された大町山岳博物館のライチョウ平地飼育は，41年目に中断されることとなった。

平地飼育が成功しなかった最大の原因は，サルモネラ菌，トリアデノウィルス，寄生虫のコクシジウム等による感染症にある。飼育施設が充実し，飼育技術も向上してきた1976年から1986年までは，延べ25つがいのライチョウが，1雌あたり平均7.16個の卵を産み，25羽の雛が冬を越すまでに育っているが，この感染症等の問題が克服できず，安定した数を確保した飼育に至らなかった。野生のライチョウの寿命は，雄でほぼ7～8年，雌でにな5～6年と言われている。飼育技術が十分であれば，天敵のいない飼育環境では，野生状態よりも2倍ほど寿命が長くなると一般に言われている。大町山岳博物館での最長飼育記録は，雄で8年8ヶ月，雌で5年4ヶ月であった。このことからも，飼育技術が確立されたとはまだ言えない段階での中断となった。

　大町市は，最後の個体が死亡したことを受け，大町山岳博物館としてライチョウの飼育と研究を今後どうするかを検討する「山岳博物館ライチョウ保護事業検討委員会」を2005年の秋に設置した。検討の結果，山岳博物館がこれまで培ってきた飼育技術を生かし，ライチョウの飼育繁殖技術を確立することは，この鳥の保護の観点から重要であること，そのためには第一段階として外国産亜種を用いて人工繁殖技術を確立させた上で，第二段階として日本の野生個体を捕獲や採卵による飼育下繁殖へ移行するという案をまとめ，2005年5月に市長宛に提出した。これを受けて，保護事業の具体的な計画を作成するために，「大町市ライチョウ保護事業計画策定委員会」を設置し，その計画の具体案を作成した報告書が同年11月に提出された。この報告を受け，現在大町市が検討中である。

　トキとコウノトリの例から，絶滅寸前になって保護に取り掛かる場合に要する莫大な経費と労力を考えると，ライチョウがある程度の数がまだ生息している今の段階から人工飼育技術の確立に取り組んでおくことが重要である。トキとコウノトリの例が示すように，人工飼育技術の確立には共に数十年の歳月がかかっているからである。大町山岳博物館がライチョウの飼育を再開し，これまでの飼育技術を生かし，人工飼育技術を確立することが強く望まれる。

日本のライチョウは，世界の最南端に隔離分布し，その生息数は3000羽にも満たない貴重な亜種であるが，現在さまざまな問題に直面しており，将来絶滅が危惧される。すなわち，南と北アルプスの個体群は完全に交流が絶たれ，遺伝的多様性が低い上に，最近では低山の野生動物が高山帯に進出しライチョウの生存を直接・間接脅かしていることが明らかになり，さらに今後は地球温暖化の影響も懸念される。ライチョウが日本のトキやコウノトリのように絶滅する前に，まとまった数が生息する今の段階からしっかりした学術調査とそれに基づいた保護対策の確立，さらに人工増殖技術の確立が強く望まれる。

引用文献

1) 矢沢米三郎（1929）『雷鳥』岩波書店
2) 大町山岳博物館（1964）『雷鳥の生活』第一法規
3) Holder K., Montgomerie R. & Frinsen V. L. (2000). Glacial vicariance and historical biogeography of rock ptarmigan *Lagopus mutus* in the Bering region. *Molecular Ecology.* 9: 1265-1278.
4) Baba Y., Fujimaki Y., Yoshii R. & Koike H. (2001). *Japanese Journal of Ornithology.* 50: 53-64.
5) 中村浩志（2006）『雷鳥が語りかけるもの』山と渓谷社
6) 大町山岳博物館（1992）『ライチョウ　生活と飼育への挑戦』信濃毎日新聞社

第6章

希少鳥類の野生復帰

大迫義人

　この章では，絶滅のおそれのある鳥類の個体数減少や絶滅の原因，その保全の方法について概説し，その中のひとつの方法である野生下への導入（野生復帰）について，世界および日本での事例を紹介し，この取り組みの考え方，進め方，留意点についてまとめてみる。

1　希少鳥類の絶滅と保全

　鳥類は，近年絶滅した種も含めて，世界で9721種[1]，日本で542種[2]が知られている。そのうち，世界では，絶滅のおそれのある（Critically Endangered, EndangeredおよびVulnerable）鳥類は1186種（現生種の12％）も挙がっており[3]，日本でも同じく絶滅のおそれのある（絶滅危惧Ⅰ類と絶滅危惧Ⅱ類）鳥類は，89種（亜種を含む）（現生種の16％）も挙がっている[4]。このように，現在，世界でも日本でも多くの鳥類が絶滅の淵に立たされている。

　S・A・テンプル[5]によると，鳥類の近年の絶滅または減少の原因は，(1)生息環境の減少や悪化－82％，(2)狩猟や採集－44％，(3)外来種の侵入－35％，(4)その他（化学物質，天災）－12％と推定されている。希少な鳥類を保護するためには上記の原因を取り除けばいいのだが，その方法として，(1)

法的規制，(2) 生息環境の管理，(3) 卵，雛と巣の操作，(4) 給餌，(5) 対立生物（捕食者，競争者，寄生者）の管理，(6) 導入（移動）などの対策が組み合わせて行なわれている[6]。

法的規制としては，国際的には，野生動植物の輸出入を規制する「絶滅のおそれのある野生動植物の種の国際取引に関する条約」（ワシントン条約またはCITES），湿地の保全や適正利用のための「特に水鳥の生息地として国際的に重要な湿地に関する条約」（ラムサール条約）や日本とアメリカ合衆国，ロシア連邦，オーストラリア，中国との間に渡り鳥を共同で保護・管理する「二か国間渡り鳥等保護条約／協定」がある。また，日本国内では，「鳥獣の保護及び狩猟の適正化に関する法律」（鳥獣法），「絶滅のおそれのある野生動植物の種の保存に関する法律」（種の保存法）や「文化財保護法」などがあり，希少な鳥類の狩猟や移動を規制している。

生息環境の管理としては，世界では，コウノトリ（*Ciconia boyciana*）の営巣木が野火などで焼失し繁殖が難しくなったために，ロシアや中国の自然保護区では人工巣塔を建てる試みが行なわれている（V・チュグニン私信）。日本では，アホウドリ（*Phoebastria albatrus*）の繁殖成績を上げるために，営巣場所の土砂の流出や流入を防ぐための植栽・砂防工事などが行なわれている[7]。

卵，雛と巣の操作としては，世界では，5羽までに減ったチャタムヒタキ（*Petroica traversi*）の卵や雛を近縁種のニュージーランドヒタキ（*Petroica macrocephala*）に托して絶滅の淵から救った例がある[8]。また，アメリカシロヅル（*Grus americana*）の卵をカナダヅル（*G. canadensis*）に托して個体数を増やす試みも行なわれたが，これは孵化した雛が里親に刷り込まれて，成長後，同種と配偶しない結果となり失敗している[9, 10]。一方，日本では，希少鳥類を増殖するのに飼育下で卵や雛の移し替えを行なう例はあるが，野生下での例はほとんどない。ただし日本雁を保護する会が，ロシア連邦，アメリカ合衆国の研究者と共同で，極東ロシアでハクガン（*Anser caerulescens*）の卵をマガン（*Anser albifrons*）に托して，北東アジアのハクガンの個体数を増やす取り組みを行なっている[11]。

給餌としては，世界では，カリフォルニアコンドル（*Gymnogyps californianus*）において，狩猟で死んだ動物を食べて鉛中毒になったことがあるため，

それを避けるために家畜の死体が与えられているし，ハワイガン（ネネ）（*Branta sandvicensis*）で生存率を高めるために餌や水の供給が行なわれている[3]。日本では，北海道でのタンチョウ（*Grus japonensis*）や鹿児島県出水地方で越冬するツル類への給餌，新潟県瓢湖や鳥取県中海でのハクチョウ類への給餌などが為されており，ツル類においては，個体数の増加に寄与していることが確認されている[12]。しかし，増加やそれに伴う集中化による農作物への被害の発生や拡大，野性の喪失，伝染病による大量死などの弊害や危惧も存在している[13]。

対立生物（捕食者，競争者，寄生者）の管理としては，世界では，飛べないクイナの仲間であるタカヘ（*Porphyrio mantelli*），グァムクイナ（*Gallirallus owstoni*），大きなインコの仲間であるフクロウオウム（カカポ）（*Strigops habroptilus*）などは，人間が持ち込んだ動物による捕食や餌の搾取によって減少しており，それらの駆除が行なわれている[3]。日本では，飛べないクイナの仲間であるヤンバルクイナ（*Gallirallus okinawae*）の減少の原因のひとつと考えられるマングース（*Herpestes sp.*）やノネコ[14]の捕獲が，環境省や沖縄県によって進められている。

最後の導入（移動）という保全対策は，文字通り動物をある場所から他へ移動させることであるが，これが本章の主題であり，後の項で詳しく述べる。

2 導入と野生復帰

野生動物を保護するひとつの方法として，個体を自然環境へ意図的に放すことがある。これを導入（Introduction）または移動（Translocation）というが，この方法には，分布地でない場所へ移動させる「保全的導入（Conservation introductions）」，過去の分布地に移動させる「再導入（Reintroduction）」，および現在の分布地に個体を追加する「補強的導入（Supplementation）」がある[6]。

国際自然保護連合の定義[15]によると，保全的導入とは，本来の分布域ではないものの，生息環境および生物地理学上適切な場所に，ある種・亜種の個体群を保存するために導入する取り組みをいい，これは，その種・亜種の歴

史的分布域内に適地が残されていない場合にのみ行なわれる保全の方法である。また，再導入とは，ある場所で駆逐されたり絶滅したりした種・亜種を，過去における生息・生育地に復帰させる取り組みをいう。再確立 (Re-establishment) と同義に使うこともあるが，再導入が成功すると再確立したことになる。そして，補強的導入とは，より充分かつ安定した野生動植物の個体群を確立するために，個体数は減少しつつあるものの，まだ存続している生息・生育地に同種・亜種の新しい個体を導入することをいう。

　一方，日本語でよく使われる「野生復帰」とは，単純に野生動物が自然環境に戻るまたは戻されることをいい，その野生動物は，一時期，人間の管理下すなわち飼育下に置かれたことになる。野生動物が飼育下に置かれることは，その動物が負傷・罹病または衰弱したために救護されたり，幼弱個体として保護される場合がほとんどであるが，野生下で減少または絶滅した希少動物を増殖する場合もある。ともに自然環境に戻した時，野生復帰したという。この章では，救護・保護されて治療・回復後，自然環境に戻す個体のレベルでの野生復帰は取り扱わず，上記の自然環境に導入または移動して個体群のレベルで保全する野生復帰の取り組みを紹介する。また，後者の意味の場合，時に「野生化」とも言われるが，この言葉も外来動植物が野生下で繁殖を始めた場合でもいうので注意が必要である。

3　希少鳥類の野生復帰の事例

　希少鳥類の野生復帰の例として，世界では，カリフォルニアコンドル (*Gymnogyps californianus*)，カンムリシロムク (*Leucopsar rothschildi*)，グァムクイナ (*Gallirallus owstoni*)，アメリカシロヅル (*Grus americana*)，フクロウオウム（カカポ）(*Strigops habroptilus*)，ホオアカトキ (*Geronticus eremita*) などが知られている。一方，日本では，この取り組みの例はまだ少なく，シジュウカラガン (*Branta canadensis leucopareia*)，タンチョウ (*Grus japonensis*)，コウノトリ (*Ciconia boyciana*)，トキ (*Nipponia nippon*) で実施または計画されている。

(1) カリフォルニアコンドル

　タカ目コンドル科の，飛べる鳥類としては最大級の猛禽類で，全長117〜134 cm，体重8000〜1万4000 g，翼を広げると270 cmにもなる[16]。主に死んだ大型哺乳類を餌とする腐肉食である。かつては北アメリカの太平洋岸一帯に広く分布していたが，狩猟やその鉛弾の誤飲による中毒，毒餌の影響でその個体数を減少させ，早くも1937年にはカリフォルニア州のみに生存するだけとなった[3]。現在，国際自然保護連合のレッドリストでは，Critically Endangered (CR)（最も絶滅のおそれのある種）に挙げられ，ワシントン条約ではの輸出入に厳格な手続きの要る付属書Iにリストされている。

　絶滅が危惧されて，やっと本格的な保護対策が取られたのは1982年で，21羽が捕獲されてロサンゼルス動物園やサンディエゴ野生動物公園などで飼育下で増殖されるようになった。さらに1987年には，野生下で生存していた最後の6羽も捕獲され（野生絶滅），飼育下におかれた。この飼育下繁殖は効を奏し，2004年現在で200羽を越えるまでになっている[17]。

　この計画を進める上で特筆すべきことは，放鳥や追跡の方法などに関して近縁種のアンデスコンドル（*Vultur gryphus*）を使って試行したことである[18]。希少種でなくても，餓死，被食，罹病などで死亡する場合は必ず起こる。ましてや個体数の少ない種を野生復帰させた場合，様々な減少要因が存在することは予想される。絶滅のおそれのない近縁種を使って利用環境やリスクの分析を行なっておくことは，当該種の生存率を高める上で非常に重要である。

　増殖の結果を受けて，1992年よりカリフォルニア州で2羽の放鳥が開始され，1996年，野生に13羽まで回復した。しかし，ここで新たな問題が起こった。放鳥後も人間のゴミをあさったり，油（エチレングリコール）を誤飲したり，また銃で撃たれた動物の死体と一緒に鉛弾も飲み込んでしまったのである。そのために衰弱したり死亡したりすることが続いた[18]。そこで，誤飲を避けるために家畜の死体などを使った人為給餌が継続されている。さらに，大型の鳥であるがゆえに，高圧電線との衝突による死亡事故も多く起こった。そこで，訓練のひとつとして，飼育ケージ内に模擬の電柱と電線を作り弱い電流を流して回避することを学習させている[17]。

現在では、アメリカ合衆国の世界猛禽類センター、魚類・野生生物局、ロサンゼルス動物園、サンディエゴ野生動物公園、メキシコの研究機関などが共同で大規模な飼育下増殖と野生復帰事業を進めており、合衆国のカリフォルニア州以外にも、アリゾナ州およびメキシコのバジャ州でも野生復帰計画を進めている[17]。

(2) カンムリシロムク

スズメ目ムクドリ科の、全長25 cm、体重100 g、ムクドリの仲間ではやや大型な種である。現在の野生個体の数は、20羽前後と推定されており、国際自然保護連合のレッドリストでは、Critically Endangered (CR)（最も絶滅のおそれのある種）に挙げられ、ワシントン条約では輸出入に厳格な手続きの要る付属書Ⅰにリストされている[3]。

その名のとおり冠羽を持った真っ白な鳥であり、目の周りのコバルトブルーが映えるとても美麗な鳥である（図1）。英名でBali Mynaと言われるように、インドネシア半島のバリ島にのみ生息する固有種である[3]。もともと個体数は多くなかったようで、個体数のカウントが開始された1970年代で100～200羽しか現存していなかった。そして、1980年代に入ると約50羽まで減少し、1990年には13羽まで減少してしまった[19]。

生息環境の破壊・悪化も本種の減少の一因ではあるが、この鳥は、その美麗であるがゆえに飼い鳥としての人気が高く、捕獲されて減少の一途をたどった。そこで、インドネシア共和国政府によって1971年より捕獲および輸出が法的に制限されるようになった。しかし、これも十分な効力を発揮せず、依然として欧米に密猟個体が輸出されていた。

そこで、1983年から、インドネシア共和国政府は、国際鳥類保護委員会（BirdLife International）とともにカンムリシロムク保護プロジェクトを開始した。その後、北米動物園水族館協会、ニューヨーク動物学協会、イギリスのジャージー動物園も加わり、本種の保護増殖事業が進められた。さらに、1988年には、バリ・バラト国立公園に野生復帰訓練センターが設立され飼育個体の放鳥が開始されている。飼育下繁殖と野生復帰以外に、密猟の監視、

図1　カンムリシロムク

生息環境の回復，巣箱の設置，住民への啓発なども実施されている[19]。

　この種の個体数回復の上で光明があるのは，飼育しやすく飼育下でも繁殖が難しくないことである。アメリカ合衆国，ヨーロッパ各国，日本など，世界の動物園などで計約1000羽が飼育されている。中でも本種の個体数回復のために，日本の横浜市繁殖センターとよこはま動物園は全面的な協力を開始している。横浜市は，2003年にインドネシア共和国と調印した「カンムリシロムクの野生復帰計画」に基づき，7年かけて計100羽をバリ・バラト国立公園へ送り，現地での繁殖と放鳥が進められている[19]。

(3) グァムクイナ

　ツル目クイナ科の，全長28 cm，体重が雄で174〜303 g，雌で170〜274 gの飛翔力の無い鳥である[20]（口絵5）。グァム島に固有の種ではあるが島内に広く分布していた。しかし，人間の持ち込んだチャイロキノボリヘビ（*Boiga irregularis*）による捕食で減少または地域個体群が絶滅した。ニュージーランドのタカヘ（*Porphyrio mantelli*）と同様に，飛翔力のない鳥類は，多くの場合捕食者のいない地域で進化したもので，そこに人為的に外敵が導入されると対抗

する術を持たないため減少したり絶滅したりする場合が多い。

　1981年には，野生で約2000羽生存していると推定されたが，わずか2年後の1983年には，100羽以下に，そして1987年には野生で絶滅してしまった。そこで，アメリカ合衆国は，1983-86年に現存していた最後の21羽を捕獲して，1984年から本土の動物園も含めて，飼育下繁殖を開始し，1989年には100羽を越えた。1987年からは，米国グァム水生野生生物資源局が中心となって捕食者のヘビ類のいないロタ島で22羽の試験的放鳥が開始されたが，今度はノネコによる食害が問題になってきた。そこで，1998年からは，北グァムで，ヘビやノネコを侵入させない囲いの中で，繁殖させている[3]。

　この事例は，同じく飛翔力のないクイナで，日本の沖縄県にしか生息していないヤンバルクイナの保護対策の前例になると考えられる。生息地での外敵となる外来動物の駆除や道路建設などの人為的影響を少なくする保護対策は開始されているものの，野生個体群が十分に存続しているうちに飼育下増殖を開始し，補強的導入や再導入の計画の準備をしておくことが重要となってくる。

(4) アメリカシロヅル

　ツル目ツル科の，全長130〜160 cm，体重4500〜8500 g，翼を広げると200〜230 cmの鳥である[20]（図2）。世界でツルの仲間は15種がいるが，その中で北米に分布する大型で白い美麗なツルのひとつである[21]。1870年以前は，1300〜1400羽は生存していたと推定されているが，乱獲と生息環境の減少と悪化で1938年には，野生下で成鳥が14羽までに減少した。以前は，北米全体に分布していたが，減少した段階で，カナダのウッドバッファロー国立公園とアメリカ合衆国テキサス州のメキシコ湾岸のアランサス自然保護区とを渡る個体群だけとなってしまった[3]。そのため国際自然保護連合のレッドリストでは，Endangered（絶滅のおそれのある種）に挙げられ，ワシントン条約では付属書ⅠとⅡにリストされている[3]。

　1966年から，アメリカ合衆国魚類・野生生物局により本格的な保護が開始され，徐々に野生下での個体数を増やしてきた。一方で，アメリカ合衆国と

図2　アメリカシロヅル

　カナダの動物園，および国際ツル財団で飼育下で増殖された個体を1993年から本来の分布地でないフロリダ半島の湿原に飼育個体を放鳥し始めた。これは，本来の生息地でない場所に新しい個体群を作る保全的導入であるが，これ以外にも北米東部に新しい渡り個体群を確立する試みも進められている。これらの増殖，保全，導入の取り組みの結果，現在，飼育下で約150羽，導入個体も含めた野生下で約350羽が生存している。

　アメリカシロヅルの野生復帰の方法として，ユニークかつ大胆な手法がとられている。ツル類は，前述のように孵化して初めてみた動く物を自分の親（同種の個体）と見なしてついてゆく。この刷り込みを応用して，コスチューム姿の人間が軽飛行機に乗って，越冬地まで誘導するのである[17]。カナダのウッドバッファロー国立公園からアメリカ合衆国のアランサス自然保護区までは直線距離でおよそ3500キロメートルもある。その距離を約1ヶ月かけて幼鳥たちを連れてゆくのである。ヨーロッパからアフリカ北部に分布し絶滅が心配されているホオアカトキでも，同じ方法で新しい渡りのルートを教えている[22]。文字通り，飼育者や研究者も命がけである。

(5) シジュウカラガン

　秋になると日本の各地にハクチョウ類，ガン類，カモ類が飛来する。その中で，竿や鉤になって飛行する雁行で知られているのがガン類である。日本で越冬するのは，マガン（*Anser albifrons*），ヒシクイ（*Anser fabalis*）がほとんどであるが，それらに混じってシジュウカラガンも少数ながら見られる。

　シジュウカラガンは，カモ目カモ科のカナダガン（*B. canadensis*）の1亜種で，全長約60 cm，体重約2 kgの鳥である。カナダガンと違って頸の付け根がはっきりと白いのが特徴である。この亜種は，世界では1万羽を越えているので絶滅のおそれはないと考えられているが，日本では種の保存法の国内希少野生動植物種であり，環境省の絶滅危惧ⅠAにリストされている[4]。

　種としてのカナダガンは，北アメリカを中心に広く分布しているが，シジュウカラガンのそれは局地的である。かつては，アリーシャン列島で繁殖し北アメリカ西海岸で越冬する個体群および千島列島で繁殖し日本で越冬する個体群がいた。1935年頃まで千葉県，埼玉県，宮城県を中心に数百羽のシジュウカラガンが見られたそうである。ところが，1900年代から繁殖地に毛皮目的で持ち込まれたキツネ類による捕食と越冬地での狩猟による捕獲で，その個体数を減らし一時は絶滅したと考えられた。しかし，1962年の再発見後，アメリカ合衆国の保護と増殖により，アリーシャン列島の個体群は絶滅の危機を脱している。一方の千島列島の個体群は，日本での越冬個体数も激減し，現在では宮城県伊豆沼とその周辺で数羽が見られる程度である[23]。

　そこで，1980年に，宮城県仙台市の八木山動物園が，日本雁を保護する会と共同（仙台ガン研究会）で，この絶滅に瀕しているシジュウカラガンの個体数の回復が計画された。八木山動物園では，1983年にアメリカ合衆国から創設個体となるシジュウカラガンをもらい受け，飼育下での繁殖を開始した。ガンカモ類は，一度に産む卵の数が多いため，捕食されたり餓死したりすることの少ない飼育下では，個体数の増加は早いのが特徴である。そのため飼育下繁殖から2年経った1985年には，野生下への放鳥を開始している。飼育で育った個体を，越冬にきている近縁種のマガンの群れの中に放し，一緒に繁殖地であるロシア北東部へ連れていってもらう方法であった。「越冬地放

鳥による渡りの復元」である。しかし，1991年までに越冬地で放したシジュウカラガンのうちのほとんどは，渡りをしないか行方不明に終わっている[23, 24]。

一時，放鳥が中断したものの，1993年の日露渡り鳥条約の会議をきっかけに，日露米の国際協力による回復計画が再開された。1994年から八木山動物園で増えた個体をカムチャッカ半島に送り，そこでの飼育繁殖と平行して，1995年から繁殖地として適している千島列島のエカルマ島での放鳥が開始された。今度は「繁殖地放鳥による渡りの復元」である。そして，放鳥開始2年後の1997年にはヒシクイの群れと一緒に日本に飛来したことが確認された[23, 24]。

日本でのシジュウカラガンの回復計画は，希少鳥類の野生復帰計画についていくつかの示唆を提示してくれている。例えば，放鳥しても本来の行動（渡り）を示さず，かつ，おそらく生存率が低かったことは，野生下にある餌や外敵に対する認識や対応の経験，長距離飛行などの野生馴化訓練がなかったか十分でなかったためと考えられる。また，当時，日露の情報交換が困難であり，繁殖地との連携ができていなかったため，そこでの個体情報および生息環境，繁殖状況などの調査が不足していた。回復の可能性が見えるまでに17年もの時間がかかったことは，放鳥までの準備がまだ不十分であったことが伺える。

なお，仙台ガン研究会は，これらの活動を「シジュウカラガン回復計画」と称しているが，飼育下の個体を自然環境に戻すことであるから野生復帰のひとつである。さらに，ほぼ絶滅した越冬地，繁殖地で個体群を回復させるための野生復帰であるから再導入に近い補強的導入である。日本における希少鳥類の野生復帰計画としては最も古い事例となる。

(6) コウノトリ

コウノトリは，コウノトリ目コウノトリ科の，全長が約110 cm，翼開長が180〜200 cm，体重が4〜5 kgの日本に分布する鳥類の中でも最大級の鳥である（図3）。体色は全身白色で，風切羽は外弁が白い黒色，嘴は黒色，脚は赤色，

図3　コウノトリ

目の周囲は赤色である。近縁種にヨーロッパコウノトリ（*Ciconia ciconia*）がいるが、この種は、別名シュバシコウと呼ばれ、文字通り嘴が朱色である。コウノトリは、以前、ヨーロッパコウノトリのひとつの亜種（*C. c. boyciana*）とされていたが、体の大きさや嘴と目の周囲の色彩および求愛行動の違いから[25]、現在では別種とされている。

コウノトリは、ロシアの極東地方と中国の東北部で繁殖し、中国の主に揚子江の中流域、韓国、台湾などで越冬している[3]。日本へは秋冬期になると1、2羽が飛来し、中には夏期まで滞在することがある[26]。

コウノトリは、現在、世界で2500羽しか生存しておらず、かつ減少傾向にあると推定されており、IUCNのレッドリストでEndangered（絶滅のおそれのある種）に、ワシントン条約で付属書Iにリストされている[3]。また日本では、環境省の絶滅危惧IA類にリストされ、特別天然記念物（文化財保護法）、国内希少野生動植物種（種の保存法）として保護されている。

本種は、かつては日本に広く分布していた記録が残っている。群馬県では、

6世紀の古墳時代の水田の遺跡からコウノトリの足跡が発掘されており[27]，さらに，江戸時代には，各地の産物帳に記録されており東北地方から九州地方まで繁殖していたらしい[28]。

ところが，明治時代に入り一般人の狩猟禁制の解禁による乱獲で各地のコウノトリは次々と姿を消し，兵庫県の北部に位置する但馬地方と福井県の若狭地方に限られてしまった。その但馬地方では，非狩猟鳥や天然記念物の指定などでその個体数を増加させたものの第二次世界大戦中の燃料用松根油を取るための，営巣木となっていた松の大木の伐採，有機水銀を含む農薬の使用などによって，1959年に雛が巣立ったのを最後に日本国内での繁殖が見られなくなった。この減少に危機感を持った豊岡市，兵庫県や国が，1964年にコウノトリ飼育場（現在のコウノトリ保護増殖センター）を建設し，翌年から飼育下における保護増殖に取り組んだ。しかし，1971年に最後の野生個体が保護捕獲され，これが日本産コウノトリの野生絶滅の年となった。

その後の飼育下繁殖がうまく行かない中で，1985年に，兵庫県が友好関係を結んでいる旧ソビエト連邦のハバロフスク地方から若鳥を譲り受け，飼育下繁殖を開始してから24年目の1989年には，待望の雛が育った。その後，飼育下での繁殖が軌道にのり，増えた個体を再び野生下に放す，野生復帰計画が，1992年から検討に入った。一度絶滅したコウノトリを以前の生息地である但馬地方に復活させる，この場合は再導入の計画である。

カリフォルニアコンドル，グァムクイナ，アメリカシロヅルなどの野生復帰の場所は，人間活動のほとんどない自然環境での試みであったが，人為と自然が交叉する里地・里山に生息するコウノトリの野生復帰のためには，それまでにない新たな問題解決が必要となる。「コウノトリと共生できる環境が人にとっても安全で安心できる豊かな環境であるとの認識に立ち，人と自然が共生できる地域の創造に努め，コウノトリの野生復帰を推進する」，つまり人と自然が共生する地域づくりが求められる[29]。

この考え方に基づいて2003年に「コウノトリ野生復帰推進計画」が策定され，住民，団体，学識者，行政が一体となって具体的な自然・社会環境の整備が進められ[30]，2005年9月に試験放鳥が開始された。

コウノトリの野生復帰は，現在，環境省と新潟県が進めているトキの再導

入の先行事例になるであろう。トキも，コウノトリと同様，里地・里山を生息環境としており，住民との共生が求められるからである。

4 野生復帰計画の考え方と進め方

1995年に開かれた国際自然保護連合のSpecies Survival Commision's Re-introduction Specialist Groupの会議で希少動物の野生復帰計画の考え方や進め方についてひとつのガイドラインが提示された[15]。

(1) 考え方

野生復帰計画は，長期にわたって多くの機関が関係する多額の財源が必要であり，かつ行政，自然保護局，NGO，財団，大学，獣医学を含む各研究所，動物園や植物園などを巻き込んだ諸専門分野の知識と技術を必要とする取り組みであることを強調している。つまり，野生復帰計画は，一度減少または絶滅した動物を，持続可能な個体群になるまで復活させるものであるから，大変時間がかかるし，すべての保全対策をとるため多くの機関，専門家，住民の協力が不可欠であり，そして，それを支える財源が必要である[15]。

(2) 進め方

このガイドラインでは，野生復帰計画を策定，準備，継続の三つの段階に分けて，それぞれにおいて検討，対応すべきことが以下のように整理されている。計画を進める上で，これらの項目をひとつひとつチェックして推進してゆくと良い。

計画策定の段階
a. 生物学的検討
i. 予備調査と基礎研究
・野生復帰させる生物の分類学的分析

- 野生個体群の絶滅の程度の評価
- 放野動物による生態系への影響
- 目標とする個体群の個体数と構成
- 個体群存続可能性分析

ii. 過去の事例
- 同種または近縁種の野生復帰の情報収集

iii. 放野の場所や方法の選定
- 再導入：過去に生息していた場所
- 保全的導入：再導入する適地がない場合
- 放野地の長期的確保

iv. 放野場所の評価
- 放野適地の解析
- 減少原因の解析と排除
- 生息環境の回復

v. 放野のための飼育個体の確保
- 野生個体による創設
- 十分な飼育個体数の確保
- 飼育のために捕獲することの野生個体群への影響評価
- 飼育個体群の人口学的，遺伝学的管理
- 余剰飼育個体の放野の禁止
- 検疫の施設と体制

vi. 放野のための飼育個体
- 野生への馴化と訓練
- 人慣れの防止

b. 社会・経済的整備及び法的整備
- 長期的な財源の確保
- 放野に伴う問題の社会・経済的研究
- 住民への周知と理解
- 保護対策と人間活動の共存
- 国の政策との合致
- 近隣国・地域との連携
- 放野生物による被害，事故への対策

計画準備の段階
- 関係行政機関との連携，土地の所有者の同意，国内・国際自然保護機関との協働
- 専門的意見を求めることのできる諸専門分野からなるチーム作り
- 評価体制－短期および長期の成果の確認，達成までの期間の予想
- 財源の確保
- 放野の前後のモニタリング体制作り

- 放野個体の健康・遺伝的管理
- 放野個体の感染症の検査，治療と拡大防止
- 放野個体の感染症への耐性・免疫の獲得
- 放野個体の救護体制
- 放野場所への移動の方法の確立
- 放野戦略の決定
  気候馴化，行動の訓練（捕食，採食），放野個体の個体数・年齢構成・性比，放野方法，放野時期
- 人為的介入の方針
- 環境教育，指導者の育成，マスコミや地域住民への周知，地域住民の参加
- 動物の福祉

計画継続の段階
- 放野個体のモニタリング
- 放野個体群の人口学，生態学，行動学的調査
- 個体および個体群の適応過程の研究
- 死亡個体の収集と検査
- 介入（給餌，救護など）の検討
- 計画の修正，変更の検討
- 生息環境の整備と維持
- 普及啓発の継続
- 計画の費用対効果及び成功の評価
- 計画の科学的，普及的公表

　野生復帰計画を進めてゆくには，このように多岐にわたる検討や体制づくりが不可欠である。丸[31]は，これを踏まえて，希少動物の飼育下繁殖と野生復帰の計画・実施における留意点を具体的にまとめている。ここでは，それら以外の留意点について触れてみる。

1）保全すべき多様性のレベル

　野生復帰計画は，絶滅のおそれの程度によっては，野生復帰させる対象や場所，生物的・社会的攪乱の程度，生息地の保全の程度，保護管理体制の程度において，対応を変えざるを得ないと考えられる。生物多様性のレベルとして，遺伝子，種または個体群，群集または生態系，景観があり[32]，遺伝子の多様性は種の多様性をもたらし，さらに群集，景観の多様性をもたらしている。つまり生物多様性を保全するということは遺伝子レベルでの多様性まで

保全しなくてはならない。つまり，遺伝的変異の存在するであろう地域個体群のレベルで保全を考えることが重要である。

しかし，例えば，ナベヅル，タンチョウ，アメリカシロヅルの場合，それぞれ世界での野生の個体数は，約9200羽，2200羽，200羽と言われており[3]，アメリカシロヅルほど絶滅のおそれが高いと言える。種としての生存が危ぶまれてくると，遺伝子レベルの多様性，つまり地域個体群のレベルでの保全は不可能になり，遺伝的に混ざってもアメリカシロヅルという種を残すことが重要になってくる。同様に，生物的・社会的攪乱，生息環境の保全・回復の程度や保護管理体制の整備の上でも，種のレベルでの絶滅のおそれが高ければ，その条件は厳格にできなくなる。それは，種という単位は，長い進化の産物であり，一度，地球上から消えれば二度とよみがえらせることのできないものであるという認識に基づく。最終的に保全すべきは，進化の産物である生物種と考えられるからである。

2）生物学的情報

野生復帰計画の対象となる動物の生物学的情報，中でも個体群動態，生態，行動の情報が不可欠である。個体群動態的情報としては，生存・繁殖個体数，生存率，出生率，分散率などがあり，それらによって，絶滅の可能性を予測する個体群存続可能性分析（PVA）を行なうことができる。生態学的情報としては，生息環境，餌生物種，捕食・競争種などがある。生息環境とは採餌場所，繁殖場所，避難・休息場所などをさし，どこで餌を採り，どこに巣を造り，どこでねぐらをとるかということである。餌生物種は，文字通り何を餌にしているかであり，捕食・競争種は，どの動物が捕食者であるか，どの動物と餌などの資源が共通であるかということである。行動学的情報としては，採餌行動，繁殖行動，回避行動，社会行動などがある。採餌行動は，餌の採り方であり，繁殖行動は，配偶，子育ての方法や雌雄の役割分担なのである。回避行動とは，捕食・競争種や有害生物などを避ける方法であり，社会行動は，同種個体と敵対したり宥和したりする方法である。

これらの情報は，飼育下で増殖する場合のケージの大きさ，構造，造作，1ケージで飼育する個体数や性，齢の組み合わせや与える餌などを決めたりす

る上で役に立つ。さらに，野生馴化のための場所，施設や方法を決めたり，放野の場所や方法を決めたりする上で参考になる。

また，野生復帰させた種は，別の角度でみると移入種になってしまう。移入種が，生態学的または進化学的問題になるのは，その地域に固有のまたは安定していた生態系を攪乱してしまうためである。2005年に施行された「特定外来生物による生態系等に係る被害の防止に関する法律（特定外来生物対策法）」は，在来種や生態系への影響の大きい種の放野を禁止している。ある種の野生復帰を計画する時，新たな攪乱が起こらないか検討しておくことが重要である。

3）野生馴化訓練

飼育下で増殖した個体や訓練を施した個体を野生下に放す方法として，ハードリリース（Hard release）とソフトリリース（Soft release）がある[33]。ハードリリースは，飼育施設から放鳥予定地に運び直ぐに放鳥する方法で，ソフトリリースは，自活できるまで人為的に給餌をしたり夜間だけケージに収容したり，または放野予定地に設けた飼育施設で気候や餌生物に馴化させて徐々に放鳥する方法である。

ハードリリースで放野する場合も飼育施設での野生馴化訓練は不可欠である。野生の鳥類は，自分で移動し，餌を採り，巣を造り，敵を避け，仲間と一緒に過ごしている。もし飼育施設がこれらの野生での生態や行動を満たしていなければ，野生に出された時に順応できずに負傷・罹病したりして死亡するか，または自活するまでに時間がかかってしまう。その過程を飼育下で行なうことが野生馴化訓練である。訓練というと某かの負荷をかけて鍛えるというイメージがあるが，多くの場合は，地形，気候，日照時間，餌生物などの環境を野生に近い状態にしたり，競争者，捕食者，攪乱者などの外敵を学習させたり，群れる習性があれば社会性を経験させるという方法しかとれない。

この訓練のメニューは，放野予定地と飼育施設との距離や種の特性によって異なってくる。屋内で飼育されたり，気候の違う地域で飼育されたりしていると放野する前に，その予定地の気候や日照時間の変化に馴化させる必要がある。特に気象や日照時間は多くの鳥類の繁殖時期に影響しており，不適

な時期に繁殖すると多くの場合,卵や幼鳥の生存率が大きく低下するからである。飛べない鳥類や地上性の鳥類には,あまり必要性は高くないが,多くの飛べる鳥類には飛行訓練が不可欠である。大型のケージに移したり放し飼いにしたり,飛びやすい台を置くなどして飛行を誘発させる。また,草食や拾い食いを主な採餌方法としている鳥類には,飼育下でも野生にある餌生物を与えておけばいいが,生きた動物を捕食する鳥類,特に猛禽類においてはハンティングの訓練は不可欠である[34]。

4）調査・研究と公表

希少動物を飼育下で増殖する場合,単に給餌や管理をするだけでいいのではない。鳥類の生理,病理,生態,行動の知識は言うまでもなく,その種や施設にあった飼育,繁殖,訓練などの新しい技術を開発する能力が求められる。飼育者といえども研究する目が必要である。

飼育個体や野生個体の病気・怪我などに対処するために獣医師も必要であるが,中でも野生動物獣医学を専門にしている獣医師が野生復帰計画では役に立つ。それは,動物を野生下に放すということは生態系の一部になるということであり,他の野生生物との種間関係,病理学的関連についての知識と経験は重要になるからである。また,野生復帰計画は生息環境を保全または創出してゆくことであるから生態学者,動物行動学者などの自然科学者,生息地での住民との共存やその動物がその地域の文化・習慣に関わりがでてくるので社会科学者も必要である。

そして,野生復帰計画はまだ試行の段階であり,取り組んでいる研究者や事業者はそれらの結果についてモニタリング・評価し,常に公表することが社会的にも求められる[35]。

*

希少鳥類の保全については,日本では多くは環境省と文化庁の管轄となっており,保護のための規制や対策が主となっている。ところが,ロシア連邦では,天然資源省の管轄であり,鳥類も石炭・石油や金属と同じく天然資源として扱っている。資源——すなわち人間のために活用して役立てるもので

ある。たとえば，希少鳥類も，見学する人々が訪れれば観光の，その鳥類がいることによって農作物に付加価値が生じれば農業の，まちづくりのシンボルになれば行政の，共生のために人々の生活が変われば文化の，生きた素材として環境を考えれば教育の資源として活用することができる[36]。人との共生が求められる野生復帰計画の場合，希少鳥類を地域の天然資源とみなして活用する考え方は役にたつであろう。

　野生復帰計画は，絶滅のおそれのある，すなわち希少な鳥類を保全する方法のひとつにすぎず，かつ最後の手段である。飼育下増殖をしなくては絶滅してしまうほど個体数が減少した状況を意味する。一度，絶滅した種は，現在の科学を持ってしても二度と復活させることはできない。進化の産物である生物種を，人間のせいで絶滅に追いやることは地球共生系の一員として避けなければならないだろう。

　種の保全のために最後に残された野生復帰計画は，周到な準備，施設，人材，莫大な予算，地域住民も巻き込んだ取り組みが必要であり，かつ長期にわたる事業である。野生復帰計画を立てなくてはならない，その前に種の野生下での保全が図られることを願いたい。

　この章の一部の内容は，兵庫県立大学自然・環境科学研究所田園生態保全管理研究部門の池田啓博士，内藤和明博士，菊地直樹氏，および兵庫県立コウノトリの郷公園の佐藤稔氏，三橋陽子氏との共同研究・検討によるものである。また，日本雁を保護する会の宮林泰彦氏，よこはま動物園の白石利郎氏，宮川悦子氏には，関連種の文献とそれぞれの保全の取り組み状況について教示していただいた。ここに記してお礼申し上げる。

引用文献

1) Dickinson, E. C. (ed.) (2003) *The Howard and Moore-Complete checklist of the birds of the world.* Princeton University Press.
2) 日本鳥学会（2000）『日本鳥類目録 改訂第6版』日本鳥学会.

3) BirdLife International (2000). *Threatened birds of the world.* Lynx Edicions and BirdLife International.
4) 環境省（編）(2002)『改訂・日本の絶滅のおそれのある野生生物　鳥類』278pp.
5) Temple, S. A. (1986) The problem of avian extinctions. *Current Ornithology* 3: 453-485.
6) Perrow, M. R. & Davy, A. J. (eds.) (2002) *Handbook of ecological restoration. Vol. 1 Principles of restoration.* Cambridge University Press. 444pp.
7) 長谷川博 (2003)『50羽から5000羽へ——アホウドリの完全復活をめざして』どうぶつ社.
8) Butler, D. & Merton D. (1992) *The Black Robin: saving the world's most endangered* bird. Oxford University Press.
9) Lewis, J. C. (1991) Captive propagation in the recovery of Whooping Cranes. *Endangered Species UPDATE* 8: 46-48.
10) Mahan, T. A. & Simmers, B.S. (1992) Social preference of four cross-foster reared Sandhill Cranes. *Proceedings North American Crane Workshop* 6: 43-49.
11) 佐場野裕・岩渕成紀・呉地正行 (1994)「北東アジアにおけるハクガン (*Anser caerulescens*) の復元計画」『雁のたより』No. 42：13-17.
12) Ohsako, Y. (1987) Effects of artificial feeding on cranes wintering in Izumi and Akune, Kyushu, Japan. *Proceedings of the 1983 International Crane Workshop.* pp. 89-98. Eds. Archibald, G. W. & Pasquier, R. F. International Crane Foundation.
13) 大迫義人 (1990)「人為給餌による野生動物への影響　ツルとニホンザルを例として」『採集と飼育』52：156-159.
14) 尾崎清明・馬場孝雄・米田重玄・金城道男・渡久地豊・原戸鉄二郎 (2002)「ヤンバルクイナの生息域の減少」『山階鳥類研究所研究報告』34：136-144.
15) IUCN (1996) IUCN Guidelines for re-introductions.
http://www.iucn.org/themes/ssc/pubs/policy/index.htm.
16) del Hoyo, J., Elliott, A. & Sargatal, J (eds.) (1994) *Handbook of the birds of the world. Vol.2: New world vultures to Guineafowl.* Lynx Edicions. 638pp.
17) U.S. Fish & Wildlife Service (2004)
http://hoppermountain.fws.gov/cacondor/index.html
18) Snyder, N. & Snyder, H. (2000) *The California Condor.* Academic Press. 410pp.
19) 白石利郎 (2004)「カンムリシロムクの野生復帰に向けて」『ZOOよこはま』49：4-7.
20) del Hoyo, J., Elliott, A. & Sargatal, J (eds.) (1996) *Handbook of the birds of the world. Vol.3: Hoatzin to Auks.* Lynx Edicions. 821pp.
21) Ellis, D. H., Gee, G. F. & Mirande, C. M. (1996) *Cranes: Their biology, husbandry and conservation.* Hancock House Publishers. 308pp.
22) SEO/BirdLife (2005) International Northern Bald Ibis *Geronticus eremita* Action Plan.
http://www.unep-aewa.org/meetings/en/tc_meetings/tc6docs/pdf/tc6_16_bald_ibis_ap.pdf
23) 八木山動物公園 (2004) シジュウカラガン回復計画.
http://www.city.sendai.jp/kensetsu/yagiyama/gun.html
24) 呉地正行「日口共同のアジアでのシジュウカラガン回復計画」『雁のたより』No.

42 : 4-8.
25) Archibald K. & Schmitt B. (1991) Comparison between the Oriental White Stork *Ciconia c. boyciana* and the European White Stork *Ciconia c. ciconia*. In *Biology and conservation of the Oriental White Stork* Ciconia boyciana (Coulter M.C., Qishan W. & Luthin C.S. eds.) : 3-17.
26) 藤巻裕蔵 (1988)「北海道におけるコウノトリの記録」『日鳥学誌』37 : 37-38.
27) 群馬県埋蔵文化財調査事業団 (2002)「元総社北川遺跡現地説明会資料」4pp.
28) 安田 健 (1987)『江戸諸国産物帳』晶文社. 139pp.
29) コウノトリ野生復帰推進協議会 (2003)「コウノトリ野生復帰推進計画 コウノトリと共生する地域づくりをめざして」87pp.
30) コウノトリ野生復帰推進連絡協議会 (2004)「コウノトリ野生復帰推進事業・活動一覧」73pp.
31) 丸 武志 (1996)「6. 飼育繁殖を利用した希少種の保全」『保全生物学』(樋口広芳編) : 165-190.
32) Noss, R. F. (1990) Indicators for monitoring biodiversity: A hierarchical approach. Conservation Biology 4: 355-364.
33) Moor, D. E. & Smith, R. (1990) The red wolf as a model for carnivore re-introductions. *Symp. Zool. Soc. Lond.*, 62: 263-278.
34) アント, ロリイ (2001)『猛禽のリハビリテーション ──クリアランスを用いた飛行訓練マニュアル──』赤木智香子訳. ラプター・フォレスト刊. pp.60.
35) Fischer, D. & Lindenmayer, D. B. (2000) An assessment of the published results of animal relocations. *Biological Conservation* 96: 1-11.
36) 大迫義人 (2005)「出水のツルと豊岡のコウノトリ──資源としての活用──.」『るりかけす』(日本野鳥の会鹿児島県支部報) 104 : 1-4。

第III部

群集と生態系の保全

第7章

鳥類群集の保全

村上正志・平尾聡秀

　生物を保全するには，個体群の保全とともに，その種が生活する生息場所あるいは生息環境を保障することが必要である。例えば，トキやコウノトリといった絶滅の危機にある種を保全するには，人工飼育の下，増殖を目指すことも必要である。しかし，本来の生息場所で持続可能な個体群を維持していくためには，対象とする特定の種だけではなく，それと関わりのある生物も含めた群集を保全の対象として考える必要がある[1]。ここでは，「鳥類群集」にとどまらず，生物群集の保全が必要であり，さらには環境をも含めた生態系の保全を図る必要があるだろう。鳥類群集に限定した場合にも，花粉媒介や種子散布を行う鳥類群集は，協同性ギルド[1]を形成している可能性がある。この場合，協同性ギルドを構成する種群全体を保全しなければ，植物と共に絶滅の連鎖に陥る可能性がある。さらに，鳥類はその生活史の様々な場面で多様な環境を必要とする。そのため，生息環境の保全を考えるときには，特定の生息環境のみではなく，生息のための複合的な生態系を考えなければならない。例えば，我が国の個体群は絶滅してしまったトキを自然に戻そうとする「トキ野生復帰プロジェクト」が進行しているが，ここでは，人工飼育によるトキの増殖と，水田，森林，餌となる生物などを包括した生息環境の改善を両輪として計画されている。

　一方，実際の保全の現場では，人間活動や開発にともなう環境の改変が生物にあたえる影響を評価することが重要になる。その際，特定の種が「存在

するか否か」を評価の指標として用いると，機会的にたまたまその種が出現しなかったあるいは観察されなかった場合に誤った評価を下すおそれがある。それに対して，種数や均等度といった群集レベルの指標を用いると，種ごとにみた場合のこのような機会的な誤差を含んだ上で環境の評価をおこなう事ができる。つまり，特定の生物種の存否ではなく，群集中の種数や種の均等度などを用いることで，環境の健全性についてより頑強な評価が可能となる[2]。

生物の保全，特に鳥類の保全においては，種（個体群）の保全に目が向けられるが，現場で，野外で，実際に対象とされるのは，鳥類とそれらの生物も含めた「群集」であることが多いだろう。そこで，本章では，鳥類を保全するにあたり「群集の保全」という視点の必要性について考えてみたい。

1　景観と鳥類群集

人為活動による環境の改変は生物群集に大きな影響をあたえる。例えば，森林の断片化 (fragmentation) が問題になっている（Martin[3]，Paton[4] など）。断片化により生息地面積が減少すると，個体群サイズが低下するため絶滅リスクが高まる。また，断片化は生息地の孤立化を招き，生物の移動が妨げられるため，断片化した生息地での生物多様性は減少するというのが一般的なシナリオである[5]。鳥類群集についても，森林の断片化の影響は極めて盛んに研究されている。断片化が鳥類群集にあたえると考えられる影響を表1にまとめた。断片化の影響は，森林面積自体の減少，孤立化による移動分散の阻害，および外部からの影響の増大，断片化による生息環境の悪化にまとめられる（Ford ら[7] も参照）。一方で，森林の断片化など環境の改変により，生物の多様性が増加するという例も多い（O'Leary と Nyberg[8]，Bollingeri と Switzer[9] など）。断片化により，森林内にエッジ環境が生まれるなど，かえって環境の複雑性が増すというのが多様性を増加させる要因の一つである。

しかし，エッジ環境が創出されることにより，多様性の増加が観察された場合にも，個体群の維持という意味では注意が必要である。このような個体群が生態的罠 (ecological trap) に陥っている可能性がある。生態的罠とは，「繁

表1　鳥類個体群の地域的絶滅，多様性の減少に関する仮説（Walters *et al*. 1999[6]を改変）

生息地の消失
生息地面積の減少による絶滅リスクの増加
特定の生息地の選択的な消失の影響：生息地スペシャリストへの影響
生息地の孤立化
分散の阻害
エッジ効果の増大による，捕食圧の増加，および餌資源の減少
生息地環境の悪化
競争種の移入
大木が失われること，あるいは，低木層の繁茂による営巣環境の悪化
捕食者の増加
人為活動による死亡の増大
託卵者の増加
病気，寄生虫の蔓延
放牧等による餌資源の減少，野火の頻度の変化

殖や生存にとって不適で個体群を維持することができないが，他に利用することができる質の高いハビタットがあるにもかかわらず利用されるハビタット」である[10]。例えば，BoalとMannan[11]は都市部に進出したクーパーハイタカ（*Accipiter cooperii*）の個体群密度は，都市周辺の個体群と比較して極めて高いが，同時に死亡率も10倍以上高いことを示している。これは，餌とするハト類が媒介する病気によるものであった。生存分析の結果，都市部のクーパーハイタカ個体群は有意な減少を示すが，都市部で観察される個体数は安定していた[12]。つまり，都市部の個体群は周辺からの移入により維持されていた。ChaskoとGates[13]は，森林を横切る送電線下のエッジにおいて，数種のスズメ目鳥類の巣密度が高い一方で，巣での捕食率が高い例を，Flaspohlerら[14]は，人為的な皆伐地とのエッジにおいて，森林の林床営巣性のスズメ目鳥類の巣密度が高い一方で，巣立ち率が低い例を示しているほか，飛行場や牧場などあらゆる人為環境が「生態的罠」として作用する可能性が示されている。Battin[15]が，鳥類についてこのような事例をレビューし，人為的な環境改変が進行している環境で生態的罠が見つかることが多く，環境の改変と生態的罠の出現に関係があることを示している。環境の改変により，進化的時間の中で経験したことのない環境に出くわしたことで，不適な環境を選択し

てしまう（罠に陥る）のだと考えられている[15]。このように，他からの移入によってのみ維持されている個体群を，供給源となる個体群（ソース個体群）に対しシンク個体群というが，シンク個体群のみを保全しても，個体群全体は絶滅へと向かう。この結果は，保護の対象とする群集を，そこに生息する生物の種数のみを指標として選択することの危険性を示すものである。

2　河川―森林エコトーンの鳥類群集

　前節の例では，人為的に作られた生態系の周辺域で生じる現象に注目したが，このような境界"エコトーン"は，自然の景観の中にも見いだすことができる。水域と陸域，森林と草原，海と川など，異なる生息環境の境界域"エコトーン（ecotone）"は，鳥類の生息にとっても非常に重要である。多くの鳥類は生活史の中で複数の生息環境を必要とする。例えば，渡り鳥は越冬地と繁殖地が必要であり，採餌する場所と巣の場所が異なること，あるいは，季節によって異なる餌資源を利用することが普通である。しかし，鳥類がこのような複合的な環境をどのように利用して生活しているか，という具体的な研究は始まったばかりである。

　景観の中での鳥類群集の生態を記載する場として，河川―森林エコトーンは一つのモデルシステムとなり得る[16]。NakanoとMurakami[17]は，北海道大学苫小牧研究林を流れる幌内川において，河畔林における鳥類の採餌行動を通年にわたって定量的に観察し，同時に餌となる節足動物の季節動態を詳細に計測することにより，森林性の鳥類にとっての水生昆虫の重要性を定量的に把握した。幌内川においては6月には河表面積 $1\ m^2$ あたり，約 7 mg（乾重）$/m^2/day$ の，冬期間でも 0.1 mg（乾重）$/m^2/day$ の水生昆虫が羽化し陸上に供給されていた[17]。年間では，$1\ m^2$ あたり，961 mg（乾重）の水生昆虫（カゲロウ1000匹以上）が河川から羽化している。そして，河畔林に生息する森林性の鳥類は餌の26％を河川からの羽化水生昆虫に依存していることが明らかとなった（図1）。しかし，水生昆虫への依存度は種によって，また季節によって大きく異なっていた。鳥類が水生昆虫に強く依存するのは，樹木が葉を落と

第7章　鳥類群集の保全　155

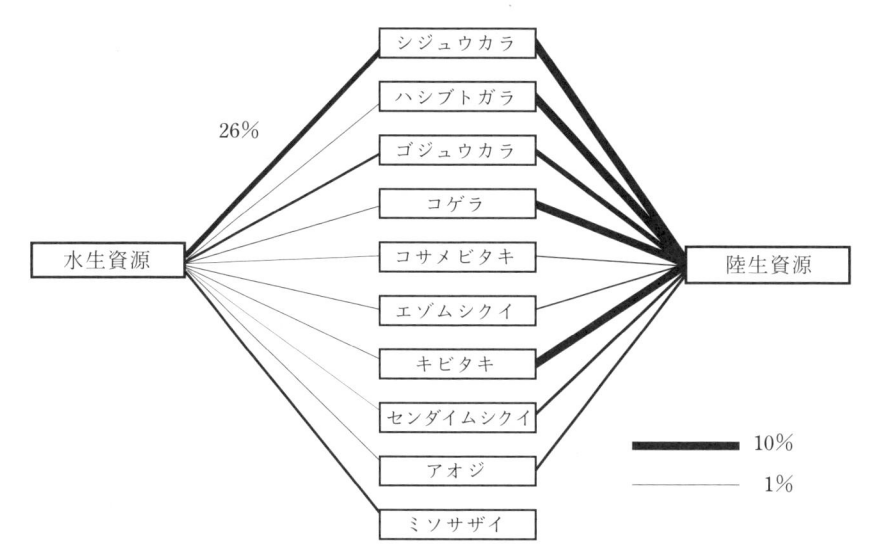

図1　各種森林性鳥類の餌に占める水生資源と陸生資源の割合

した後の11月から樹木が再び芽吹く前の5月の間である。

　幌内川は地下水を水源とする湧水河川で，冬期間でも7℃程度の水温を維持している。つまり，冬期間でも凍結せず，樹木が葉を落とし日射が河床にまで達する秋，冬には河川内の生産が森林を上回る。一方，葉の生茂る春，夏には，逆に森林の生産が河川を上回る。このような川と森林での生産性の傾度がエネルギーの流れを生じる原動力となる。幌内川において，鳥類が水生昆虫を盛んに利用するのは秋から早春にかけての間だけである。苫小牧での我々の研究の結果，冬期間（12月から3月）には，河畔林に棲息する，全鳥類種が必要とする資源量の6割以上が河川から供給されていることがわかっている（中野ら未発表）。冬期は鳥類にとって最も厳しい時期であり，この期間の餌の供給源としての河川の重要性は極めて高いと考えられる。森林に占める河畔林の割合はごくわずかであるが，森林に生息する生物にとっての河畔林の重要性は，その割合よりはるかに高いと予想される。

　さらに，調査範囲を川から遠く離れた森林にまで拡大し，河川と森林の間にみられる鳥類の移動を調査した。その結果，春期，4月から6月にかけて，河畔林において鳥類の個体数が増加し，同時に森林では個体数が減少している

ことが明らかになった[18]。しかし、6月中旬になると、たくさんの虫が森に発生し、鳥たちはもはや河川生態系に依存しなくなり、このころには河畔林での個体数が減少し、鳥たちは森の中にまんべんなく分布する。つまり、河川から供給される水生資源は、河川周辺の河畔林だけでなく、森林全体の鳥類群集に大きく影響する可能性が示されている。我が国は森に恵まれ、そして、その中を川が流れ下っている。そんな森の中で生活する鳥類は、川の恩恵にもあずかっているのである。

　富士山の麓、静岡県清水町に柿田川という不思議な川がある（口絵14）。国道一号線の真横から、一日に100万トン近くの水がこんこんと湧き出し、河床にはバイカモが繁茂している。わたしたちが調査を行ってきた幌内川を100倍ほどに拡大したような川である。幌内川が樽前山を源としているのに対して、柿田川は富士山からの地下水を水源とする湧水河川である。幌内川の水温が年間を通じて7℃前後であったのに対し、柿田川の水温は15℃前後であった。マレーゼトラップを用いて、川から羽化する水生昆虫を一年を通じて採集したところ、冬期間にも多くの水生昆虫が羽化していることが明らかになった。そして、柿田川の河畔林は、冷温帯の苫小牧での結果と異なり、鳥類の越冬地として機能していることが分かった。柿田川の河畔林で毎月、鳥類の定点観察を行った結果、冬期間に夏の5倍以上の個体が記録された（図2）[19]。その個体数を、冬期間には水温が下がり生産性の低下する狩野川（柿田川との距離は3km程度）での観察結果と比較したところ、夏期間には両河川の河畔林で種数、個体数共に差がなかったのに対し、冬期間には柿田川での種数、個体数が狩野川の3倍以上であった。この結果は、鳥類の越冬場所選択に対し、河川から供給される水生資源量が影響することを示している。このように、河川と森林の生態系がともに河畔林の、さらには森林の鳥類群集を支えているとことが分かる。

3　アンブレラ種・象徴種・指標種

　開発にあたって、あるいは、保護区を設定するにあたって、生物の生息状

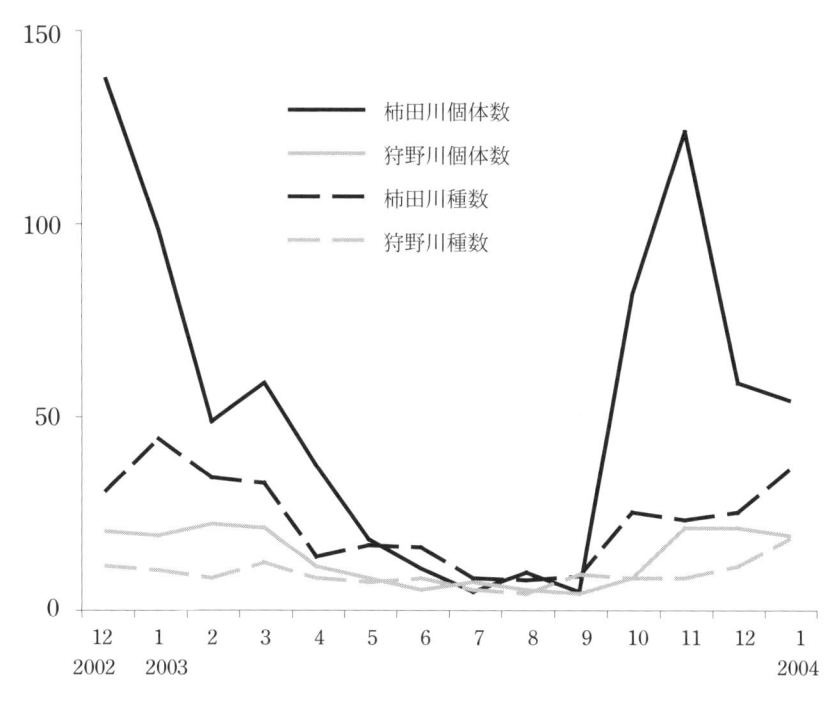

図2 柿田川と狩野川において採集された羽化昆虫の個体数と種数（村上ら印刷中）

況によりその場所や規模を決定する必要がある。そのためには，現地での生息調査が不可欠である。これは「環境アセスメント」として，我が国でも一般的に行われている。しかし，前節で示したように，鳥類の分布は様々な要因に影響され，決定されている。複雑な景観構造の中で保護区とすべき場所を選定するにあたって，もちろん，候補となる地点の全ての生物をリストアップし，場所を選定することが理想的であろう。しかし，そのためには莫大な調査努力を投入する必要がある。予算も限られている。そこで，その地域の生物種の多様性あるいは健全性の指標として，特定のあるいは少数の種を代表種（surrogate species）として用いるということが頻繁になされている。代表種は，アンブレラ（umbrella）種，象徴（flagship）種，指標（indicator）種に分けられる（表2）。アンブレラ種とは，生息地面積要求性の大きい種であり，その種の生存を保障することで自ずから他の種の生存が確保されることが期待さ

表2 ある地域の生物群集を代表する生物として考え得る評価対象（Andelman and Fagan 2000 PNASを参考に作成）

評価対象	根拠*	説明
大型肉食動物	U, F	広域の生息地を必要とする，大型肉食動物
カリスマ種	F	一般市民に，好まれる種
生息地ジェネラリスト	B	分散能力が高く，広域の多くの生息地環境を利用する種
生息地スペシャリスト	U	対象とする地域を特徴づける環境に生息する種
繁殖開始齢の遅い種	U	個体群の回復に時間を要するため，この種の保護が他の種にも好影響を与えると予想される
キーストーン種	U	その絶滅が多種に与える影響が，種の個体数あるいはバイオマスに比して，大きいと予想される種。
長寿命種	U	長期間の環境改変の影響を統合して被っていると考えられる
最もデータのそろっている種	U, B	その生活史や生態が最もよく調べられている種
最も管理の価値の高い種	U	その種が失われることによりその地域に与える損害，あるいは，その種に対する保護がその他の種にも好影響を与えると考えられる種
絶滅の危機にある種	U	その地域で最も絶滅リスクの高い種
重要な生息環境を繁栄する種	B	その地域を特徴づける生息環境を反映し，その地域の代表となる種
普通種	U	最も多くの観察地点で記録される種
河畔に生息する種	U	河畔林は多様性の高い環境であるので，そこに生息する種は指標性がある
これら基準の組合せ	F, U, B	これら評価基準を複数適応した際に，選択される種

*U: Umbrella（アンブレラ）種，F: Flagship（象徴）種，B: Biodiversity indicator（指標）種

れる。象徴種とは，一般の人にとって魅力のある生物のことで，その種の要求する生息地の確保が容易に進められる。もし，このような種の個体数と同じ生息場所に生活する生物群集の多様性に関係が見られるならば，その地域の生物群集の指標となる。指標種とは，その地域の群集特性と関連のあることが予想される種である。

　Andelman と Fagan[20] は米国の三つのデータベース，Natural Diversity Database by California Department of Fish and Wildlife, The Nature Agency endangered species by county database を用いて，これらの種（種群：1-35種）の有効性を検討した。評価には，16の基準（表2）を用い，対象とする種が生息する

生息地を選定し，その中に生息する種数を数えた。しかし，いずれの基準を用いても，包含される種の割合が低いか，対象とする種が生息し保護すべき生息地が全体の80%に達するなど，非現実的な結果となった。さらに，データベースからランダムに選定した20種の鳥類を用いても，全体の60%の種が含まれるなど，有効な評価基準は何一つ得られなかった。しかし，実際には詳細な鳥類群集の調査には膨大な費用と労力を要する。AndelmanとFagan[18]では，彼ら自身の手法に改善の余地があることを認め，さらなる検討を進めている。ただし，現状では様々な系に対して適応可能な代表種の基準が存在しないことを，認識する必要がある。

　生物群集のモニタリングのための，そのほかの方法として，調査のしやすい分類群を選び，そのほかの分類群の多様性の指標とするというものもある[21, 22]。例えば，Fleishmanら[22]は，鳥とチョウの地域にごとの多様性を比較し，このような手法が可能かどうか検討している。しかし，生物群（例えば，鳥類と蝶類，ハエ類など）により，移動能力つまり生活域が異なるため，多様性が示すパターンの空間スケールが分類群により異なることが示され[23]，多様性の推定法として，このような手法の妥当性を疑問視している。

4 鳥類の群集生態学と保全

　前節で取り上げた調査に基づき，では，実際に保護区をどのように設定すべきだろうか。保護区の設定においては，生物が生息地内でどのように分布しているかを解明することが重要になる[24]。例えば，第2節で述べた生態的罠を考慮して，保護区を選定する必要がある。また，大きな保護区を少数設定するか，小さな保護区を多数設定するかという問題がある。これは，生物保護区のSLOSS (single large or several small) 問題として知られている (Boecklen[25] ; Hansson[23] ; Fleishmanら[22] など)。生物の生息地内での分布の解明は，群集構造がどのようにして決まるか，つまり，ある地域に生息する種の組合せがどのようにして決まるのか，という群集生態学において最も基本的な問題である。この課題に対して鳥類を用いた研究は大きく貢献してきた。

Diamond[26]はニューギニアとビスマルク諸島における鳥類の分布を調べることによって，特定の種同士が島の間で排他的に分布すること（チェッカー盤分布）を発見した。かれは，チェッカー盤分布がそれぞれの種がランダムに島に渡った結果として偶然形成されたのではなく，種間競争によりそれぞれの島で競争排除が生じた結果として形成されたパターンであると主張した（DiamondとGilpin[27]も参照）。これに対して，ConnorとSimberloff[28]は，観察されたパターンが偶然によって十分に説明できると主張し，大きな論争を引き起こすこととなった。このような群集にみられる「構造」を生物間の相互作用により説明しようとする様々な試みがなされているが，鳥類の分布を特徴づける群集構造として，近年注目されているものとして，入れ子分布（nestedness）が挙げられる[29]。種数の少ない集団の構成種がより種数の多い集団に含まれるとき，入れ子分布（図3）と呼ぶ[30]。鳥類群集についても，南アフリカの雲霧林[31]，メキシコの雲霧林[32]，北米東部の山地[21]など数多くの研究において，入れ子分布が確かめられている。入れ子分布に関する研究が注目されるのは，ひとつには，この構造が様々な群集で広くみられ，その構造をもたらすメカニズムに興味が持たれるからである。もうひとつには，このような構造を，群集の管理や保全に反映させることが可能であるからである[21]。

入れ子分布を生じるメカニズムとして移入，絶滅の効果が考えられる[29]。複数の生息場所があり，それぞれの場所で孤立の度合いが異なる場合，孤立度の高い生息場所に到達できる種は，分散能力の高い種のみとなり，生息場所全体の鳥類群集は入れ子分布を示す。また，生息場所の面積が異なり，面積に対応した絶滅が生じるとすると，小さな生息場所に生息できる種は限られ，入れ子分布が生じる。このように鳥類が分布しているとき，それでは，どの様に保護区を設定すればよいのだろう。入れ子分布はSLOSS問題と大きく関わっている。つまり，入れ子分布がみられれば，大きな保護区に生息しない種はより小さな保護区には生息しないことになるからである（図3参照）。鳥類群集において，一般的に入れ子分布が見られたため，少数の大きな保護区を設定することが最適であると予想される。ところが，90年代後半の研究では[25]，入れ子分布が認められた場合にも小さな保護区を多数（SS）設定する

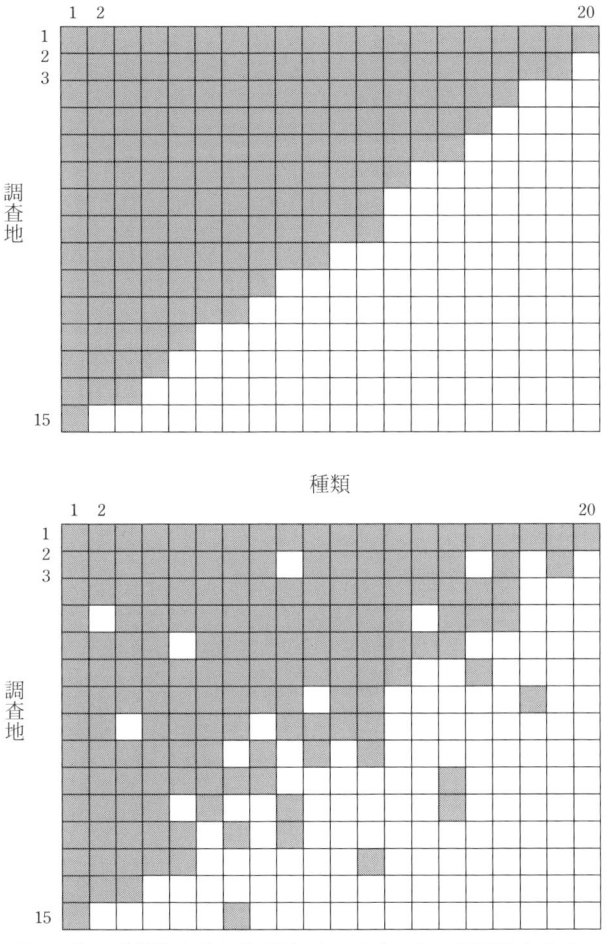

図3 入れ子構造を示す模式図。上は完全な入れ子構造を示す。

方が，大きな保護区を少数 (SL) 設定するより多くの種類を存続させられるという結果が得られた。この結果の不一致は，入れ子分布を確認する統計手法の曖昧さに起因すると考えられる。つまり，入れ子分布の程度を示す基準が，SLを設定するかSSを設定するか，の判断基準として適切でなかったためである。一方，SLを設定すると，その中で病気や寄生虫等が発生した場合，その中に生息する群集全体が絶滅する危険が高くなる，というリスクがある。

あるいは，SSにおいては，生態的罠に陥る可能性が高くなる．鷲谷と矢原[1]は，SLOSS問題の議論はすでに沈静化したとし，保護区のデザインとして，SL設定を勧めているが，この議論は未だに収まらず，最近もSSを進める研究が発表される[33]など未だに活発に議論されている．

5　いかに鳥類群集を保全するか？

　近年，我が国では林業が低迷し，管理の放棄による植林地の荒廃は問題となっているが，森林面積自体はさほど減少していない（口絵15）．しかし，海外に目を向ければ，未だに日本の資本による材木の伐採は膨大な量に及び，日本で繁殖する多く鳥類の越冬地である，東南アジア地域での森林面積の減少は著しい（口絵16）．越冬地を失った鳥類が，日本に戻ってこなくなることは十分に考えられる．また本章では取り上げなかったが，多くの移入鳥種が日本に定着している．これら移入種が在来の鳥類群集に与える影響が懸念されている（第9章参照）．

　このような，開発の影響を明らかにするには，様々な場所に生息する鳥類についての情報，つまり「適切な」データベースの構築が不可欠である．我が国でも，環境省が，自然環境保全基礎調査[34]を，国土交通省が，自然湖沼，ダム湖，及びその周辺の森林において，河川環境データベース[35]を作成している．しかし，これらのデータベースには様々な問題点が含まれる．例えば，自然環境保全基礎調査は，在・不在のデータのみであり，個体数に関する検討ができない．一方，河川環境データベースは，データの標準化（調査地面積の設定や調査手法の統一）において大きな問題を含んでいる．しかし，膨大なデータを含む，このようなデータベースは，潜在的には極めて有効であり，これを活用し，我が国の，あるいは，対象とする地域の鳥類群集の特徴を把握する必要がある．生物の群集構造には高い地域性がみられる．本章で紹介した論文はほとんど欧米での研究であり，種も多様性も異なる我が国にそのまま適用できるとは限らない．より多くの比較研究を積み重ね，地域にあった保全の方法を見いだす必要がある．もちろん，そのなかに，広い地域で適

用できる一般的な方法が見いだすことも重要である。

　生物を保全するには，開発を行わないことが最善の策であることは疑う余地がない。しかし，実際には様々な開発は必要とされるのである。また，多くの種がその存続を脅かされているという現状がある。そのようななかで，例えば，どのような保護区を設定するかといった問題に対し，いかに最適な手段を見いだすか，さらには，失われた自然をいかに復元するかという，大きな課題にたいして，生物群集，さらには生態系を基準とした視点は極めて重要である。

引用文献

1) 鷲谷いづみ・矢原徹一（1996）『保全生態学入門　遺伝子から景観まで』文一総合出版，270pp.
2) Lambeck RJ (1997) Focal species: a multi-species umbrella for nature conservation. *Conservation Biology* 11: 849-856.
3) Martin TE (1988) Processes organizing open-nesting bird assemblages: competition or nest predation? *Evolutionary Ecology* 2: 37-50
4) Paton PWC (1994) The Effect of Edge on Avian Nest Success: How Strong Is the Evidence? *Conservation Biology* 8: 17-26
5) Rolstad J (1991) Consequences of Forest Fragmentation for the Dynamics of Bird Populations - Conceptual Issues and the Evidence. *Biological Journal of the Linnean Society* 42: 149-163.
6) Walters JR, Ford HA and Cooper CB (1999) The ecological basis of sensitivity of brown treecreepers to habitat fragmentation: a preliminary assessment. *Biological Conservation.* 90: 13-20.
7) Ford HA, Barrett GW, Saunders DA and Recher HF (2001) Why have birds in the woodlands of southern Australia declined? *Biological Conservation* 97: 71-88.
8) O'Leary CH and Nyberg DW (2000) Treelines between fields reduce the density of grassland birds. *Natural Areas Journal* 20: 243-249
9) Bollingeri EK and Switzer PV (2002) Modeling the impact of edge avoidance on avian best densities in habitat fragments. *Ecological Applications* 12: 1567-1575
10) Delibes M, Gaona P and Ferreras P (2001) Effects of an attractive sink leading into maladaptive habitat selection. *The American Naturalist* 158: 277-285.

11) Boal CW and Mannan RW (1999) Comparative breeding ecology of Cooper's Hawks in urban and exurban areas of southeastern Arizona. *Journal of Wildlife Management* 63: 77–84.
12) Boal CW (1997) An urban environment as an ecological trap for Cooper's haqks. *School of Renewable Natural Resources*, University of Arizona, Tucson, Arizona.
13) Chasko GG, and Gates EJ (1982) Avian habitat suitability along a transmission-line corridor in an oak-hickory forest region. *Wildlife Monographs* 82: 1–41
14) Flaspohler DJ, Temple SA, and Rosenfield RN (2001) Species-specific edge effects on nest success and breeding bird density in a forested landscape. *Ecological Applications* 11: 32–46.
15) Battin J (2004) When good animals love bad habitats: Ecological traps and the conservation of animal populations. *Conservation Biology* 18: 1482–1491.
16) Vitousek P (2004) *Nutrient Cycling and Limitation: Hawaiï as a Model System* (Princeton Environmental Institute).
17) Nakano S and Murakami M (2001) Reciprocal subsidies: dynamic interdependence between terrestrial and aquatic food webs. *Proceedings of the National Academy of Science of the United States of America* 98: 166–170.
18) Uesugi, A. and Murakami, M. (in press) Do seosonal fluctuating a guatic subsidies influence the distribution pattern of birds between riparian and upland forests. *Ecological Research*.
19) 村上・大島・山岸（印刷中）「羽化水生昆虫が河畔林の鳥類におよぼす影響」『山階鳥類学雑誌』
20) Andelman SJ and Fagan WF (2000) "Umbrellas and flagships: Efficient conservation surrogates or expensive mistakes?" *Proceedings of the National Academy of Science of the United States of America* 97: 5954–5959.
21) Kerr JT, Sugar A and Packer L (2000) Indicator taxa, rapid biodiversity assessment, and nestedness in an endangered ecosystem. *Conservation Biology* 14: 1726–1734.
22) Fleishman E, Betrus CJ, Blair RB, MacNally R and Murphy DD (2002) Nestedness analysis and conservation planning: the importance of place, environment, and life history across taxonomic groups. *Oecologia* 133: 78–89.
23) Hansson KL (1998) Nestedness as a consevation tool: plants and birds of oak-hazek woodland in Sweden. *Ecology Letters* 1: 142–145.
24) Patterson BD (1990) On the temporal development of nested subset patterns of species composition. *Oikos* 59: 330–342.
25) Boecklen WJ (1997) Nestedness, biogeographic theory, and the design of nature reserves. *Oecologia* 112: 123–142.
26) Diamond JM (1975) Assembly of species communities. In: *Ecology and Evolution of Communities* (eds. Cody ML and Diamond JM), pp. 342–444. Harvard University Press, Cambridge.
27) Diamond JM and Gilpin ME (1982) Examination of the 'null' model of Connor and Sim-

berloff for species co-occurrences on islands. *Oecologia* 52: 64–74.
28) Connor EF and Simberloff D (1979) The assembly of species communities: chance or competition? *Ecology* 60: 1132–1140.
29) Wright DH, Patterson BD, Mikkelson GM, Cutler A and Atmar W (1998) A comparative analysis of nested subset patterns of species composition. *Oecologia* 113: 1–20.
30) Patterson BD and Atmar W (1986) Nested subsets and the structure of insular mammalian faunas and archipelagos. *Biological Journal of the Linnean Society* 28: 65–82.
31) Wethered R and Lawes MJ (2005) Nestedness of bird assemblages in fragmented Afromontane forest: the effect of plantation forestry in the matrix. *Biological Conservation* 123: 125–137.
32) Martinez-Morales MA (2005) Landscape patterns influencing bird assemblages in a fragmented neotropical cloud forest. *Biological Conservation* 121: 117–126
33) McCarthy MA, Thompson CJ and Possingham HP (2005) Theory for Designing Nature Reserves for Single Species. *The American Naturalist* 165: 250–257
34) 緑の国勢調査, URL: http://www.biodic.go.jp/J-IBIS.html
35) 水辺の国勢調査, URL: http://www.mlit.go.jp/river/IDC/database/databasetop.html

第8章

陸上生態系と水域生態系をつなぐもの
――海鳥類の物質輸送と人間とのかかわり――

亀田佳代子

　鳥類は，環境の変化から影響を受けるだけでなく，自らの行動により環境を変えることがある。それによって他の生物や非生物環境に影響を与え，新たな群集や生態系を作り出す。そのようにしてもたらされた変化は，人間の生活や活動にも大きな影響をおよぼすこともある。本章では，鳥類を介した水域から陸域への物質輸送を取り上げ，物質輸送による環境改変と，輸送された物質をめぐる鳥類と人間とのかかわりについて解説する。

1　生態系における鳥類の役割

　多くの鳥類は，空を飛ぶ能力を持っている。当たり前のようだが，実はこのことの意味は深い。なぜなら，鳥自体の生活のみならず，生態系の中で鳥類が果たす役割において，鳥が「飛べる」ということは大変重要だからだ。
　多くの鳥類では，その飛翔能力を最大限に利用し，同時に複数の環境を利用して生活している。たとえば，採食場所とねぐらとの間を行き来する鳥もいれば，繁殖期と非繁殖期で生活場所を変える鳥もいる。最も極端な例は，季節による渡りを行う鳥類と，水中と陸上とを利用して生活する水鳥・海鳥類だろう。渡り鳥は，資源の季節変化に応じ，数百から数千キロメートルに

もおよぶ距離を毎年移動しながら生活する。一方，水中と陸上を利用して生活する水鳥・海鳥類は，水中生活に適応した形態や行動を持ちながらも，繁殖の時だけは必ず陸上または陸に近い岸辺を利用する。

　このような移動能力を持った鳥類は，自然界では異なる場所へと「もの」を運ぶ役割を果たす。その代表的な例は，種子散布（動物が果実を食べ排泄物と一緒に種子を落とすことで，植物の種子を遠くまで運ぶこと）と花粉媒介（動物が花から花へと蜜や花粉を採集することで，花粉が他の花に運ばれること）である。一方，「もの」そのものを運ぶことによって，生態系に影響をおよぼす物質輸送もある。「もの」を運ぶ媒介者として鳥をとらえたとき，もっとも興味深い役割を担っているのは，水域と陸域をつなぐ水鳥・海鳥類である。特に海鳥類は，海洋で食物を得て，繁殖地である島や沿岸部へと戻り，雛に餌を与える。海鳥類のほとんどは集団営巣を行うため，集団営巣地（コロニー）には，親鳥が吐き戻した魚類，親鳥と雛の排泄物，成長途中で死んだ雛の遺体などが存在する。これらはすべて，海洋から鳥によって運ばれた「物質」またはその「物質」から作られたものとみなすことができる。つまり海鳥類は，海洋で採食することにより海洋域から物質を取り出し，排泄物などの形で陸上へとその物質を供給しているのである。

2　生物地球化学的視点から見た水域から陸域への物質輸送の意味

　水域から陸域への物質輸送が動物によって行われることは，実は生物地球科学的には大変興味深い現象である。通常物質は，重力にともなって水と一緒に高い所から低い所へと流れる。つまり，山に降った雨は森林土壌に供給され，河川に流れ込んで上流から下流へと下る。その過程で，物質は生物に吸収・摂取されて生物の体を形づくり，それがさらに別の生物に摂取されることにより，食物網の中を移動していく。移動した物質は，生物の死骸や排泄物といった形でふたたび物質に戻り，それが分解されて再度生物に吸収されたり，流出したりする。このようなさまざまな経路を経て，最終的に水と物質は海へと流れ出る。炭素，水素，酸素，窒素など，地球上に大量に存在し，

生物の体の重要な構成要素でもあるさまざまな元素は，さまざまな形で水中にも存在し，水と共に海まで運ばれる。海へと流出した物質の一部は，海から空気中に移動し，再び雨と共に陸上へと戻る。たとえば炭素や窒素のような物質では，二酸化炭素や分子窒素といった形の気体になることで空気中に移動することが可能で，そのため陸上への回帰が比較的容易である。これが，地球上の炭素循環と窒素循環である（図1-a）。

しかし，常温では気体とならない物質の場合は，陸から海へと移動してしまうと，再び陸上へと戻ることは難しい。水中で沈降し堆積したものが，火山活動や隆起などによって戻る以外，再び陸上へと戻る方法がない。つまり，地質学的な長い時間を経なければ，水中から陸上へと戻ることができないのである。リンがその代表的な物質である（図1-b）。リンは，DNAやRNAなどの遺伝物質やATP（アデノシン三リン酸）といったエネルギー物質の構成要素として，生物の生存に必要不可欠な元素である。したがって，炭素や窒素，酸素，水素と並んで，リンの有無は，生物の生存に大きな影響を与える。水域や陸域において，生物の生存や個体数を制限する律速条件となる物質は，窒素またはリンであることが多い。したがって，これらの物質が，生物に利用可能な状態でどれだけ存在するのかが，ある場所での生物相や群集構造に，大きく影響を与える。

海鳥は魚類を主な食物とする種が多く，水域の高次捕食者である彼らの食物には，窒素やリンが多く含まれる。したがって，海鳥が水域で魚類を捕食し，営巣地に戻って排泄物を落とすことにより，窒素やリンは海から陸上へと輸送される。つまり海鳥類は，自らが繁殖し生活することで，海から陸上への栄養分の輸送経路を形成しているのである。このように，陸上への短期的経路を持たないリンのような物質においては，海鳥による運搬がたいへん重要な機能を持つのである。

3 動物を介した水域から陸域への物質輸送

こうした水域から陸域への物質輸送を行うのは，実は鳥類だけではない。

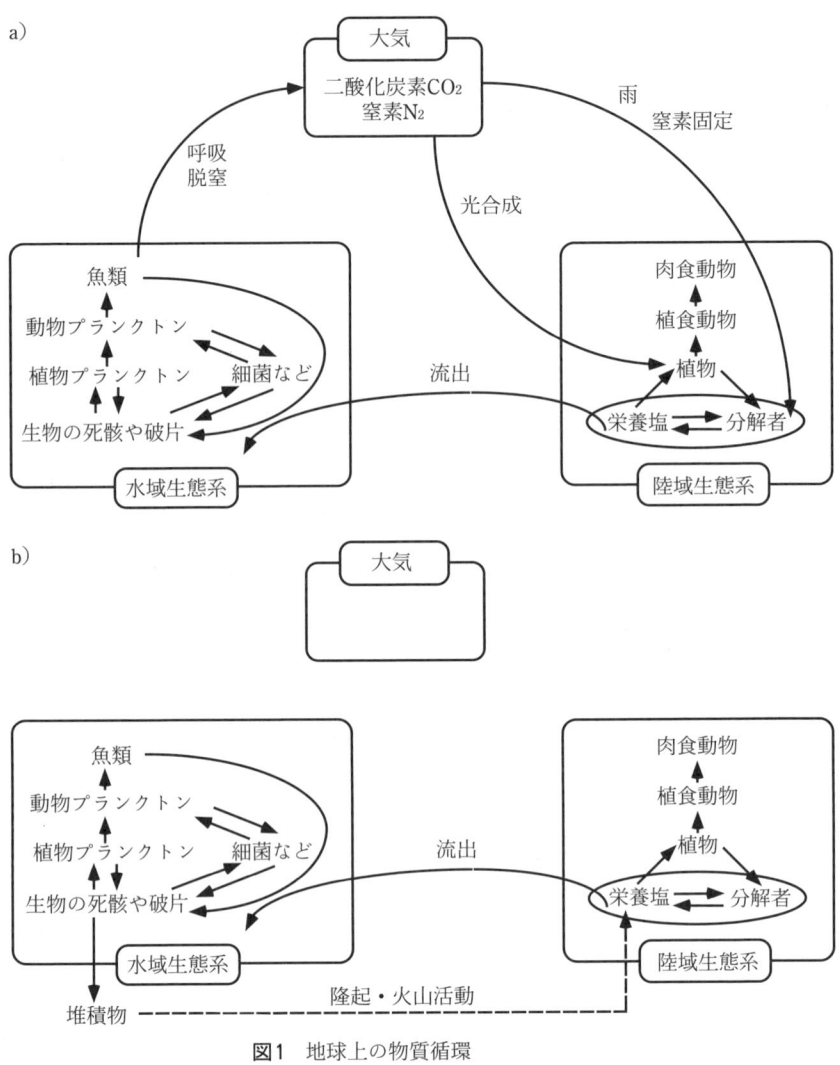

図1 地球上の物質循環
a) 炭素および窒素の循環, b) リンの循環

表1に、動物を介した水域から陸域への物質輸送の例をあげた[1]。物質の輸送を担う動物としては、鳥類の他に、アザラシやアシカなどの海獣類、サケやマスなどの回遊性魚類、水生昆虫などがある。その中でも多くの研究が行われているのは、海鳥類とサケ・マス類である。サケ・マス類の場合は、河川

第8章　陸上生態系と水域生態系をつなぐもの　171

表1　生物を介した物質輸送の例　亀田 (2002)[1] の表1を改変。

物質供給側の環境	物質受取側の環境	媒介生物（輸送物質）	生態系の変化
海洋	島・沿岸*	海鳥**・アザラシ（糞・排泄物）	土壌中の窒素・リンの増加 植物体内の窒素・リンの増加 高等植物・藻類の成長促進
島	湖沼・海洋*	海鳥・サギ類・カモ類など（排泄物）	栄養塩の増加 植物プランクトンや水生植物の種組成変化，現存量増加
湿地・湖沼・陸上	湿地・湖沼*	ペリカン類・サギ類など（排泄物）	窒素含量増加 葉・繁殖器官・枝・茎の増加 植食動物や植食昆虫の増加
湿地・湖沼*（越冬地）	湿地・湖沼（繁殖地?）	渡り性ガンカモ類（食物の栄養分）	窒素・リンの除去
農耕地	湿地・湖沼*	ガン類（排泄物）	水中の窒素・リンの増加 植物プランクトンの増加
海洋	河川・陸上*	回遊性魚類（魚類の体）	植物の栄養分利用， 植食動物への海洋由来物質の移行 クマ，オオカミ，テンなど 肉食動物への食物の増加
海洋	陸上*	海洋性魚類（魚類の体）	コヨーテ，カワウソなどの 分布域の変化，個体数増加
海洋	沿岸*	ウミガメ（卵）	捕食者による捕食 分解者による分解 栄養分の植物による利用
森林	河川*	陸上昆虫（昆虫の体）	底生生物群集の変化 (水生無脊椎動物の増加， 付着藻類の減少)
河川	森林*	水生昆虫（昆虫の体）	鳥類相の変化， 陸上昆虫への捕食圧の増加
湖沼*	湖沼	カモ（二枚貝由来の栄養分）	湖沼の栄養塩除去
湖沼*	陸上	人間（シジミ由来の栄養分）	湖沼の栄養塩除去

*物質輸送により変化の生じた生態系。
**海鳥とは，ペンギン類，ウ類，アホウドリ類，カモメ類など主に海洋で生活する鳥類を指す。

で孵化した稚魚が海に下り,数年間かけて成長し,元の河川に戻って産卵し,一生を終える。つまり,海の栄養分で成長した魚類の体そのものが,海洋域から陸域へと移動する栄養分となる。遡上したサケ・マス類は,クマ,コヨーテなどの肉食性哺乳類やハクトウワシ,カワガラスなどの鳥類の餌になったり[2],死骸が水中で分解されて河川生態系の栄養分になったりする[3]。これらの魚類は,同じ季節に一斉に河川に遡上するため,運ばれる養分量も大きい。回遊性魚類によって運ばれたリン量は,1990年前後で年間最大2800 tにもおよぶという[4]。一方,海鳥類の場合は,陸上に供給される栄養分は,主に排泄物である。ほとんどの海鳥類は集団営巣を行うため,多量の栄養分が排泄物という形で集中的にコロニーへと供給されることになる。海鳥によって供給されるリンの推定量は1900年代では年間6万1000 tと見積もられている。ちなみに,人間の海洋水産業によるリンの陸揚げ量は,1995年のデータでは年間40万6000 tと推定されている。

　回遊性魚類と海鳥類の物質輸送には,いくつか違いが見られる。魚類の場合,魚そのものは水系をたどって移動することしかできず,自ら陸上へと移動することはできない。そのため,陸上への輸送は,主に,捕食者による捕食という食物連鎖を通じた輸送経路をたどる。つまり,魚類は餌生物という形態で陸上の食物網に供給される。したがって,魚類の影響は,水系からの距離と密接に関係してくる。一方鳥類の場合は,水域とは関係なく直接陸上へと栄養分を供給することが可能である。つまり,魚類と比較すると,必ずしも水系からの距離だけで栄養分の供給量が決まらない。また,海鳥類の場合は,主に排泄物という形で栄養分が供給されるため,有機物分解における分解者への影響や,無機化された栄養塩の植物への影響が大きい。つまり,鳥類による水域から陸域への物質輸送の影響は,排泄物による物質輸送という特徴から,養分供給による生産者や分解者の増加が生態系に影響を与えることが多い。このように,栄養段階 (trophic level, 食物連鎖における各生物の位置) の低い生物の変化が,より高次の栄養段階の生物に影響を与えることを,ボトムアップ効果という。逆に,餌として捕食者に供給される魚類の場合は,魚類が供給されることで高次消費者の行動や個体数が変化し,別の餌生物に影響がおよぶことがある。このように,栄養段階の高次の生物の変化が,よ

り低い栄養段階の生物に影響をおよぼすことを,トップダウン効果という.

　さらに鳥類の場合は,陸上での繁殖活動のため,営巣地での巣穴掘りや巣材収集,踏みつけなど,養分供給以外の物理的影響を複合的に与える場合が多い.例えばオオミズナギドリ(*Calonectris leucomelas*)は,踏みつけによって繁殖地の植生を大きく変える[5].このように,物理的に環境を改変し,周囲の生物に影響を与えることを,生態系エンジニアリング(ecosystem engineering)という.これらのことからわかる通り,鳥類による水域から陸域への物質輸送では,鳥類自体の行動や輸送された物質により,さまざまな形の影響がおよぶと考えられる.

4　鳥類による水域から陸域への物質輸送の研究例

　それでは,鳥類による養分供給は,陸上生態系にどのような影響をおよぼすのだろうか.鳥類を介した水域から陸域への物質輸送の研究は,海鳥類の営巣によって生じる海洋島の生物相や食物網の変化を中心に,行われてきた.孤立した海洋島では,生物の生育にとって必要な栄養分は乏しく,波の飛沫や打ち上げ物,海鳥や海獣類による海からの養分供給の有無が,島の生物相に大きく影響を与える.そこで,養分供給が限られる陸地での海からの養分供給の影響という視点から研究がなされたのである.とりわけ,栄養分が極端に乏しい極地帯や乾燥地域の島々において,海鳥類による養分供給が島の生物量,食物網構造,物質循環などに与える影響について,盛んに調べられている.これらの研究のうち,窒素供給が陸上の窒素動態に与える影響と,陸上の食物網への海鳥類の営巣の影響を中心に,研究例を紹介する.

(1) 極地帯におけるペンギン類の物質輸送

　亜南極地帯にあるマリオン島では,ペンギンをはじめとする複数の海鳥類が営巣しており,それらの排泄物量と,運ばれた栄養分の移動経路,植生への影響が調べられている[6,7].ここには14種の海鳥が生息しており,約300万

羽の鳥によって年間3615 t（乾重）のグアノ（鳥類の排泄物が堆積固化したもの）が生産されると推定されている。そのうちの98％は，ペンギン類によるグアノである。グアノには，窒素，リン，カルシウムなどが含まれ，特に窒素とリンは，グアノが島沿岸部の主要な栄養源となっていた[6]。

　有機態窒素は，通常微生物の働きによって無機態窒素へと分解される。その際，まずはアンモニア態窒素が生産され，それが微生物の硝化作用により硝酸態窒素へと分解される。すでに述べたように，窒素は生物の生存には必要不可欠な物質であり，無機態窒素の供給量が増加すると，植物はそれを吸収，利用するようになる。その結果，海鳥類の営巣地周辺では，植物相の変化や，植物の現存量や生産量の増加がみられる（表1）。

　マリオン島では，キングペンギン（*Aptenodytes patagonicus*）とマカロニペンギン（*Eudyptes chrysolophus*）の営巣地において，それぞれのペンギンの個体数および排泄物量の推定と，排泄物，営巣地の土壌，営巣地を流れる河川水，雨水の窒素分析が行われた。その結果，マリオン島のペンギン営巣地では，ペンギンの排泄物によって供給された窒素の大部分は，アンモニアとして大気中に放出されることが明らかとなった[6]（図2）。鳥類は，窒素分を主に尿酸という有機物の形で排泄する。尿酸は，微生物によってすみやかに分解された後，アンモニア態窒素へと分解される。アンモニア態窒素は，そのまま気体のアンモニアとして空気中へと放出される。これをアンモニア揮散という。マリオン島のペンギン類営巣地でも，高いpHと強い風によってアンモニア揮散が促進されており，アンモニア臭は，時に10 km離れた場所でも確認されたという。

　ペンギン類の養分供給は，営巣地周辺の植生にも影響を与える。マリオン島では，ペンギン類営巣地周辺で，イネ科植物（*Poa cookii*）やアワゴケ科の植物（*Callitriche antarctica*）など，ペンギン類の排泄物を栄養源とした植物が繁茂していた。ペンギンが踏んだり直接排泄物を落とす場所では，植物はあまり繁茂しないことから，養分供給の少ない亜南極域の島では，排泄物由来のアンモニアが雨に溶け込んで陸上に供給されることが，植物の成長促進に大変重要であることが示唆された。このように，海鳥類を介した水域からの窒素供給は，海鳥類の営巣地を中心としたある程度広い範囲の陸上生態系に影

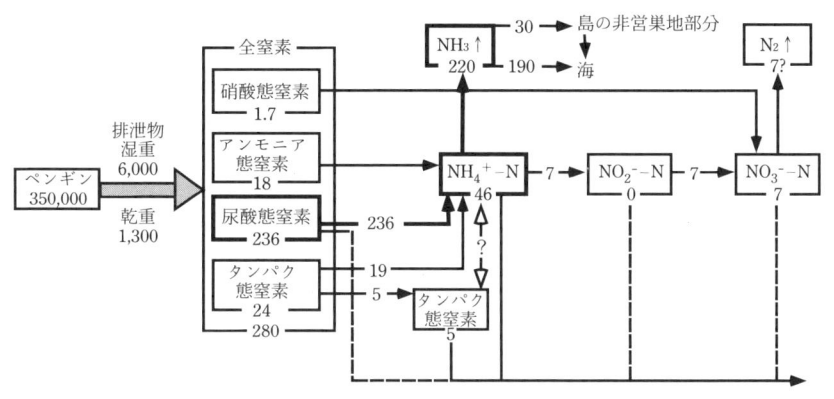

図2 マカロニペンギンの営巣地においてペンギン排泄物から供給された窒素の転換過程（Lineboom（1984）[7] 図6を改変）数値は生産量（kg／日）。

響を与える。海鳥由来の窒素が与えるこのような影響を，この研究では「アンモニアの影（ammonia shadow）」と呼んでいる[7]。

(2) 安定同位体比測定法を用いた鳥類の物質輸送研究

　水域から陸域への養分の移動経路とその影響を明らかにする時，最も有力な手法の一つは，安定同位体比分析である。安定同位体とは，質量数の異なる元素の同位体のうち，放射線を発生しない同位体のことである。たとえば，炭素，窒素，酸素，水素など，生物にとって必要な元素にも，中性子の多い重い同位体があり，自然界にもわずかな割合で存在する。軽い同位体に対する重い同位体の割合が，基準となる物質からどの程度異なっているのかを示したのが，安定同位体比である。質量数の違いによって，同位体は同じ元素でも化学反応速度や移動速度が異なる。生物の体内における化学反応でも，同位体の割合は変化する。しかしその変化は，化学反応によりほぼ決まっているため，それぞれの物質や生物の組織の同位体比を見ると，どのような化学反応によって作られたのか，またその元素はどのような移動経路をたどってきたのかを推定することができる。たとえば，生物の体は栄養源や食物をもとにつくられるため，同位体比は栄養源や食物の同位体比を反映した値をと

る。しかし，栄養分の同化の過程で，同位体比は一定の割合で変化することが経験的にわかっており，生物の栄養源や由来，あるいは反応過程を知ることができる。つまり，安定同位体比は自然のトレーサーとなるのである。このことを利用して，生態学では，食性解析，栄養段階や食物網構造の解明，生物を介した物質循環の研究などに安定同位体比分析が用いられてきた[8]。鳥類においても，同位体比分析を利用した多くの研究があり，野外の鳥類の食性や栄養段階，物質循環，渡り経路の解明などの研究が行われている[9]。

　生態学の研究において，これまで最もよく使われてきた安定同位体は，炭素と窒素である。これらの同位体比には，いくつかの経験則があることがわかっている。その中で，動物を介した水域から陸域への物質輸送に関連する法則は，(1) 海洋生物の炭素同位体比は，陸上生物の値と大きく異なる，(2) 窒素同位体比は，栄養段階が上がるにつれて一定の割合で高くなる，というものである。つまり，海洋に生息する生物を餌とすることから，海鳥は陸上生物を餌とする動物とは異なる炭素同位体比をとる。一方，海鳥類は魚類や甲殻類などを餌とする海洋の最高次捕食者であり，海鳥類の窒素同位体比は高い値をとる。さらに，鳥類の排泄物は，基本的には食べた餌の値を反映する。これらのことから，海鳥類の排泄物由来の物質は，炭素，窒素共に陸上の栄養分とは大きく異なる値をとることになる。このことを利用すれば，鳥類によって海洋から陸上へと輸送された物質の経路とその影響を明らかにすることができるのである。

　安定同位体比分析を用いて海鳥が運んだ養分の移動経路を調べた研究は多い。代表的な研究として，青森県蕪島のウミネコ（*Larus crassirostris*）営巣地（口絵21）と南極ロス島ケープバードのアデリーペンギン（*Pygoscelis adeliae*）営巣地の研究がある[10]。この研究では，魚類，鳥類の羽と排泄物，土壌，植物，藻類，営巣地近くの池のラン藻（光合成を行う原核生物）について，窒素と炭素の安定同位体比が分析された。その結果，それぞれの同位体比の相異から，両島において，海洋由来の窒素および炭素の挙動が明らかにされた。

　鳥によって運ばれた窒素は，両営巣地とも好気的に分解した後，アンモニア希散により空気中に放出されていることが推察された。つまり，アンモニア希散が生じると，軽い窒素がアンモニアとして放出され，代わりに重い窒

素が残される。たとえば蕪島では，8.8〜12.8‰（パーミル，千分率）の窒素同位体比をもつウミネコの排泄物や羽が供給されているが，土壌有機物の窒素同位体比はそれより高く，平均19.1‰を示していた。通常，雨などから陸上に供給される窒素の同位体比はゼロに近い値をとり，土壌の窒素同位体比も通常はゼロに近い。それと比べると，ウミネコ営巣地の土壌の値は，通常よりはるかに高いことがわかる。つまり営巣地の土壌は，ウミネコ由来の窒素の影響を受けていると考えられる。さらに，ウミネコやその排泄物よりも土壌の値が高くなったのは，アンモニア希散が生じ軽い窒素が放出した後に，重い窒素が残ったためと考えられる。アデリーペンギンが営巣するケープバードでも同様の現象が見られており，さらにこちらでは，鳥自身の体組織の平均値，10.3‰と比較しても格段に高い31.8‰という値が土壌から得られている。

　高い窒素同位体比は，土壌のみならずそれを利用する生物の同位体比も高める。つまり，営巣地付近に生息する生物は，鳥類の営巣の影響を受けた窒素を利用していると考えられる。しかしペンギン営巣地では，土壌表面の藻類の窒素同位体比は平均16.0‰と土壌より低い値をとっており，海洋由来の窒素を利用していないと考えられた。一方炭素は，植物では光合成によって大気中から吸収されるため，海洋由来の炭素の影響はあまりない。実際に，ペンギン営巣地の土壌の炭素同位体比は，-27.9‰，藻類の値は-18.7‰と大きく異なっていた。一方，ペンギン営巣地近くの池に生息するラン藻は，海洋由来の炭素の値を反映し，-30.3‰となっていた。窒素も35.7‰と，海由来の物質の影響を受けた土壌や底泥に近い値をとっていた。これらのことから，鳥類によって運ばれた海由来の物質は，陸上の物質や生物群によって，利用のされ方が異なることが示された。

　また別の研究では，海鳥によって輸送された窒素が影響を与える範囲が，窒素同位体比分析によって明らかにされている[11]。この研究は，亜南極地帯のマッカリー島で行われた。ここにはロイヤルペンギン（*Eudyptes schlegeli*）などが営巣しており，ペンギン営巣地から島の内陸部へと標高毎に植物や土壌を採取し，窒素含量や窒素同位体比を測定することで，ペンギンの排泄物による影響が調べられた。ペンギン営巣地では，植物の葉の窒素同位体比は

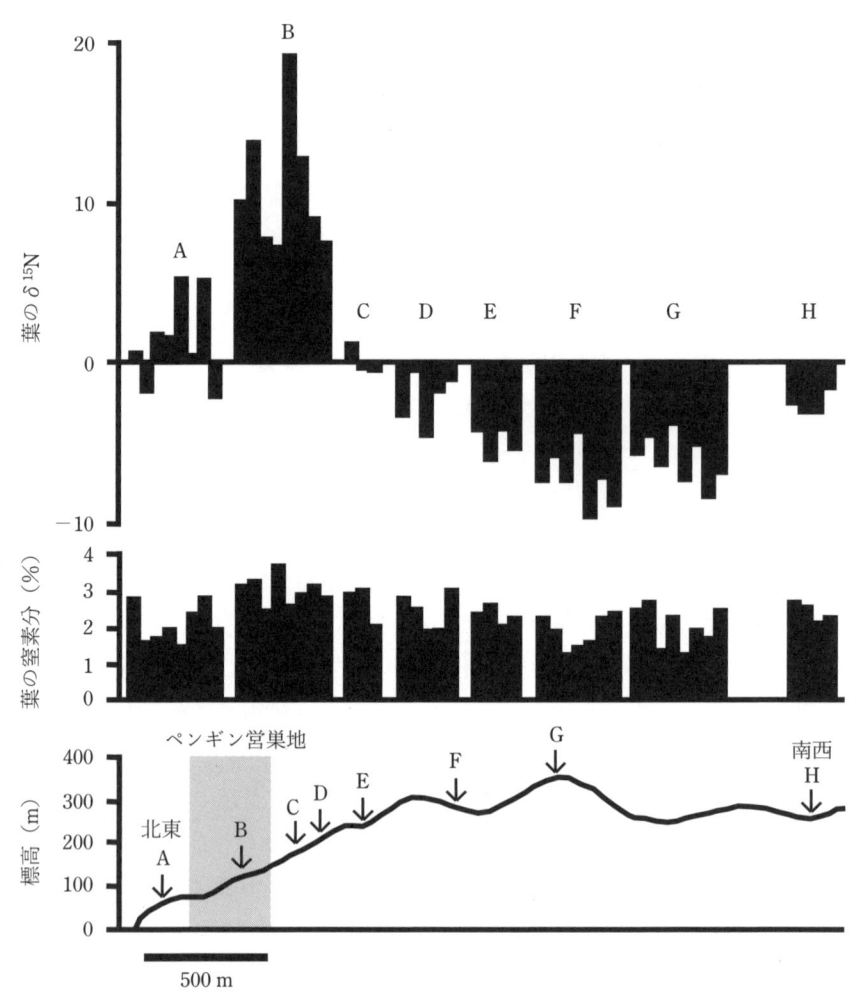

図3 マッカリー島の横断図（下）と植物生葉の窒素同位体比（上）および窒素含量（中）
（Erskine *et al.*（1998）[11] 図1を改変）

10〜20‰と高い（図3）。ペンギンの排泄物は平均14.6‰であることから、一部の植物は、ペンギンの排泄物よりも高い値を示しているといえる。しかし、営巣地から約1km離れた台地では、植物の窒素同位体比は逆に−9.7‰と大きく下がっていた。この値は、営巣地からの風が届かない、尾根を越えた場

所の窒素同位体比よりも低かった。このことは，アンモニア希散が島の窒素動態に大きく影響を与えていることを示す。つまり，ペンギンによって排泄物として営巣地に供給された窒素は，分解された後アンモニア希散によって軽い窒素が空気中に放出し，重い窒素が営巣地に残る。そこで営巣地付近の植物は，残された重い窒素を吸収，利用する。一方営巣地から離れた場所では，アンモニア希散によって放出された軽い窒素を植物が吸収，利用する。そのため，営巣地からの距離によって，植物の窒素同位体比の値が大きく変化したと考えられた。このように，鳥によって運ばれた窒素は，アンモニア希散という形で，営巣地から離れた場所にも影響を与えることが，窒素同位体比を測定した複数の研究から実証された。

このように，海鳥類によって海洋から陸上へと輸送された窒素の挙動については，同位体比などの分析手法により明らかになってきている。しかし，動物による陸上への輸送がより重要と思われるリンについては，分析方法の難しさなどから，まだ十分には明らかになっていない。今後，海鳥由来のリンの挙動についての研究が進めば，生態系における鳥類の役割について，さらに理解が深まるものと思われる。

(3) バハ・カリフォルニアにおける異地性流入の研究

海鳥類を介した物質輸送研究が行われているのは，極地帯の海鳥営巣地ばかりではない。メキシコ西部のカリフォルニア湾の島々では，海洋域から島への物質輸送の影響について様々な研究が行われた。これらの研究では，島の食物網に与える海洋からの養分供給の影響が明らかになっている[12]。この場所は乾燥地帯であり，雨が少ないため陸上の生産性は低い。このため，海からの養分供給の重要性が相対的に高くなっている。湾には多くの島々が存在し，島ごとに海鳥の営巣の有無や密度が異なるため，それぞれの島を比較することにより，海鳥による海洋からの物質の流入が島の食物網に与える影響を明らかにすることができる。

カリフォルニア湾において，海鳥の営巣状況が異なる島々を比較した研究では，地面のグアノ被覆度と土壌中の窒素とリンの含有量に相関が見られた[13]。

土壌中の養分は，海鳥類のいない島と比較すると，最大6倍も増加していた。また，海鳥類による養分供給は，植物体内の養分濃度も高めており，グアノの多い島では，成長の早い一年生草本や多年生草本（*Atriplex barclayana*）から，寿命の長いサボテン（*Opuntia acanthocarpa, O. bigelovii*）まで，すべて窒素とリンの濃度が高くなっていた。こうした養分濃度の高い有機物の供給や植物の養分と生産量の増加は，分解者，植食者，捕食者の個体数を増加させる[12, 14]。たとえば，ゴミムシダマシ科の甲虫類は，海鳥が生息する島では密度が約5倍高い。これは，海鳥の死骸による直接的影響と，植物の増加による植物性有機物の供給といった間接的影響の，両者を受けていることが明らかとなった。この地域では，植食者やアリなどの種子食者，捕食者であるクモ類，最高次捕食者のイグアナ類も，海鳥が営巣する島で増加している。これらのことから，島の食物網は，海洋由来の物質によって支えられているといえる。このように，異なる系からの物質や生物の流入（異地性流入 allochthonous input）が，より栄養分の少ない系を支えていることを，ドナーコントロール（donor-control）という。

(4) カワウによる水域から森林への物質輸送

これまでみてきたように，海鳥類による水域から陸域への物質輸送研究は，主に海鳥類の集団営巣地となる海洋島や沿岸域で行われてきた。つまり，生産力の高い海洋由来の栄養分が，陸上の生物相や食物網を支えるという視点からの研究である。しかし，鳥類による物質輸送は，養分不足の場所への供給ばかりを行うわけではない。水域の生産に頼らなくても系が維持されている場所では，また異なる影響をおよぼす。

カワウ（*Phalacrocorax carbo*）は，ペリカン目ウ科の魚食性鳥類であり，中南米と北米の一部を除いて世界中に広く分布する。カワウの特徴は，他のウ類と違って内陸部の河川や湖沼にも生息し，水辺の森林に営巣することである。つまりカワウの場合は，海洋島や沿岸の裸地ではなく，陸上で最も生物量の多い場所の一つである森林へと養分供給を行うことになる。特に森林の樹木は，吸収した養分を長期間にわたって体内に蓄積することが可能であり，樹

木と土壌との間で安定した養分循環が行われている。このような系に対するカワウの養分供給は,ペンギン類が海洋島におよぼす影響とは異なると考えられる。また,カワウの営巣地では,巣材としての枝葉の折り取りや多量の排泄物による栄養過多などにより,樹木が衰弱する現象がみられる。樹木が衰弱し森林が衰退すると,カワウも営巣できなくなり,徐々に営巣場所を移動する。このように,カワウは自らの営巣によって,営巣地の環境を変化させるという特徴がある。

筆者らは,滋賀県琵琶湖のカワウ営巣地において,土壌中の窒素とリンに注目し,その動態を調べた。すでに述べたとおり,カワウは営巣場所を移動するため,営巣地のある森林とその周辺には,現在営巣している場所と以前営巣したことのある場所とが混在していることがある。琵琶湖のカワウ営巣地では,1980年代以降の営巣状況がわかっているため,同じ森林内に,カワウが営巣したことのない区域,現在営巣している区域,過去に営巣していたが現在は放棄され営巣していない区域があることがわかっている。これら3つの区域からそれぞれ調査地を選び,カワウの営巣が森林の養分動態におよぼす営巣中,営巣後の影響を明らかにした。

植物や土壌の窒素同位体比は,ペンギン類の営巣地と同様,カワウ営巣地で高い値をとった[15]。興味深いことに,カワウが営巣を放棄した後も,少なくとも数年,窒素同位体比は高い値を保っていた。多くの植物では,営巣中の区域よりも営巣放棄後の区域で同位体比が高かった。たとえば,この営巣地の優占種であるヒノキ(*Chamaecyparis obtusa*)の葉は,営巣3年以上の区域で平均9.9‰,営巣放棄後2年以上の区域では平均15.5‰の窒素同位体比をとった。初期の同位体比上昇には,ペンギン類の営巣地と同様,アンモニア希散の影響が考えられるが,これだけでは,営巣放棄後数年経ってからさらに同位体比が高くなることは説明できない。おそらく,いったん重くなった窒素が,森林の窒素循環によって林内に保持され,その過程で同位体比が変化するものと考えられる。実際に,ヒノキの葉やリター(落葉落枝)の窒素含量は,営巣放棄後も高いまま保持されていた[16]。したがって営巣放棄後も,土壌には窒素含量の多いリターが供給され続けることになり,それが分解されて再び植物に利用されることで,森林内で窒素が循環するものと考えられ

る。一方，営巣放棄後の土壌では，硝化活性と硝酸態窒素濃度も高いレベルで保持されていた[17]（図4-a）。硝酸は，雨とともに森林から流出しやすい。もし植物が衰退し養分を吸収する能力が下がった場合には，窒素は硝酸という形で森林から流出すると考えられる。一方リンは，いったん土壌に入ると吸着する性質があり，窒素と比較して相対的に土壌中に残る割合が高かった（図4-b）。特に，鉱質土層と呼ばれるより深い層においてもリンは蓄積しており，営巣中から営巣後にかけてさらに増加していた[17]（図4-c）。

　このように，カワウによって土壌に供給された養分は，カワウの営巣中のみならず，カワウが営巣を放棄し養分供給がなくなった後でも蓄積されていることが明らかとなった。さらにその蓄積の程度は，物質によって異なっていた。ここで明らかになった窒素とリンの土壌への蓄積度の違いについては，土壌中の窒素／リン比（N/P比）を比較するとわかる。琵琶湖のカワウ営巣地の営巣中，営巣放棄後の区域では，N/P比はそれぞれ6.5 ± 1.6と9.0 ± 1.8で，営巣前の区域のもつ22.4 ± 0.8と比較して大きく減少していた[17]。つまり，カワウが運んだ養分に対して森林の土壌にはリンがより多く残り，周辺の水域には相対的に窒素がより多く流出することが示唆された。

　これらのことから，カワウによって森林へと供給された養分は，樹木の生存中は森林生態系の物質循環経路に組み込まれて森林にとどまるが，物質によっては，窒素のように流出しやすい形に変化して流出したり，リンのように土壌に吸着して蓄積していくものがあることがわかった。それによって，長期的には，陸上の養分バランスが変化していく可能性が考えられる。特に，陸上への短期的循環経路がないリンが，カワウによる物質輸送により陸上に蓄積されていくことは興味深い。このように，鳥類の営巣による物質輸送の影響は，営巣期間中だけでなく，営巣放棄後にも大きな影響を残すと考えられる。

　海鳥類の場合は，カワウのように営巣場所を移動する必要がないため，海洋島の海鳥営巣地は，長期継続的に養分供給の影響を受け続けると考えられる。また，営巣年数や養分の蓄積の程度によっても，養分動態や食物網構造，生物量への影響は異なるだろう。カワウの場合は，カワウの営巣中に生じる直接，間接の影響と，カワウが営巣を放棄した後の間接的影響および森林の

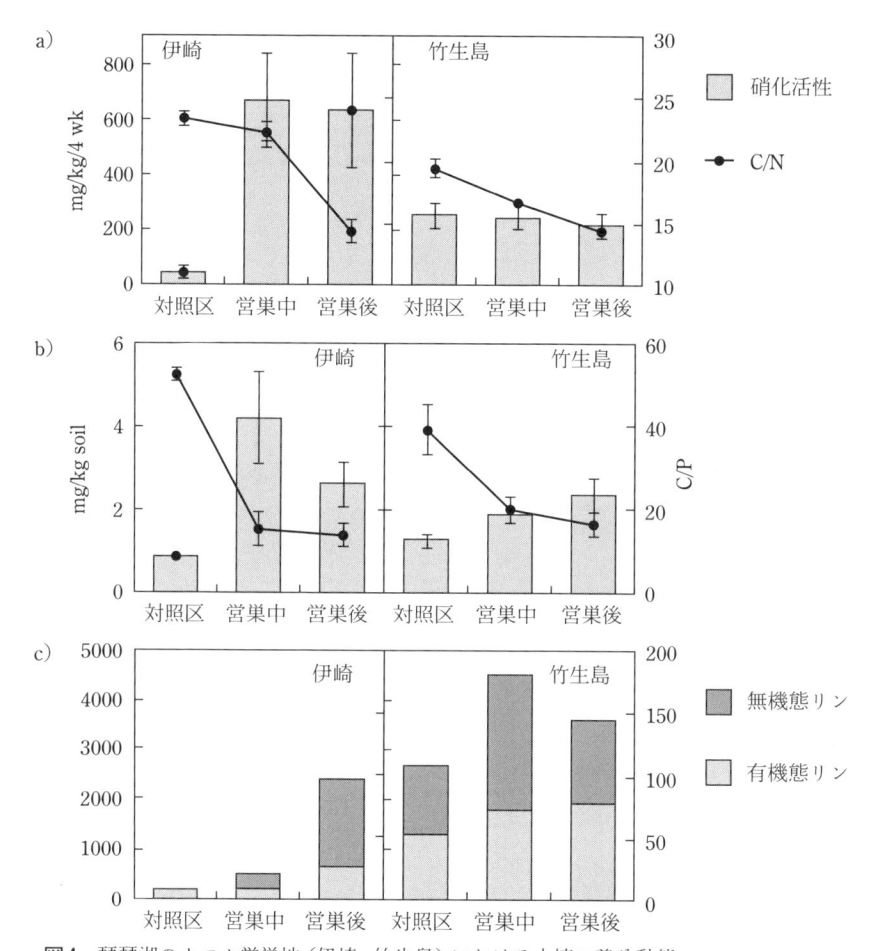

図4 琵琶湖のカワウ営巣地（伊崎，竹生島）における土壌の養分動態
a) 土壌有機物層の硝化活性とC/N比，b) 土壌有機物層のリン濃度とC/P比，c) 鉱質土層の有機態および無機態のリン濃度
（亀田ら（2002）[18]の図3, 4を改変。Hobara（2001）[16], Hobara et al.（2005）[17]のデータより作成）

回復過程を分けて考えることで，長期時間スケールを考慮に入れた鳥類の物質輸送の影響と営巣地の変遷を考察することができた。海鳥類の場合も，営巣年数とそれに伴う養分蓄積の変遷など，時間スケールを考慮に入れることで，鳥類による物質輸送の生態学的意義と地球科学的意義とを，より明確に示せる可能性がある。

5　海鳥類による養分供給と人間による鳥糞利用

　ここまでみたように，鳥類による水域から陸域への物質輸送は，地球科学的物質循環においても，また，生態系や食物網に与える水域から陸域への異地性流入の影響においても，たいへん興味深い現象である。それに加えて，鳥類による物質輸送の働きは，時に人間にとってもさまざまな影響をおよぼすことがある。そのひとつが，有機肥料としての排泄物の利用である。鳥類の運ぶ物質は水域の栄養分に富むため，その排泄物は有機肥料の原料として，人々に貴重な恵みをもたらしたのである。

　海鳥類の排泄物が堆積固化したものはグアノと呼ばれ，古くから肥料としての有用性が認識されていた。その代表的なものは，南米ペルーのグアナイウ（*Phalacrocorax bougainvillii*）の排泄物である。ちなみに，コウモリの糞もバットグアノと呼ばれ，現在も有機肥料として使われている。また，肥料として使われる鳥の排泄物としては，鶏糞が知られている。グアナイウやカワウの排泄物は，肥料として必要な成分である窒素，リン，カリウムなどを豊富に含み，市販されているバットグアノや鶏糞の成分と比較しても，十分に有機肥料として使える値をもっている。グアナイウのグアノは，窒素13〜16％，リン8〜11％，カリウム1.5〜2.5％を含むといわれており，カワウの排泄物は，窒素22.1％，リン12.3％，カリウム1.3％を含む（中村　未発表）。たとえばバットグアノの一つであるマドラグアノでは，窒素2.6％，リン22.0％（ただし肥料袋の表示成分），カリウム2.1％という結果もあり（中村　未発表），肥料としての海鳥類の排泄物の有用性がわかる。

　海鳥類の排泄物は，19世紀の中頃に欧米で肥料としての価値が認識され，盛んに人々に採取され，利用された。ペルーをはじめとする沿岸部や海洋島において，海鳥営巣地でのグアノの採取が盛んになったのがこの時代である。ペルーのグアノは，当時イギリスやフランスなどヨーロッパに輸出され，これらの国の農業生産を支えた[19]。日本においても，20世紀初めに南鳥島のアホウドリ営巣地でグアノの採取が行われている[20]。こうしたグアノ採取地では，年間数百から数十万トンといった大量のグアノが採取された。このよう

な過剰採取により，これらの地域では30〜40年ほどの短期間に資源が枯渇し，営巣地が破壊され，鳥類は激減した[20, 21]。それに加えて，化学肥料が普及しグアノの価格が急落したため，大規模なグアノ採取は衰退していった。その後ペルーでは，グアナイウを初めとする海鳥類の数はいったん回復したものの，アホウドリの場合は，グアノ採取以前からの羽毛採取や剥製製作の影響もあり，回復には長い時間がかかっている。

　このような収奪的な鳥糞利用の一方で，小規模の鳥糞採取により，長期にわたり鳥と営巣地が保全された例もある。愛知県知多半島美浜町にある鵜の山カワウ営巣地である。ここでは，天保10年（1839年）頃から字有林における採糞記録があり，入札により採糞の権利を村人に売却し，その収入で小学校建設や寺社の修復などを行っていた[22]。鳥糞採取のため，カワウとその営巣地は村人から保護され，禁猟区が設定されたり天然記念物の指定を受けたりしている[23]（図5-a）。ここでも，安価で簡単に手に入る化学肥料の普及により，採糞は行われなくなったが，それでも明治以前から昭和40年代初めまで，100年以上カワウの営巣地の存続と採糞の継続が可能であった。その後，採糞を行わなくなったことと伊勢湾台風によりマツが倒れ，カワウはいったん鵜の山から隣の地域へと移動した。

　しかし，1990年代以降，カワウは再び鵜の山に戻ってきて営巣を始めた。ここでは，天然記念物に指定されていることもあり，現在は採糞を行わないにもかかわらず，地域の人々はカワウ営巣地を観光に活用しようとしている。たとえば，鵜の山の近くにはカワウをキャラクターとした観光農園があり，みかん狩りやいちご狩り，農業体験や産地直売などが行われている（図5-b）。近年，個体数の回復と分布拡大により，各地で漁業被害や森林の衰退，水質悪化などを起こして害鳥となっているカワウだが，少なくとも鵜の山のある美浜町上野間地区では，むしろカワウを地域の資源として保全しようという動きが見られる。すなわちカワウの問題は，樹木の枯死などの生態学的な環境変化がそのまま被害として認知されるわけではなく，社会の側の評価とも関わる問題であることを示唆している。これは，現在この地域でカワウによる被害が顕在化していないこととも関係しているが，それに加えて，森林で鳥糞を持続的に採取し，利用してきた地域の人々の経験が，カワウとの共存

図5 愛知県知多半島のカワウ営巣地
a) 鵜の山鵜繁殖地の天然記念物碑,
b) 近隣の観光農園「ジョイフルファーム鵜の池」

を維持している可能性も考えられる。

　このように，鳥類による水域から陸域への物質輸送は，人間に肥料という貴重な資源を供給した。そのことは，一方で過剰採取による営巣地の破壊や鳥類の減少を招き，また一方で，鳥とかかわる環境を保全し，鳥類との相利的関係を探ろうとする動きにつながっている。鳥にとっては，安全で餌の確

保がしやすい場所を選んで繁殖をしているだけであり，人間による鳥糞採取と利用は，鳥の生活にとっては関係がない。しかしながら，人間側が鳥類やその生息環境をどのように利用しかかわるのかによって，鳥にとっては全く異なる影響がおよぶ。いいかえれば，鳥類やその生息環境の保全を考えるためには，その場所を人間がどのようにとらえ，どのように利用してきたのかを把握することも必要であることを，これらの事例は示唆しているといえる。

　これまでみてきたとおり，鳥類は，空を飛ぶことによって，ものを運び，距離の離れた場所や環境の異なる場所をつなぐ役割を果たしている。鳥によって運ばれた物質は，その先の環境に影響をおよぼし，新たな物質循環や食物網を形成する。またその物質は，時には人間にも利用価値の高いものとして利用される。このように，鳥類とその生息環境，そして人間との間には，思わぬ形で関係の環ができていることがわかるだろう。特に，ここで紹介した鳥類，環境，人間とのかかわりは，水域と陸域の接点である水辺が舞台となっている。水辺は，現在地球上で最も豊かで複雑な場所の一つである。その一方で，開発や分断化の影響にさらされやすく，最も不安定で脆弱な場所の一つでもある。そこでの鳥類や環境の保全を考える場合には，狭い意味での「水辺」だけを考えるのではなく，鳥の行動パターンや鳥による輸送や環境改変作用も含めた，大きな時空間スケールでの視点も必要だろう。また水辺は，人間の生活の場としても利用されてきており，人間にとっても，その環境の保全を十分に考える必要のある場所である。これからは，生物と人間とその生息環境の関係を意識した視点から，水辺環境の保全を考える必要があるのではないだろうか。

引用文献

1) 亀田佳代子 (2001)「動物を介した生態系間の物質輸送」『化学と生物』39: 245-251.
2) Willson, M. F. and Halupka, K. C. (1995) Anadromous fish as keystone species in vertebrate communities. *Conserv. Biol.*, 9: 489-497.

3) Ito, T. (2003) Indirect effect of salmon carcasses on growth of a freshwater amphipod, *Jesogammarus jesoensis* (Gammaridea): An experimental study. *Ecol. Res.*, 18: 81-89.
4) 室田　武 (2001)「遡河性回遊魚がになう海陸間の物質循環」, エントロピー学会編『「循環型社会」を問う　生命・技術・経済』藤原書店 pp. 34-47.
5) Maesako, Y. (1999) Impacts of streaked shearwater (*Calonectris leucomelas*) on tree seedling regeneration in a warm-temperate evergreen forest on Kanmurijima Island, Japan. *Plant Ecology*, 145: 183-190.
6) Burger, A. E., Lindeboom, H. J., and Williams, A. J. (1978) The mineral and energy contributions of guano of selected species of birds to the Marion Island terrestrial ecosystem. *S. Afr. J. Antarct.* Res., 8: 59-70.
7) Lindeboom, H. J. (1984) The nitrogen pathway in a penguin rookery. *Ecology*, 65: 269-277.
8) Lajtha, K. & Michener, R. H. (1994) *Stable Isotopes in Ecology and Environmental Scien-ce*. Blackwell Scientific Publications, London.
9) 松原健司 (2002)「鳥類の食性解析と安定同位体測定法」, 山岸　哲・樋口広芳共編『これからの鳥類学』裳華房 pp. 264-286.
10) Mizutani, H. and Wada, E. (1988) Nitrogen and carbon isotope ratios in seabird rookeries and their ecological implications. *Ecology* 69: 340-349.
11) Erskine, P. D., Bergstrom, D. M., Schmidt, S., Stewart, G. R., Tweedie, C. E. & Shaw, J. D. (1998) Subantarctic Macquarie Island - a model ecosystem for studying animal-derived nitrogen sources using ^{15}N natural abundance. *Oecologia* 117: 187-193.
12) Polis, G. A. & Hurd, S. D. (1996) Linking marine and terrestrial food webs: allochthonous input from the ocean supports high secondary productivity on small islands and coastal land communities. *Am. Nat.* 147: 396-423.
13) Anderson, W. B. & Polis, G. A. (1999) Nutrient fluxes from water to land: seabirds affect plant nutrient status on Gulf of California islands. *Oecologia* 118: 324-332.
14) Sánchez-Piñero, F. & Polis, G. A. (2000) Bottom-up dynamics of allochthonous input: direct and indirect effects of seabirds on islands. *Ecology* 81: 3117-3132.
15) Kameda, K., Koba, K., Hobara, S., Osono, T. & Terai, M. (2006) Pattern of natural ^{15}N abundance in lakeside forest ecosystem affected by cormorant-driven nitrogen. *Hydrobiologia* 567: 69-86.
16) Hobara, S., Osono, T., Koba, K., Tokuchi, N., Fujiwara, S. & Kameda, K. (2001) Forest floor quality and N transformations in a temperate forest affected by avian-derived N deposition. *Water, Air, and Soil Pollution* 130: 679-684.
17) Hobara, S., Koba, K., Osono, T., Tokuchi, N., Ishida, A. & Kameda, K. (2005) Nitrogen and phosphorus enrichment and balance in forests colonized by cormorants: implications of the influence of soil adsorption. *Plant and Soil* 268: 89-101.
18) 亀田佳代子・保原　達・大園享司・木庭啓介 (2002)「カワウによる水域から陸域への物質輸送とその影響」『月刊海洋』34: 442-448.
19) 室田　武 (1995)『地球環境の経済学』実務教育出版 pp. 35-42.

20) 平岡昭利（2003）「南鳥島の領有と経営―アホウドリから鳥糞，リン鉱採取へ―」『歴史地理学』45-4: 1-14.
21) Duffy, D. C. (1994) The guano islands of Peru: the once and future management of a renewable resource. BirdLife Conservation Series no. 1: 68-76.
22) 佐藤孝二（1989）「わが国におけるカワウコロニーの歴史と現況―鵜の山，日長，大巌寺，猿賀神社について―」『名古屋大学古川総合研究資料館報告』5: 43-64.
23) 愛知県（1934）「知多郡小鈴谷村大字上野間鵜の山の鵜蕃殖地」『愛知縣史蹟名勝天然紀念物調査報告第十二』pp. 342-348.

第9章

日本の外来鳥類の現状と対策

金井　裕

　外来生物問題が日本の生物多様性保全上の大きな問題となったのは，比較的最近である。外来生物は，かつて帰化生物というソフトな名称で呼ばれていたが，国内に定着しても他の生物に与える影響は少なく，半人為生態系に組み込まれていくという期待があったためであろう。

　しかし，外来生物の中には強靱な生命力を持ち，在来の生物に大きな影響を与え，自然生態系を変えていってしまうものがあることが明らかになり，対策が急務であることが示された[1,2]。日本においてもオオクチバスの捕食により在来魚類や水生昆虫の急激な減少が明らかになるなどしたことから，生態学会が日本における外来生物の現状と対策について提言をまとめた[3]。環境省は，2002年に定めた新・生物多様性国家戦略[4]で外来生物を日本の生物多様性をおびやかす第3の危機と位置づけ，2005年6月に「特定外来生物による生態系等に係る被害の防止に関する法律」(以下「外来生物法」と言う)を施行して対策にあたることになった。

　鳥類においても，多くの外来鳥類が各地に侵入し繁殖している。これらの外来鳥類が日本の生態系に及ぼしている影響は，科学的に明らかにされているものは少ない。外来生物法では，ガビチョウ (*Garrulax canorus*)，ソウシチョウ (*Leiothrix Lutea*) などチメドリ科の4種が特定外来生物に指定された他，インドクジャク (*Pavo cristatus*) など6種・群が要注意生物にリストアップされた。哺乳類は，20種・群が特定外来生物に指定されていることを考えると，

鳥類の指定はかなり少ない。

しかし、これをもって外来鳥類が生態系に及ぼす影響が少ないと言うわけにはいかない。鳥類に被食される昆虫や両生・爬虫類は生息実態の把握が困難であることから、複雑な生態系内においては影響の把握も困難なためである。鳥類は生態系内の食物連鎖では上位に位置するので、生態系への影響は、むしろ大きいことが予測される。また、生態的地位が似た種に対する競合についても、適応能力の差がわずかである場合には、結果がはっきり出るには何世代か経過した後となる。したがって生態系への影響が明らかとなった時には、生態系に修復不可能な被害を与えていることがありえるからである。

東條[5]、江口・天野[6,7]が指摘しているように、外来鳥類はさまざまな被害を起こす可能性がある。外来鳥類による生態系被害を未然に防ぐには、生態系への被害が明らかになっていなくても、生息状況とその生態特性から生態系への影響を予測し対策をとる必要がある。日本野鳥の会は、特定外来生物の指定にあたって、日本国内で繁殖記録のある鳥類について生態系への影響の大きさを推測したリストを作成し、WWFジャパン、日本自然保護協会らとともに特定外来生物に指定すべき提案リストの鳥類分野として公表した。ここでは、このリストに基づいて、日本における外来鳥類の生息実態の概要と、今後必要となる対策について述べたい。

1　日本の外来鳥類の生息現況

(1) 全体概要

日本における外来鳥類として知られるもっとも古いものは朝鮮役のときに出征した武士団により持ち込まれたと考えられているカササギ (*Pica pica*) である[8]。しかし、江戸時代以前においては海外との交易活動は少なく、外来生物の侵入も多いものではなかった。日本において、外来生物が急増したのは鎖国政策が終了した明治以降である。現在日本には多くの鳥が輸入され、

店頭で販売されている鳥類は約200種が記録されている[9]。これらの鳥の逸出が起こるため，日本国内で世界各地の鳥類が目撃されている。しかし，過去の輸入鳥類の統計資料がないため，実際にどんな鳥がどのくらい日本に輸入されていたかは不明である。

　環境省は，日本の自然環境の現況及び改変状況を把握するために自然環境保全基礎調査を1973年から実施し，日本野鳥の会はこの中の鳥類分布調査を実施してきた。1974年から1978年の第2回調査と，1998年から2003年の第5回・6回調査では，繁殖している鳥類の分布状況の調査を行った[10, 11]。この調査結果から日本における外来鳥類の侵入状況を見ると，第2回調査においては，外来鳥類が4目7科12種が，第5回・6回調査では，5目7科12種が報告された（表1）。しかし，どちらの調査でも記録された種は，コジュケイ（*Bambusicola thoracica*），カワラバト（*Columba livia*），ベニスズメ（*Amandava amandava*），ホンセイインコ（*Psittacula Krameri*）の4種だけであった。

　第5回・6回調査でもっとも記録メッシュ数が多かったのはコジュケイで，合計382メッシュ，ついでドバトの142メッシュが多かった。これらの2種は，日本の生息可能域全体に定着している。ベニスズメは，第2回調査では東北から九州までの広い範囲の埋立地や河川敷のヨシ原で記録されたが，第5回・6回調査では記録メッシュ数が激減した。生息地の減少の要因については不明である。ホンセイインコは，第2回調査と同様に東京の住宅地に局地的に分布している。

　コブハクチョウ（*Cygnus olor*），コリンウズラ（*Colinus virginianus*），ガビチョウ，カオグロガビチョウ（*Garrulax perspicillatus*），ソウシチョウ，コシジロキンパラ（*Lonchura striata*），シマキンパラ（*Lonchura punctulata*），ハッカチョウ（*Acridotheres cristatellus*）の8種が第5回・6回調査で初めて記録された。

　ほかにも繁殖記録のある外来鳥類も多数存在する。日本鳥類目録[12]では，繁殖記録のある外来鳥類として26種が掲載され，その後Eguchi & Amano[13]は，アンケートにより36種の外来鳥類をあげた。その後も繁殖報告が続き，2007年1月現在では，外来鳥類は46種となっている（表2）。

表1 自然環境保全基礎調査（生物多様性調査）に見る外来鳥類の生息変化
繁殖ランク記録数は，日本全国を5万分の1地図を1メッシュとして分割し，生息を確認した数。

目	科	種名	繁殖ランク記録数					
			1974-1978			1998-2003		
			A	B	C	A	B	C
カモ目	カモ科	コブハクチョウ	0	0	0	4	1	0
キジ目	キジ科	コリンウズラ	0	0	0	1	1	0
		コジュケイ	94	325	42	18	282	82
ハト目	ハト科	カワラバト	97	19	91	16	35	91
オウム目	インコ科	セキセイインコ	1	1	2	0	0	0
		ホンセイインコ	1	1	2	0	0	1
		オキナインコ	1	0	0	0	0	0
スズメ目	チメドリ科	ガビチョウ	0	0	0	4	17	0
		カオグロガビチョウ	0	0	0	0	1	0
		ソウシチョウ	0	0	0	4	46	7
	ホオジロ科	コウカンチョウ	1	0	0	0	0	0
	カエデチョウ科	ベニスズメ	10	16	16	0	0	1
		コシジロキンパラ	0	0	0	0	1	0
		シマキンパラ	0	0	0	1	3	1
		ギンパラ	3	6	10	0	0	0
		ヘキチョウ	0	1	1	0	0	0
		ブンチョウ	1	1	2	0	0	0
	ハタオリドリ科	キンランチョウ	2	1	0	0	0	0
	ムクドリ科	ハッカチョウ	0	0	0	1	1	0
	カラス科	ヤマムスメ	1	0	0	0	0	0

A：繁殖を確認した
B：繁殖の可能性がある
C：生息確認

(2) 主要な外来鳥類の生息状況

1) カワラバト（人為要因に依存する外来鳥類）

カワラバト（ドバト）はもっとも一般に知られている外来鳥類であろう。江戸期以前から生息し，農耕地から都市部までを生息環境とする。農耕地では農業被害が発生しており，都市部では高密度で生息する場所があるため，糞による不快感や，病原体の増殖による健康被害が問題となっている。建物の

隙間に入り込んで営巣場所やねぐらとするため，生息数が多い場所では，建物をネットで覆ったり，とまり場所に糸を張るなど，侵入防止対策がとられている。

かつては，行事でのハトの放鳥がさかんに行われていたが，被害が問題になった最近はほとんど行われなくなった。しかし，レース鳩がレース中や訓練中の脱落による逸出個体となることは多い。また，公園などで給餌を行なう人がいる。個体群の維持や高密度での生息には人為的要因が大きいと考えられる。生息数削減に成功した広島市の例では，徹底した給餌禁止が行なわれた。

2) コジュケイ（自然環境に定着）

コジュケイは，1910年代後半に狩猟目的で導入され，近年まで放鳥が続けられていた。自然繁殖により定着し，本州の太平洋側，四国，九州の林縁や疎林に広く生息し[10,11]，個体数も多い。地表近くにある種子から両生・爬虫類，昆虫類など幅広く採食する。日本の生態系に与えた影響がどのようなものであったかを検証することは今となっては困難であるが，地表性の昆虫類や小動物をさかんに採食することから，影響はあったと思われる。被食される小動物や，生息場所が部分的に重なっていた可能性のあるヤマドリ（*Syrmaticus soem-merringii*）やウズラ（*Conturnix japonica*）に対しても，影響を与えたことも考えられる。

広域的に生息していることから，捕獲などの防除事業により駆除を行うことは困難である。

3) ホンセイインコ（都市環境に定着）

インコ類は愛玩鳥として人気があり，飼育数が極めて多いため逸出量も必然的に多いと思われる。ホンセイインコは，1970年代には東京の都市部の住宅地域に定着し[14-16]，1990年代には東京の西部に生息域が広がった[17]。これは，東京西部郊外の都市化の進行による住宅地の拡大に応じて生息域が広がったものと考えられる。カワラバトのように食物を人為的な給餌に依存している様子はない。

インコ類は，樹洞営巣性であることからキツツキ類など他の樹洞営巣性の鳥類との競合や，果実食であることから果樹への食害の発生が懸念されてきた．現在は，都市環境以外への拡大は見られないが，自然環境への拡大が始まらないか，また野外個体群の維持に対して，経常的に生じていると考えられる飼育個体の逸出が果たしている役割など監視すべき事項がある．

4）ベニスズメ（増加・減少の変動が大きいカエデチョウ科）

ベニスズメは，インドから東南アジア原産のカエデチョウ科の草原性の鳥類である．1970年代には東京湾や大阪湾の埋立地や河川敷のヨシ原や草地に多数生息していた[10]が，1990年代には生息地域が少なくなった[11]．他にもカエデチョウ科の外来鳥類が多く存在する．このうち，キンパラ（*Lonchura atricapilla*）やギンパラ（*Lonchura malacca*）は，ベニスズメと同様に1970年代には多くみられたが，1990年代には減少している．埋立地は，土地利用が進んで生息環境であるヨシ原がなくなったが，大きな変化はない河川敷のヨシ原でも生息数は少なくなっている．

一方，同じくカエデチョウ科のシマキンパラは，1990年代になって，南西諸島で見られるようになった．このようにカエデチョウ科の鳥類は時期によって生息地域の変動が大きい．輸入量の変化が野外での生息数変化の要因となっている可能性がある．南方系の鳥類であるので，南西諸島では適応しやすいことが考えられるので，注意が必要である．

5）ソウシチョウ・ガビチョウ（森林に定着し優占種化するチメドリ科）

ソウシチョウ（口絵12）とガビチョウ（口絵13）は，共にチメドリ科の鳥で中国南部から東南アジアに生息する．江戸時代より飼い鳥として日本に持ち込まれていたが，野外での生息記録が増加したのは，1980年代以降である．自然環境保全基礎調査において，ガビチョウとソウシチョウは1970年代のでは記録が無かったが[10]，1990年代において記録数が多くなり[11]，日本の森林生態系に侵入して定着し，生態系を大きく変えていると言える．まだ分布が局地的だが，さらに広がることが予想される．

ソウシチョウは，九州から関東にかけてのブナ・イヌブナ林の低木層で繁

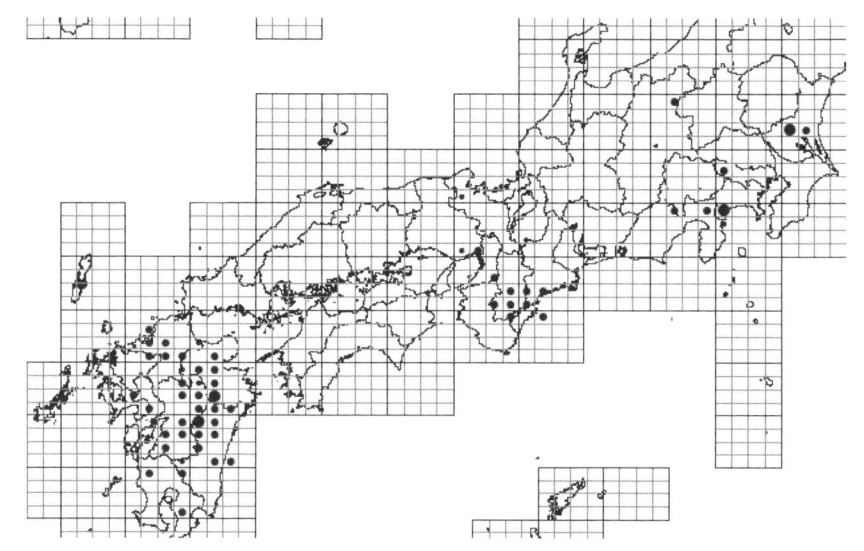

図1 ソウシチョウの生息状況（鳥類繁殖分布調査1998-2003）
九州, 近畿, 関東のイヌブナ林等で分布が急激に広がった。

殖し，冬季には山麓に下りてくる[18-20]。繁殖が確認されている場所では，国立公園や国定公園など日本の自然環境を代表する地域でも極めて高密度で生息し（図1），地域鳥類群集の優占種となっている。ウグイスと生息環境が類似しているため競合が起こっている恐れが強い。現時点ではウグイスの生息数の減少は見られないが，繁殖成功率の低下が示唆されている。低木層での高密度の営巣が，捕食動物の活動を活発にし，その結果，低木層を営巣場所としているウグイスへの捕食圧も高くなっている可能性がある[21-23]。

ガビチョウは，主に山麓部に周年生息し，福島県の南東部や東京西部，九州北部などの生息地域では優占種となっている。ソウシチョウと同様にウグイスとの競合が起こっている恐れがある[24-26]。

生息地域はどちらも拡大しつつある。原産地が中国大陸で気候や植生環境が日本と類似していることから，容易に国内で定着し，分布を広げることとなったと思われる。同じくチメドリ科のカオジロガビチョウ，カオグロガビチョウ，ヒゲガビチョウ（*Garrulax cineraceus*）も国内での繁殖が確認されており，今後分布が拡大する恐れがある[27-29]。チメドリ科は，他にも多くの種があ

り，日本に持ち込まれれば，定着する可能性は高い。

6) コブハクチョウ（水域の外来鳥類）

水域における外来鳥類の代表には，コブハクチョウがある。飼育されている個体の繁殖管理が行われていない場合が多く，生長した若鳥が自由に移動した結果，生息数が増加している。1990年代の自然環境保全基礎調査では記録数は少ないが北海道，東北，関西，山陰，九州の広い範囲で記録された[11]。鹿児島県の藺牟田池では約50羽，山梨県の山中湖では20羽が周年生息するほか，全国各地に見られる。北海道のウトナイ湖で標識された個体が茨城県で記録されたことがあり，日本国内で長距離の季節移動があることも示唆される。

環境省による冬季のカモ科鳥類の一斉調査では，全国で約200羽が記録されている[30]。日本では，自然には稀に飛来記録があるだけとされているだけ[12]なので，これらの大部分が外来鳥類と考えられる。その多くは人為的な給餌に依存していると考えられるが，実態については不明である。

コブハクチョウは，ヨーロッパ東部原産であるが，イギリス，アメリカなど世界各地に人為的に移入されて増加している。韓国では越冬鳥であるが，これもシベリア東部に人為的に持ち込まれたものが渡りを行うようになった可能性もある。

水生植物を多量に採食すること，繁殖期には水生昆虫など動物質もさかんに捕食することから，湿地生態系への影響は大きいと考えられる。また，水田で，田植え後の苗を浮かしたり食害を起こす可能性もある。

営巣期には強いなわばり行動を持ち，他の水鳥類の営巣行動を阻害する。大畑[31,32]は，北海道のウトナイ湖でアカエリカイツブリ（*Podiceps grisegena*）の繁殖が消失した要因のひとつに，コブハクチョウの攻撃行動をあげている。排他的な行動は越冬期にも見られ，ハクチョウ類の越冬の攪乱要因にもなる[33]。

大型の水鳥類は野外で飼育される場合が多いが，飼育管理が不十分であることがよくある。そのため，公園などで飼育されることの多いシジュウカラガン国外亜種（*Branta canadensis spp*）やコクチョウ（*Cygnus atratus*）が各地で営

巣したり飛来したりすることが生じている。これらはコブハクチョウと同様に湿地生態系や水田への被害を起こす恐れがある。

7）インドクジャク（島嶼で増加）

インドクジャクは，多くの動物園，公園，観光施設や学校で飼育されているため，逸出事例も多い。逸出個体が定着する例はあまりないが，薩南諸島の硫黄島と八重山諸島の島嶼では，飼育個体の子孫が野生化し野外の生息数が増加した。インドクジャクに対する捕食動物が存在しなかったためと考えられるが，硫黄島と八重山諸島の小浜島では数百羽以上が生息するようになった。小浜島では，地表性昆虫や小動物への捕食圧が大きいと推測され[34]，硫黄島でも同様であると考えられる。

8）クロエリセイタカシギ（希少種の遺伝子攪乱）

クロエリセイタカシギ（*Himantopus himantopus mexicanus*）は，セイタカシギの北米亜種で，日本に自然飛来することはほとんどない。このクロエリセイタカシギの特徴を持つ個体が，セイタカシギと番になり営巣していることが，日本野鳥の会大阪支部により報告された[35,36]。2001年に，多数のクロエリセイタカシギが意図的に放鳥されており，この子孫であると思われる。セイタカシギは，生息数は少ないため，交雑による遺伝子攪乱の影響が大きい。

（3）外来鳥類による生態系への影響

外来鳥類が生態系等に及ぼす影響として把握すべき項目には，以下のようなものがある。

1）捕食

地域の生態系に新たな捕食者として外来生物が浸入した場合，被食者となる動物や植物に大きな影響を与え，場合によっては絶滅に追い込むこともある。特に，小さな島嶼や湖など，閉じられた生態系では影響が大きい。日本においては，捕食による影響が示されたのは小浜島のインドクジャクの事例の

みであるが，コブハクチョウやシジュウカラガンのような，夏季の日本に存在していなかった大型の水鳥類が食物とする水生植物や水生昆虫に及ぼす影響は，注意を要する。また，ソウシチョウやガビチョウのように高密度で生息する小鳥類の，昆虫に及ぼす影響も注意すべきである。

2) 競合

在来鳥類と食物や営巣場所が類似した外来鳥類が侵入した場合，それらの資源を奪い合う競合が生じる。ソウシチョウやガビチョウに対するウグイスがこれにあたる。競合関係の場合，適応の差がわずかで成体の生残率ではなく繁殖成功率に差が生じる程度であれば，世代交代が何回か起こるまで結果が現れないことも考えられる。

3) 托卵

托卵習性のある鳥類が新たな宿主を獲得した場合，宿主となった鳥類に大きな影響を与えることがあることは，アメリカのコウウチョウでよく知られている。日本においても，カッコウがオナガを宿主とした時には，オナガが対抗できるようになるまでの間，大きな影響を与えた[37,38]。日本の外来鳥類に中では，テンニンチョウが托卵習性を持つ。テンニンチョウの宿主であるカエデチョウ科の鳥類は日本には自然分布せず，代わりとなる新たな宿主を獲得した兆候はないが，継続して逸出個体が確認されているので，監視は必要である。

4) 病原体の浸入

その地域にない細菌，ウイルス，寄生虫などの病原体が外来生物によって持ち込まれると，それらに免疫や耐性のない在来生物に大きな影響を与えることがある。鳥類においては，ハワイ諸島に持ち込まれた鳥マラリヤにより，在来鳥類が激減した[39]。外来鳥類によって日本に持ち込まれる恐れのある病原体は，原産地の病気だけとはかぎらない。流通過程で，多くの鳥類と近接して飼育されるため，互いに感染する可能性があるためである。鳥インフルエンザやウェストナイル熱のように，家畜や人間へ影響を与える病原体も存

在する(第14章参照)。厚生労働省は,感染症侵入監視のため,2005年9月1日より日本に輸入される鳥類と哺乳類はすべて,生物名と日本への輸出元の届け出を義務付けた。

5) 遺伝子攪乱

亜種など在来種に近縁の鳥類が野外に逸出した場合,在来種と交配する可能性がある。前述のクロエリセイタカシギのように,逸出個体数が在来の生息個体数に比べて多い場合は,深刻な遺伝子攪乱を起こす恐れが強い。オオタカ,ハヤブサなど元もと個体数の少ない在来猛禽類の亜種が輸入されているが,この点で,慎重にすべきである。また,チョウセンメジロなど,メジロ(*Zosterops japonicus*)の大陸亜種は,毎年数万羽単位で輸入・販売が行われていたとされていた。逸出量も相当と考えられるので,遺伝子攪乱が生じている可能性は高い。

6) 鳥類群集の組成変化

上述したような,外来鳥類による生態系への影響を明確に把握するのは容易ではないが,外来鳥類の定着と増加は,地域の鳥類群集の組成変化となって現れる。生態系は生物相互の関係から成り立っているので,ソウシチョウやガビチョウのように外来生物が優占種となったり,高密度で生息している場合は,その地域の生態系が変質していることはあきらかである。

(4) 外来鳥類の生態系への影響評価

日本の生物多様性保全のためには,外来鳥類は存在しないのが理想である。しかし,外来鳥類すべてに対して対策を行うことは不可能である。現時点での生息状況から,生態系への影響評価と対策実施の緊急性の試案を作成し,表2にまとめた。

1) 生態系への影響が大きくすみやかな対策の実施が必要なもの

自然環境で個体数が増加しているものおよび生態から今後生息数が増加す

表 2　外来鳥の生態系影響評価試案

		生態系への影響ランク				
		A (特定生物指定が望ましい)	B	C	D	E
		既に定着し個体数が増加の可能性が大きく、防除が必要	生息個体数に比べて大量に輸入や放鳥があり、遺伝子かく乱の影響が大きい。規制による効果が大きい	都市部で定着し、周囲への拡大の監視が必要なもの	繁殖記録はあるが、野外での生息数は少ない。輸入、飼育規制で効果が期待される。	既に蔓延し、対策が困難。教育効果が期待	国内への定着無し。海外での記録等で影響が大きいことが予想される。現在は輸入量が少ないので水際規制で効果が高い
外来生物法対象の有無		カオグロガビチョウ カオジロガビチョウ ガビチョウ ソウシチョウ				・捕食、競合、食害 チメドリ科 (指定種以外) コウウチョウ ナナコウカチョウ スアマーマシコ シリアカヒヨドリ インドハッカ モリハッカ
	規制対象	インドクジャク シジュウカラガン (大型亜種) コリンウズラ	メジロ (大陸亜種) クロエリセイタカシギ	ノバリケン セキセイインコ オオホンセイインコ ホンセイインコ ダルマインコ ベニスズメ ハッカチョウ	インドトキコウ アメリカオシ コブハクチョウ コウライキジ ホウオウジャク カエデチョウ キンパラ シマキンパラ ギンパラ コシジロキンパラ ヘキチョウ ブンチョウ ホウオウジャク テンニンチョウ コウヨウジャク メンハタオリドリ オウゴンチョウ オナガロムクドリ インドハッカ ハイイロハッカ モリハッカ ヤマムスメ	コシュニケーイ	・遺伝子攪乱 タカ類 (外国亜種) フクロウ類 (外国亜種) アカオタテガモ
						イエスズメ ホシムクドリ
規制対象外	日本鳥類リスト掲載	コブハクチョウ シロロガシラ (沖縄本島生息亜種)				
	江戸期以前の持込	カササギ コウライキジ				
	家禽	アイガモ	アイガモ	アヒル ニワトリ	カワラバト	

特定生物および未判定生物
要注意生物

る恐れが高い鳥類と，国内の生息個体数に対して多くの輸入や放鳥がある近縁亜種で，対策実施の緊急性が高いもの。表2のAランクにあたりソウシチョウやガビチョウなどチメドリ科およびインドクジャク，シジュウカラガン亜種，コリンウズラ，メジロ亜種，クロエリセイタカシギ，コブハクチョウ，沖縄本島のシロガシラ，カササギ，コウライキジ（*Phasianus colchicus karpowi*），アイガモとした。コリンウズラは，狩猟競技のため野外で放鳥されることがあり，それが回収されずにいるものがあるとされる。キジの大陸亜種であるコウライキジは狩猟目的で放鳥され，本来キジの分布しない北海道で増加傾向がある。カササギは，九州北部ではあまり急速な分布拡大は見られないが，近年北海道の苫小牧周辺や兵庫県で繁殖記録が増加している。中国大陸や朝鮮半島では山麓部から農耕地に広く分布しているので，本州や北海道では生息数が増大する可能性が高いと言える。アイガモは，マガモ（*Anas platyrhynchos*）とその家禽品種であるアヒルの交配個体で，近年水田除草に飼養される。逸出や稲作終了後に放される場合があるとされ，低地でのマガモの生息記録やカルガモとマガモの交雑個体出現の原因と考えられる。

2) 都市域中心に生息し，自然環境への拡大を監視すべきもの

生息個体数は多いが，生息場所が都市域であり自然生態系への影響は少ないと考えられるが，自然環境へ生息が拡大すると生態系への影響が大きくなるもの。表2のBランクにあたりホンセイインコなどのインコ類，ノバリケン，ベニスズメ，ハッカチョウとした。ハッカチョウは，関東では1980年代に東京湾岸の倉庫街や横浜で繁殖を始めたが，生息場所の大きな拡大は見られていなかった。しかし，2000年代に兵庫県や香川県で生息数の増加があるので，とりわけ監視が必要である。

3) 生息数・場所が限られ生態系への影響は限定的であると考えられるもの

1970年代から生息確認があるが，生息地域の減少が見られ，生態系への影響は限定的と考えられるもの，およびその近縁種。表2のCランクにあたりカエデチョウ科，ハタオリドリ科の鳥類や南方系のムクドリ類をこのカテゴリーとした。ただし，過去の生息変化は本州周辺の状況に基づいているので，

南西諸島など亜熱帯地域ではあてはまらない可能性もある。生息状況の監視は必要である。

4）広く定着し，対策の効果を得るのがむずかしいもの

表2のDランクにあたるコジュケイと農耕地や河川敷のカワラバトは広範囲に定着し，捕獲による防除が困難な一方で，生息可能環境にはすべて分布しているため，今後の影響拡大は考えられない。本来ならば放置すべきではないが，現在分布拡大過程にあるものの対策を優先すべきである。

5）国内での定着はないが，国外において被害が報告されているもの

表2のEランクにあたる国内にはまだ侵入・定着はないが，国外において生態系等への被害が報告されているものと，タカ類やフクロウ類，絶滅危惧種など生息数の少ない鳥類の国外亜種。国外で被害を起こした鳥類の輸入・飼育は慎重にすべきである。IUCNは，世界各地で被害を生じた外来生物の通報を公開しているので，随時参照し，輸入規制を実施すべきである。

2　外来鳥類の防除対策

(1) 輸入と飼育の禁止—外来生物法による対策—

外来鳥類の防除を考える場合，基本となるのが外来生物法である。外来生物法では，生態系や農林水産業，人への被害が大きい侵略的な外来生物を特定外来生物に指定し，輸入や飼養等を厳しく規制する。指定は科学的な根拠に基づき，特定外来生物等専門家会合で意見を聴取して，環境大臣が行う。特定外来生物による影響・被害低減のために捕獲などで生息個体数を減らす必要がある場合は，防除事業計画を作成して実施する。特定外来生物の近縁種は未判定生物に指定され，影響が少ないと判定されるまでは輸入は規制される。また環境省は，影響・被害が起こる可能性が高いが実際の知見が十分でないなどで，特定外来生物の指定にはいたらないものを要注意外来生物と

し，科学的知見をさらに収集することを表明し，取り扱いに対する注意を喚起している。

鳥類においては，特定外来生物にソウシチョウ，ガビチョウ，カオジロガビチョウ，カオグロガビチョウの4種が，未判定生物には特定外来生物の属するチメドリ科一般が指定された。要注意生物には，インドクジャク，コリンウズラ，シジュウカラガン大型亜種，クロエリセイタカシギ，メジロ外国亜種がリストアップされた。

ただし，外来生物法の対象とならない外来鳥類も数多くある。この法律では，外国産生物のみで，かつ明治期以降に侵入したもののみが規制対象となる。そのため，カササギ（*Pica pica*）とコウライキジは江戸時代以前より国内に記録があるとし，コブハクチョウは遇来種としての自然分布記録が日本鳥類目録に記載されていることから，検討対象とされなかった。鳥類においては，移動能力が高いことから日本への迷行記録のある種が多い。これらをすべて自然分布記録として外来生物法の規制対象としないのは，問題がある。

(2) 情報収集と研究

外来鳥類による影響把握と防除対策の立案・実施のためには科学的知見の収集や防除技術の開発が必要である。

1) 野外での生息状況の監視と生態調査

既存の外来鳥類の生息状況変化や新たな外来鳥類の出現の監視が必要である。これには，鳥類研究者とバードウォッチャーとの連携と観察情報の集約システムがなければならない。同時に外来鳥類の生態・行動についての研究も進めなければならない。

2) 生態被害の監視

外来鳥類が起こす生態系への影響・被害についても知見の収集が必要である。影響・被害は鳥類同士よりも食物となる昆虫や小動物，植物に対して生じることが考えられる。影響を受ける可能性のある生物の研究者との連携が

必要である。

3) 防除方法の開発

対象となる外来鳥類の選択的捕獲技術や，被害を受けている生物の影響低減のための手法など，防除のための技術開発が必要である。

4) 輸入・販売状況の監視

外国からの輸入が増加すれば，野外への逸出も増加して外来鳥類問題を引き起こす恐れも高くなる。したがって，外国からの鳥類の輸入状況の監視が必要である。感染症監視のための輸入鳥類の届出制が発足しているので，この結果を分析することにより日本に輸入される鳥類の種と数について把握することが可能と考えられる。

飼育鳥の中には，日本国内の飼育下で繁殖されたものも流通していると考えられる。これも，販売店や流通業者の協力を得て把握するのが望ましい。

(3) 普及教育と飼育管理の徹底

外来鳥類問題の根底には，放し飼いを行うなどの鳥類の安易な飼育・管理がある。絶滅による種の消失が問題であることは容易に理解されるが，外来生物の侵入が同様に生物多様性保全上問題であることはなかなか理解されない。外来鳥類による被害を予防するには，地域の生物相は生物進化の過程を含む長い歴史の上に成立する貴重な財産であり，本来いるべきでない生物が存在しないことも生物多様性の保全であることを広く知ってもらうことが必要である。その上で，鳥類の飼育にかかわる一般個人・団体が飼育管理の徹底をはかり，放鳥行為や逸出事故を起こさないように努めてもらう必要がある。

また，ラムサール条約登録地や鳥獣保護区，自然公園の管理者は，生態系の保全・管理のために外来生物対策に取り組む姿勢が必要である。インドクジャクやコブハクチョウ，シジュウカラガンなど大型の鳥類は，捕獲もその後の飼育管理も比較的容易であるので，対策を早急に実施すべきである。

被害が顕著になるまで定着しまった生物を排除するのは，極めて困難である。特に，移動能力の大きい鳥類は，分布拡大の進行も早い可能性がある上に，防除・駆除作業がさらに分布拡大を加速する恐れも強い。日本に輸入される鳥類は，原産地で野鳥が大量に捕獲されていることも多く，原産国で絶滅危惧の恐れを生じさせる可能性もある。

　外来生物問題では，生物多様性保全の上から野生生物はむやみに飼育や輸入をしないということが，もっとも重要である。

　外来鳥類の生態系への影響を考えるにあたり，WWFジャパンの草刈秀紀氏，日本自然保護協会の大野正人氏ほか，特定外来生物に指定すべき提案リストの作成にかかわったNGOメンバーや研究者からは，様々な示唆をいただいた。東京大学の石田健博士，九州大学の江口和洋博士，WWFジャパンの天野一葉博士，森林総合研究所の東條一史博士，佐藤重穂博士ほか，多くの鳥類研究者・観察者からは多くの情報をいただいた。自然環境保全基礎調査を担当した神山和夫氏，成末雅恵氏，矢野徹氏には経年変化の比較作業を行っていただいた。環境省の中島慶二氏，堀上勝氏，長田啓氏からは法制度についての説明いただいた。お世話になったみなさまに感謝する。

引用文献

1）IUCN（1987）「生物種の移動に関するIUCN見解声明書」
2）IUCN（2000）「外来侵入種による生物多様性減少防止のためのIUCNガイドライン」
3）日本生態学会（2002）『外来種ハンドブック』 地人書館，東京．
4）環境省（2002）「新・生物多様性国家戦略」
5）東條一史（1996）「日本における帰化鳥類の現状と問題点」『関西自然保護機構会報』18（2）：107-114
6）江口和洋・天野一葉（1999）「移入鳥類の帰化」『日本鳥学会誌』47：97-114．
7）江口和洋・天野一葉（2000）「移入鳥類の諸問題」『保全生態学研究』5：131-148．
8）江口和洋・久保活洋（1992）「日本産カササギ *Pica pica* の由来——史料調査による」『山階鳥類研究所研究報告』24：32-39．
9）日本野鳥の会（2005）『バードウィーク全国一斉野鳥販売実態調査2004——野鳥保護

資料集 18 集——』日本野鳥の会,東京
10) 環境庁 (1980)『第 2 回自然環境保全基礎調査動物分布調査報告書（鳥類）全国版鳥類繁殖地図調査　1978』日本野鳥の会,東京
11) 環境省自然環境局生物多様性センター (2004)「第 6 回自然環境保全基礎調査生物多様性調査鳥類繁殖分布調査報告書」
12) 日本鳥学会 (2000)『日本鳥類目録（第 6 版）』土倉事務所,京都.
13) Eguchi, K. & Amano, H. E. (2004) Spread of exotic birds in Japan. *Ornithol.* Sci. 3: 3-12
14) 成末雅恵 (1981)「首都圏で見られる外国産鳥類についてユリカモメ」『日本野鳥の会東京支部報』No. 309: 6-7.
15) 成末雅恵・小原秀雄 (1982)「東京周辺における飼鳥の二次野生化」『湾岸都市の総合的生態学的研究』IV: 62-65.
16) 東京都公害局 (1980)『東京都鳥類繁殖分布調査報告書』日本野鳥の会,東京
17) 東京都環境保全局 (1998)『東京都鳥類繁殖状況調査報告書』東京都環境保全局,東京
18) 坂梨仁彦 (1988)「白髪岳自然環境保全地域及び周辺地域の鳥類相」『白髪岳自然環境保全地域調査報告書』pp. 125-159,環境庁自然保護局.
19) 江口和洋・増田智久 (1994)「九州におけるソウシチョウ *Leiothrix lutea* の生息環境」『日本鳥学会誌』43: 91-100.
20) 東條一史 (1994)「筑波山塊におけるソウシチョウ *Leiothrix lutea* の増加」『日本鳥学会誌』43: 39-42.
21) Amano, H. E. & Eguchi, K. (2002a) Nest-site selection of the Red-billed Leiothrix and Japanese Bush Warbler in Japan. *Ornithol. Sci.* 1: 101-110.
22) Amano, H. E. & Eguchi, K. (2002b) Foraging niches of introduced Red-billed Leiothrix and native species in Japan. *Ornithol. Sci.* 1: 123-132.
23) Tojo, I. & Nakamura, S. (2004) Breeding density of exotic Red-billed Leiothrix and native bird species on Mt. Tsukuba, central Japan. *Ornithol. Sci.* 3: 23.
24) 佐藤重穂 (2000)「九州北部におけるガビチョウ *Garrulax canorus* の野生化」『日本鳥学会誌』48: 233.
25) Kawakami K & Yamaguchi Y (2004) The spread of the introduced Melodious Laughing Thrush *Garrulax canorus* in Japan. *Ornithol. Sci.* 3: 13.
26) 山口喜盛 (2000)「神奈川県におけるガビチョウの野生化について」『BINOS』7: 43-50.
27) 濱田哲暁・佐藤重徳・岡井義明 (2006)「外来種ヒゲガビチョウ *Garrulax cineraceus* の四国における記録と繁殖」『日本鳥学会誌』55: 105-109.
28) Tojo, H., K. Osawa, H. Terauchi, M. Kajita, A. Kajita and O. Watanuki (2004) Invasion by White-browed Laughing Thrushes (*Garrulax sannio*) into Central Japan. *Global Enbironmental Research* vol. 8 (1): 23-28.
29) 中村一恵・室伏友三・足立睦子・初瀬川孝. 1993. 神奈川県におけるカオグロガビチョウの野生化について. 神奈川自然誌資料 14: 27-31.
30) 環境省 (2003)「平成 15 年度ガンカモ科鳥類の生息状況」

31) 大畑孝二 (1987)「ウトナイ湖におけるコブハクチョウの生息状況について」『Strix』6: 80-85.
32) 大畑孝二 (1990)「ウトナイ湖の鳥類保護に関する提言」『Strix』9: 191-199.
33) 神谷 要 (2003)「米子水鳥公園で観察されたコブハクチョウによるコハクチョウの追い出し行為」『日本の白鳥』27：18-19.
34) 田中 聡・嵩原建二 (2003)「先島諸島における野生化したインドクジャクの分布と現状について」『沖縄県立博物館紀要』No. 29：19-24.
35) 日本野鳥の会大阪支部 (2003)「セイタカシギの繁殖」『むくどり通信』No. 167 (2003.9)
36) 藤崎 裕 (2005)「原ノ池のセイタカシギの繁殖」『むくどり通信』No. 175 (2005.1-2)
37) 山岸 哲, 藤岡正博. (1986).「カッコウ *Cuculus canorus* によるオナガ *Cyanopica cyana* への高頻度の托卵（英文）」『鳥』34 (4)：91詳細
38) 中村浩志 (1990)「日本におけるカッコウの托卵状況と新しい宿主オナガへの托卵開始（英文）」『日本鳥学会誌』39 (1)：1
39) Van Riper, C. III, Van Riper, S. G., Gofr, M・L・ & Laird, M. (1986) The epizootiology and ecological significance of malaria in Hawaïan landbirds. *Ecological Monograph*, 56: 327-344.

第10章

鳥類は環境変化の指標となるか？

永田尚志

　人間活動が活発になるにつれて地球上の生物多様性は急激に減少してきている。1600年以降に絶滅したほ乳類，鳥類，陸産貝類の484種のうち，絶滅の直接的な原因を約半数では特定できなかったが，原因の特定できた種，すべてにおいて人間活動が絶滅の原因となっていた。この484種の絶滅原因の内訳を見てみると，人間が意図的，あるいは非意図的に持ち込んだ侵入種が原因で絶滅した種が39％，人間による生息地の破壊が原因で絶滅した種が36％，狩猟が原因で絶滅した種が23％であった[1]。17〜18世紀にかけては，新たに人間が移住した島嶼で多くの絶滅が起こったのにたいし，産業革命後の19世紀後半からは，生息地の大規模破壊によって大陸でも多くの種の絶滅が生じている。このように，今までの生物多様性の減少の主な要因は，開発による生息地の破壊と侵入種であった。しかし，今後は地球規模で進行している環境変化が生物多様性の減少の大きな要因になると考えられている。通常，地球規模の環境問題として取り上げられている問題には，地球の温暖化，オゾン層の破壊，酸性雨などがある。いずれも人間の経済活動によって排出された化学物質によって引き起こされる。このような地球規模の環境問題は，ひとつの国の努力では解決できないので，世界中の国が協力して解決するため，1992年にリオデジャネイロで開催された地球環境サミットで，気候変動枠組条約が提起された。およそ40年前にレイチェル・カーソンは，『沈黙の春』のなかで，「自然は，沈黙した。薄気味悪い。鳥たちはどこへ行っ

てしまったのか。みんな不思議に思い，不吉な予感におびえた。」（新潮文庫・青樹簗一訳）という有名なフレーズで，人々に農薬などの化学物質の環境汚染が生態系へあたえる恐怖を警告した。鳥類は，一般の人々にとって身近な生物であると同時に，最もよく調べられている生物の分類群のひとつである。また，捕獲しなくても簡単に同定ができるため，環境指標としての条件を満たしている。この章では，環境変化の指標としての鳥類に影響を及ぼしている要因をみていくことにしたい。

1 環境汚染の指標としての鳥類

　第2次世界大戦中に実用化されたDDTは，脊椎動物への致死毒性がない画期的な殺虫剤として世界中で使われた。DDTの節足動物への毒性を研究し，DDTが脊椎動物に対して致死毒性がなく，害虫駆除にのみ有効なことを発見したミュラーは，1948年にノーベル医学生理学賞を受賞している。しかし，1950～60年代になってハヤブサ（*Falco peregrinus*）やミサゴ（*Pomdion haliaetus*）などの猛禽類で，抱卵中に卵が割れてしまい，繁殖がうまくいかない現象が各地で報告されるようになった。これは，体内に入ったDDTが安定なDDEに変化し，蓄積したDDEによってカルシウム代謝が阻害されたことが原因であった。カルシウムの蓄積が起こらなくなり，卵殻が薄くなった結果，抱卵中に卵が割れてしまったのである。特に，ワシタカなどの猛禽類やシロカツオドリ（*Morus bassanus*）のような高次捕食者で，この現象がたくさん報告された。高次捕食者では生物濃縮によってDDEが高濃度で蓄積されるためである。欧米では，昔から鳥類の卵の蒐集が盛んであったため，博物館にもたくさんの卵の標本が残っている。このようなイギリス各地の博物館に収蔵されていたハイタカ（*Accipiter nisus*）の卵のコレクションから卵殻の厚さの変化を調べたところ，DDTが使用された1940年代から1950年代にかけて卵殻が薄くなっていることが明らかになった（図1）[2,3]。そして，DDTの使用が禁止された1970年代後以降にはハイタカの卵殻の厚さは増加しはじめ，1980年代後半

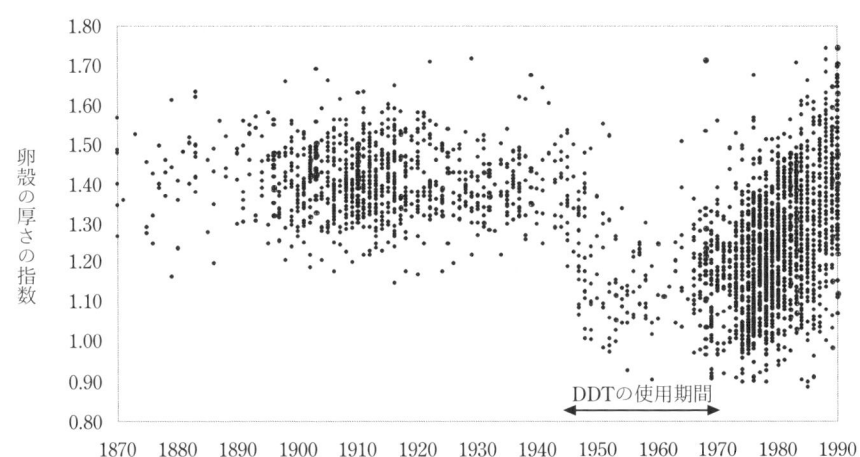

図1 イギリスのハイタカの卵殻の厚さの指数の変化（ニュートン 1986[2]，1998[3] から作成）

には1940年代以前と同等まで回復したことが示された。この例は，鳥類の標本が環境中の有害物質の指標となりうることを示している。今後，微量元素の分析技術の発達により，過去の標本をタイムカプセルとし利用することで，環境中の有害汚染物質の変化をモニタリングできると考えられている。

渓流に生息するカワガラス（*Cinclus pallasii*）は，水の澄んだきれいな渓流に生息している。ヨーロッパには近縁種のムナジロカワガラス（*C. cinclus*）が生息していて，河川の酸性度がカワガラスの生態に与える影響が明らかになっている。イギリスのウェールズ地方とスコットランド地方で，ムナジロカワガラスの詳細な調査が行われた。日本のカワガラスと同様に河川に沿って直線上の縄張りを持つので，ムナジロカワガラスの縄張りの大きさは河川の長さで示すことができる。河川のpHが小さくなって酸性度が増加してくると，ムナジロカワガラスの縄張りの長さが大きくなっていた（図2）[4]。水生昆虫相をくわしく調べてみると，pHが下がるにつれてカワガラスが餌として好むトビケラなどの大型の水生昆虫が少なくなっていた。そのため，大型の水生昆虫がいない川にはカワガラスが生息できなくなり，水生昆虫が少なくなった渓流ではカワガラスの縄張りが大きくなっていたことがわかった。このように，水質の変化が水生昆虫の組成に影響を与えた結果，ムナジロカワ

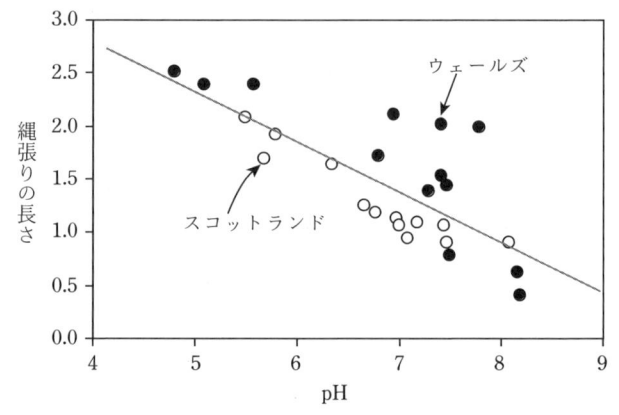

図2 河川の酸性度（pH）とムナジロカワガラスの縄張りの大きさ（ヴィッキーとオーメロッド 1991[4]）から作成）

ガラスの生息密度や縄張りサイズにも影響を与えていたのである。実際，河川の汚染の度合いを示す指数とカワガラスの生息固体数には直線的な相関があり，カワガラスは河川の汚染度を示すよい指標になっている。

2　生息環境のモニタリング指標としての鳥類

　生息環境の変化に伴って鳥類の個体数や群集構造が変化することについてはたくさんの研究例があり，議論の余地はない。しかし，鳥類群集の変化を調べるのは，生息環境の変化ほど容易ではない。密度依存的なプロセスによってアブレ個体などの非繁殖個体群が環境の変化による小さい群集構造の変化を薄めてしまうからだ。さらに，鳥類群集の変化は生息環境の変化以外の原因でも生じる。ここでは，鳥類相や個体群密度の変化から生息環境の変化をどのようにモニタリングできるかを見ていくことにする。

(1) 農耕地の鳥類の変化

　鳥類を観察しているバードウォッチャーは，ハビタットが変わるにつれて，

生息する鳥類相が変化することを知っている。環境改変はハビタットの変化を引き起こすため，人為的な環境改変が生じると，鳥類群集も変化する。ここでは，農業形態の変化，林業による森林の変化，熱帯林の攪乱によって鳥類群集がどのように反応するか見ていくことにする。

水田などの農地を宅地化すると，水田に生息していたサギ類やクイナ類はもはや生息できなくなる。宅地化ほど大きな改変が生じなくても，農地の構造の変化が生息できる鳥類相に大きな影響を与えている。日本では，圃場整備事業によって，大型機械が水田に入れるように1枚の水田区画を大きくし，乾田化が進んだ。用水路もコンクリート3面張りの溝に変わっている。このような圃場整備の影響で，ヒクイナ（*Porzana fusca*）やチュウサギ（*Egretta intermedia*）が減少したと考えられる状況証拠がいくつかある。まず，圃場整備が行われた水田では，冬季に水を落として乾すので，水生昆虫，タニシなどの巻き貝類，ドジョウなどの魚類は，水田で越冬できなくなる。そのため，水田の水生昆虫類を餌としているチュウサギが減少したと考えられている[5]。また，水田の区画整理によって，田んぼの片隅に少し残っていた植生がなくなってしまい，田んぼの畦や隅に残っていた藪で繁殖していたヒクイナが生息できなくなったと考えられている。

イギリスでも農耕地の構造の変化により，農耕地に生息していた鳥類相に大きな変化が生じている。イギリスの伝統的な畑は，ヘッジローといわれる生け垣で仕切られていたが，畑の圃場整備によってヘッジローが取り除かれた。農耕地の鳥類群集を解析した研究によって，1 km^{2}あたりに7 kmから11 kmの長さの生け垣が存在している農耕地の鳥類多様性が一番高いことがわかっている。イギリスでは，英国鳥類学連合（BTO）によって1962年から2000年まで，ボランティアのバードウォッチャーや研究者が参加する普通種鳥類センサス（CBC）という全国レベルの調査が，英国全土の200～300の農場や森林で行われてきた。CBCは，調査者が繁殖期に繁殖している鳥類のなわばりを地図上に記録して生息数を推定する本格的な調査である。CBCの結果をみてみると，圃場整備の進んだ1970年代後半からキアオジ（*Emberiza citrinella*）やヨーロッパカヤクグリ（*Prunella modularis*）の個体数が大きく減少していることがわかる（図3）。これらの種は，ヘッジローの生け垣に好んで

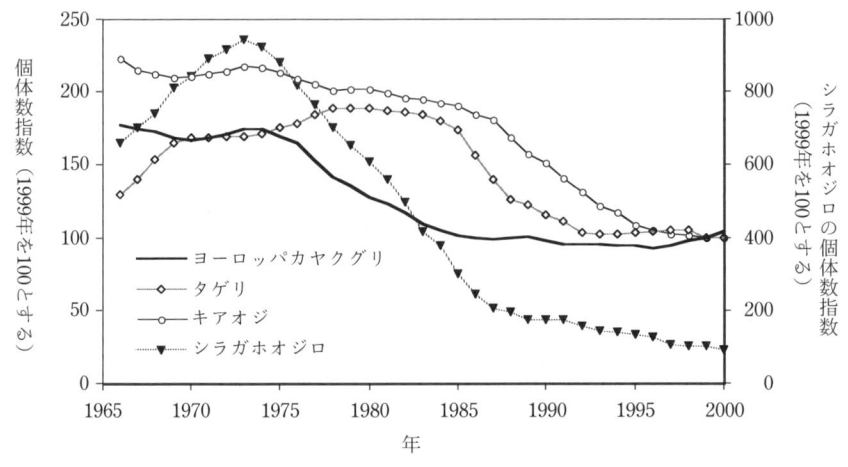

216　第III部　群集と生態系の保全

図3　キアオジ，ヨーロッパカヤクグリ等の個体数変化（普通鳥センサスCBC結果から作成）

営巣していた鳥類で，生け垣がなくなったため，農耕地に生息できなくなったと考えられている。この他にも，ノドジロムシクイ（*Sylvia communis*）が同じ要因で減少していると考えられている。

　農耕地の構造自体に変化がなくても，農業の作付け形態の変化によっても鳥類相は変化している。イギリスでは，普通種鳥類センサス（CBC）の結果，農耕地に生息するヒバリ（*Alauda arvensis*），ゴシキヒワ（*Carduelis carduelis*），ウソ（*Pyrhulla pyrhulla*），シメ（*Coccothrautes coccothrautes*），オオジュリン（*E.schoeniclus*），ウタツグミ（*Turdus philomelos*），ハタホオジロ（*Miliaria calandra*），タゲリ（*Vanellus vanellus*），ヨーロッパヤマウズラ（*Perdix perdix*）の個体数が大幅に減少していることがわかってきた。ここでは，ヒバリの減少について詳しく説明しよう。イギリスでは，1980年を境にしてヒバリの個体数が大きく減少し，1960年代の半分以下（44％）にまでに落ち込んでしまった（図4）。営巣記録調査の結果を見るかぎり，この30年間で巣あたりの巣立ち成功率や巣立ちビナ数には変化は見られていない。1960年代から現在まで，農耕地で鳥類の病気が流行した形跡もないし，ハイタカやハシボソガラスなどの捕食者の増加によってヒバリの個体数が減少した証拠も見つからなかった。実は，小麦畑の作付け形態が1960年代から1990年代にかけて大きく変化した。1960

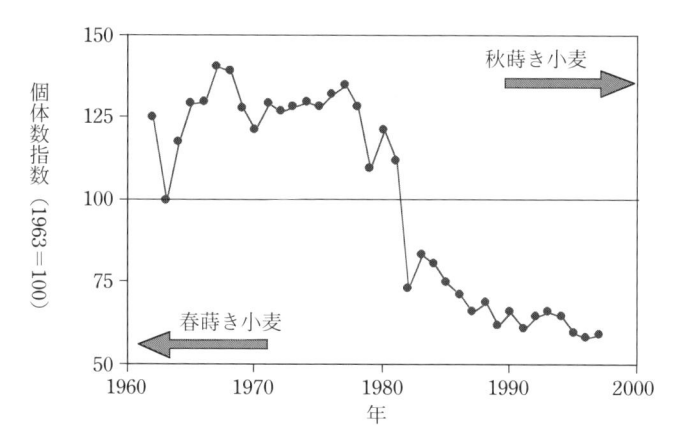

図4 小麦の作付けとヒバリの個体数変化（シャンベレインとシリワルデナ2000[6]から作成）

年代後期までは約8割の小麦畑で春に種を蒔いていたが，1990年代になる9割の畑で秋蒔きの小麦栽培に変化した。ヒバリの繁殖生態を詳しく見てみると，ヒバリは麦畑の草丈が30 cm以上になると繁殖できなくなり，再営巣をしなくなることがわかった。秋蒔き小麦畑では5月14日までに草丈が30～50 cmに伸びて営巣できなくなるのにたいして，春蒔き小麦畑では6月6日まで営巣可能だった。春蒔き小麦畑では，繁殖に失敗しても何回か再営巣する機会もあるし，早く1回目の繁殖が終了した時に2回目の繁殖も可能であったが，秋蒔きの小麦畑では毎年1回しか繁殖の機会がなかった。このため，個体群を維持するのに十分な数のヒナを巣立たせることができなくなり，個体数が減少したと考えられている[6]。日本でも，環境省の行った自然環境保全基礎調査（通称，緑の国勢調査）の結果，過去20年間でヒバリの分布域が大きく減少したことがわかっている。日本では，ヒバリの繁殖していた空き地や郊外の畑が，都市開発によって宅地に変わっていって生息できる場所が減少したのが，大きな原因であると考えられている。

それでは，他の種が減少した理由は何だろうか？　春蒔き小麦畑では，秋の小麦の収穫後，冬期にも麦の切り株が残される。これらの切り株は，オオジュリン，ハタホオジロなどの穀物食の鳥類に落ち穂を提供し，ウタツグミなどには切り株に越冬する昆虫を提供し，冬のあいだの餌場として利用され

ていた。そのため，春蒔き小麦から秋蒔き小麦へと作付け形態が変化したことで冬期の餌場が減少したことが，これらの農耕地の小鳥類が減少した原因であると考えられている。いっぽう，牧草地に営巣するタゲリやシギ類の減少は，牧草地が機械化によって大規模な集約的栽培に変化して，頻繁に，しかも一斉に刈られるようになったことで，牧草地での繁殖成功が低下したことが減少の原因となっていると考えられている。

(2) 林業が鳥類相に与える影響

　北欧のノルウェーでは，木材の生産性をあげるために，1950年代から1970年代にかけて老齢林の85％を伐採し，若い林へと変えた。森林性鳥類には，大型のキツツキ類のように老齢林を好んで生息する種がいる。ノルウェーでは，1930年代からライントランセクトセンサスによって森林の鳥類群集が何回か調査されてきている。ジェルヴィネンとヴェイセネンは，今まで発表された研究結果をまとめて老齢林の減少に伴う鳥類各種の生息密度の変化を解析した[7]。その結果，伐採で老齢林が消失してしまったために，クマゲラ (Dryocopus martius)，ミユビゲラ (Picoides tridactylus)，シベリアコガラ (Parus cinctus) の生息個体数が大きく減少したことがわかった。他にも，ヤドリギツグミ (T. viscivorus)，シロビタイジョウビタキ (Phoenicurus phoenicurus)，ギンザンマシコ (Pinicola enucleator)，アカオカケス (Perisoreus infaustus)，キバシリ (Certhia familiaris) などが減少していた。一方，イギリスでは，1950年代に行われた植林で森林面積は増加したが，植林によって一様な林齢の若い針葉林が増加して，森林内ギャップがなくなった。その結果，針葉樹林を好む種は増加したが，キバシリやゴジュウカラ (S. europaea) などの広葉樹林を好む種が減少してしまった。このように，森林相が変化することによって，生息する種の組成が変化し，鳥類群集構造には大きな変化が起こる。ヒースの藪を植林して森林に変えると，イギリスでは，鳥類相がどのように変化するか，詳しく記載されている。ヒースの藪には，ヒバリ，マキバタヒバリ (Anthus pratensis)，ハシグロヒタキ (Oenanthe oenanthe)，イシチドリ (Burhinus oedicnemus) のような開けた環境を好む種が生息している。ヒバリやマキバタヒバ

リは，植林後3～4年たつといなくなってしまう．針葉樹を植林するとすぐにノビタキ（*Saxicola maura*）やマミジロノビタキ（*S. rubetra*）のような丈の低い灌木林を好む種が侵入してくるが，稚樹が成長するといなくなる．次に，侵入してくるのは，ミソサザイ（*Troglodytes troglodytes*）やキタヤナギムシクイ（*Phylloscopus trochilus*）などの丈の高い灌木林を好む鳥のグループで，植林後5年後くらいに密度が最高に達し，12～13年後までは高い密度を維持しているが，徐々に減り始めて植林後15年ほど経過して林冠が閉じるといなくなってしまう．チフチャフ（*P. collybita*），クロウタドリ（*T. merula*），キクイタダキ（*Regulus regulus*）などの森林性鳥類は植林後7～8年経過すると侵入し始めて，植林後15年までは生息密度が増加していく．最初に，侵入するこれらの森林性鳥類は林縁を好む種で，植林後約15年を経過して林冠が閉じると本格的な森林性鳥類群集へと移行していく[8]．このように，森林の成長に伴う植生構造の変化に対応して，生息する鳥類相が変化していくので，生息している鳥類相を調べると，森林の状態をモニタリングすることができる．自然林では，植生遷移，ギャップ更新などによって林相の変化が生じて，それに応じた鳥類群集の変化が起こっている．自然林は一様ではなく，草原，灌木林，壮年林，老齢林，森林ギャップがモザイク状に組み合わさっているので，さまざまな鳥種が生息できる．しかし，林業による植林では，経済価値の高い単一な樹種を植えるので一様な針葉樹林になってしまい，ある時間断面で見ると生息できる鳥種が限られるため，鳥類群集の多様性は減少してしまう．

　それでは，針葉樹植林に生息している鳥類の種数や個体数は自然林に比べると，どのくらい少ないのだろうか？　ジェームスとワーマーは，北米の23カ所の森林で行われた縄張り記図法による鳥類調査結果を比較してみた[9]．その結果，針葉樹の植林には4～9種の鳥類しか生息できないのに対して，成熟した広葉樹の自然林には20～28種が生息していることを明らかにした．森林に生息している鳥類の縄張り数も，植林では10 haあたり25つがい以下なのに対して，成熟した広葉樹林では75～95つがいにも達していた．温帯域では，種数・個体数が，いちばん多い森林は成熟した落葉広葉樹林（口絵15）であることがわかっている．遷移途中の森林では，鳥類の生息密度は針葉樹植林と老齢林の中間くらいとなり，森林が成熟するにつれて生息できる

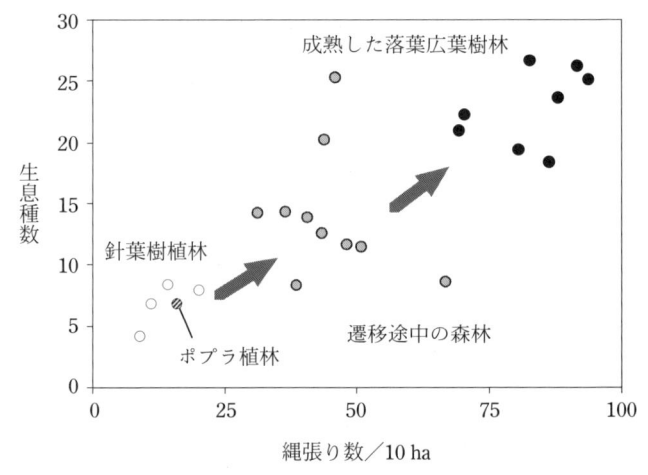

図5 北米温帯林に生息している鳥類の種数と繁殖密度の関係
(ジェームスとワーマー1982[9]から作成)

種数と個体数が増加していく(図5)。このことは，ある地域の森林に生息している鳥類の種数と縄張り密度を明らかにすることによって，森林の成熟度を知ることができることを意味している。

温帯の1カ所の森林に生息している鳥の種類は15〜30種程度にすぎない。しかし，熱帯林にはこの10倍の150〜250種もの鳥類がひとつの森林に生息している。たとえば，以前，筆者が研究していたマレーシアの熱帯雨林(口絵16)には92種もの林床性鳥類が生息していた。アジア地域の森林に特徴的な鳥類はチメドリ類で，鳥類群集の3〜4割の個体数を占めている。伐採などの人為的攪乱によって鳥類相がどのように変化するかを明らかにするために，攪乱の程度の違う二つの熱帯林で比較研究を行った。その結果，人為的攪乱のほとんどない熱帯原生林ではチメドリ類が20種も記録され，群集中の40％以上の個体を占めていた。一方，人為的な攪乱を受けている熱帯林では，チメドリ類は8種類に減少し，林床性鳥類の個体数の割合も25％にまで減少していた。特に，人為的な攪乱を受けている熱帯林では，大型のチメドリ類がいなくなって種数が減少していた(図6)。東南アジアの熱帯林でチメドリ類に次いで多いのはヒヨドリ類である。人為的な攪乱に対するヒヨドリ類の

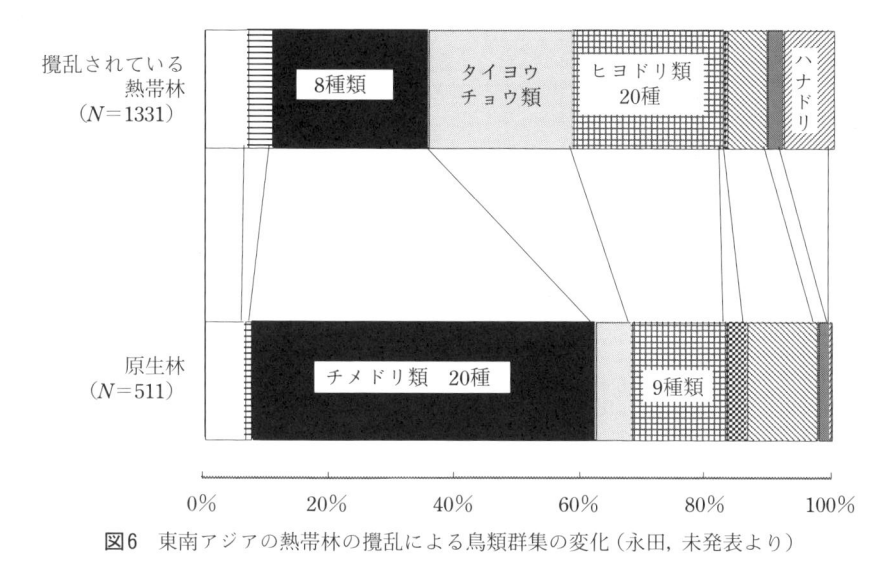

攪乱されている
熱帯林
(N=1331)

8種類　タイヨウチョウ類　ヒヨドリ類20種　ハナドリ

原生林
(N=511)

チメドリ類　20種　　9種類

0%　20%　40%　60%　80%　100%

図6　東南アジアの熱帯林の攪乱による鳥類群集の変化（永田, 未発表より）

反応を見てみると，チメドリ類とは逆に攪乱を受けている熱帯林で，種数，個体数ともに多くなっていた。東南アジアの熱帯林では，人為的攪乱によって，チメドリ類が減少するが，逆にヒヨドリ類は種数が増加するという反応を示した。しかし，マレーシアで森林を出て都市環境までに進出しているヒヨドリ類は，メグロヒヨドリ（*Pycnonotas goiavier*）だけであり，森林が完全に消失すると大部分のヒヨドリ類もいなくなってしまう。ヒヨドリ類は，もともと森林ギャップや林縁などに多い液果をつける樹木を好むため，熱帯林の攪乱で生じる林縁環境の増加に反応したと考えられる。このように，東南アジアの熱帯雨林でチメドリ類とヒヨドリ類の二つのグループは森林の攪乱に敏感に反応するので，森林の攪乱の程度を知るよい指標となると考えられる。

(3) 鳥類は森林面積にどのように反応するか

　森林に生息している鳥類の種類は，森林面積が大きくなるにつれて，はじめは急激に増加するが，やがて増加はゆるやかになっていく。このような関係のことを種数―面積曲線と呼んでいる。森林面積が大きくなるにつれて，

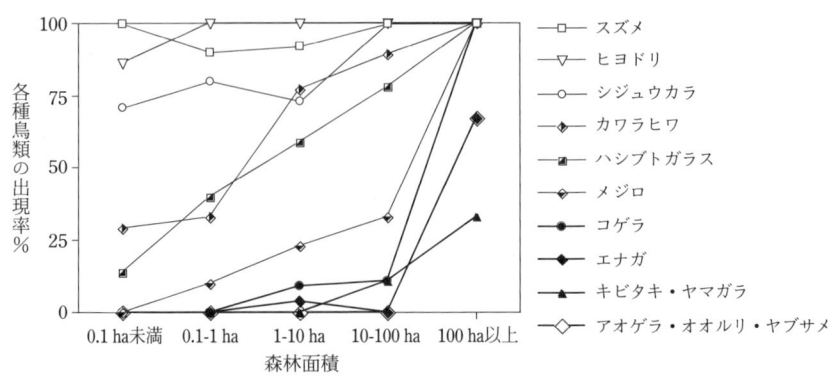

222　第Ⅲ部　群集と生態系の保全

図7 関東地方における各種鳥類の出現率と森林面積の関係（樋口ほか1982[10]から作成）

ひとつの森林の中には，世代更新中の若い林，灌木林，森林ギャップ，成熟した老齢林まで様々な生息環境が含まれ，それぞれの生息環境を好む種が生息できることがひとつの理由である。また，森林性鳥類の中には，数ヘクタールの狭い林でも生息できる種もいるが，ある程度の連続した広い面積の森林がなければ生息できない種もいる。いろんな面積の関東地方の森林で観察された鳥類を調べて各種の出現率と森林の面積の関係を明らかにした研究例を紹介しておこう[10]。スズメ（*Passer montanus*），ヒヨドリ（*Hypsipetes amaurotis*），シジュウカラ（*Parus major*）のように，0.1 ha程度の小さな林から出現して数10 ha以上の林では，ほぼ100％出現する種もいる。一方，アオゲラ（*Picus awokera*），オオルリ（*Cyanoptila cyanomelana*），ヤブサメ（*Urosphena squameiceps*），キビタキ（*Ficedula narcissina*），ヤマガラ（*Parus varius*）のように100 ha以上の広さがなければ出現していない種もいる（図7）。それでは，どのような性質を持っている種が森林の分断化に敏感なのだろうか。森林の分断化で，最初に姿を消してしまうのは，クマタカやヤマドリのような広い行動圏を必要とする大型の森林性鳥類である。これらの鳥類では，必要とする行動圏の大きさよりも森林面積が小さくなると生息できなくなってしまう。次に姿を消すのは，オオルリ，ヤブサメ，キビタキ，ヤマガラのように，林縁部を避けて森林の内部に生息する「林内種」と呼ばれているグループである。林縁部は，森林の外からの影響を受けやすく，林床が明るく乾燥していて微妙な環境が森

林内と異なっている。また，森林の外からノネコやノイヌのような捕食者が侵入してくるので捕食圧も高くなる。このように，生息環境のヘリで環境の劣化が生じ，捕食圧が上昇することで，野生生物の生息に悪い影響が生じる現象を，「エッジ効果（あるいは，周縁効果）」と呼んでいる。アオバト（*Treron sieboldii*），キクイタダキ，ヤマガラ，ヒガラ（*Parus ater*），センダイムシクイ（*Phlloscopus coronatus*），ツツドリ（*Cuculus saturatus*），キバシリのような森林の断片化に敏感な小型種の多くは林内種と考えられる。エッジ効果は林縁から一定の距離まで及ぶので，森林面積が小さくなるにつれてエッジ効果が及ぶ面積の割合がどんどん大きくなる。このため，林内種は，小さく分断化された森林に生息できなくなるが，森林面積が大きくなるにつれて，生息種数と生息密度が増加していく傾向がある[11]。このように大面積の森林がないと生息できない林内種は，森林の分断化にもっとも敏感な種なので，森林の分断化の指標種として利用できる。一方，林内種とは逆に林縁環境を好んで生息する種もあり，「林縁種」と呼ばれている。スズメ，ヒヨドリ，シジュウカラ，カワラヒワ（*Carduelis sinica*），キジバト（*Streptopelia orientalis*），ハシブトガラス（*Corvus macrorhuncos*）のような1 ha以下の小さい林から生息できる種の多くは，このような林縁種である。林縁種は森林の緑に生息しているため，森林の分断化の影響を受けにくく，都市の公園緑地にでも生息することができる。林縁に適応している種はどこでも観察できるが種類数が限られているため，森林面積が大きくなっても種数は増加せず，森林面積が大きいほど周縁部の割合が小さくなるので平均密度は小さくなる。

3 地球環境問題の指標としての鳥類

現在，地球規模の環境変化も鳥類に大きな影響を与えている。一般的に，地球環境問題として取り上げられているのは，地球規模の温暖化，オゾン層の破壊，酸性雨などがある。いずれも人間の経済活動によって排出された化学物質によって引き起こされている。このような地球規模の環境変動に鳥類がどのような影響を受けているかをみていくことにする。

(1) 地球温暖化の鳥類への影響

　産業革命以降，化石燃料を消費するようになったため，大気中に大量の二酸化炭素が排出され，二酸化炭素濃度が増加している。二酸化炭素やメタンには赤外線を吸収する温室効果作用があるため，大気中濃度の増加により地球全体で蓄熱がおこり温暖化が進行している。産業革命以前は280 ppm（0.028％）にすぎなかった大気中の二酸化炭素濃度が1992年には360 ppmになり，過去100年間に地球上の平均気温が0.6℃上昇したと考えられている。2100年までに大気中の二酸化炭素濃度は，産業革命以前の2倍の550～600 ppmにまで増加し，平均気温が1.0～3.0℃も増加すると予想されている。このまま地球温暖化が進行すると2050年までに18～35％の生物種が絶滅すると予測されている[12]。トーマスらの推定では，2050年までに二酸化炭素の排出量を抑えることができ，気温の上昇率が最小になるような最善のシナリオになったとしても，地球の平均気温は0.8～1.7℃上昇し，地球上に生息している約18％の種が絶滅すると予測されている。もし，二酸化炭素排出の抑制に失敗して平均気温が2.0℃以上，上昇するという最悪のシナリオのもとでは，地球温暖化によって最大35％もの種が絶滅すると予測されている[12]。地史的にみると氷河期から間氷期にかけて平均気温が2度以上，上昇したことは何回かあった。しかし，間氷期には1万年以上の時間をかけてゆっくりと温暖化が進んだため，植生帯が気温の変化にあわせて移動し，急激に生息地がなくなることはなかった。しかし，現在，起こっている急激な地球の温暖化に適応するためには，森林植生が毎年1.5～2 kmの速さで移動しなければ追いつけない。森林の発達には最低でも50年以上かかるので，こんな速さで森林が移動することは不可能である。そのため，温暖化に適応できなかった植生は衰退して消失してしまい，そこに生息していた野生生物は絶滅してしまう。このようにして，移動能力の小さい種，適応できる範囲の狭い種は，どんどん地球上から絶滅していくと予想されている。特に，高山のハイマツ帯に生息しているライチョウは，温暖化で山頂付近のハイマツ帯が縮小するので，生息できる個体数が減少し絶滅の危険が大きい（詳しくは第5章参照）。

　地球の温暖化は鳥類の生態にも大きな影響を与えている。まず，温暖化に

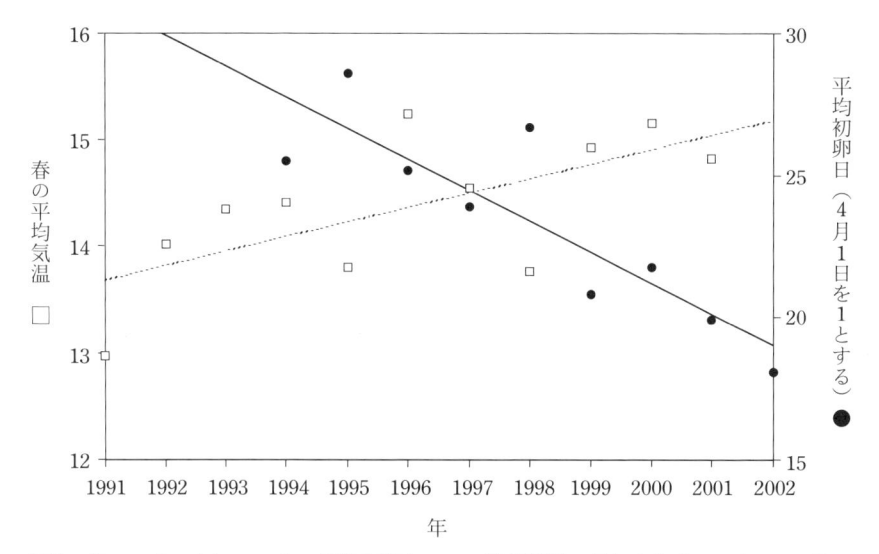

第10章　鳥類は環境変化の指標となるか？　225

図8　南アルプス（イタリア）の平均気温とトビの繁殖開始の経年変化（セルジオ2003[13]から作成）

よって鳥類の繁殖開始が早くなっている事例が，世界中の至る所で報告されている。たとえば，イタリアで繁殖しているトビ（*Milvus migrans*）は夏鳥で春先にアフリカから渡って来る。イタリアでは，トビが最初の卵を産卵する日（初卵日）が毎年およそ1日ずつ早まっている（図8）。また，この10年間で，温暖化によってイタリアでは春先の平均気温が毎年0.13℃ずつ暖かくなっていた（図8）。つまり，地球温暖化によって春先の平均気温が上昇したことによって，初卵日（ひとつの巣内の最初の卵の産卵日）が早くなっていることが明らかになったわけである[13]。同じように，日本でも，新潟のコムクドリ（*Sturnus philippensis*）で，渡来時期が早くなり繁殖開始が早まっていることが報告されている。新潟の繁殖開始時期にあたる春先の過去20年間の気温上昇率は小さかったが，コムクドリの渡りの中継地である沖縄で平均気温の上昇が認められた。そのため，地球温暖化によってコムクドリの繁殖地への渡来が早まり，平均初卵日が早くなったと考えられた[14]。このような地球温暖化による春先の気温上昇が原因と考えられる繁殖開始時期の早まりは，ヨーロッパのアオガラ（*Parus ceruleus*），シジュウカラ，セグロヒタキ（*Ficedula hypoleuca*），

アメリカのミドリツバメ (*Tachycineta bicolor*), メキシコカケス (*Aphelocoma ultramarina*) 等, 多くの種類で報告されている。また, 一般的に小鳥類では, 産卵日が早いほどクラッチサイズ (一腹卵数) が大きくなるという傾向があるので, 繁殖開始が早まることで巣立ちビナ数は増加すると予測される。

地球温暖化による鳥類への影響は繁殖開始時期だけではなかった。テルアビブ大学のヨム＝トフ氏が, 長期間にわたるイスラエルの標識調査の記録から, 小鳥類の体重の変化を調べたところ, 過去50年間でイエスズメ (*Passer domesticus*), クロガシラムシクイ (*Sylvia melanocephala*), セスジハウチワドリ (*Prinia gracilis*), アラビアヒヨドリ (*Pycnonotus xanthopygos*) で体重がだんだん軽くなってきていることを発見した (図9)。イスラエルでは, 過去50年間に平均気温が約2.5℃も上昇している。体重の減少率は, 種によって異なるが, この50年間で平均体重が13〜27％も軽くなっているのである。イエスズメやクロガシラムシクイでは, 体重の減少ばかりでなく, ふ蹠長も5〜16％短くなって小型化が進んでいた[15]。寒冷地では体温のロスを減らすために, 単位体重あたりの表面積が小さくしたほうが生存に有利になる。そのため, 鳥類のような恒温動物では北方の個体群ほど大型化し, 南方の個体群は小型化する傾向がある。これを生物地理学ではベルグマンの法則と呼んでいる。過去50年間に, 地球温暖化によって平均気温が上昇したため, ベルグマンの法則にしたがって鳥類の小型化が進んでいると考えられている。このように, 長期間にわたる繁殖時期や体重の変化をみてみると, 地球温暖化が鳥類へどのような影響を与えているかを把握することが可能となる。

(2) 酸性雨の鳥類への影響

別の地球規模の環境問題として酸性雨がある。酸性雨は, 排気ガスや工場から排出された硫黄酸化物や窒素酸化物が空気中で水蒸気に溶け込んで硝酸 (亜硝酸) や硫酸 (亜硫酸) となり, 雨として地上に降ってくることで起こる。酸性雨によってシュバルツバルトの森をはじめとしてヨーロッパでは広い地域で森林の立ち枯れが増加している。酸性雨の影響は森林破壊ばかりではない。酸性雨の影響を調べるために, チェコとノルウェーでマキバタヒバリの

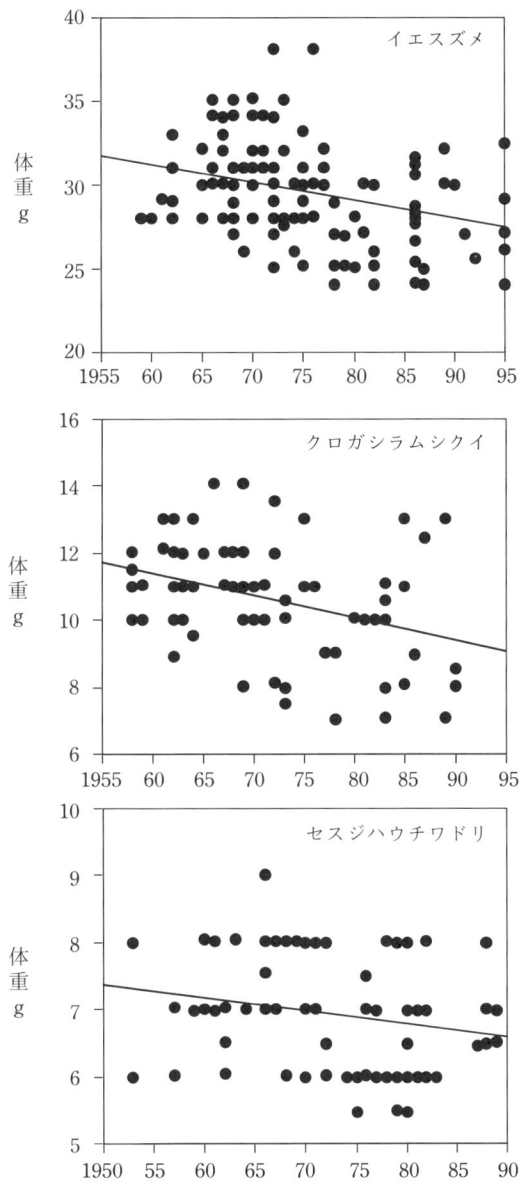

図9 イスラエルにおける鳥類の体重の経年変化（ヨム＝トフ2000[15]から作成）

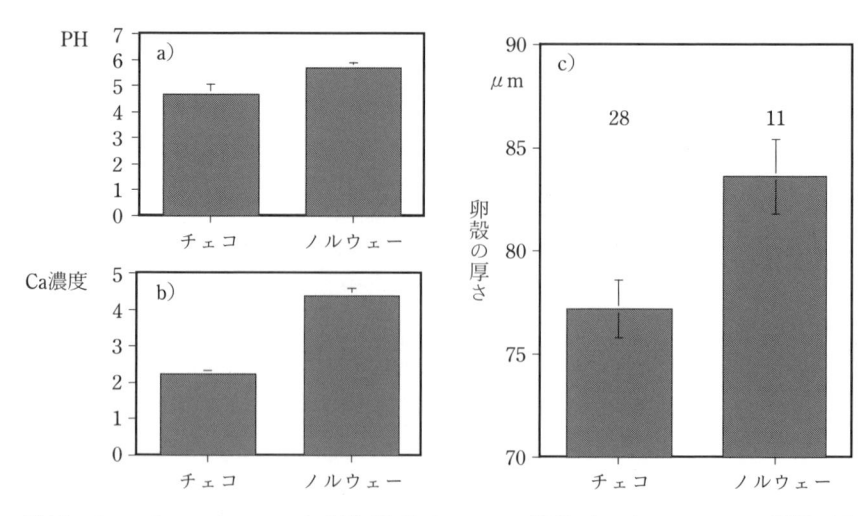

図10 チェコとノルウェーのa) 土壌pH, b) カルシウム濃度, c) マキバタヒバリの卵殻の厚さの比較 (ブレスとヴァイディンガー2001[16]から作成)

比較研究が行われている。チェコのような旧社会主義の東欧諸国では公害対策が十分でなく、工場や火力発電所に脱硫装置が取り付けられていなかったので、酸性雨の被害が大きくなっている。酸性雨のひどい地域では、土壌中のカルシウム分が溶出してしまう。そのため、土壌乾重1gあたりカルシウム含有量を比較すると、チェコはノルウェーの半分しかなかった。マキバタヒバリの卵殻の厚さも、チェコではノルウェーよりも薄くなっていた (図10)[16]。鳥類の卵殻はカルシウムに富んでいるため、雌は産卵の48時間前までにカルシウムを食物から補給する必要がある。カルシウムが不足してくると、雌はカタツムリなどを食べてカルシウムを補給している。土壌中のカルシウム含有量の低い地域ではカタツムリの生息密度が減少することが知られている。両地域の鳥の体内のDDE濃度には差がなかったので、酸性雨によってカルシウム供給源のカタツムリが減少したことが卵殻の薄くなった原因であると考えられた。

実際に、カルシウム不足が鳥類の繁殖にどのような影響を与えているかは、酸性雨の被害の深刻なブンダーカンプ林で行われたカルシウムの給餌実験で明らかになっている。グレーブランドは、この森林を南北二つの地域に分け

て，アオガラの繁殖個体群を5年間調査した。3年目からは，片方の地域に砕いたニワトリの卵を給餌し，カルシウムを補給した。さらに，場所の効果を排除するために，最終年に補給する地域を交代する実験を行った。その結果，カルシウムを補給した地域では，明らかに卵殻の薄い割れやすい卵を含む巣の割合が減少し，巣立ち雛数が増加した。この実験は，カルシウム不足によってアオガラの卵が割れやすくなり，繁殖成功自体にも影響を与えていることを示している。このような，カルシウム不足によって卵殻が薄くなり，産卵数が減少する現象は酸性雨のひどい地域の，アオガラ，シジュウカラ，セグロヒタキ，マキバタヒバリ等でみつかっている[17]。このように，卵殻の厚さをモニタリングすることで，酸性雨の影響を明らかにすることができる。幸いなことに日本では酸性雨による鳥類への深刻な影響はみつかっていない。日本は火山が多く火山性の酸性環境が多いため，土壌が酸性雨を中和する能力が高いのかもかもしれない。

　1970年代に南極でオゾンホールが発見されて以来，冷蔵庫やクーラーに使っていたフロンガスの大気中への放出によってオゾン層が減少していることも大きな地球環境問題となっている。オゾン層の減少によって宇宙からの紫外線の照射量が増加すると，配偶子や胚などの生殖細胞系列の突然変異が増加する。オゾン層の破壊による紫外線照射量の増加が，世界中でカエルなどの両生類が著しく減少している原因のひとつだと考えられている。オゾン層が1％減ることによって，地上に到達する紫外線が2％増加して，ヒトの皮膚ガンの発生率は2％高くなるといわれている。突然変異率がどの程度上昇すれば，野生生物の個体群が存続できなくなるかについては，ショウジョウバエ以外の生物の遺伝学に基づいた情報はほとんどない。ショウジョウバエで得られた突然変異率と絶滅の関係が，すべての生物に当てはまるとすれば，突然変異率が2倍に増加すると，多くの脊椎動物は絶滅してしまうと考えられている。いまのところ，オゾン層の破壊による鳥類に対する直接的な影響は証明されていないが，今後，影響が明らかになるかもしれない。そのためにも，鳥類の繁殖生態や個体数変化のモニタリングを続けていくことは重要である。

4　環境指標としての鳥類の利点と欠点

　鳥類を環境の指標として使う利点は，他の生物に比べて同定が容易なことがあげられる。また，身近な生き物であるため，数多くの研究が行われていて，生物学的知見が非常にたくさん蓄積しているので，捕獲しなくても群集や個体群密度の変化を知ることができる。さらに，食物連鎖の上位にある種を指標に使うことで，生態系における環境汚染物質の蓄積を知ることも可能となる。寿命が長いということは，長期間にわたる汚染物質の蓄積を知ることができるという利点となるが，同時に，短い時間に生じる環境攪乱の影響を見にくくするという欠点もある。また，鳥類は移動能力が大きいので，広い範囲をモニタリングできるという利点があるが，局所的な環境の悪化に反応しないという欠点もある。たとえば，渡り鳥の場合，繁殖地，越冬地，中継地のいずれの場所の環境攪乱の影響も受けてしまう。つまり，夏鳥の減少の原因が，繁殖地の環境の悪化によるのか，越冬地の環境の悪化によるのかわからない場合，減少原因を他所に転嫁しがちになってしまう。そのため，鳥類を指標として環境の変化を知るためには，しっかりとしたデータを積み上げて因果関係を明らかにしていく必要がある。

　このように，鳥類は身近でみんなが注目しやすい生き物なので，環境の悪化を一般の人に納得させるための材料として利用しやすいといえる。また，欧米では博物学時代から100年以上にわたって標本が蓄積しているので，長期的な汚染物質の変化を追跡することもできる。この2点は，鳥類を指標種として利用するうえで大きなアドバンテージとなり得る。

5　鳥類モニタリングの重要性

　日本では，1980年代にサンコウチョウやサンショウクイをはじめとする多くの鳥類が減少したといわれているが，全国規模で鳥類の生息数の変化をモニタリングするシステムはなかった。一方，イギリスでは全国をカバーする

繁殖鳥類のモニタリング調査が行われてきた。英国鳥類学連合（BTO）という組織が中心となって，アマチュアのバードウォッチャーを動員して，1930年代から営巣記録が集められ，1960年代からは普通種繁殖鳥類センサス（CBC）が行われてきた。このほかに，鳥類研究者による繁殖鳥類調査や，バンダーによる標識調査のデータを統合して，毎年の個体群の多さの程度，繁殖成功率，生存率など鳥類の基本的なデータが集まる仕組みになっている。これらのデータを統合することで，研究者が各鳥類の個体群変動モデルを作成して，種類ごとに個体数の変動の予測ができるようになっている。日本ではイギリスのように統合化された鳥類のモニタリングシステムはない。環境省が毎年，行っている鳥類標識調査やガンカモ調査のほかに，5～10年に1回行われる自然環境保全基礎調査（緑の国勢調査），1990年代から国土交通省の行っている水辺の国勢調査で鳥類のモニタリングが行われているに過ぎない。このほかに，2003年からモニタリングサイト1000という長期的な生態系モニタリングが環境省によって開始されている。

　この章で紹介したように，鳥類は環境変化の非常に良い指標となりえるが，個体数変化や鳥類群集の変化を検出するためには，長期間にわたるモニタリングが必要となる。英国の鳥類モニタリングシステムの中でも重要なのは，英国全土に散らばっているバードウォッチャーなどの自然愛好家による普通種センサス調査や営巣レコード記録である。日本でも，バードウォッチャーによる観察記録の蓄積が，今後，重要となっていくのはまちがいない。それでは，どのような記録を残しておけばよいのだろうか？　決まった観察場所（調査フィールド）を決めて，毎年数回調査して，四季を通してどのような鳥類が観察されたかを記録することからはじめてみるとよいだろう。さらに，余裕があれば，個体数を記録するために簡単なラインセンサスやスポットセンサスを行ってみよう。ラインセンサスでは，センサスコースをゆっくりと時速2 km程度で歩きながらコースから30 m以内で観察した鳥をすべて記録する。このようなセンサスを毎年続けてデータを蓄積していくことで，個

体数が増減している種が発見できるようになる。読者も鳥類を使った環境モニタリングを始めてみてはいかがだろうか。

引用文献

1) World Conservation Monitoring Center (1992) *Global Biodiversity: Status of the Earth's Living Sources.*
2) Newton, I. (1986) *The Sparrowhawk*. Calton, Poyser.
3) Newton, I, (1998) *Population Limitation in Birds*. Academic Press, London.
4) Vickey, J. A. (1991) Breeding densities of dippers *Cinclus cinclus*, grey wagtails *Motacilla cinerea* and common sandpipers *Actitis hypolueucus* in relation to the acidity of streams in S. W. Scotland. *Ibis* 133: 178-185.
5) 藤岡正博・吉田保志子 (2002)「農業生態系における鳥類多様性の保全」, 山岸哲・樋口広芳編『これからの鳥類学』pp. 380-406. 裳華房, 東京.
6) Chamberlain, D. E. & Siriwardena, G. M. (2000) The effects of agricultural intensification on Skylarks (*Alauda arvensis*): Evidence from monitoring studies in Great Britain. *Environ. Res.* 8: 95-113.
7) Järvinen, O. & Väisänen, R. A. (1979) Changes in bird populations as criteria of environmental changes. *Holarc. Ecol.* 2: 75-80.
8) Jarvis, P. J. (1993) Environmental Changes. In: eds. Furness, R. W. & Greenwood J. J. D. *Birds as Monitors of Environmental Changes*. Chapman & Hall. London. pp. 42-85.
9) James, F. C. & Warner, N. O. (1982) Relationships between temperate forest bird communities and vegetation structure. *Ecology* 63: 159-171.
10) 樋口広芳・塚本洋三・花輪伸一・武田宗也 (1982)「森林面積と鳥の種数の関係」*Strix* 1: 70-78.
11) Kurosawa, R. & Askins, R. A. (1999) Differences in bird communities on the forest edge and in the forest interior: are there forest-interior specialists in Japan? *J. Yamashina Inst. Ornith.* 31: 63-79.
12) Thomas, C. D. et al. (2004) Extinction risk from climate change. *Nature* 427: 145-148.
13) Sergio, F. (2003) Relationship between laying dates of black kites *Milvus migrans* and spring temperatures in Italy: rapid response to climate change? *J. Avian Biol.* 34: 144-149.
14) Koike, S. & Higuchi, H. (2002) Long-term trends in the egg-laying date and clutch size of Red-cheeked Starlings. *Ibis* 144, 150-152.
15) Yom-Tov, Y. (2001) Global warming and body mass decline in Israeli passerine birds. *Proc. R. Soc. Lond.* B 268, 947-952.
16) Bures, S. & Weidinger, K. (2001) Do pipits use experimentally supplemented rich sources of calcium more often in an acidified area? *J. Avian Biol.* 32: 194-198.
17) Tilgar, V., Mand, R. and Magi, M. 2002. Calcium shortage as a constraint on reproduction in great tits *Parus major*: a field experiment. *J. Avian Biol.* 33: 407-413.

第Ⅳ部

鳥類保全にハイテクを使う

第11章
ラジオトラッキングを用いた猛禽類の研究

山﨑　亨

　猛禽類は生息数が少ない上に，行動範囲が広いことや一定場所に長時間止まっていることも多いことから，目撃率が大変低い。このため，猛禽類の行動範囲やどのような生息場所を利用しているのかを調査する場合には，小型の電波発信機（以下，発信機という）を装着して個体を追跡するラジオトラッキングが有効なことがある。

1　ラジオトラッキングとラジオテレメトリー

　「トラッキング」とはさまざまな方法により動物を追跡することであり，「テレメトリー」とは無線信号などを用いて遠隔的に情報を得ることを意味する。従って，動物の調査で電波を発する発信機を利用する場合にもこの二つの目的がある[1]。動物に装着した発信機からの電波を受信することにより，その動物の位置を特定することが「ラジオトラッキング」であり，受信した電波からその動物の生理学的または行動に関する情報を遠隔的に得ることが「ラジオテレメトリー」である。
　もし，ラジオトラッキングを行う発信機に姿勢の変化による発信間隔の異なる二つの回路を組み込めば，位置だけでなく，その動物の行動に関する情

報も得ることができる。この場合は位置の特定だけでなく，遠隔的に行動に関する情報も得ているので，ラジオテレメトリーも行っていることになる。ただ，用語的にはラジオテレメトリーとは無線電信によって遠隔測定する方法の総称であるので，動物の位置を遠隔的に特定するラジオトラッキングも広義の意味でのラジオテレメトリーに含まれるとも言える。

2 ラジオトラッキングの種類と利用方法

　ラジオトラッキングは大きく二つの方法に分けられる。受信者が地上において発信機を装着した個体を追跡する方法と人工衛星からの電波を受信して個体を追跡する方法である。行動圏や生息場所の利用状況を調査する場合には，地上からの追跡が効果的であり，渡りや幼鳥の長距離に及ぶ分散を調査するには人工衛星による方法が向いている。

　どちらの方法においても，個体ごとに異なる周波数の発信機を装着し，その発信機は電池がなくなるまで電波を発信するので，ラジオトラッキングには，(1) 正確な個体の識別，(2) 必要な時に各個体の位置の把握ができるという利点がある[2]。従ってラジオトラッキングは対象個体の (1) 行動圏や移動ルートの解明，(2) 生息場所の利用状況，(3) 渡りルート・越冬地・営巣地・採食地の特定，(4) 生存率・死亡原因などを含めた個体群動態の解析を行う場合に有効な手段になると言える[3]。

　猛禽類におけるラジオトラッキングの当初の使用目的は，移動・行動圏・生息場所利用の解析が主であったが，その後は1年のある時期にある種が利用している生息場所だけではなく，各季節におけるハンティング成功率に関係した生息場所の利用を調査し，人間が環境を変えていく中で猛禽類が生き残っていくのに必要最小限な構成要素を見出していくことが重要であるとされ[4]，保全対策を構築するのに重要な手段ともなっている。また，ラジオトラッキングにより，貴重種を野外に放鳥した後の結果を把握したり，希少種において少ない個体数の調査で渡りルート沿いの詳細な状況を明らかにしたりすることができるため，保全生態学に不可欠な調査手法ともなっている[5]。

3 ラジオトラッキングは万能ではない

　しかし，野生生物を調査する場合，ラジオトラッキングは万能ではないし，ラジオトラッキングを実施するには多くの問題点もある。一番の問題点は個体を捕獲し，発信機を装着しなければならないことである。とくに希少種については捕獲の際，傷害を負わせるとか死亡事故を起こすようなことは許されない。また，発信機の装着は行動を制限し，捕食率，死亡率に影響を与える危険性がある[2]ことを頭に入れて置く必要がある。つまり，最初にラジオトラッキングの使用を決定するのではなく，その使用の正当な理由をまず見出さなければならない。対象とする種における研究上の課題を厳密に検討し，それがラジオトラッキングなしでは解明されないのかを決めるべきであるということである。なぜなら，動物のマーキングや移動の研究には有効な方法が多くあり，ラジオトラッキングよりも適当な方法もあるからである。

　つまり，ラジオトラッキングを用いた調査を決定する前に，ラジオトラッキングに代わるその他の方法について，利点・欠点を十分に比較検討する必要があるということである[1]。

　とくに猛禽類の場合は捕獲の成功率が問題となる。個体数が少なく，行動範囲が広いため，限られた期間に調査目的を達成するだけの個体数を捕獲することが困難なことが多い。また，山岳地帯では受信の困難さも問題となる。日本の山岳地帯は急峻な谷が複雑に入り組んでいるところが多く，発信機を装着した個体が谷内に入ると電波が受信できないことや反射が多くて位置の特定ができない場合も多い。従って，日本の山岳地帯において猛禽類の調査を行う場合には，これらの問題があることを十分に理解した上で，その調査方法の有効性について，その他の方法との比較検討を十分に行うことが重要である。

　この章では主に受信者が地上において発信機を装着した個体を追跡するラジオトラッキングをどのように猛禽類の保全に活用するかについて述べる。

4 ラジオトラッキングを行う場合の心構え

発信機を装着できてもその電波を受信できなければ意味がない。とくに，イヌワシ・クマタカ（口絵1）・オオタカのように行動範囲が広く，飛行により一気に移動してしまうことがある種では個人だけではその個体を追跡することは不可能である。広範囲な調査地をカバーする人的体制が確保できるかどうかも重要なポイントである。

当然，これに伴い，調査機器の整備だけでなく，追跡に必要な経費も膨大なものになる。個体に発信機の装着という負担をかける以上，それに見合ったデータを得られるだけの十分な調査体制と予算を確保しておかねばならないことは言うまでもない。

5 ラジオトラッキングの仕組み

ラジオトラッキングを行うには，最低限，発信機・アンテナ・受信機が必要である。

(1) 発信機

電波を発信する機器であり，小型であればあるほど個体への負担は少ない。重量のほとんどは電池が占めているが，電池の寿命は発信する電波の長さと発信間隔に反比例するため，これらを調整することで小さな電池を用いた小型の発信機を作成することは可能である。たとえば電波の長さを20 ms（ミリセコンド：1/1000秒）にすれば，電池の寿命は40 msより2倍長く持つ。しかし，あまり短くなると人の耳での感知度が急減するため，30 msより短くないほうが良いとされている[1]。発信間隔も同様であり，間隔が長いほど電池の寿命は長く持つが，2秒に1回より長くなると聞きづらくなる。

重量については野生生物の多くの種で体重の4％は耐えられる重量であり，

正常に行動していると言われている[6]。鳥でも体重の4％未満の発信機なら行動への影響はない[7]と言われているが，尾羽に装着する場合には体重の3％を越えないようにしなければならない[1]。

発信機で利用できる周波数帯は30 MHz（メガヘルツ：電波の周波数の単位，Hz＝サイクル/秒，1 MHz＝1000 kHz）ほどの低周波から220 MHzほどの高周波まであるが，低周波は密な植生や変化に富んだ地形をよく通過する傾向があるのに対し，100 MHz以上の高周波ではほとんどの自然環境において反射が生じる。海外で地表を基準とした猛禽類の追跡に最適な周波数帯は140～220 MHzとされている[4]が，日本において用いられている周波数帯は大きく分けて50 MHz帯と140 MHz帯である。アンテナの長さは波長と関係しており，高周波ほどアンテナは短くてすむ。しかし，日本の複雑な地形の山岳地帯では高周波の140 MHz帯では反射波が多く，位置を特定するのに困難なことが多い。一方，低周波の50 MHz帯ではアンテナは長くなるものの，反射波が少ないだけでなく[2]，個体が谷内にいても尾根付近や谷の入り口付近にいれば，電波が起伏を越えて受信できることもあり，個体追跡に有利なことも多い。従って，周波数は調査を行う環境において，事前に試験を実施して決定することが重要である。

また，個体の行動を知るため，発信機にセンサーを組み込むこともある。猛禽類で用いられている最も代表的なものは，発信間隔の異なる2回路のスイッチ部を細管で結び，その中に水銀を入れたものである。姿勢の傾きが変わると水銀が転がり，スイッチが切り替わる（図1）。これにより，姿勢の変化を発信間隔の変化としてとらえ，発信機を装着した個体の行動が推定できるのである。この機能を持った発信機をアクトグラム型発信機と呼んでいる。私達の使用しているアクトグラム型発信機は，姿勢が垂直に近い状態の時には2秒に1回，水平に近い状態の時には1秒に1回の発信間隔にしてある。つまり，止まっている時には2秒に1回の発信間隔で，飛行した時には1秒に1回の発信間隔に変わるのである（図2）。また，抱卵中や死んで横たわっている時には飛行の時と同じ1秒に1回の発信間隔になるが，この場合は個体の位置が変わらないため，受信する電波の強さが一定であることが特徴である。さらに受信に慣れてくると個体が見えていなくても受信状況の変化からさま

240　第IV部　鳥類保全にハイテクを使う

図1　アクトグラム型発信機の仕組み
Kenward R. E. 著 *Wildlife Radio Tagging* [1] 40頁から引用

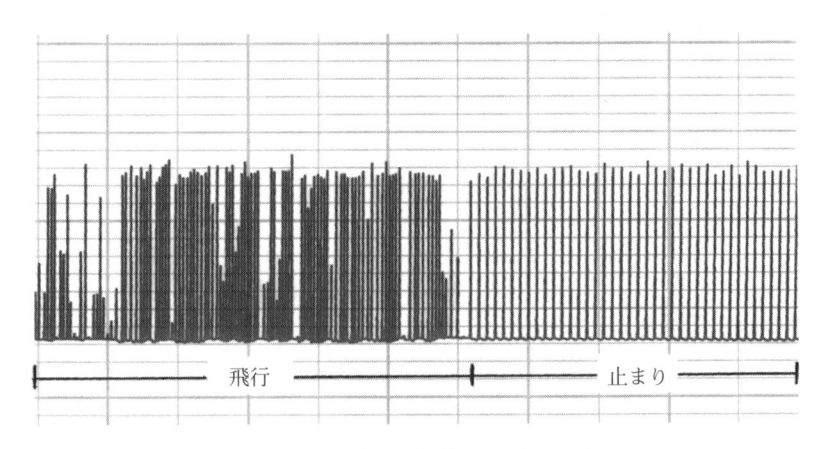

飛行　　　　　　　止まり

図2　アクトグラム型発信機の受信記録

ざまな行動を推測することができるようになる。

　例えば，獲物を捕らえて地上で捕食している場合，獲物を引き裂いている時には尾羽が上がるため，1秒に1回の発信間隔になる。引きちぎった肉片を飲み込む時には尾羽は下がるため，2秒に1回の発信間隔となる。このような発信間隔の変化が不規則に発生し，しかも受信する電波の強さが変わらない時には獲物を捕食している可能性が高いのである。

(2)　アンテナ

　発信機からの電波を受信するのがアンテナであり，直接またはケーブルを用いて受信機に接続する。アンテナは用途や形状によっていくつかの種類に区分され，ダイポール・八木・Hアドコック・ループなどがある[1,2]。感度や利便性もアンテナの種類によってさまざまであり，目的や地形条件によって使い分けることが重要である。

　また，アンテナの選定に当たっては，位置をどのように推定するかを考慮しなければならない。2地点以上から受信し，三角測量法（三角点法，交角法）で位置を推定する場合には，電波の方向を正確に特定しなければならないので，指向性の高い八木アンテナが不可欠である。ただ，受信位置が発信機装着個体に近距離な場合には，1ヵ所のスクエアーアンテナ（ダイポールアンテナの1種で四角形のもの）だけで位置を推定することが可能な場合もある。これは電波の最大値が決定されたアンテナ面の垂直方向が「ヌル」という受信0の状態になることを利用した方向特定方法である。

　カーアンテナ（ダイポールアンテナの1種で自動車に取り付けるもの）による複雑な山岳地帯の地形を利用した位置推定方法もある。カーアンテナでは電波の方向を特定することはできないが，電波が尾根により遮断される特徴を利用すれば，受信位置と電波の受信状態から位置を推定することができるのである。これを行うには十分な経験と地形の把握が不可欠ではあるが，1人で効率的に個体を追跡できるという利点がある。

6 猛禽類におけるラジオトラッキング

　ラジオトラッキングは1960年代頃からさまざまな野生生物で用いられるようになった。猛禽類でも1962年にハクトウワシで使用され，ラジオトラッキングは行動圏研究に有効な手段であることが報告された[8]。その後，オオタカで発信機を尾羽に装着した個体と脚輪のみを装着した個体について体重変化や装着場所からの分散傾向を調査したところ，両者に差はないことが確認され[7]，今日ではさまざまな猛禽類で行動圏解析，生息場所利用解析，長距離の分散や渡りルートの解明，野外復帰個体の追跡など幅広い分野でラジオトラッキングが使用されるようになっている。日本でも近年，数種の猛禽類でラジオトラッキングによる調査が行われるようになってきている。とくに，オオタカではオオタカネットワークの会員を中心に各地でラジオトラッキングによる行動圏調査や分散調査が行われつつある。また，ハチクマ・サシバ・ノスリなど山麓部から里山にかけて生息する猛禽類についてもどのような生息場所を利用しているのかを調べるためにラジオトラッキングを用いた調査が取り組まれている。

　猛禽類においてラジオトラッキングが有効な理由は，目視調査に比べてより多くの位置情報を得ることができる点である。猛禽類の目視調査による目撃率はきわめて低く，クマタカ（口絵1）では日中の観察時間に占める目撃時間の割合は10％未満であることが普通である。さらに，猛禽類は獲物を捕食した後はほとんど飛行せず，止まったままでいることが多く，このような時には止まっている姿を発見できないと，目撃率が0％ということも珍しくない。また，ラジオトラッキングは天候に左右されずに調査が行えることも利点である。目視調査では雨の日には観察が困難なだけでなく，猛禽類の多くは雨の日にはほとんど活動しないことから，滞在位置を確認することは不可能に近い。ラジオトラッキング法を併用すれば，雨の中でも滞在場所を推定できるため，天候が回復した後の行動を観察できる確率が高くなる。また，夜間に調査を行えば，ねぐら場所を特定することも可能である。

　猛禽類では巣立ち後の幼鳥の死亡率が高いことが知られているが，目視調

査だけでは，どの時期にどの程度の死亡率があるのかを把握することはほとんど不可能と言って良い。ラジオトラッキングにおいては，発信機を装着した個体の発信状態により生存しているか死亡しているかを推定し，状況によっては死体を発見することも可能な場合もある。このため，巣立ち前の幼鳥に発信機を装着することによって巣立ち後の幼鳥の行動範囲や死亡率についての情報を得ることもできる。

また，人工衛星を用いたラジオトラッキングを使用すれば，国境を越えた渡りルートや繁殖地，越冬地を明らかにすることもできる。アメリカやヨーロッパではさまざまな中型〜大型の猛禽類について追跡調査が行われ，大きな成果を上げてきている。日本でも夏鳥として日本で繁殖し，冬に東南アジアに渡るサシバ・ハチクマでこの方法が取り組まれ，新たな知見が得られつつある。

7　ラジオトラッキングの方法

(1) 発信機の装着

　猛禽類で用いられる主な発信機の装着方法は，背負い式（ハーネス，バックパッケージ，バックサック），尾羽装着，脚輪装着，翼帯マーカー装着である[4, 9]。
　背負い式はランドセルを背負うように発信機を猛禽類の背中に紐で縛って取り付ける方法であり，巣立ち前の幼鳥にも装着できることや長期間装着可能なため，多くの猛禽類で使用されており，ハーネスが最も一般的である。他の方法より発信機が重くても可能であるが，多くの種で羽，行動，時には生存にも不利な影響を与えている例が示されている[1]。ハーネスは確かに巣立ち後数年間にわたって猛禽類の生存率をモニタリングするのに有効であるが，主観的判断による不適切な装着が行われれば生存率を低下させるかも知れない[10]ので注意が必要である。猛禽類で不適切な装着が行われやすいのは，猛禽類では雌の方が雄よりも大きい性的2型性という特徴があるからで，適切な訓練なしにはハーネスは使用すべきではないと言われている[5]。ハーネ

スによる個体への影響については，アメリカにおけるソウゲンハヤブサの成鳥雌40個体を対象とした，人工衛星追跡型発信機のハーネス装着による影響調査により，短期間および繁殖期の繁殖成功率には影響はなかったものの，年間の推定生存率は低下することが明らかになったと報告され，研究者は発信機装着によって得られる効果が個体への負担よりも確実に価値があるのかどうかを注意深く検討しなければならない[11]と警鐘している。なお，繁茂したブッシュなどに突っ込んでハンティングを行う森林性の猛禽類（たとえばクマタカ等）では発信機を身体に取り付けている紐に植物が絡まる危険性が高いため，ハーネスの使用は避けるべきである。

ハーネスは半永久的装着方法ではあるが，個体への負担を軽減するため，実験後にハーネスが外れるように外界で分解していく結合部を備えたものもある。しかし，外界の状況によって同じ材質を使っても外れるまでの期間はかなり異なるため，研究者はそのシステムを採用する前に装着期間を推定しておくことが大切である[12]。

尾羽装着は，尾羽の基部の羽軸に発信機を取り付け，アンテナは羽軸に沿って固定する方法（図3）であり，ほとんどの猛禽類にとって最良の方法である[4]。尾羽装着の利点は，ハーネスが不要なため軽量でありかつ皮膚に接触することがないこと，行動を制限することがないこと，植物が紐に絡まるなどの危険性がないことなど，個体への影響が最も少ないことである。尾羽装着のもう一つの利点は姿勢の変化により発信間隔の異なる回路を組み込んだ発信機の装着により，行動タイプが推定できることである。このタイプの発信機は鳥が止まっている状態から飛行に移った時の姿勢角度の変化により回路を切り替える仕組みになっている。尾羽はこの姿勢の変化との相関性が高く，発信間隔の変化により，きわめて正確に個体の姿勢の変化つまり行動の状態を把握することができる。この方法の欠点は，尾羽が伸びていない巣立ち前の幼鳥では装着できないこと，および尾羽が換羽により脱落すると発信機も一緒に落下するため，長期間にわたる追跡が行えないことである。しかし，発信機が自動脱落することは，無制限に個体への負担を強いることがないこと，および脱落した発信機は回収して再利用できることでもあり，このことは利点とも言えるかもしれない。

第11章 ラジオトラッキングを用いた猛禽類の研究　245

図3　尾羽に装着した発信機（換羽により落下し，回収したもの）

図4　スクエアーアンテナによるラジオトラッキング

脚輪（リング）に装着する方法は，羽が伸びていない巣内ビナへの装着にも有効な方法であるが，発信機のアンテナが植物などに絡みつく可能性があるため，密生した植生を飛行する猛禽類には使用できない[9]。また，アンテナが短くなければならないこと，発信機が重いと関節部に擦過傷を起こすことなどから，あまり用いられない。

翼帯マーカー[1]に装着する方法は羽が伸びていない巣内ビナにも利用できること，体との接触が少なくて済みかつ特殊なハーネスを必要としないという利点があるが，コンドルなどの大型でかつ羽ばたきの少ない猛禽類でしか使用できない[12]。

このように装着方法には，いずれの方法にも長所と短所があることを認識しておくことが重要である。そして，ラジオトラッキングによる研究を始める前には，対象とする種に最も影響の少ないものの中から調査の目的を満たす最良の方法を選定しなければならない。

(2) 受信の方法

発信機からの電波の受信はアンテナと受信機で行う（図4）。アンテナについてはいくつかの種類があるので，目的に応じて最も適したものを選ばねばならない。日本で猛禽類などの調査で使用されている代表的なアンテナを整理すると表1のようになり，それぞれの特性を活かして目的，使用場所に応じて使い分けられている。

受信機はアマチュア無線用の市販の受信機を用いる。当然，受信機は発信機の周波数に対応した機種を用いることは言うまでもない。

アンテナからケーブルを通して受信機に入力した電波は「受信音」と「針の振れ」の両方で認知することができる。受信電波が微弱な場合は，針は振れないので，受信音だけで受信したことを確認する。個体に近づいて受信電波が強くなると，針が振れるようになり，目盛りの数値で電波の強さが分か

---

[1] 翼帯マーカーは着色されたビニールコーティングナイロンを切り抜いて作った個体識別用のマーカーで，翼の基部にある翼膜の周りに巻いて使用する

表1 受信アンテナの種類と特徴

種類	感度	特徴	欠点	利用目的
受信機直接接続ホイップ	低	軽量・小型・安価 携行に便利	指向性が無い	徒歩による定点での受信 落下発信機の発見
グランドプレーン（固定ダイポール）	高	大型で固定式 高価	指向性が無い	自動受信記録装置
八木（H型・三素子）	高	指向性が高く，方位推定が可能・携行可能	定点調査時に固定しにくい	三角測量法の方位推定
スクエアー（四角ダイポール）	中	ヌルにより，一受信場所からの位置特定可能	ヌル特定が難しい 発信機に近い所のみ	発信機に近い所での位置特定
カーアンテナ（車載ダイポール）	高	車に取り付け可能 地形との関係から位置の特定が可能	車の雑音を拾いやすい 指向性が無い 位置特定に経験必要	車での位置特定 自動受信記録装置

るようになる。

　電波の強さをより正確に把握するには，電波の入力情報を受信機から記録装置に出力し，電波の強さを振幅として表す方法がある。この装置を用いれば，記録用紙や記憶媒体に受信記録を残すことができるため，調査者がいない期間にも電波の受信状態のデータを記録することができる。

　受信する場合，最も重要なことは，あらかじめテスト用の発信機を用いて調査範囲内における受信状況を把握しておくことである。これは受信状況試験（Range Testing）と呼ばれ，研究エリア内の異なった地点に発信機を持っていき，電波の得られる範囲をあらかじめ決定しておく方法である[2]。実際，私たちもクマタカでラジオトラッキング調査を開始する前には，発信機を持たせた調査者を調査地内のさまざまな地点に行かせ，受信方法の研修を行うとともに，実際に調査を行った場合を想定した受信状態のチェック，受信状況からの推定位置と実際の発信機の位置との誤差についての検証を行っている。

(3) ロケーションの方法

　受信した電波から個体の位置を推定することをロケーションという。この

場合，最も重要なことは，電波には反射があることを認識しておくことである．とくに山岳地帯のように地形が複雑な場所では，反射波が多く，正しい個体の位置をロケーションするのに苦労することが多いだけでなく，間違ったロケーションをしてしまう危険性がある．

　最も一般的なロケーション方法は三角測量法（triangulation）である．これは2点以上の離れた受信位置から電波を受信し，電波を最も強く受信する方向（発信機を装着した個体のいる方向）を地図上に線を引き，線が交差した場所を推定位置とする方法である．最も一般的な位置決定法であるが，三角測量法による決定位置はあくまでも推定位置であり，実際に個体の存在する位置とかけ離れていることもあり得るということを認識しておかねばならない．当然，受信地点と個体の間の距離が長いと誤差範囲（error polygon）が大きくなり，推定した範囲内のどの地点が実際に個体のいる場所なのか分からない．また，誤差範囲は林のある所や土地の起伏のある所でその範囲は大きくなる．生息場所利用の研究では誤差範囲がいくつもの生息タイプを含む危険性があり，実際に発信機を装着した野生生物を目視することおよび調査を開始する前に誤差についてよく検討しておくことが重要である[13]．なお，地形が複雑で電波の反射が多いところでは誤差範囲がさらに広がる可能性があるので，3ヵ所以上の受信位置から推定しなければならない[14]．

　三角測量法とは別に，指向性の無いカーアンテナやホイップアンテナを用いて，地形による電波の遮断状況からロケーションを行う方法がある．これは山間部など入り組んだ地形が多いところにおいては電波の受信状態が地点ごとに大きく異なり，三角測量法を行うことが困難なことを逆に利用した方法である．調査範囲内に道路や歩道が縦横にくまなく存在する所では，調査者一人でも条件が良ければ推定できる有効な方法である．この方法で位置を決定するには，電波を受信できた地点から受信を行いながら移動し，電波が受信できなくなる地点までの受信状況を記録する．電波の受信が弱くなった地点は，発信機を装着した個体から受信者までの間に障害物があるということであり，どの尾根がその障害物になっているかを確認することで，個体の存在する方向を推定することができる．次に，今度は別の方向に同じように受信しながら移動し，さらに個体の位置を絞り込むのである．ただ，方向が

図5 地形を利用した発信機装着個体の位置推定方法

絞り込めても個体のいる高さ（標高）が分からないことが多い。この場合，電波が受信できなくなってもさらに遠方に移動することによって再度，受信可能な地点がないか探すことにより，高さも推定できることがある。それというのも，個体と受信者の間に小さな尾根があった場合，その尾根で電波が遮られる「陰」にあたる場所では受信できないものの，それよりも遠方に離れることにより，個体と受信者がその尾根を越えて一直線で結ばれるようになり，再び電波を受信できるようになる場合があるからである（図5）。再度，受信できるようになった地点から推定方向を見れば，途中，電波を遮っていた尾根が見え，その尾根線のすぐ上の方向がその個体の滞在している所なのである。

　受信により推定された位置を記録する地図の縮尺も重要である。地図の縮尺を選定する場合，位置の推定精度と調査結果の分析方法を考慮して決定する必要がある。当然，行動範囲の広い大型の猛禽類と行動範囲の狭い小型の猛禽類では使用する地図の縮尺も異なる。海外のオオタカの調査では，イギリスで1万分の1，スウェーデンで5万分の1の地図を用いている[15]。行動範囲が広く，かつ1日の移動距離も大きいイヌワシでは5万分の1程度の地図が適当であり，クマタカのように1日の行動範囲がきわめて狭く，わずかな移動が生息場所利用の解析に大きな影響を及ぼすような場合には2万5000分の1の地図でないと意味がない。

8 ラジオトラッキングデータの解析と保全対策

ラジオトラッキングによる猛禽類の調査で得られる情報は大きく分けて次の二つである。まず一つは個体識別による位置情報であり，行動範囲，生息場所利用，分散を解明するのに役立つ。もう一つはアクトグラム型発信機による行動情報であり，日周行動，ハンティングエリア，抱卵，死亡率を知ることができる。

ラジオトラッキングにより得られたデータは目的に応じてさまざまな解析処理が行われる。

(1) 行動圏と内部構造

ラジオトラッキング調査で最もよく利用されるのは行動圏解析である。広い行動範囲を有する猛禽類の場合，その保全対策を構築するには，行動圏の範囲の特定とどのような生息環境を利用しているのかを明らかにしなければならない。

行動圏解析はラジオトラッキングにより地図上にプロットされた個体の位置情報から行動圏の範囲や内部構造（よく利用する場所の分布）を明らかにしようとするものであり，さまざまな方法が提案されてきている[1, 16, 17]。解析手法から大まかに分けると最も外側の位置を線で結ぶ最外郭法，個体の滞在した場所を方形区ごとに頻度で表すグリッド・セル法，行動の中心部から利用頻度を統計的解析処理する方法になる。また，行動圏の推定に利用された場所の分布を考慮するかどうかによる区分では，考慮する方法に2変量正規分布法，グリッド・セル法，調和平均法，カーネル法，考慮しない方法に最外郭法，クラスター法が含まれる[18]。

つまり，行動圏の解析方法にはいくつかの種類があるが，いずれも長所，短所があり，調査で得られた位置地点データをどの方法で行動圏や行動圏の内部構造を解析するかは，データの取り方や量とともに，どのような目的にその解析結果を用いるかによって判断しなければならないことをよく理解し

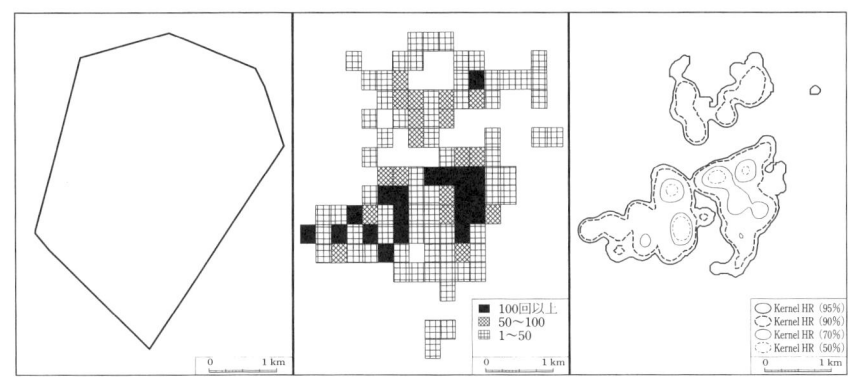

最外郭法　　　　　　　　グリッド・セル法　　　　　　　カーネル法

図6　3種類の解析方法によるクマタカ（成鳥雄）の行動圏

ておくことが重要である[19]。

　ここでは猛禽類でよく用いられる代表的な3種類の行動圏解析方法について，実際のクマタカ成鳥雄1羽の行動圏解析例（図6）を用いて紹介する。

1）最外郭法

　これは観察された動物の位置はその行動圏の境界を示すものであるという基本的な仮定に基づく方法で，行動圏は最も外側の位置地点を線で結び多角形で表される。この方法は分かりやすく，解析作業も容易であるが，最も大きな問題点は行動圏内部に利用されないエリア（エンプティエリア）が含まれることである。とくに，データ数が少ないと利用されないエリアをより多く含んでしまう危険性がある。このエンプティエリアの補正方法として境界線を結ぶ線の長さを制限するとか経験によって非典型的なハビタットを除去するとかの方法がある[16]が，主観的要素が入る可能性がある。さらに，この方法のもう一つの欠点は行動圏の外縁部だけを表しているので，行動圏内部の利用状況の解析はできないことである。

2）グリッド・セル法

　これは研究エリアの地図をグリッド（メッシュ）状に区切り，そのセル（方

形枠) ごとに特定した位置を頻度として記入する方法である[16,17]。個体を連続的に追跡して得られたデータを解析する場合に向いている。利用されたセルの数を数えることによって行動圏の面積を計算する[16,17]。また，セルごとに利用頻度が求められるため，これと各セルの生息場所タイプ (植生タイプ，標高，斜度など) の割合とを比較することにより，好んで利用する生息場所の解析に便利であり，また異なる個体間の干渉を研究することにも有利な方法である[1]。

この方法は最外郭法と異なり，外側部の位置地点を結ばないので，利用しないエリアを含むことはない。しかし，行動圏を面的に示すには大量のデータが必要で，観察点が少ない場合には未利用セルが生じ，行動圏面積の推定には向かない[18]。

グリッド・セル法で最も注意しなければならない点は，セルのサイズの決め方である[17]。当然のことであるが，セルの大きさはラジオトラッキングの位置推定が可能な精度以上に小さくしてはならない[1,16]。アメリカにおけるアメリカフクロウの生息環境利用では 80×80 m のセルに区切ったグリッド地図を用いている[20]。私たちのクマタカ調査では，250×250 m のセルに区切ったグリッド地図を調査地図および解析地図として用いている。これは電波の受信状況から推定した位置を調査地図の 250×250 m のセルに記録した後，目視観察により実際にクマタカの姿を目視した位置を比較したところ，この大きさのセルであれば推定位置が間違っていることはほとんど無かったからである。

3) カーネル法

これは位置地点を統計処理することによって，利用される頻度の高い場所を山の標高図のように表す方法である。この方法は，集中した観察記録は活動の中心を表すために使用することができ，行動圏の境界はこの中心からの距離と関連して表すことができるという基本的な仮定に基づき，活動中心からの距離による観察地点の確率を度数分布で示すものである[16]。カーネル法を含め，行動圏内の利用パターンを解析するための方法はパソコンで利用できるソフトがあり，比較的簡単に図示できるようになっている[5,18]。しかし，

利用された場所の分布を統計的に推定する方法は，調査地内の異なる生息環境が等しく利用されると仮定しているため，環境がモザイク状に分布している場合には，それに応じた利用された場所の分布が推定されない[18]。このため，さまざまな環境が複雑に分布している日本の自然環境においては，行動圏の広い猛禽類の行動圏解析に用いるのは適していない場合も多い。

(2) 生息場所利用

　行動圏の解析を行っても，どのような環境を何に利用しているかを明らかにしなければ保全対策には活かされない。生息場所利用を解析する場合に重要となる猛禽類の行動要素はハンティング，移動経路，ねぐらである。ハンティングは植生や地形条件と密接な関係があり，飛行経路は地形と密接に関係しているからである。森林内でハンティングを行う種ではハンティング行動を目視観察することはほとんど不可能に近い。しかし，アクトグラム型発信機を利用することによって，個体が見えなくてもハンティング場所を推定することが可能な場合もある。

　生息場所利用の解析を行うには，調査地の植生・標高・地形などに関する地理情報システム（GIS）が必要である（GIS：デジタル化された地図データと，統計データや位置の持つ属性情報などの位置に関連したデータとを，コンピューターを利用して解析するシステム）。最近はGISの内容が充実されてきており，入手可能なソフトもある[10]。

　グリッド・セル法で記述したとおり，その種がどのような植生環境を好むかを解析する場合，行動圏内の植生環境ごとの占有率と調査した個体が滞在した位置の植生環境の比率を統計的に処理する。

　また，生息場所利用が複数の要素で決定されている場合には，多変量解析などの統計処理をしなければならない。この場合，注意しなければならないのは，猛禽類が実際に利用している環境はGISで表されている環境かどうかを現地調査でよく見極めを行わなければならないことである。というのは，クマタカの場合，GISでスギ植林として表される植生環境に滞在しても，実際にはその中のごく小さなギャップ（木が倒れたりしてできた樹冠の隙間）をハ

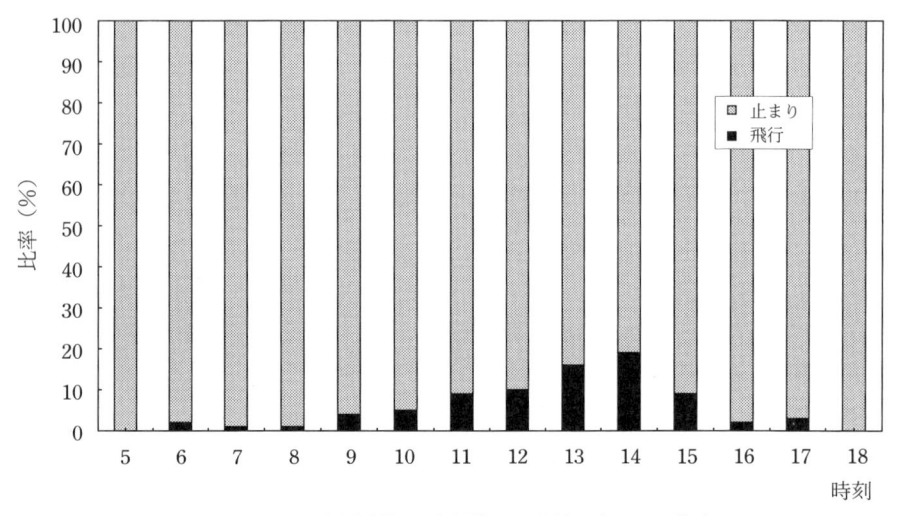

図7 クマタカ（成鳥雄）の時間帯別の飛行と止まりの比率

ンティング場所として利用していたり，そこから見える対岸の伐採地に出現する中小動物を狙っていたりすることもあるからである。つまり，できる限り，個体の目視確認に努め，どのような環境でどのような行動をしているのかを観察することが不可欠である。

(3) 日周行動・死亡率

アクトグラム型発信機を装着することにより，その個体の1日の行動パターンを知ることができる。発信間隔の変化をアクトグラムレコーダー（受信される発信音の変化を連続的に記録する装置）で経時的に記録することにより，どの時間帯に行動が活発になるのかを把握することができる。図7はクマタカ成鳥雌1羽をランダムに10日間追跡し，1日の「飛行」と「止まり」の比率を時間帯ごとに表したものである。これを見るとよく飛行するのは11時～15時の昼前後であり，16時以降はほとんど止まったままのことが多いことが分かる。

また，発信機の電波の状態から個体が生存しているのか，死亡したのかを

知ることができる。電波の強さや推定位置がまったく変化しなくなった場合は発信機が落下したかもしくは装着個体が死亡したかのどちらかである。発信機がアクトグラム型であれば，発信機が地上に落下または死亡個体が横たわっている場合，飛行と同じ短い間隔の発信になるのでより分かりやすい。このような場合，電波を強く受信する方向に向かって進み，最終的に感度の弱いホイップアンテナを用いて発信位置を突き止め，発信機が落下したのか個体が死亡したのかを確認する。発信機の位置を突き止める方法をホーミングというが，この際，受信機を両手で胸の前方に持ち，自分の体をホイップアンテナの反射器・導波器としてアンテナ代わりに利用することにより，指向性のないホイップアンテナでも発信方向を特定することができる。

　猛禽類の保全対策を検討する場合，個体群動態はきわめて重要な情報であるが，そのためには幼鳥の死亡率は重要な情報である。また，繁殖ペアについては，どの程度の期間，繁殖個体として後継個体の生産に寄与しているのか，また死亡した場合にはその後，どのような個体がどのような経過を経て繁殖ペアに参画するのかも知ることができる場合がある。

(4) 幼鳥の分散

　巣立ち前の幼鳥に発信機を装着することによって，巣立ち後の行動圏を明らかにすることができる。この結果，クマタカの幼鳥は巣立ち後，少なくとも翌年の春頃までは巣の周囲に滞在し，自らハンティングできる能力を獲得していくことが明らかになり，営巣木だけでなくその周囲の森林を保全することの重要性が確認された。その後も引き続き幼鳥を追跡することが可能であれば，親の行動圏から分散した後，繁殖個体群に参画するまでの生息場所を明らかすることもでき，いわゆる繁殖予備軍の生息環境保全にも有効なデータを得ることになる。

(5) 渡りルート・越冬地・繁殖地

　オオワシ・ハチクマ・サシバのように渡りを行う種では，人工衛星を用い

た追跡により，パソコン上でリアルタイムに渡りルートや越冬地または繁殖地を知ることができる。このデータとGIS情報を解析することにより，日本だけでなく，海外においても生息場所の保全対策を構築することが期待されている。

(6) 目視観察データの質の向上

　大規模なダムや林道などを建設する際には環境影響評価調査（アセスメント調査）が実施される。とくにイヌワシ・クマタカは絶滅危惧種に指定されていることから，事業による生息への影響を低減するため，行動圏解析を目的とした大掛かりな調査が各地で行われている。この調査は目視調査が基本となっている。しかし，目視率はきわめて低く，またそのほとんどが飛行データであるため，行動圏解析を行う時にはデータの取り扱いに注意が必要である。このため，同じ個体について実施した目視調査とラジオトラッキング調査の両方のデータを比較検討することにより，行動圏解析を行う前に目視調査データに一定の処理を加えることが可能となり，より正確な行動圏解析を行うことができる。

9　ラジオトラッキングの課題

(1) あくまでも推定位置

　ラジオトラッキングのロケーションによる位置はあくまでも推定位置にすぎないということである。推定位置には誤差範囲があり，不正確な位置だけで生息場所利用の解析を行うと，日本のようにさまざまな植生環境がモザイク状に混在していることが多い環境においては，誤った結果を出してしまう危険性がきわめて高い。

　ラジオトラッキングはあくまでもその個体の位置を推定しているのであることを十分に認識するとともに，できる限り目視により個体の発見に努め，

正確な位置の特定と行動の観察を行うことが重要である。

(2) データのバイアス（偏り）

　行動圏の解析を行う時に最も問題となるのは偏ったデータ集積である。山岳地帯に生息する広い行動圏の猛禽類では，よほど調査体制を整備しておかないと断片的なデータしか得られない。この断片的なデータが大きなバイアスを含んでいることが多い。つまり，ラジオトラッキングの場合，受信できた時のみにデータとなることから，高い尾根部や受信地点から見通せる場所など受信しやすい場所に個体が滞在する時のデータが偏って蓄積される危険性が高い。元になるデータに偏りがあれば，行動圏や生息場所利用について，たとえ高度な統計処理を行ってもまったく誤った結果しか導き出せないばかりでなく，真に重要な生息場所を低く評価してしまう危険性がある。

　データのバイアスは調査方法・体制がその根源であり[2]，常にデータにバイアスがないかどうかを評価することにより，いかにバイアスを少なくするかに努める必要がある。データがバイアスのある状態で収集・解析されたり，個体に発信機装着による影響があったりすれば，ラジオトラッキングによるメリットは全くなくなってしまうからである[5]。

(3) 個体に対するリスク

　ラジオトラッキングは，発信機の装着が不可欠である。いくら小型の発信機を用いてもその個体に負荷を負わせることは避けられない。さらに，その個体を捕獲する時には傷害・死亡などの事故を引き起こす危険性もある。捕獲においては事故を起こさない周到な計画と万全な体制の確保が必要であることは言うまでもない。また，発信機装着による行動制限や生存率への影響があれば，たとえデータが得られてもバイアスのある無意味なデータになってしまうことにも十分理解しておくことが必要である。

(4) 経　　費

　ラジオトラッキングを行うには，発信機・受信機などの機材の購入経費だけでなく，バイアスのないデータを計画どおりに集積するための調査体制を確保するにも多額の経費が必要となる。とくに大型猛禽類のように行動範囲が広い場合，バイアスのないデータを得るには複数の調査員による相当な調査体制を確保しなければならない。発信機の装着は目的ではなく，手段であり，ラジオトラッキング調査を決定する際には万全の調査体制が確保できる予算を確保しておかねばならない。

　近年のめざましい通信機器の技術革新により，従来の発信機が小型軽量化されるだけでなく，新たな技術の導入による位置確認手法が実用化されつつある。

　とくに今後，活用が期待されるものとして，GPS（全地球測位システム：複数の人工衛星からの電波を受けて位置を測定する技術，カーナビもこの一つ）の利用がある[5,21]（次章参照）。これは個体にGPS機能を備えた受信機を装着するもので，人工衛星からの電波を受信することによって位置を測定し，その情報は受信機内に蓄積される[21]。受信機に蓄積された位置情報は受信機を回収したり，近距離から無線で読み取ることにより受信機装着後の行動範囲を特定することができる。また最近ではこのGPS受信機を人工衛星送信機に組み込み，蓄積した位置情報を随時，人工衛星を介して入手することも可能になっている。さらに発信機内に標高・気温などの情報を記録するセンサーを内蔵すれば，行動した場所のこれらの情報も同じように引き出すことができる。その他，推定される行動範囲内をカバーするように複数の発信機を固定し，個体に受信機を装着してどの地点を通過したかを記録するという方法や太陽電池で稼動する小型の発信機などが開発されつつある。

　このようにラジオトラッキングの機器やデータの集積方法に関する技術は日進月歩で進んでおり，これまでのラジオトラッキングで課題であったこと

のいくつかは今後解決される可能性もある。ラジオトラッキングは猛禽類のように目撃率が低くかつ広範囲な行動圏を有することが多い種では行動圏の解析や生息場所の利用解析を行うにはかなり有効な手段であるが，ラジオトラッキングを用いればすべてのことが分かるというものではなく，他の方法では目的を達成できない場合における補助手段の一つであることを十分に理解しておくことが最も重要なことである。

引用文献

1) Kenward, R. E. (1987) *Wildlife Radio Tagging*. Academic Press, London.
2) Mech, L. D. (1983) *Handbook of Animal Radio-Tracking*. University of Minnesota Press, Minneapolis.
3) Hegdal, P. L., and Colvin, B. A. (1986) Radiotelemetry. in *Inventory and monitoring of wildlife habitat*. (Cooerrider, A. Y., Boyd, R. J. and Stuart, H. R. eds), 679-698. U. S. Department. of Interior, Bureau of Land Management, Denver, Colorado.
4) Kenward, R., E. (1985) Raptor Radio-Tracking and Telemetry. in *Conservation studies on raptors*. (I. Newton and R. D. Chancellor, eds.), 409-420. ICBP Technical Publication No. 5, Cambridge, England.
5) Kenward, R., E. (2004) Radio-tagging. (W. J. Sutherland, I. Newton and R. E. Green, eds.), 141-159. *Bird Ecology and Conservation*. Oxford University Press, Oxford.
6) Cochran, W. W. (1980) Wildlife telemetry. in *Wildlife Mnagement Techniques Mannual*. 4th edition (S. D. Schemnitz, ed.), 507-520. Wildlife Society, Washington.
7) Kenward, R. E. (1978) Radio transmitters tail-mounted on hawks. *Ornis Scandinavica*. 9: 220-223.
8) Southern W. E. (1964) Additional observations on winter bald eagle populations: including remarks on biotelemetry techniques and immature plumages. *Wilson Bulletin* 76: 121-137
9) Dunstan T. C. (1977) Types and uses of radio packages for North American Falconiform and Strigform birds. in *Proceedings of the First International Conference. on Wildlife Biotelemetry* (F. M. Long ed.), 30-39. University of Wyoming, Laramie.
10) Kenward, R. E. et al. (2001) setting harness sizes and other marking techniques for a falcon with strong sexual dimorphism. *Journal of Field Ornithology* 72: 244-257.
11) Steenhof, K. et. al. (2006) Effects of radiomarking on Prairie Falcons: attachment failures provide insight about survival. *Wildlife Society Bulletin* 34: 116-126.
12) Tomkiewicz (1983) *Avian biotelemetry: a brief review*. Telonics, Inc., Mesa, Arizona.
13) Hupp, J. W., and J. T. Ratti (1983) A test of radio telemetry triangulation accuracy in heterogeneous environments. in *Proceedings of the Fourth International Conference on Wild-

life Biotelemetry Conference (D. G. Pincock, ed.), 31-46. Applied Microelectronics Institute and Technical Univ. of Nova Scotia, Halifax.
14) Garrot, R. A., G. C. White, R. M. Bartmann, and D. L. Weybright. (1986) Reflected signal bias in biotelemetry triangulation systems. *Journal of wildlife management.* 50: 747-752.
15) Kenward, R. E. (1982) Goshawk hunting behaviour, and range size as a function of food and habitat availability. *Journal of Animal Ecology* 51: 69-80.
16) Voigt, D. R. and Tinline, R. R. (1980) Strategies for analyzing radio tracking data. in *A handbook on Biotelemetry and Radio Tracking.* (C. J. Amlaner and D. W. MacDonald, eds), 387-404. Pergamon Press, Oxford.
17) White G. C. and Garrott R. A. (1990) *Analysis of Wildlife Radio-Tacking Data.* Academic Press, San Diego, California.
18) 尾崎研一・工藤琢磨 (2002)「行動圏：その推定法，及び観察点間の自己相関の影響」『日本生態学会誌』52: 233-242.
19) 土肥昭夫 (1991)『ホームレンジ．現代の哺乳類学』(朝日　稔・川道武男編), pp. 167-187. 朝日書店，東京．
20) Nicholls, T. H., and Warner, D. W. (1972) Barred owl habitat use as determined by radiotelemetry. *Journal of wildlife management.* 36: 213-224.
21) 樋口広芳 (2002)「渡り鳥の衛星追跡と保全への利用」『これからの鳥類学』(山岸哲・樋口広芳編), pp. 432-453. 裳華房，東京．

第12章

人工衛星で渡りの追跡

尾崎清明

　鳥類は飛翔という特性を生かして，定期的に繁殖地と越冬地を移動するいわゆる「渡り」によって，限られた地球の環境や資源を最大限有効に利用することに成功した．鳥類が地球上のほぼあらゆる地域で繁栄していることの主要な要因として，「渡り」の生態が挙げられることは間違いない．しかしその反面で，鳥類は渡りをするがゆえに，地球規模の環境汚染や改変の影響を大きく受けることとなり，現在多くの渡り性鳥類が絶滅の危機に瀕している．

　この鳥類の渡りの実態や起源は依然未解明な部分が多く，様々な方法で研究されている．そのなかで近年の通信技術の進歩によって，鳥に装着した小型発信機からの電波を人工衛星によって受信し渡りを追跡する新しい方法が開発された．この方法によれば，鳥が地球上どこにいる場合でも，研究者はインターネットで受け取るデータから，その位置情報を得ることができ，対象となる鳥類を個体毎に継続的に追跡することができる．

　この人工衛星追跡は，地球規模で移動し環境を利用する鳥類をその生息環境と関連付けて保全するために，不可欠な情報を提供する．従来の鳥類標識調査で得られる渡りに関する情報は，断片的で点と点の繋がりであったのに対して，衛星追跡では渡りの全行程を継続的に線として把握することができる．そして，渡り鳥にとって不可欠な環境や地域を特定することが可能となった．

　またこうした具体的な渡りの情報は，特定の鳥類を保全するためのネット

ワーク作りに活用され，これまで各国や各地でばらばらに行われていた保全活動が，組み合わせられることによって，より実効のある保護がすすめられる可能性を生み出している。

　本章では，近年盛んに行われている野生鳥類の人工衛星追跡調査の国内外での実施例を概観し，その成果をとりまとめる。その上で鳥類の保護や保全への応用の可能性について論議する。また，人工衛星追跡の技術的な問題点や，位置情報だけでなく様々なセンサーを組み込むことによってさらに発展するであろう可能性，今後の課題などについても検討を加える。

1　衛星追跡の仕組み

　鳥の渡りを人工衛星で追跡することが可能となったのは，アメリカ海洋大気局や航空宇宙局とフランス国立宇宙研究センターが共同で開発した，アルゴス・システム (Argos Data Collection and Location System) のおかげである。とはいえ最初から可能だったわけではなく，このシステムは海流調査や上層気流を調査する気球などの位置測定が目的で1978年に開発されたものであり，鳥類に利用できるほど小型化したのは1990年代になってからである。まだ比較的新しい手法なのである。

　地球上の位置測定というとGPS (Global Positioning System) が良く知られていて，これを用いたカーナビゲーションなどはすでに我々の生活に利用されている。GPSでは，複数 (4個以上) のGPS衛星から発射された電波が利用者の受信機に到達するまでの時間を測定し，これによって各衛星までの距離を計算して受信機の位置を決定する。しかしアルゴス・システムではこれとは逆に，送信機からの電波を人工衛星側で受信して，その位置を決定する。その仕組みは以下の通りである。

　アルゴス・システムで用いる送信機は通常PTT (Platform Transmitter Terminal) と呼ばれる。送信周波数は401.65 MHz ± 1.2 kHzで，信号は360 msのパルス波で，60秒間隔で発信される。送信機ごとに識別番号が決められていて，

どの送信機からの電波であるかが特定できる仕組みである。

送信機から発した電波は，高度830 kmの極軌道，地球を101分で1周する気象衛星ノア（NOAA）で受信される。このとき重要なのは，電波が連続して複数回受信されることである。そのことによって，衛星が送信機に近づくときと遠ざかるときのドップラー効果による周波数のずれが生じて，位置が測定される。ドップラー効果とは，電車に乗っているとき聞こえる踏切の警報が，踏切の通過前では高く聞こえ，通過後では低くなる現象である。位置測定の正確さを左右するのは，送信機からの周波数の安定度であるため，PTTには非常に安定度の高い発振器が求められる。また，高度830 kmの人工衛星まで届く強力な電波を長期間発信することと，鳥に装着する場合の小型軽量化とは相反する課題である。実際に送信機の重量の大部分は電池で占められている。そこで，電池の消耗を軽減するために，1日の中での発信時間をタイマーによって調整するなどの工夫が行われている。

人工衛星には，送信機から送られてきた電波を受信し，それぞれの送信機の位置を周波数のずれから計測して，地上の受信局に再送信する装置が搭載されている。受信局はアラスカのフェアバンクスとバージニア州のワロップスアイランド，フランスのラニオンの3ヶ所に設置されている。さらにデータはフランスのトゥルーズとワシントンDCにある世界情報処理センターに集められて位置計算をしたうえで，各利用者にインターネットなどによって送られる仕組みとなっている。実際に鳥に装着した送信機からのデータは，1～2時間後には受け取ることができる。

そこで利用者が受け取るデータには，位置測定の精度のクラス分けがあり，正確なほうから，クラス3, 2, 1, 0, A, Bとなっている。それぞれの数字が意味する精度は，150 m未満，150～350 m，350～1000 m，1 km以上であり，クラスAやBでは通常位置が特定できない。精度を左右するのは，送信機の周波数の安定性，衛星の仰角，衛星の通過時の受信回数などである。さらに，位置の測定にはさまざまな要因によって，誤差が生じる。そもそも高度830 kmの上空を秒速7 kmで移動している衛星から，地球上の鳥の位置を測定するわけであるから，やむを得ないといえよう。主な要因は，温度変化などによる送信機の周波数の不安定化，鳥自身の移動速度，鳥が飛んでいる高度などで

ある。これらが組み合わさると，例えばツルのような鳥の渡り途中の位置測定では，数キロメートルの誤差が生じる可能性があると考えられている[1]。

　鳥に装着する送信機の小型軽量化には，日本の最新技術の功績が大きい。1980年代に最初に鳥類に装着された送信機は160g以上もあった。一般に鳥類につける発信機の重量は，正常な生活を妨げない体重の4％以内に収めることが望ましいとされているので，この重量では計算上体重が4kg以上の鳥類にしか使えないことになる。日本の鳥でこの条件を満たすのは，ハクチョウ類，大型ツル類，アホウドリ類などに限られることになる。

　送信機は，電気回路と電池およびこれらを収納するケースの3つから構成され，小型軽量化に関してこれら全てに検討が加えられた。特に電気回路では新たな集積回路を作って部品を減らしたり，増幅器の効率の向上が図られた。さらに消費電力の省エネルギー設計によって，使用するリチウム電池を減らすことが可能となった。収納ケースは軽量で壊れにくいポリカーボネイト樹脂が用いられた。こうして1990年に，当時最軽量40gのPTTが日本で完成した。その後，アンテナ部分などへの改良が加わって，現在では10g以下のPTTが開発されている。

2　研究成果

(1) ハクチョウ類

　我が国で最初に鳥類への人工衛星追跡が行われたのは，北海道クッチャロ湖のコハクチョウであった。1990年4月から5月にかけて，4羽のコハクチョウに83gのPTTが装着された[2]。その結果，クッチャロ湖からサハリン北部，マガダン州を経由して北極海に面したコリマ川河口までの3083kmの渡りが確認された。渡りに要した日数は約3週間であった。その他の2羽もサハリン北部を中継していることから，この地域がコハクチョウの渡り中継地として重要であることが判明した。なお，コリマ川河口まで到達した個体は，その後長野県の諏訪湖に幼鳥を伴って飛来していることが確認された。

コハクチョウの越冬地として南限である中海の個体でも，1994年と1997年に人工衛星追跡が実施された[3]。この調査では，3個体が中海から日本海を直接越えてロシアのウラジオストク付近に到着した。この部分の日本海は約900 kmあり，これを約13時間で渡っている。ほかの5個体はいずれも本州の日本海側沿いを北上する別のコースをとった。日本海を鳥が渡ることは従来から推測されていたが，それが実証されたのはこのコハクチョウの例が最初である。

オオハクチョウに関しては，1994年と1995年に青森県小湊において調査が行われ，PTTを装着した15羽のうち8羽がロシアの繁殖地まで追跡された[4]。青森県を飛び立ったあと，北海道東部の十勝川や風蓮湖，北海道北東部の網走湖やサロマ湖を経由して，サハリン南部のアニワ湾に到達した。そしてサハリンを北上してアムール川下流域，オホーツク海北部沿岸，インディギルカ川中流域，コリマ川下流域などで夏を過ごした。その結果オオハクチョウにとって重要な渡り中継地は十勝川中流域，サハリン南部のアニワ湾，アムール川下流域であることが示された。またコハクチョウは北海道の日本海側を通るのに対してオオハクチョウは北海道の太平洋側を通ること，コハクチョウはあまりアニワ湾を利用しないがオオハクチョウは長期間滞在することが異なっていた。

(2) ツル類

ツル類ではまず，鹿児島県出水で越冬するマナヅルとナベヅルに関して人工衛星追跡調査が行われ，1991年1月から3年間継続された[5,6]。16個体のマナヅルと4個体のナベヅルにPTTが装着された(図1,図2)。その結果マナヅルの北帰行のルートは，大きく二つに分けられることが判った。すなわち，出水を2月下旬から3月上旬に飛び立って，朝鮮半島に入り，非武装地帯の板門店や鉄源などにしばらく滞在する。その後大部分の個体は北朝鮮の東海岸を経由して，北東方向に進みロシアのハンカ湖や中国東北部の三江平原の繁殖地に到着した。一部の個体は非武装地帯から進路をやや北西にとって，北朝鮮の西側を通って中国黒竜江省チチハル近くのザーロン自然保護区に到着

図1 人工衛星追跡用の送信機を取り付けられたナベヅル

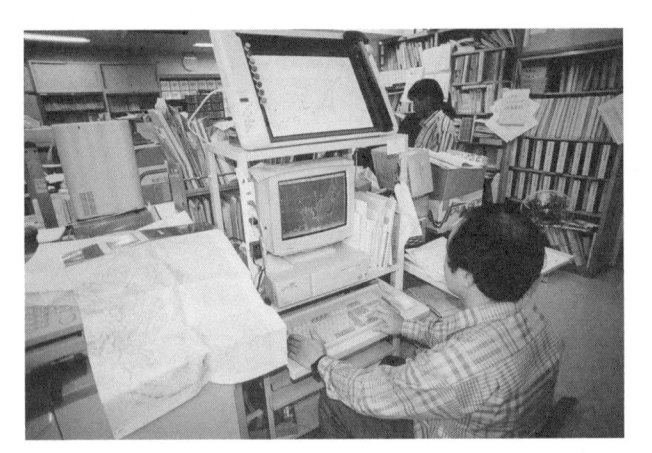

図2 アルゴス・システムのデータを取り込んで地図に表示させる

した。渡りに費やした日数は17日から85日間で，総追跡距離は1820kmから最大で2728kmであった。

　マナヅルが渡りの途中で最も長期間滞在したのは，板門店や鉄原などの非武装地帯であった。追跡に成功したマナヅルの渡りに要した日数のうちでこの非武装地帯に留まった割合は，平均で62.4％にも及んでいる。その他北朝鮮の東海岸にある金野（クミヤ）やロシアのハンカ湖が主要な中継地である

ことが判明した。

　渡り最中の位置関係を解析することで，マナヅルの親子関係の解消時期に関してもデータが得られた。親子で送信機を装着した4組のマナヅルの家族で，1家族では渡りの間も親子が共に行動しており，渡りが終わって繁殖地に到着した直後に親子関係が解消したと考えられた。他の3家族では渡りの途中で親子関係の解消があったと推定される[7]。

　ナベヅルについては例数が少ないが，2個体が繁殖地まで追跡された。出水を3月下旬に出発し，1個体は朝鮮半島の西海岸数ヶ所を経由しながら北上して平譲（ピョンヤン）に達した後進路を少し東に変えて，中国に入ってからは北東に進んで三江平原を通過して，ロシアのアムール川下流域のイメニ・ペリニ・オシペンコ付近の繁殖地に到着した。もう1個体は，長崎県五島列島の福江島で夜をすごした後，一気に北朝鮮と中国の国境付近の渾江（フンチャン）に至り，北東に進んで三江平原を通過して，ロシアのアムール川中流域のチィルマ付近の繁殖地に到着した。興味深いのは，マナヅルのように途中朝鮮半島で滞在することは少ないことと，2ヶ所の繁殖地が特定できたことである。なぜならナベヅルは繁殖地の実態が十分に判っていない鳥であり，これまで巣が発見された場所はビキン川流域などわずかしかない。人工衛星追跡によって，謎であった繁殖地に関する確実な情報が得られたことは意義深い。

　繁殖地からの追跡は，マナヅルに関してロシアのハンカ湖やヒンガンスキー保護区，ダウルスキー保護区で実施されている。最も西の例はモンゴルの東北部のオノン川流域において，2002年に実施された。その結果1個体の幼鳥が中国南部のポーヤン湖までの2366 kmを25日間で渡ることが示された（図3，図4）。この際途中で6回中継しており，1回で移動する距離は平均338 kmとなった。

(3) ガン類

　ガン類については，宮城県伊豆沼で越冬するマガンでの調査がある[8]。1994年2月に伊豆沼周辺で捕獲した雄10羽に送信機が装着された。これらの内8

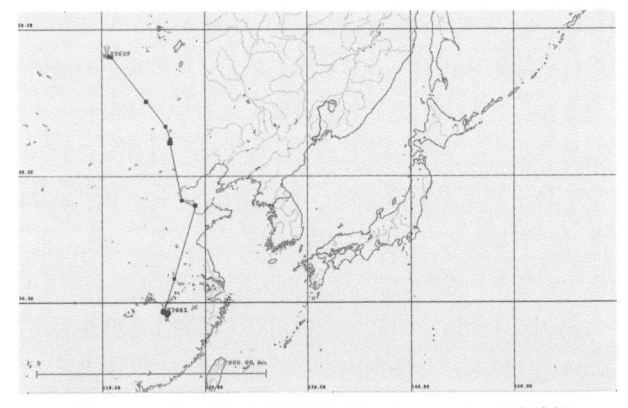

図3 モンゴルから中国南部に渡ったマナヅルの追跡例

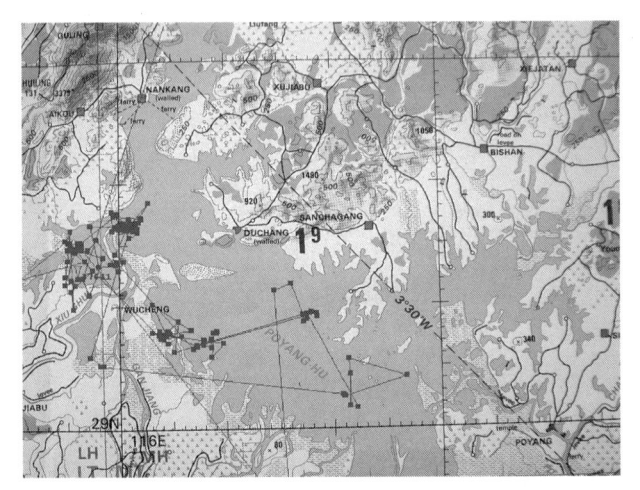

図4 マナヅルの越冬地で得られた位置情報

羽からは渡りの経路に関する新たな知見が得られ,マガンの営巣地をほぼ特定できた。

送信機を装着された殆どのマガンは,2月20日前後に越冬地の宮城県の伊豆沼・蕪栗沼周辺から北へ向かい,主群は2月末〜3月末は秋田県の八郎潟・小友沼に,4月〜5月初めは北海道のウトナイ湖を経て宮島沼に滞在し,その後北へ向かった。またこれとは別に宮城県から太平洋側を通って北海道

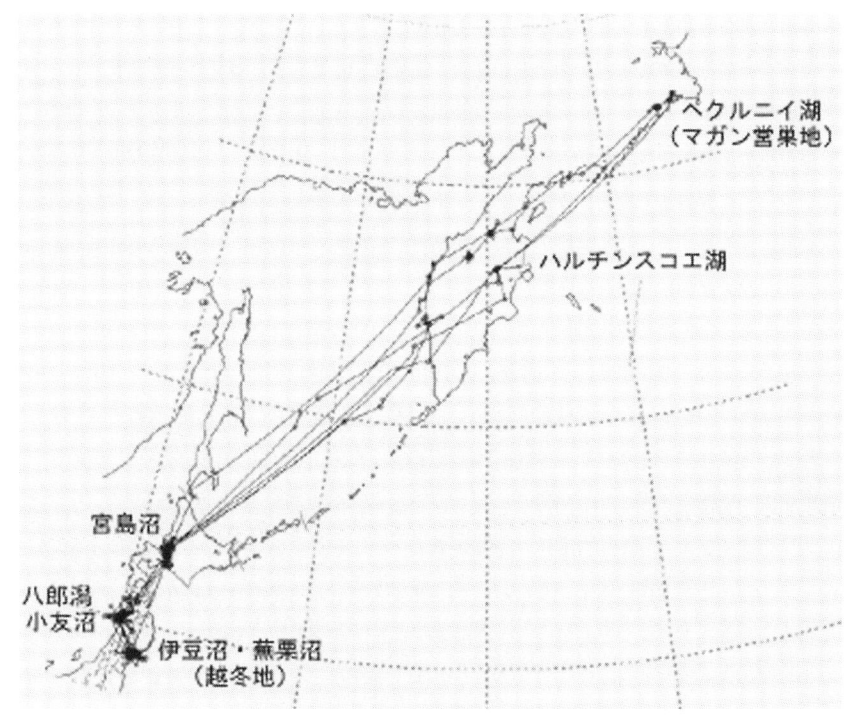

図5 伊豆沼・蕪栗沼で越冬したマガンの春の渡り経路.
 　　（1994年2〜7月，呉地ほか（1995）[8]に加筆）

へ直行するコースがあることも実証された（図5）。

　さらに5月初めに北海道の宮島沼を飛び立ったマガンは，オホーツク海をカムチャツカ半島へむけて真っ直ぐに飛行し，それまでに予想されていたサハリンや千島列島伝いのコースをとらないことが判明した。飛行速度についての情報も得られ，5月3日の早朝に宮島沼を飛び立ったマガンは，その10時間後には宮島沼から995 km離れたオホーツク海の中心域に達し，その平均飛行速度が時速100 km位であることが分かった。有効なデータが得られた8羽の内，7羽は一直線にカムチャツカ西海岸をめざし，1羽はサハリンの東海岸沿いに北上した。カムチャツカ西海岸にたどり着いた後は，半島南部からカムチャツカ川の谷沿いに半島を斜めに横断しハルチンスコエ湖に立ち寄るものと，半島西海岸中部から東海岸北部へと半島を越えるもの，という二つの

グループに分かれた。

　これらのうちの3羽は約2週間後には更に北東方向へ渡りを続け、ベーリング海に面したコリヤーク高地の海岸ツンドラ地帯にあるペクルニイ湖周辺まで移動したことが確認できた。このことから、カムチャッカ半島、とりわけハルチンスコエ湖がマガンにとって重要な中継地であることや、越冬地の伊豆沼・蕪栗沼から営巣地と思われるペクルニイ湖までの距離が約3700 kmあることも分かった。

　一方、新潟県福島潟で越冬するヒシクイの亜種オオヒシクイの繁殖地を確認するための人工衛星追跡調査が、1997年と1999年に行われた[9]。福島潟を出発したオオヒシクイは秋田県の八郎潟や小友沼を経て、北海道にはいると、長都沼を通ってサロベツ原野にむかう道央コースと、武川を通って十勝川流域へ向かう道東コースに分かれる。その後両コースとも日本を離れると一気にカムチャッカ半島へむかい、西海岸のハイリュゾバ川流域まで渡った。これで大まかな繁殖地の見当をつけて、現地でヘリコプターによる上空からの調査が実施された。オオヒシクイに装着されたPTTにはあらかじめ地上型の小型電波発信機が取り付けられており、衛星による情報と併せてより正確な鳥の位置を探索することが可能となった。その結果オオヒシクイのヒナ連れの家族を確認し、それまで未発見であった繁殖地が特定された。

(4) アホウドリ

　アホウドリの人工衛星追跡調査は、1996年から始められ2003年までに繁殖地の伊豆諸島鳥島において合計27羽にPTTが装着された[10]（口絵8）。このほか米国のアリューシャン列島海域において、2003年と2005年に合計6羽にも装着されている。鳥島での装着個体は、繁殖への影響を避けるためいずれも繁殖に参加していないと考えられる亜成鳥で、装着時期は繁殖の終了する5月である。

　鳥島からの追跡個体の多くは、次のような経路をとった。すなわち鳥島を去ったアホウドリは伊豆諸島に沿うようにして北上し、5月から6月の間は千葉県から岩手県沖の本州北部の太平洋沿岸海域に滞在した。それぞれの海域

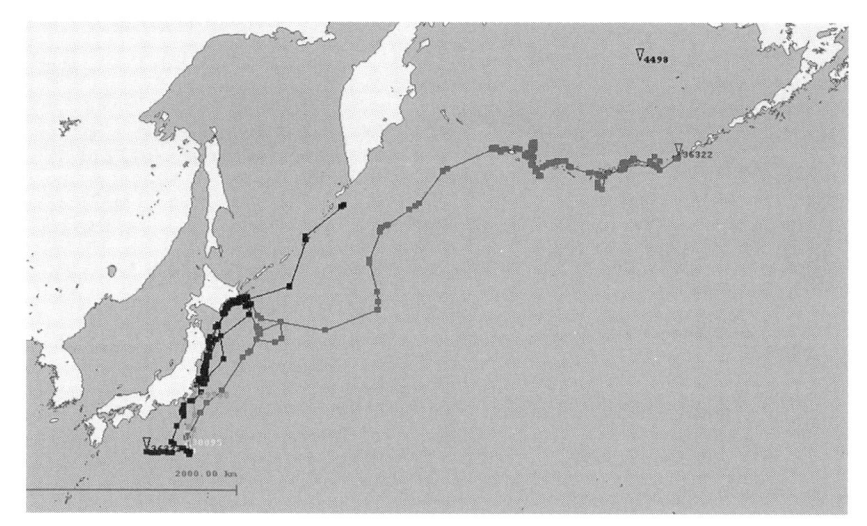

図6 鳥島からの移動経路（2002年5個体の結果）

に一定期間留まるという追跡結果から，アホウドリがここで餌を採っていることがうかがわれる。その後，北海道東部沖から千島列島東部海域の沿岸部を通過して，7月から8月にはアリューシャン列島の西部から中部，さらにはベーリング海に到達した。1個体は9月にアラスカ湾にまで達した。

一方北海道東部沖から東に移動した後沿岸部を通らないで太平洋上を北上し，アリューシャン列島に到達するコースをとった個体も見られた。これらの個体は途中で採餌行動をするのではなくて，比較的短期間に移動を完了した。したがってこれまでのところ，鳥島からの北上コースには上記の2コースがあることが判明している（図6）がいずれも亜成鳥であり，成鳥や巣立った幼鳥がどのようなコースをとるのかは，今後の課題である。

亜成鳥の移動コースと採餌海域を見ると，いずれの個体も比較的沿岸域を好んで通り，採餌をおこなっていることがわかる。そして長期間滞在していた本州北部の太平洋沿岸海域，北海道東部沖，アリューシャン列島海域はいずれも豊富な漁獲高で知られる主要な漁場である。大陸棚の縁には海溝から湧き上がる湧昇流の存在によってプランクトンが多く，魚類が豊富である。亜成鳥のアホウドリは，陸から遠く離れた海洋ではなく，大陸棚の縁にあた

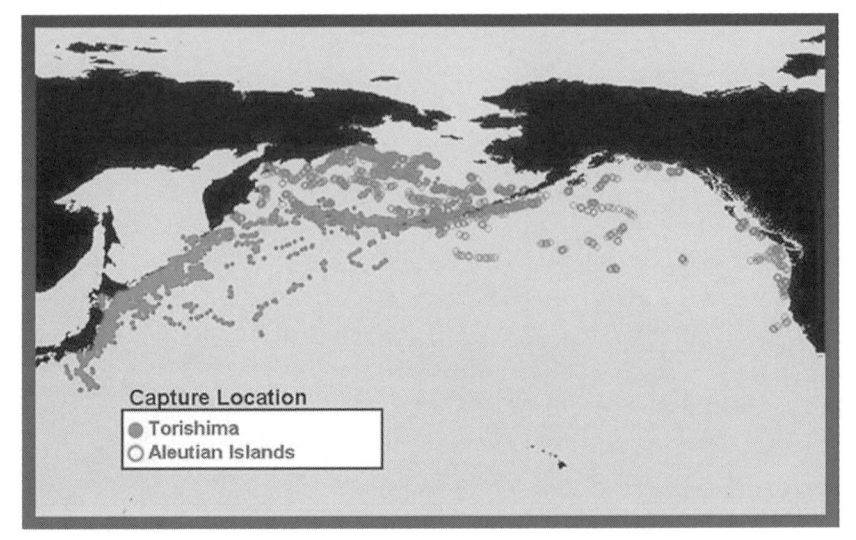

図7 鳥島とアリューシャン列島での捕獲個体の追跡結果[11]

る比較的沿岸部の海域を利用している鳥であるといえよう（図7）。[11]

なお，アホウドリ類に関して人工衛星追跡の研究は進んでおり，世界にいる22種のアホウドリ類のうち，4種を除く18種類でなんらかの人工衛星追跡調査がなされている[12]。

3 保全への利用

鳥類の保全の第1歩は，まずその対象となる鳥をよく知ることである。そのためには正確な位置情報が不可欠である。ところが長距離を移動する種類では，この基本的な情報収集が非常に困難であった。あるいは，ある程度分かっていると思われていた種類でも，人工衛星追跡をしてみると，思いがけず長距離を日常的に移動していることが判明することもある。例えば福島潟で越冬するオオヒシクイが，越冬期間中に数百キロメートル離れた秋田県の八郎潟などへたびたび出かけていることなどは，これまで余り把握されていなかったが，人工衛星追跡によって明確となった。

ツル類の調査結果で明らかとなった，渡りの際の重要な中継地の情報は，保全のために貴重な情報である。ただ単に同じ鳥がこれらの中継地を利用しているというだけでなく，具体的な数字でその中継地を利用する割合が示されたり，利用期間がはっきりと提示できることは，効果的な保全策を講じる上でも多いに役立つ。実際にツルの調査から中継地として重要なことがわかった北朝鮮の板門店，鉄源，文徳，金野の4地域について保護区にすることの提言が行われ，1995年にこのうち文徳，金野にはそれぞれ約3000 haと2000 haがツルの渡り中継地として保護区に指定された[13]。

ロシアのアムール川流域のムラビヨフカでは，足環標識や人工衛星追跡によって，日本の出水との間でマナヅルの渡りが実証されたことに端を発して，1993年に自然公園が設定された。これはロシアの自然保護団体の要請により，日本の企業の出資で買い上げることができたというものである。

また，オオヒシクイの繁殖地がカムチャッカであることが，人工衛星追跡で実証されたことにより，繁殖地と越冬地の関係者の交流が盛んとなって，より緊密な保護の活動が進められようとしている。このように，足環標識や人工衛星調査で結びついた生息地がネットワークとして機能して，渡り鳥の保全を推進していくという考えにより，現在環境省などが中心となって，ガンカモ類・ツル類・シギチドリ類のそれぞれネットワークを構築している。その上で関係諸国と連携しながら鳥類の保護を目指している。

4 衛星追跡の今後の課題

(1) 装着方法の開発

送信機の技術的な開発はめざましく，小型軽量化に限ってみても，この10数年間で160 gから10 gへと進化している。しかしながら，一方ではほとんど進展の見られない分野もあり，そのひとつは送信機を鳥に装着する方法である。装着方法は大別すると三つある。第一は接着法である。これは背中の羽毛や尾羽に，接着剤やテープによって送信機を接着するものである。この方

法の利点は，鳥に対する負担が，重量については送信機本体とわずかな接着剤のみであり，余計な付属物がないことで飛翔などへの障害もほとんど無いことである。反面欠点としては，接着部分の羽毛の劣化によって比較的短期間（1～2ヶ月）で脱落してしまい，長期間の追跡は困難である。ただし，電池が無くなり不要となった送信機がいつまでも鳥の負担となることが無いという意味では好ましい。

第2の方法は，ハーネス（背負い紐）による装着である。通常鳥の皮膚や羽毛への摩擦を少なくするために，テフロン加工したテープを用いて，たすきがけに背中に背負わせる。利点はテープが劣化するまでの長期間継続して使用できることであり，近年よく使われるようになったソーラー電源による数年にわたる追跡は，この方法でなければ困難である。欠点はテープの重さや存在が飛翔への障害となり得ることであり，特に水の中に深くもぐるような鳥では，水による抵抗が大きくなるなどの問題がある。また，不要となった送信機がいつまでも付いていることは好ましくない。

第3の方法は，埋め込み（インプラント）法である。送信機の本体部分を皮下に埋め込み，アンテナ部分は外に出ているものが多い。利点としては体の外側に出る異物が少ないことによって，負担や事故を軽減できることである。ただし，再捕獲して摘出しない限り，不要となってもはずすことはできない。

これらの装着法の欠点を補いあって，鳥にとってより安全で確実な方法の開発が必要であり，一部では取り組まれている。たとえばあらかじめ設定しておいた期日にハーネスを切断して，送信機を脱落させるような装置が考案され実験されているが，まだ実用化には至っていない。また，一部の鳥種では，足環や首輪に送信機を接着することも行われているが，送信機やアンテナのサイズが大きいため，ツル類など特定の種類でしか利用することができない。

このように衛星追跡の技術として非常に重要な装着方法の開発に，今後もっと積極的に取り組む必要がある。

(2) 受信精度の向上

　先に述べたように，地球上の位置測定にはGPSシステムがあり，この方式の方がアルゴス・システムに比べて精度は高くまた測定頻度も飛躍的に多い。そこで，GPS機器を装着した動物の追跡もすでに行われている。問題は，位置データが動物に装着された受信機に蓄積されるので，それを取り出すためには再捕獲をする必要があることであった。近年実用化されたアルゴス／GPSシステムではこの欠点を補うため，GPS機器で受信し蓄積した位置情報を，アルゴス・システムを用いて定期的に送信して，これを人工衛星で受信することが可能となった。現在入手できる最軽量ものは30 gのソーラー電源タイプで，GPSの精度は15 mとされている。すでにハクトウワシ，アメリカトキコウ，ベンガルハゲワシ，コシジロハゲワシなどがこのアルゴス／GPSシステムによって調査研究されて成果をあげている。

　受信機の位置精度が高くなることや測定頻度が多くなることは，追跡から得られるデータをより詳細に解析し，生息環境との関連や日周行動までも把握することを可能とする。また複数個体を追跡すれば，個体間の関係などもより具体的に解明できる。

(3) 各種センサーによる情報収集

　そもそもアルゴス・システムは，気象観測などに用いることが目的で開発されたものであるので，気温や高度などの気象データの収集や，鳥の体温や心拍数，行動活性記録などの生理的データを集めるためのセンサーを組み込むことが可能である。そうすれば，鳥の移動と気象データとの関連や，渡りの高度，潜水時の水深などのデータも得ることができ，さまざまな生態解明にも役立てることができる。

　また，得られた位置データと地理情報システム（GIS：Geographical Information Systems）を組み合わせることによって，鳥類の生息・利用している環境の解析をすすめることが可能となるであろう。さらに地域ごとの環境改変の鳥類に及ぼす影響の予測や，地球規模での環境の変化と将来の鳥類との関係

を推測することも夢ではない時代が来るかもしれない。

　この10年間でPTTの小型軽量化がめざましく進み，当初は考えられなかったアルゴス／GPSシステムなども開発されてきた。今後の10年間にこの人工衛星追跡の技術がどのような方向にどの程度発展するのか，正確に予想をすることは困難である。ただはっきりしていることは，調査技術の革新によって謎の多い鳥の渡りが，確実に解き明かされていくだろうということである。そして，その知識をいかにして有効な保全に役立てるかがますます重要となるであろう。

引用文献

1）相馬正樹 (1994)「衛星を利用した渡り追跡の仕組み」『宇宙からツルを追う』(樋口広芳編), pp. 98-109. 読売新聞社. 東京.
2）Higuchi, H., Sato, F., Matsui, S., Soma, M., & Kanmuri, N. (1991). Satellite tracking of the migration routes of Whistling Swans *Cygunus columbianus. J. Yamashina Inst. Ornithol.* 23: 6-12.
3）Kamiya, K., Ozaki, K. (2002) Satellite tracking of Bewick's Swan migration from Lake Nakaumi, Japan. *Waterbirds* 25: 128-131.
4）Kanai, Y., Sato, F., Ueta, M., Minton, J., Higuchi, H., Soma, M., Mita, N. & Matsui, S. (1997). The migration routes and important resting sites of Whooper Swans satellite-tracked from northern Japan. *Strix* 15: 1-13.
5）Higuchi, H., Ozaki, K., Fujita, G., Soma, M., Kanmuri, N. & Ueta, M. (1992). Satellite tracking of the migration routes of cranes from southern Japan. *Strix* 11: 1-20.
6）Higuchi, H., Ozaki, K., Fujita, G., Minton, J. Ueta, M. Soma, M., & Mita, N. (1996). Satellite tracking of White-naped crane migration and the importance of tht Korean Demilitarized Zone. *Conservation Biology* 10: 806-812.
7）樋口広芳 (2002)「渡り鳥の衛星追跡と保全への利用」『これからの鳥類学』(山岸哲, 樋口広芳編), pp. 432-453. 裳華房, 東京.
8）呉地正行・佐場野裕・岩渕成紀・E. Syroechkovsky・V.V. Baranyuk・A. Andreev・A. Kondratyev・J.Y. Takekawa・三田長久 (1995)「小型位置送信機を使用したハクガン個体群の北東アジアへの復元に関する調査研究」『電気通信普及財団研究調査報告書』No. 9: 518-541.
9）池内俊雄 (2004).『なぞの渡りを追う──オオヒシクイの繁殖地をさがして』pp. 79.

ポプラ社.東京.
10) 山階鳥類研究所 (2005)『日米アホウドリ人工衛星追跡共同事業報告書（平成16年度環境省請負業務）』pp. 34. 山階鳥類研究所, 我孫子.
11) Balogh, G. R., and Suryan, R. M. (2005) Spatial and temporal interactions between endangered Short-tailed Albatross and north pacific commercial fisheries. Semiannual progress report to north pacific research board, project #R0322.
12) Bird Life International (2004). *Tracking ocean wanderers: the global distribution of albatrosses and petrels. Results from the Global Procellariiform Tracking Workshop, 1–5 September, 2003 Gordon's Bay, South Africa*. Cambridge, UK: Bird Life International.
13) 樋口広芳 (2005)『鳥たちの旅——渡り鳥の衛星追跡』(NHKブックス). 日本放送出版協会, 東京.

第 V 部

鳥類保全と人間生活

第13章

鳥類保全と重金属研究

市橋秀樹

　元素を研究することが野生鳥類の保全に繋がるのかどうか，これは大変難しい命題である。「直接的に」ということであれば，恐らくあまり保全には繋がらないと言うのが正直な答えかも知れない。元素には，栄養学的側面と毒性学的側面が常にあり，これらはどちらも鳥類のみに限らず生命の保全に重要な要素である。従って，限られた空間内で飼育される家禽の保全と言うことであれば，元素研究は大変重要であることに間違いない。しかし，野鳥となると環境中の栄養元素含量を云々するよりは，彼らの生息環境を空間的時間的に確保することの方がはるかに重要であろうし，毒性学的にみても鉛と水銀での事例を除けば，元素分布の変化による汚染そのものが野鳥の個体群数を減じたという例は知られていない。
　では，環境中での元素の分布や挙動を調べても鳥類保全には役立たないのであろうか。環境中での元素濃度を測定すると，その環境の質を知ることができる。例えば，土壌の元素組成を知ればその土地の豊かさを知ることができる。同様にして，海水の元素組成からその海域の生産性を予測することも可能である。勿論，他の方法でも知ることができるのだが，元素を分析することも一つの切り口であるし，固体や液体の成分としての元素組成は保存性が高いという利点を備えている。つまり，一度試料を採集して保存しておけば，試料を採集した場所と時間についての環境情報を必要なときに再現することができるのである。また，鳥類自身を環境モニタリングに利用すること

ができるという点も忘れてはならない。実際に，博物館に保存されていた羽を用いて，環境中水銀濃度の時系列変化を再現して見せたという研究例もある。応用の仕方次第で元素研究を鳥類研究に役立てる場面はいくらも考えられよう。本章は，元素の研究にはあまり馴染みがない鳥類研究者に役立つことを目指している。その様な事情から前半部分では鳥の話はあまり出てこない。鳥に関わる元素の話だけに興味がある方は4節からご覧戴きたい。

1　重金属元素とは

　重金属（Heavy Metals）という言葉は，環境問題に対する関心の高まりに伴って近年では日常生活でも頻繁に使われるし，例えば広辞苑の様な標準的辞書にも載っている述語である。ところが，その定義は曖昧で一定していない。よく目にする重金属の定義としては，「密度がある値以上の金属元素」，「原子番号がある値以上の金属元素」などがあり，その際の基準値としては，密度の場合4〜6 g/cm³，原子番号では20程度であることが多い。しかし，これらは化学的にも毒性学的にも根拠のある定義ではなく，また国際純粋応用化学連合（IUPAC）の様な公的機関により定められた定義でもない[1]。また，化学的には半金属（メタロイド）に属する砒素Asやセレン Seを含めることもある一方で，ランタニドやアクチニド，あるいは人工的に作られた放射性の重元素などを暗黙のうちに除外することもあり，「重金属」が具体的にどの元素なのかは混沌としている。この様なことは，関連の研究者ならば誰しも気づいていることで，これまでに何度となく「重金属」に代わる元素の化学的な性質に基づいたグループ名の使用が模索され，また推奨されたこともあった。例えば，周期律表上で3d軌道電子が外殻に充填していく過程に位置するスカンジウム Scから亜鉛 Znまでの10元素を「3d遷移元素」あるいは「第一遷移元素」と一括する呼称などは，分光分析研究者の間ではかなり浸透しているが，一般化という点で「重金属」には遠く及ばない。この様な状況に鑑みて，ここでは敢えて重金属の定義はせずに，本章で登場する元素を図1に示した。

	s-block					d-block									p-block		
1																	18
H	2											13	14	15	16	17	He
Li	Be											B	C	N	O	F	Ne
Na	Mg	3	4	5	6	7	8	9	10	11	12	Al	Si	P	S	Cl	Ar
K	Ca	Sc	Ti	V	Cr	Mn	Fe	Co	Ni	Cu	Zn	Ga	Ge	As	Se	Br	Kr
Rb	Sr	Y	Zr	Nb	Mo	*Tc*	Ru	Rh	Pd	Ag	Cd	In	Sn	Sb	Te	I	Xe
Cs	Ba	*	Hf	Ta	W	Re	Os	Ir	Pt	Au	Hg	Ti	Pb	Bi	Po	*At*	Rn
Fr	Ra	#	*Rf*	*Db*	*Sg*	*Bh*	*Hs*	*Mt*	*Ds*	*Rg*							

f-block

*:ランタニド	La	Ce	Pr	*Pm*	Sm	Eu	Gd	Tb	Dy	Ho	Er	Tm	Yb	Lu
#:アクチニド	Ac	Th	Pa	U	*Np*	*Pu*	*Am*	*Cm*	*Bk*	*Cf*	*Es*	*Fm*	*Md*	*No*	*Lr*

図1　周期律表上でみる重金属元素
背景が網になっている元素がいわゆる重金属元素。ただし，その定義は一定しておらず，特に，Ge, As, Se, Sb, Te, Po および希土類元素（Sc, Y, ランタニド）はしばしば重金属として扱われる。本章に登場する元素は太字で，人工元素は斜字で示した。

2　環境中の重金属分析法

　かつて錬金術の時代には重量法や容量法により分析されていた重金属元素も，今日ではほとんど例外なく機器分析法によって定量されており，分析法と言えばどの機器を使ったかを意味するほどである。環境試料の分析に際しては，試料を溶液化してから機器分析に供することが多いのだが，この溶液化の様な均一化処理を伴い分析終了時には試料が残らない分析法を，破壊分析法と総称する。一方，主として固体試料を直接測定し同一試料を必要に応じて何度でも測定できる分析法を非破壊分析法と呼ぶ。近年主流となっている環境分野での重金属分析法はほとんどが破壊分析法に属しており，大きく分けると分光分析法（Spectrometry）と質量分析法（Mass Spectrometry）とになる。分光分析法を利用する電磁波の波長によって分けるならば，紫外可視分光分析とX線分光分析とになる。前者は外殻電子構造に，後者は内殻電子構造に特有なエネルギー状態を測定することにより元素を特定する。紫外可視分光分析を測定原理からさらに分けると，原子吸光法（Atomic Absorption Spectrometry, AAS），原子発光法（Atomic Emission Spectrometry, AES），原子蛍光

法（Atomic Fluorescence Spectrometry, AFS）になる。X線分光分析としては，非破壊分析法である蛍光X線分析法（X-ray Fluorescence Spectrometry, XRF）が比較的よく利用される。

(1) 分光分析法

　原子吸光法は基底状態にある原子の外殻電子が共鳴線の照射を受けて第一励起状態に遷移する際の吸光現象を測定する方法であり，環境分析法としては最も広く普及している。共鳴線の光源としては，金属元素もしくはそれを含んだ合金からできた中空管状の陰極を持つ中空陰極管（Hollow Cathode Lamp, HCL）をグロー放電させることにより得られる輝線光源を用いる。このランプは通常単元素毎に用意するが，複数の元素を組み合わせた複合ランプも市販されている。検出器としては，専ら光電子増倍管（Photomultiplier, PM）が用いられる。試料の原子化，すなわち励起しやすい基底状態原子を作りだす方法として化学炎を用いるのがフレーム原子吸光法（Flame-AAS, F-AAS）であり，単に原子吸光法という場合はこの方法であることが普通で，通常は空気―アセチレン・フレームを使う。化学炎の利用は手軽ではあるが，燃焼ガスによって試料が希釈されるために感度が低下するので，より高感度な測定のためには化学炎を用いずに原子化を行なうフレームレス原子吸光法（Flameless AAS）が利用される。このうち最も普及しているのが，試料を1000 ℃から3000 ℃に加熱することにより原子化を行なう電気加熱原子吸光法（Electro thermal AAS）で試料の加熱に黒鉛炉を用いるものを黒鉛炉原子吸光法（Graphite furnace AAS, GF-AAS）と呼ぶ。熱加熱による原子化は，共存塩類の干渉を受けやすいという欠点があるものの化学炎原子吸光法に比べて2桁以上の感度上昇が期待できる。

　また，対象元素を気化させることにより原子化する冷蒸気原子吸光法（Cold Vapor AAS, CV-AAS）は，利用できる元素が限られるが，容易に気化する性質を有する水銀Hgの分析については，冷蒸気原子吸光法の一種である還元気化原子吸光法（Reduction Vapor AAS）と加熱気化原子吸光法（Thermal Vapor AAS）がJIS法として記載されている。還元試薬との反応により対象元素

を水素化物として気化させる水素化物発生原子吸光法（Hydride Generation AAS, HG-AAS）も広義には冷蒸気原子吸光法に含まれ，砒素As，セレンSe，アンチモンSbの分析に実用されている。

　原子発光法は励起状態の原子が基底状態に戻る際に放出する共鳴線の強度を測定する方法であり，広義には炎色反応，炎光光度法などもこれに含めることができる。かつては励起源としてアーク放電やスパーク放電が用いられていたが，高周波誘導による無電極放電によって生成する誘導結合プラズマを励起源として利用した誘導結合プラズマ発光分析法（Inductively Coupled Plasma Atomic Emission Spectrometry, ICP-AES）が考案され，1980年代以降，実用分析法として急速な発展を遂げた。原子発光法は，原子吸光法の様に元素毎の共鳴線光源を必要としないので多元素分析に向いている。このため1990年代には検出器として20から50の光電子増倍管を同心円上に搭載した多元素同時定量対応モデルも市販されたが，近年ではCCD（Charge Coupled Device）やCID（Charge-Injection Device）などの半導体素子を検出器として搭載した機種が主流となっている。我が国でも1993年の改訂時にJIS法がICP-AESを採用したため，地方自治体の試験研究機関を中心に急速に普及が進んだ。近年では単にICPと言えばICP-AESを意味するほどであるが，感度的には原子吸光法に及ばない元素が多い。

　原子蛍光法は，外部の共鳴線光源からの放射により励起した原子が基底状態に戻る際に放出する蛍光を測定する方法である。我が国では機器の普及が進んでいないが，水銀分析で高い感度と精度の実績がある。

　蛍光X線分析法は，X線の照射により内殻電子をたたき出し，空いた内殻空間に外殻電子が落ちてくる時に放射される元素に固有の特性X線を測定する分析法である。固体試料を非破壊で測定できるという利点を持ち，和歌山砒素カレー事件で一躍その名を知られた放射光施設スプリングエイト（SPring-8）を利用した分析法もこの蛍光X線分析法の一種であった。蛍光X線分析法と同様にX線を励起源として放出される光電子を観測する分析法は，X線光電子分光分析法（X-ray Photoelectron Spectrometry, XPS / Electron Spectroscopy for Chemical Analysis, ESCA）と呼ばれる。その他，放出されるX線を測定する分析法としては，X線マイクロ分析法（X-ray Microanalysis, XMA）と総称される分

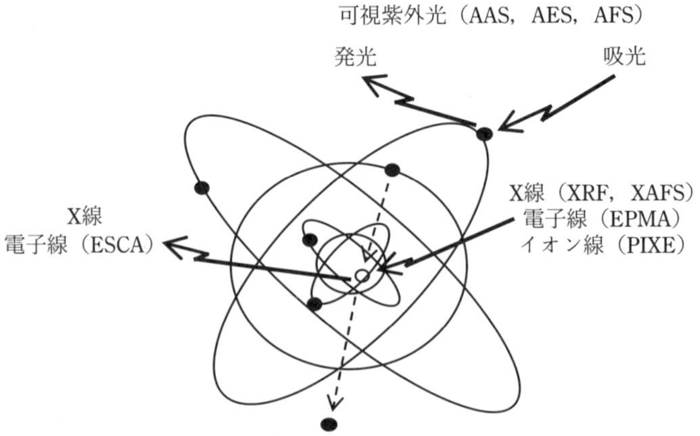

286　第Ⅴ部　鳥類保全と人間生活

図2　環境分析に使われる分光分析法の原理
外殻電子のエネルギー状態変化に伴って出入りする光を観測するのが，紫外線可視分光分析法（AAS, AES, AFS）
内殻電子のエネルギー状態変化に伴って放出されるX線や電子線を観測するのが，X線分析法（XRF, XAFS, ESCA, EPMA, PIXE）

析法が知られており，電子線を照射するのが電子線マイクロ分析法（Electron Probe Microanalysis, EPMA），イオンビームを照射するのが粒子励起X線分析法（Particle Induced X-ray Emission, PIXE）である。また，X線を用いた分析法としては，X線の吸収スペクトルを測定して元素の化学結合や電子の状態，局所構造解析を行なうX線吸収微細構造分析法（X-ray Absorption Fine Structure, XAFS）が近年目覚しい発展を遂げている。これらのX線を利用した分析法は，いずれも非破壊での表面分析が可能であるが，一般的な環境分析での利用は限られている。以上，紹介してきた分光分析法を原理に基づいて図2にまとめておく。

(2) 質量分析法と放射化分析法

　ICP-AESでも励起源として利用されている誘導結合プラズマ（ICP）をイオン源とするICP質量分析法（Inductively Coupled Plasma Mass Spectrometry, ICP-MS）は，近い将来最も普及すると期待されている元素分析法である。ICP-MSは，アイオワ州立大学のR. S. ホウク教授らにより開発され，1983年に初めて

市場に登場した。分析法開発の当初は，質量分解能が必ずしも十分ではなく，特に低質量域での分子イオンなど同重イオンの干渉が問題となったが，その後ハードとソフトとの両面から改良が行なわれた。5桁以上に及ぶ広いダイナミックレンジと高い感度により多元素の定量に向いた分析法であり，測定装置の高性能化と低価格化に伴って市販開始から僅か20年のうちに急速に普及した。検出器としては電子増幅管 (Electron Multiplier, EM) が一般的であるが，近年ではより感度の低い検出器を組み合わせることにより高濃度側へのさらなるダイナミックレンジ拡大がはかられている。また，最近では試料導入系の改良がすすんでおり，超音波により霧状にした液体試料を加熱して脱溶媒を行なう超音波ネブライザー (Ultrasonic Nebulizer, UN) を用いた感度上昇，液体クロマトグラフィー (Liquid Chromatography, LC) を組み合わせることによる化学形態別分析，さらにはレーザーアブレーション (Laser Ablation, LA) を用いることによって固体試料の直接導入も可能となっている。ICP-MS法は，米国環境庁の分析法として採用され，我が国でも1998年の改訂にともなってJIS法に取り入れられている。

元素分析法としては，上記の他にも高エネルギー荷電粒子の照射により核反応を起こし，その結果発生した放射能を測定する放射化分析法があり，特に熱中性子を照射し発生したγ線を測定する中性子放射化分析法 (Neutron Activated Analysis, NAA) は多くの元素に対して高感度かつ高精度な優れた分析法であるが，原子炉施設の利用を前提とするため利用は限られている。

(3) 濃度の単位

近年では環境中から有害物質が検出されたというだけではそれほどの混乱を招くことはなくなった。そもそも天然元素は環境中に存在しても当然の物質である。例えば，核物質として取り上げられることのとの多いウランは天然元素であるから，例えば水道水中にも必ず含まれている。しかし，その濃度レベルは，地域にもよるが我が国ではせいぜい10 ppt程度である。この程度の濃度レベルであれば，環境中のウランからの被爆が問題となることはない。要は検出された物質の濃度レベルが問題なのであるが，この濃度を表す

表1 環境分析で使われる単位

単位			等価単位の例			原子数（水銀の場合）
%	百分の一	10^{-2}	10 g/L	10 g/kg	10 mL/L	3×10^{19} 個/mL
‰	千分の一	10^{-3}	1 g/L	1 g/kg	1 mL/L	3×10^{18} 個/mL
ppm	百万分の一	10^{-6}	1 mg/L	1 mg/kg	1 μL/L	3×10^{15} 個/mL
ppb	十億分の一	10^{-9}	1 μg/L	1 μg/kg	1 nL/L	3×10^{12} 個/mL
ppt	一兆分の一	10^{-12}	1 ng/L	1 ng/kg	1 pL/L	3×10^{9} 個/mL
ppq	千兆分の一	10^{-15}	1 pg/L	1 pg/kg	1 fL/L	3×10^{6} 個/mL
?	百京分の一	10^{-18}	1 fg/L	1 fg/kg	1 aL/L	3×10^{3} 個/mL

%: per cent, ‰: per mill, ppm: parts per million, ppb: parts per billion, ppt: parts per trillion, ppq: parts per quadrillion, k: kilo = 10^3, m: milli = 10^{-3}, μ: micro = 10^{-6}, n: nano = 10^{-9}, p: pico = 10^{-12}, f: femto = 10^{-15}, a: ato = 10^{-18}

ための濃度単位がいろいろとあって分かり難い。環境分析でよく使われる濃度単位を表1に示した。かつて公害問題華やかなりし頃はppmという単位をよく耳にしたものであるが，近年ではppbよりさらに3桁小さいpptレベルが問題とされることも珍しくなく，分析機器の感度としてはppq以下にまで及んでいる。

ここに示したppm, ppbなどという濃度単位は，重量単位か容量単位かわからないのでよろしくないという指摘が，かつてあった。例えば，ppmの例で言うと，1 ppm＝1 mg/L＝1 mg/kg＝1 μL/Lとなるが，この式は溶媒溶質とも比重1でないと成り立たないからよろしくないと言う意見である。確かに厳密性に欠くので，化学論文には向かないという意見も根強いが，環境を分析する際には桁の違いが問題とされることも多く，言い換えると対数値での違いが取りあえずわかればよい場合が少なくない。感覚的に値の大小を知るために大変便利であるから，これらの単位は今後とも使われ続けるであろう。なお，参考までに原子数ではどれくらいになるかを水銀（原子量：200.59）について表中に示した。1 ppt水銀溶液1 mL中にはおよそ30億個（3×10^9個）の水銀原子が入っていることになる。

(4) 分析感度と定量限界

分析感度という言葉はいろいろな意味に使われるので注意が必要だ。例え

ば，分析機器のカタログに「10 pptまでの感度が出ます」と書いてあってもその通りの感度では測定できないことがある。と言うより，測定できないことの方が寧ろ普通である。これはメーカーが嘘をついているのではなく，カタログに記載されている値が，その対象元素のみが含まれている希薄溶液を特別な設備を備えた部屋（クリーンルーム）で測定した場合にのみ達成できる最も低い測定限界値だからなのである。これに対して，環境試料の分析では常に多成分系の分析が要求され，共存物質や二次汚染の影響を考慮しながら作業を進めなければならない。測定を妨害する共存物質の濃度は時として目的元素の千倍以上におよぶことも珍しくない。従って，分析機器のカタログにはその機器の感度は記載できても，環境試料を定量する際に値にできる最低濃度すなわち定量限界濃度を記載することはできないのである。

　法令で定められた定量限界は，「定められた検定方法による」と決められているため，法令が改正されない限り変わることはない。ところが，化学分析の現場での定量限界濃度は，使用する機器の種類や状態はもちろん，試料の量や測定方法によって大きく異なる。かつて要求される分析濃度レベルがppmであった時代には，測定機器から得られる信号がノイズの3倍となる値（S/N比＝3あるいは3σ）をもって検出下限，また同様に10σ程度を定量下限としていた。しかし，機器性能や分析技術が向上して扱う濃度レベルがppbやpptさらにはppqの領域に入ってきた現在では，分析値のバラツキの原因は分析原理そのものや機器の性能に由来するものより，試料の採集や保存，分析の前処理の過程に起因するエラーの方が大きくなっている。このため，機器導入時に測定したS/N比から統一的な検出下限あるいは検出限界を定めることはできないことが普通である。このため，丁寧な報告書では測定の都度異なる検出限界濃度を示し，検出濃度以下になった検体のみを不検出（N.D.＝not detected）として示している。しかし，実際には一つの表の中でも検出限界が異なることもあるため，単に不検出とだけ示している報告例も少なくない。従って，報告書が異なれば不検出の持つ意味は異なると考えねばならない。もし異なる報告書の不検出値を比較する必要があるのなら，報告書の出版された年代や使われた分析手法に十分に注意すべきである。同じ分析法であっても，どの様な前処理を行なったか，例えば妨害物質を適切に分離し

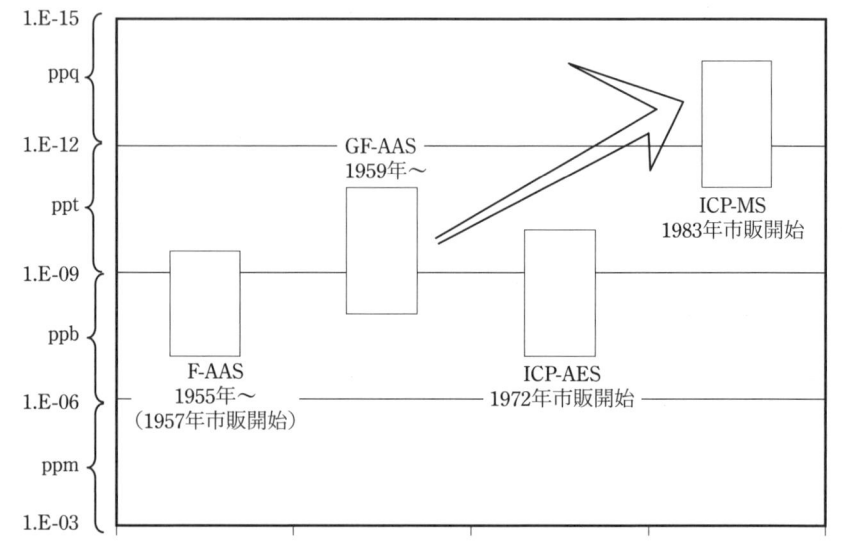

図3　測定法による分析感度の違い
測定法毎に低濃度側の分析感度を大凡の幅で示した。極端に感度が低い元素は除外しており，測定法によって測定できる元素が異なるため，直接比較することはできない。なお，高濃度側の分析感度はふさわしい方法で試料を希釈すれば100％近くまで定量可能と考えて良い。

たかどうか，また測定時に何倍に濃縮あるいは希釈したか等によって，定量限界は大きく異なってくるのである。参考までに，環境分析によく使用される分析法の分析感度を図3に示した。

3　重金属の毒性

(1) 元素普存説

　ラジウムとポロニウムの発見者であるキュリー夫妻はあまりにも有名であるが，同時代を生き75番元素レニウムReを発見したドイツのノダック夫妻の業績はとかく過小評価されがちである。彼らは，ノーベル賞候補に何度もノミネートされながら結局受賞することはなかったのだが，原子核分裂の考え方を1932年にいち早く提唱したのが夫人のアイダ・ノダックであった。ま

た，鉱物での元素普存説，すなわち「あらゆる鉱物は，量の多い少ないこそあるもののすべての元素を含んでいる」という説を1938年に最初に唱えたのもノダック夫妻であったとされている[2]。その後，1953年に当時ソビエトのV・M・ビノグラードフは，主として海洋生物の分析結果に基づいて，この元素はどこにでもあるという考え方を動物や植物つまり生物にまで拡張した。化学分析技術の進歩した今日でも，元素普存説は完全に実証されている訳ではないが，人工元素である3元素すなわち43番テクネチウム Tc，61番プロメチウム Pm，85番アスタチン At を除く92番ウラン U までの89元素について元素普存説があてはまるであろうことは，今や未証明の事実となっている。

(2) 元素の存在量と必須性

生物の体は各種の元素から構成されている。では，その構成割合はどの様になっているのだろうか。図4は，北半球高緯度域に広く分布し，近年個体群数の減少が危惧されているオジロワシの肝臓中元素濃度を示したものである。

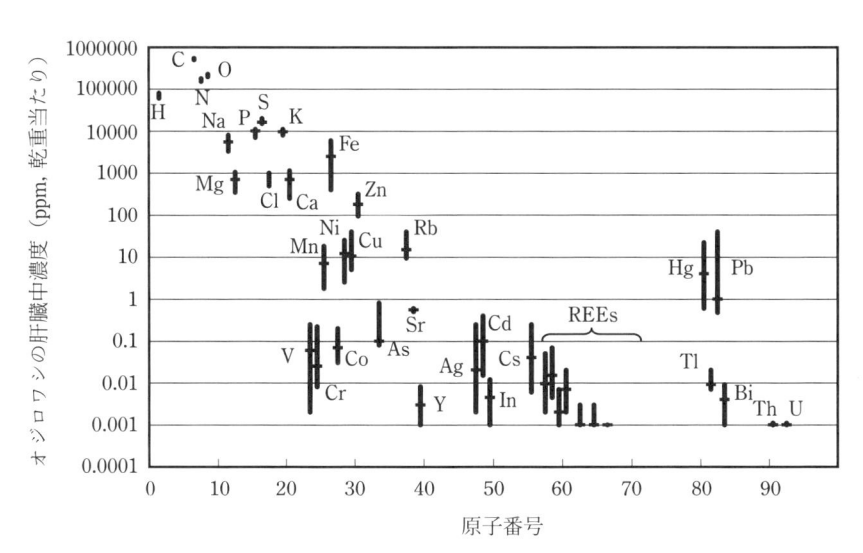

図4 死体で発見されたオジロワシの肝臓中元素濃度
市橋らによる未発表データ。10検体の最小値，平均値，最大値を示した。
H, C, N, O, Cl は蛋白質の標準値を使用。

生物は水分を8割以上含んでいることが普通であるが，この図では乾燥重量当たりのppmで表している。構成比が1％すなわち1万ppmを超えているのは，水素H，炭素C，窒素N，酸素O，硫黄Sの5元素で，これらの元素は体を構成する蛋白質や糖質の主成分である。構成比でこれら5元素に次ぐのが，ナトリウムNa，マグネシウムMg，リンP，塩素Cl，カリウムK，カルシウムCaの6元素で，何れも動物がライフ・サイクルを完結させるのに必要不可欠な必須元素である。ここまでの11元素は，生物体内に比較的多量（概ね100 ppm以上）含まれるため常量元素と呼ばれ，これよりも構成比が小さい元素は，痕跡元素あるいは微量元素と呼ばれる。鉄Feは微量元素とされることが普通であるが，その構成比はマグネシウムMgやカルシウムCaに匹敵するものであり，このため常量元素として扱われることもある。微量元素のうち，クロムCr，マンガンMn，鉄Fe，コバルトCo，ニッケルNi，銅Cu，亜鉛Zn，セレンSe，モリブデンMo，ヨウ素Iの10元素は動物に対する必須性が証明されている。さらに，ホウ素B，リチウムLi，フッ素F，ケイ素Si，バナジウムV，砒素As，ストロンチウムSr，スズSnの8元素は，必須であることの根拠となる生理的機能が明らかにされていなかったり，必要量があまりにも少ないため欠乏症状を作り出すことが困難であったりすることから，動物に対する必須性が完全には証明されていない元素であるが，恐らく高等動物で必須と考えられている。また，カドミウムCdと鉛Pbは実験動物で必須であるという実験結果がいくつか報告されているが，その必須性が広く認められるには至っていない。なお，図4のオジロワシは鉛中毒による死亡個体と考えられており，このためPb濃度が高くなっている。ルビジウムRbはカリウムKの，臭素Brは塩素Clの必須性の一部を代替できることが実験動物で報告されているが，少なくとも高等動物に対しては必須ではないと考えられている。今後新しい必須元素が発見される可能性がないと断言はできないが，ここまでに紹介してきた以外の元素はすべて非必須元素と考えられている。

(3) 毒性とは何か？

すべての微量元素は，その必須性にかかわらず過剰に摂取すれば毒性を発

現すると考えられている。ここで,「毒性」あるいは「毒」とはなんであろうか。日本では,関連する法律として「毒物及び劇物取締法」があり,この法律の別表第1に記載されている27物質とこの法に基づいて別途制定された「毒物及び劇物指定令」で定められた物質が「毒物」である。しかし,これらの毒物であっても影響を及ぼす最小量を超えて暴露しない限り危険が及ぶことはない。少しだけなら毒物は毒にならないのである。逆に一般には栄養素と考えられている物質であっても過剰に摂取すれば望ましくない影響が現れる。すなわち「毒物」とは「有害作用に関する特性が強い物質」であり,このような有害作用に関する特性を「毒性」と呼ぶ。有害作用すなわち毒性影響が実際に現れるかどうかは,毒性の強さと毒性物質の量との両方によって決まる。

毒性の種類としては,一度の暴露でも影響が現れる急性毒性と,継続して暴露することにより徐々に影響の現れる慢性毒性とがある。慢性毒性はさらに,免疫毒性,変異原性,繁殖毒性などにわけることができる。内分泌攪乱物質による毒性は慢性影響の中でも特に繁殖毒性への影響が最も注目されており,元素として内分泌攪乱毒性が疑われているのはカドミウムCd,水銀Hg,鉛Pbの3元素である。

(4) 急性毒性を比べると

毒性を正しく評価するためにはエンドポイントを設定することが必要となる。エンドポイントとは,「影響を評価する為の評価項目」のことであり,必要に応じて複数のエンドポイントを設定しても良いが,比較のためには単一のエンドポイントについてのデータ集積が不可欠である。例えば,半数致死濃度 LC_{50}(水生生物での試験個体の母集団において一定時間内に半数個体が死に至ると予測される時の環境濃度)は,明確な急性毒性のエンドポイントの例である。このため,水生生物での LC_{50} のデータベースは比較的よく整備されているが,陸上動物でのエンドポイントとなると必ずしも明確でない。大気を経由してのみ取り込まれる毒物であれば,水生生物と同様にして大気濃度の LC_{50} を求めることが可能であるが,実際には経口による暴露が主要な経路である場合が多いことから,濃度だけではなく取り込み量すなわち摂餌量を併

表2　メダカに対する金属の急性毒性（48時間LC_{50}）

元素	化学形態	48時間-LC_{50} (mg/L)
水銀	酢酸フェニル水銀	0.05−0.48
	塩化メチル水銀	0.12−0.6
	無機水銀	1.0−2.2
銀	硝酸銀	0.14−50
銅	酢酸銅	0.41−0.65
	硫酸銅	0.62−1.3
鉄	塩化鉄	18.5
カドミウム	塩化カドミウム	1.8−30
	硝酸カドミウム	154
亜鉛	塩化亜鉛	20
	酢酸亜鉛	25−28
鉛	硝酸鉛	21−350
	酢酸鉛	135−600

ECOTOX<http://www.epa.gov/ecotox/>の登録データによる

せて考えねばならない。また，体調が悪くなれば食欲が減退することを考えれば強制投与か自由摂餌かが毒性発現に大きく関わってくるし，投与回数やその間隔も重要なパラメータとなる。さらに対象物質が元素であれば，その存在形態により毒性は異なることも問題となる。従って，鳥類も含めて陸上動物の急性毒性試験ではエンドポイントを等しく設定することは困難であり，このためデータベースに登録されていてもエンドポイントを揃えて比較することができない場合が多いのである。この様な事情から，ここでは，重金属毒性を単一のエンドポイントにより比較することを目指して，米国環境庁（US-EPA）が公開する毒性データベースECOTOX[3]のデータからメダカに関する48時間LC_{50}のデータを拾ってみた（表2）。メダカが鳥類や哺乳類を含む全動物を代表しうるかどうかについては議論の余地があるが，メダカによる比較は公平にして最善の方法である。水銀の毒性が最も高く，銀や銅がこれに次ぐ。一口に水銀といっても有機水銀は無機水銀より1桁毒性の高いことがわかる。鉄の毒性が意外に高いとも思われるが，水生生物はイオン状の無機鉄に対しては弱いのである。生体内での鉄のほとんどは毒性の低い有機体

として存在するため,毒性が弱められている。鉛の毒性は必須元素である銅や亜鉛よりも低くなっており,これも意外にも思えるが,鳥類で報告される鉛中毒の際にはグラム単位での取り込みがあることが普通であるから,この値も急性毒性で見る限りでは妥当である。

(5) 健康リスク評価

米国の環境保護庁 (US-EPA) と毒性物質疾病登録機関 (US-ATSDR) は,ヒトの健康に重大な影響を与えることが懸念される化学物質のリストを公表している[4]。このリストはヒトに対する健康リスクを念頭に作製されたものではあるが,もともと多くの動物での実験結果とヒトでの臨床例,さらにはそれぞれの物質の環境中での濃度や挙動を積み上げたものであるから,哺乳類や鳥類のように毒物に対する反応がヒトと類似する高等動物については十分参考になる。リストは2年に一度改訂され,現在の最新版である2005年度版では275の物質がリストアップされている。近年,上位10物質についてはほとんど顔ぶれに変化がなく,元素としては,砒素,鉛,水銀,カドミウムの4元素がトップテン入りしている(表3)。従って,これらの元素では鳥類をは

表3 ヒトの健康リスクに影響が大きいと考えられる化学物質

化合物名	優先順位					
	1995	1997	1999	2001	2003	2005
砒素	2	1	1	1	1	1
鉛	1	2	2	2	2	2
水銀	3	3	3	3	3	3
塩化ビニル	4	4	4	4	4	4
PCB	6	6	6	5	5	5
ベンゼン	5	5	5	6	6	6
多環芳香族炭化水素化合物	新規	10	9	9	8	7
カドミウム	7	7	7	7	7	8
ベンゾ[a]ピレン	8	8	8	8	9	9
ベンゾ[b]フルオランテン	10	9	10	10	10	10

米国の毒性物質疾病登録機関 (ATSDR) による
http://atsdr1.atsdr.cdc.gov/cercla/

じめとする野生高等動物に対してもリスクが大きいと考えてよい。なお，放射性元素を除く元素としては，40位ベリリウム，50位コバルト，55位ニッケル，74位亜鉛，77位クロム，92位塩素，109位バリウム，115位マンガン，133位銅，142位臭素，147位セレン，177位パラジウム，186位アルミニウム，198位バナジウム，213位銀，214位弗素，222位アンチモンと続く。

4　鳥類と重金属元素——元素各論

　野鳥での明らかな死亡例が絶えず報告される元素は鉛である。水銀はかつて殺菌剤として使用され野鳥や家禽での中毒例や死亡例が多数報告されたが，1970年代以降の使用減少を反映して近年では報告数が減る傾向にある。ここ10年の研究報告数を調べると，この2元素を扱ったものが鳥類での重金属研究全体のほぼ半分を占めている。その他近年では，亜鉛，銅，鉄，砒素，カドミウムなどの毒性に関する研究を比較的よく目にする。特に，カドミウムについては野鳥での特異的な高濃度がしばしば報告されるが，いわゆる汚染の影響であるかどうか定かでなく，それらの高濃度が中毒症状や死亡に明確に結びついていたという証拠はない。しかし，実験動物での中毒や過剰症が現れる環境濃度から考えて汚染が野鳥に影響する可能性のある重金属元素は鉛と水銀の他にもいくつかある。以下に，重金属元素の鳥類との関わり合いを元素毎に概観する。

(1) 鉛 Pb, lead = plumbum

　鉛は，鉱床をなして高純度で産出し銅よりもさらに融点が低く，軟らかくて加工しやすいため，恐らくは有史以前から利用されてきたと考えられている。一方で鉛は，他の多くの動物に対してと同様に鳥類に対して強い毒性を有する金属である。実験動物を用いた研究では欠乏症状を作り出すことに成功したという報告が散見されるが，鳥類を含むすべての生物種で必須性が証明されていない。鉛の主たる蓄積部位は骨であるが，軟組織にも広く分布し

肝臓，腎臓に比較的高濃度がみられる他，血液脳関門を通過して脳にも移行することが知られている。

急性暴露時には肝臓での濃度が上昇するとともに血中濃度が上昇する。肝臓中で5 µg/g，血中で0.2 µg/mL程度が鉛中毒判定の目安とされている。中毒症状をおこすと貧血症状を呈するため外観からも元気がなく，中枢神経症に由来する運動麻痺症状がみられ，群集性の水禽類では群れから離れて単独になろうとする他，鮮やかな緑色をした便を排泄するようになる。ハクチョウの様に羽が白い鳥種では付着した便によって総排出腔の周囲が緑色に変わっており，解剖する前から中毒死が疑われることもある。この緑便の原因は，ポルフィリン症類似のヘム代謝阻害により胆汁分泌が増えたことによるものであり，緑色の正体はポルフィリンが酸化されて開環したビリベルディンである。ヒトでは，血中鉛濃度の増加，ポルフィリンの前駆体であるδ-アミノレブリン酸（ALA）の尿中濃度増加，血中δ-ALA脱水酵素（ALAD）の活性低

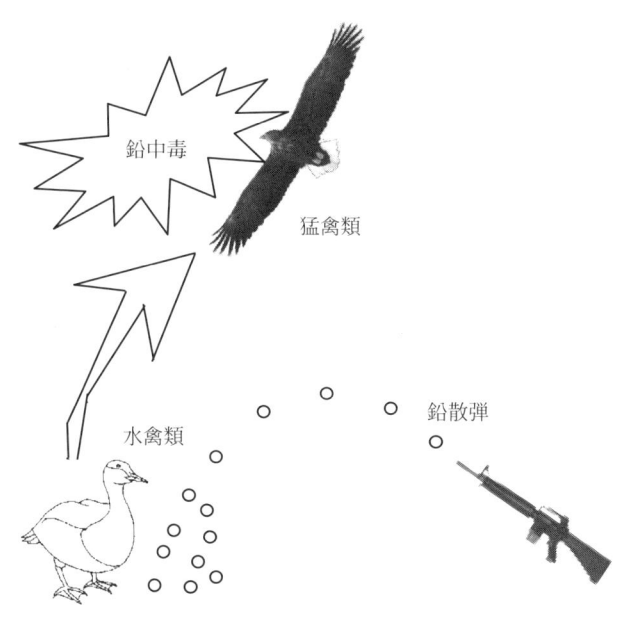

図5 野鳥の鉛汚染
猛禽類は二次的な鉛汚染の危機に晒されている

下，赤血球プロトポルフィリン濃度の上昇などにより，鉛中毒を診断できる。鳥類でも鉛に暴露すると，血中で鉛濃度が上昇する他，ALAD活性が低下し，プロトポルフィリン濃度が上昇することが知られている。また，急性毒性症状を示す場合には，体内に金属鉛を持っていることがレントゲン撮影により確認できる場合も少なくない。

　鳥類に対する鉛の給源としては狩猟に用いられる鉛弾と釣りの錘が考えられる[5]。釣りの錘に由来すると思われる鉛が水禽類の体内から回収されることもあるが，回収される鉛の多くは鉛弾それも鉛散弾である。散弾銃が鳥類に対して使用され，それらの弾が体内に残った場合に中毒原因となることもあり得るが，実はこの様な事例はあまり知られていない。傷ついた鳥は生き延びることが難しいこともその理由の一つであろうが，環境中に放出された金属鉛は鳥類によって自発的に飲み込まれることにより消化管から吸収されるのである。鉛汚染の最たる被害者である水禽類では，砂嚢と呼ばれる構造を腺胃（前胃）の後方に発達させており，石や砂をこの砂嚢に取り込むことにより物理的に食物を砕いていることが知られている。水禽類はこの砂嚢で使う小石として鉛を取り込んでおり，実際，鉛中毒死と思われる個体の砂嚢から鉛弾がよく見つかるのである。一方，猛禽類は水禽類とは異なり砂嚢は発達しておらず小石を摂取する必要はないにもかかわらず，鉛中毒症状が知られている。この様な毒性発現は，猛禽類の餌生物としての水禽類などの動物体内に取り込まれていた鉛によるものと考えられている。また，猛禽類の消化管内から金属鉛が発見されたこともあるが，これは餌生物体内に取り込まれていた鉛であったと考えられている（口絵17）。

　さて，環境汚染の発生が疑われるとき，コントロール（対照）と比較することが必要となる。しかし，環境中でのコントロールを得ることは簡単ではなく，ある物質の汚染が懸念されたときに，その物質の汚染がない地域をみつけることは困難，あるいは不可能であることの方がむしろ普通である。水鳥の鉛汚染の対照地となったのは，実は日本である。宮内庁では国内外からの賓客の接遇の場として埼玉県越谷市と千葉県市川市に鴨場を管理している。これらの鴨場では叉手網と呼ばれるラクロスのラケットを大きくしたような特殊な網を使って鳥を傷つけることなく捕獲が行われる。このため，鴨場で

は歴史的にも将来的にも散弾が使用されることはない。水禽類の多くは渡り鳥だし，留鳥であっても外部からの移入を考慮しなければならないが，鴨場は考え得る限りで最も鉛濃度の低い対照地である。宮内庁鴨場で捕獲された水禽類の分析値から鉛非汚染地に生息する鳥の肝臓中濃度は少なくとも1 ppb以下であると考えられている。

　2002（平成14）年の鳥獣保護法の全面改定に伴って鉛散弾の使用を禁止する地域（鉛散弾規制地域）の指定が可能となった。鉛汚染の対照地が増えた形である。規制地域では，スチール弾の他，非鉄系としてビスマス，スズ，タングステンによる散弾が代替弾として使用される。代替物質としてはスチール＝鉄が最も低毒性であるが，一方では比重が小さく硬いため，従来の銃では使用できない場合もあり，代替物質として非鉄系も認められている。海外では代替弾の影響に関する研究も進んでおり，マガモに経口で与える実験がいくつかの研究グループにより実施されている。それらの結果によれば，スチール，タングステン，タングステン―鉄，鉄―タングステン―ニッケルを経口投与しても，その後少なくとも1ヵ月程度では悪影響はでないことが確認されている。我が国では，鉛弾規制の効果が検証されている段階であるが，第14回環境化学討論会での神和夫先生（北海道立衛生研究所）の発表によれば，猛禽類の中毒事例からみて北海道では2004年の段階ですでに規制の効果が現れてきた兆候がみられる。北海道は，エゾシカ猟用のライフル弾についても鉛弾の規制が始まっている。北海道のみならず，今後とも全国レベルで鉛使用規制の効果を監視していく必要がある。

(2) 水銀 Hg, mercury = hydrargyrum

　水銀は，常温で唯一液体の金属である。多くの金属と合金を作る性質があり，また強い殺菌力や触媒作用を持つため古代から様々な用途に利用されてきた。歴史的に我が国は水銀産出国であり，最盛期には年間200 t以上の国内生産があったが，現在は資源のすべてを輸入に頼っている。有機水銀が水俣病の原因物質であることが明らかとなり，往事には1万tを超えていた世界生産量も1970年代以降は世界的に減少が続いており，2001年には1500 tまで減

少した。しかしながら，化石燃料，特に石炭の燃焼にともなう水銀の環境中への放出は続いており，今なお環境存在量の半分以上が人間活動起源であるとされている。

　水銀は，これまで生物に対する有益な働きは確認されておらず，この点が実験動物では欠乏症状が報告されたこともあるカドミウムや鉛との大きな違いである。生物中では，毛，羽，爪などの硬組織での濃度が高い。鳥類では羽中の水銀濃度を測定することにより非捕殺的な環境モニタリングが可能である。軟組織では，腎臓での濃度が最も高く，肝臓，肺などがこれに次ぐ。無機水銀の吸収率は数％以下であるが，有機水銀の吸収率は100％に近いことが知られている。水銀の海鳥での半減期は2ヵ月程度と報告されており，鳥類でも血液―脳関門を通過することが知られている。

　水銀は，濃度は低いものの環境中の至る所に存在する。揮発性が高くHg^0として大気圏を移動拡散し，主に降雨により水圏へ移行し酸化されHg^{2+}となるが，大部分は還元されて大気圏へ戻る。総水銀の外洋水での鉛直分布は他の金属元素に比べて一様であるが，メチル水銀濃度は深海で高い。水中のHg^{2+}は微生物によりメチル化されてメチル水銀に変化するが，有光層では光により容易に分解し無機化する。ところが，光の届かない深海では分解過程が進まず表層に比べて高いメチル水銀濃度となると考えられている。キンメダイの様な一部の深海性魚類やサメ，カジキ・マグロ類の様な魚食性の大型魚類が高い濃度のメチル水銀を蓄積しているのは，深層水中のメチル水銀を餌経由で取り込んでいるためと考えられている。海鳥に高い水銀蓄積を示す個体がいることも餌生物由来の有機水銀を蓄積したものと考えられている。食う食われるの関係（食物連鎖）を通じての生物濃縮現象は，PCBsやDDTsの様な脂溶性物質についてはよく知られているが，金属元素で証明された例は少ない。生物中で元素の高濃縮が発見されてもそれは食物連鎖とは関係のない蓄積現象であることが多いのである。しかし，有機水銀では例外的に食物連鎖を通じて濃縮された事例が多数報告されており，このことは水俣病裁判を通じて法的にも証明された。鳥類でも食物網の高次に位置する猛禽類や，魚食性鳥類では乾重当たりで100 ppmを超えるような高濃縮が多数報告されている[6]。しかし，これら水銀を高濃度に蓄積した鳥種においても野生個体

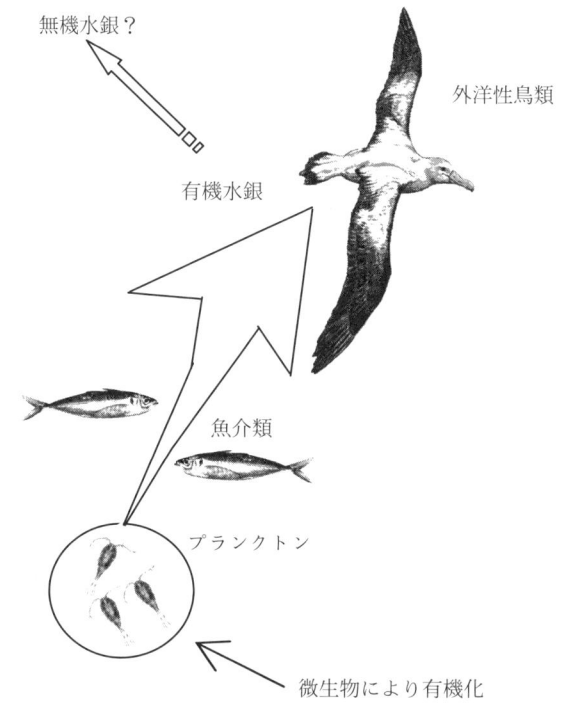

図6 有機水銀の食物連鎖を介した生物濃縮
微生物により有機化された水銀は食物連鎖を通じて生物濃縮される。アホウドリ類は、この有機水銀を無機化することにより、毒性を抑えているのかも知れない。

での中毒症状の報告は少ない。有機水銀中毒による最も顕著な症状は神経症状であり，1950年代に水俣病が発生した頃の水俣周辺ではカラスの行動に異常がみられたと言われる。ところが，外見上健康な鳥でも鳥類での水銀の高濃度がみられるのである。愛媛大学の研究グループの分析によれば，肝臓中にHgを高蓄積していた健康なクロアシアホウドリでは，9割以上を無機水銀として蓄積していた。つまり，このケースでは，毒性の高い有機水銀としてではなく，より毒性の低い無機水銀として蓄積することにより毒性発現を免れていたと考えられるのである。水銀は，有機水銀として食物網を介して濃縮されていくことを考えると，このクロアシアホウドリのケースでは鳥体内で無機化されたと予測されるが，実際に食物連鎖のどの段階で，またどの様

な反応過程を経て無機化が起こったのかは，今後の解明に待たねばならない。

(3) その他の重金属元素

以下，家禽等では欠乏症や過剰症が知られているものの野生生物では中毒等の報告例がほとんど知られていない重金属元素について簡単に触れる。

1) バナジウム V, vanadium

バナジウムは環境中に広く分布しており，ポルフィリンとの親和性が高いため，化石燃料中に ppm のオーダーで含まれている。バナジウムは原索動物ホヤの血液中に高濃度に存在することが知られており，その存在形態はバナジウムを構成金属とするヘム蛋白ヘモバナジンであることも明らかにされている。しかし，このヘモバナジンは酸素に対する結合能を持っておらず，その生理的機能は明らかになっていない。1970年以降，ニワトリ，ラット，ヤギなどの実験動物でバナジウム欠乏症状を作り出すことに成功したという報告が相次いだ。しかし，何故この元素が必要なのかは明らかにされていない。実験動物では過剰症が知られている他，ヒトでは職業暴露による中毒例も報告されているが，野生生物での中毒例は報告されていない。

2) クロム Cr, chromium

クロムは糖代謝および脂質代謝に関わることが知られている必須元素である。ヒトではクロム欠乏によりグルコース耐性の低下することが知られている。クロムの体内組織分布は一様で特異的に蓄積する組織がみられない。また，クロムの他の金属と異なる特徴として細胞内で核に高濃度で存在することが知られており，核酸の安定化に関与する可能性が示唆されている。一方，クロムは中毒症が知られており，3価より6価で毒性が強い。また，6価クロムは発癌性があり，国際癌研究機構 (IARC) によるグループ分けによれば，グループ1 (ヒトに対して発癌性がある) に分類されている。

3）マンガン Mn, manganese

マンガンはピルビン酸カルボキシラーゼの活性中心である他，様々な酵素の活性化に関与しており必須元素であることに疑いはないが，必須量が少ないため欠乏状態を作り出すことは困難である。ニワトリでは餌中マンガン濃度40 ppmが正常な成長や産卵に必要とされている。動物体内では，骨，毛など硬組織での濃度が高く，軟組織では肝臓，腎臓に比較的高濃度がみられる。マンガンはメラニン代謝に関係があると考えられており，メラニン中に濃縮される傾向がある。このため，鳥の場合でも色の濃い羽で高い濃度のみられることが知られている。過剰に摂取されたマンガンは胆汁中に速やかに排泄され，さらに過剰になれば膵臓や十二指腸からも排泄が行われる。このためマンガン過剰状態を作り出すことも簡単ではない。鳥類に関わるマンガン成分としては，ニワトリの肝臓のミトコンドリア画分から単離され機能不明とされたマンガン蛋白アビマンガニンAvimanganinがある。後の研究により活性酸素の不均化を触媒する酵素の一つであるマンガン―スーパーオキサイド・ジスムターゼ（Mn-SOD）であることが明らかとなった[7]。

4）鉄 Fe, iron = ferrum

鉄は，ヘモグロビンやチトクローム酵素の構成成分であり，動物植物ともに対して必須元素である。このため，通常では動物体内濃度が最も高い重金属元素である。家禽での鉄過剰症は知られているが，鳥類も含めて家畜では欠乏症の方が問題となっている。ヒトでは貧血の原因の8割以上は鉄欠乏によるヘモグロビンの減少だと考えられている。生物体内での鉄はほとんどすべてが蛋白質と結合した有機態として存在しており，その蛋白質部分の構造からヘム鉄と非ヘム鉄に分けられる。ヘム鉄は血液ヘモグロビンと各種のチトクローム酵素が代表である。筋肉中で酸素を蓄える働きをするミオグロビンもヘム鉄で，潜水性の海獣や海鳥の筋肉が赤黒いのはこのミオグロビンの色である。非ヘム鉄としては，血漿中の鉄輸送蛋白トランスフェリン，広く体内に分布し特に肝臓，脾臓，骨髄に蓄積される水溶性のフェリチンおよび不溶性のヘモシデリンがある。鳥体内の無機鉄としては帰巣性鳥種の頭部から磁鉄鉱（Magnetite）がみつかっており，地磁気を感知するのに役立ってい

ると考えられている。また，ヒゲワシは羽中に酸化鉄を蓄積することが知られているが，その生理学的意味については結論が出ていない。ニワトリの雛では飼料中50 ppmの鉄が最低限必要とされているが，産卵中のメスの鉄要求量はこれより多くなる。ヒトでは鉄を摂取しすぎると嘔吐や下痢を起こすことが知られている。野鳥でも地理的に鉄が豊富な地域では過剰害が起きている可能性はあるが，鉄過剰症や中毒の報告例はない。

5）コバルト Co, cobalt

コバルトはビタミンB_{12}の構成元素で，微量必須元素である。一方，動物に過剰量のコバルトを与えると多血球血症が起きる。この様なコバルト過剰症は，成熟した反芻動物を除く多くの家畜で確認されており，アヒル，ニワトリもその例外ではない。ただし，コバルトの環境存在量は生物の必要量に対して決して多いものではなく，問題となるのは環境中コバルト低濃度地域での欠乏症である。

6）ニッケル Ni, nickel

ニッケルはウレアーゼの構成元素であり，ヒトの血漿中では大部分がニッケルプラスミンとして存在することが知られている。必須元素であることには疑いがないが，何故必須なのかを含めて生物界での生理機能の詳細には不明な点が多く残されている。ニッケルは欠乏症と過剰症の両方が知られている。鳥類では，ニッケル欠乏のニワトリは脚の色素と形態に異常があらわれ，ニッケル過剰のニワトリは摂餌量と成長が低下することが知られている。ニッケル化合物は発癌性を有することでも知られており，国際癌研究機構（IARC）によるグループ分けによれば，金属ニッケルはグループ2B（ヒトに対して発癌性があるかも知れない），ニッケル化合物はグループ1（ヒトに対して発癌性がある）に分類されている。

7）銅 Cu, copper

銅は様々な蛋白質や酵素の構成元素であり，必須元素である。銅は，様々な臓器に蓄積されるが，通常では肝臓や腎臓より脳で高い濃度を示すことが

特徴である。皮膚，毛，羽，爪などの硬組織での濃度も高い。また，血中濃度も高く血漿中では9割以上がセルロプラスミンとして存在することが知られている。以前より反芻類家畜，アヒル，ウシガエル，ウミガメ類等の肝臓で高い濃度が報告されてきたが，最近になって東京農工大学の渡邉らの研究グループによりタイワンリスの肝臓に乾重量当たり1000 ppmを超える高い蓄積が報告された。鳥類ではエボシドリ科の鳥の羽に広く，しかも特異的に分布する赤色の銅色素ツラシン Turacine が知られている。

8）亜鉛 Zn, zinc

亜鉛は，多くの金属酵素の構成元素であり，様々な欠乏症が知られる必須元素である。血球中の濃度が高く，そのため臓器による濃度差が比較的少ない元素である。ヒトでは，缶詰から溶出した亜鉛による中毒症などの報告もあるが，一般的に過剰症の起こりにくい元素である。飼育下の鳥類では炭酸亜鉛，硫酸亜鉛，金属亜鉛などを経口投与することにより，貧血を主な症状とする亜鉛中毒状態を作り出すことができる。野鳥でも中毒の報告は小数ながらあり，例えば，保護され死亡したナキハクチョウでは，血漿，肝臓，腎臓での亜鉛濃度が，それぞれ湿重当たりで11.2, 154, 145 ppmであった。しかしながら，この例でも果たして亜鉛が直接の死亡原因であったどうかは明らかでない。

9）砒素 As, arsenic

砒素は古くから知られた毒物である。かつて農薬として多用され，現在でも，医薬，農薬としての使用が続いている。このため，ヒトでの急性中毒の報告が多い。一方，海洋生物を中心に砒素を蓄積する生物が多数知られているが，野生生物での中毒例は知られていない。これは砒素の環境中での存在形態が多岐におよぶこととも関係しており，無機体として3価と5価の砒素が知られる他，様々な有機砒素化合物が環境中に存在している。このため，存在形態研究の最も進んでいる元素でもある。2003年に茨城県神栖町で発見された砒素汚染は毒性の高い有機砒素ジフェニルアルシン酸（DPAA）が原因であったが，一般的には有機砒素より無機砒素の毒性が高い。動物体内に取り

込まれた無機砒素は主として肝臓でメチル化されることにより毒性を減ずる。また，砒素および砒素化合物は発癌性があり，国際癌研究機構 (IARC) によるグループ分けによれば，グループ1（ヒトに対して発癌性がある）に分類されている。砒素は，1970年代以降実験動物での欠乏症状が多数報告されている。鳥類では，砒素欠乏のニワトリの雛で体重増加が減少し，ヘマトクリット値が増加し，血漿中の尿酸が減少し，脚にねじれがみられたと報告されている。欠乏症発現の機構としては亜鉛代謝との関わり合いが示唆されているが，必須性の根拠となる生理機能については明らかにされていない。

10) 銀 Ag, silver = argentum

銀は貴金属としてのイメージが強いため反応性に乏しいと考えがちであるが，実際には少なからず薬理作用があり，特に硝酸銀は古代エジプト時代から殺菌剤として使われてきた。デジタルカメラの普及に伴って今後は写真感光材料としての需要は減少していくことが予測されるが，電池，化学触媒，抗菌剤などとしての工業需要は増加傾向にあり，2002年の世界生産量は初めて2000 tを超えた。野生生物での中毒例は知られていないが，200 mg/kgの銀を含む飼料を与えたニワトリでは成長抑制が，また900 mg/kgの銀を含む飼料を与えたシチメンチョウでは成長抑制に加えてヘマトクリット値の減少と心臓肥大が報告されている。銀は金属結合蛋白質として知られるメタロチオネインに対する親和性の強い元素であり，鳥類でも銀メタロチオネインの存在が報告されている。

11) カドミウム Cd, cadmium

カドミウムは亜鉛と類似性の高い元素である。イオン半径が近いため，生体内でのカドミウムは必須元素である亜鉛を置換することが知られており，このことがカドミウムの毒性発現に繋がる。カドミウムおよびカドミウム化合物は発癌性があり，国際癌研究機構 (IARC) によるグループ分けによれば，グループ1（ヒトに対して発癌性がある）に分類されている。第12族元素（亜鉛，カドミウム，水銀）に共通な特性として揮発性が高く，この元素が広く環境中に分布することの一因となっている。チオール基 (-SH) に対する親和性が高

いため生体内では蛋白質と結合しやすい。体内では，特に腎臓での濃度が高く，肝臓がこれに次ぐ。鳥類はカドミウムによって腎臓に損傷を起こすことが組織学的に知られているが，かなりの高蓄積であっても致命的な影響は受けないらしい。例えば，70 µg/gのカドミウムを添加した餌を3週間に渡って与えたキジでは腎臓中カドミウム濃度が平均140 µg/gにまで高まったが，体内濃度以外では統計上有意な影響は現れなかった。カドミウムは金属結合蛋白質メタロチオネインに強く結合する元素であり，メタロチオネインによる毒性緩和作用が働いているものと考えられている。この様に鳥自身は健康影響を受けることなく高濃度のカドミウムを蓄積することから，鳥類はカドミウムの環境濃度をモニターするのに有用と考えられる。

12) 錫 Sn, tin = stannum

スズは，プラスチックの安定化剤や防汚剤として使用された有機スズの毒性が問題とされがちであるが，元素としてのスズはラットでの欠乏症が報告されており，おそらく高等動物では必須であると考えられている。ヒトでは職業暴露や缶詰からのスズによる中毒症が知られているが，野鳥での中毒例は知られていない。有機態の毒性は無機態より高いと考えられているが，水生生物以外での毒性研究はそれほど多くない。一例として，ウズラでの酸化トリブチルスズ（TBTO）の無影響濃度は60 mg/kg TBTOであったとの報告がある。ヒトでは有機スズの職業暴露による急性中毒の事例が知られている。

13) ビスマス Bi, bismuth

ビスマスは主として鉛や銅の副産物として産出するが，生物での分析例は少ない。最近になって，カナダでの鳥類の肝臓中濃度レベルは乾重当たりで数ppbと報告された。生命に対する有用性の報告はなく，環境中の濃度レベルが低いことから環境汚染による中毒の報告も見あたらない。わずかにヒトで梅毒の治療薬として使用された際の慢性中毒例が知られている。しかし，鉛弾規制後の代替素材として使用されていることから，今後環境中での濃度レベル変動を監視していくことが求められる。

5　金属と親和性の高い生体物質

　生体内の金属はその多くが有機体として存在しており，生体内での金属挙動を考えるときに，存在形態がきわめて重要な因子となる。このため，これまでにも有機水銀や有機砒素のように存在形態別の分析は数多くなされてきたが，今後はこれまで以上に形態別分析が必要となると考えられる。ここでは，20世紀の早い時期から知られていた生体内有機金属をいくつか紹介する。

(1) 金属ポルフィリン（Metalloporphyrins）

　窒素を含んだ5員環化合物であるピロールの4分子がメチン基—C＝を介して結合して環状になった化合物をポルフィンあるいはポルフィン環と呼ぶ。このポルフィンを基本骨格に持つ誘導体をポルフィリンと総称する。ポルフィリン類は多くの元素と錯体を形成することができ，いくつかの金属ポルフィリンは，生体に不可欠な生理作用を担っている。例えば，クロロフィル類はマグネシウムポルフィリンであり，脊椎動物の血色素蛋白質であるヘモグロビン，酸素貯蔵能を有する色素蛋白であるミオグロビンは鉄ポルフィリンである。また，生体内の様々な酸化還元反応に欠かすことができない酵素群であるチトクローム類の色素部分も鉄ポルフィリンである。ヘモグロビン，ヘムエリスリンなどの血色素蛋白はポルフィリン部分に鉄を配位していることが多いが，頭足軟体動物や節足動物では鉄の代わりに銅を持ったヘモシアニンが酸素運搬に関与している。その他，ビタミンB_{12}コバラミンは，構造中にコバルトポルフィリンを含んでおり，16種のエボシドリ科鳥類で発見された銅含有赤色色素ツラシンTuracineは，後に銅ウロポルフィリンIIIと構造決定された。また，化石燃料中ではバナジウムとニッケルの濃度が高くなっていることが知られているが，これはこれらの金属が金属ポルフィリンとして安定に存在するためである。

　ポルフィリン類は生物由来のものが多く，多様性と化学的安定性があり，また，特異な光特性を利用した高感度な分析技術も開発されている。このた

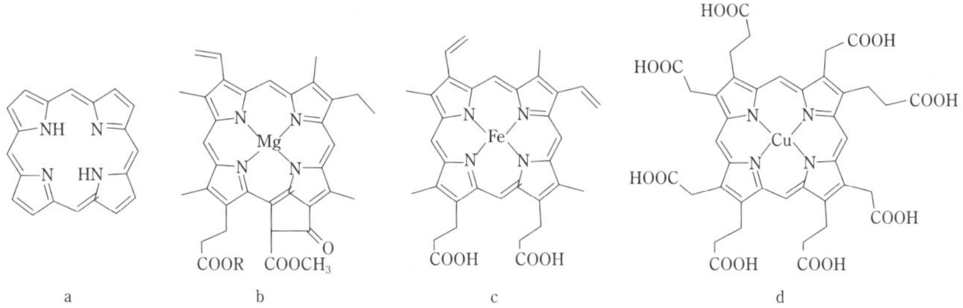

図7 ポルフィリンの例
a：基本骨格のポルフィン　b：マグネシウム錯体となったクロロフィルa
c：ヘモグロビンの鉄錯体部分であるヘム
d：エボシドリ科の羽から抽出された赤色色素ツラシン

め，今後環境中の金属研究への応用が期待されており，鳥類でも糞中のポルフィリン類とその代謝物を重金属暴露のバイオマーカーとして用いる試みがなされている。

1）メタロチオネイン（Metallothioneins, MTs）

　1957年米国ハーバード大学のB・L・バリー教授らは，ウマの腎臓皮質からカドミウム結合蛋白質を精製することに成功した[8]。その後の研究により，この蛋白質は分子量6000から7000と低分子量で，芳香族アミノ酸は含まず構成アミノ酸の約3割をシステインが占めるにもかかわらず分子内にジスルフィド結合(-S-S-)を一つも持たないこと等が明らかとなり，メタロチオネイン（Metallothioneins, MTs）と命名された。メタロチオネインは金属含量が高く，一分子内に7原子の金属を取り込んでいる場合が多く，カドミウム以外でも銅，亜鉛，銀，金，水銀およびビスマスが，メタロチオネインの合成を誘導し結合することが知られている。メタロチオネインは重金属以外の薬物の投与や，高温，低温，放射性の照射など様々なストレスに晒されることにより生合成される。メタロチオネインは様々な臓器で合成されるが，主な合成部位は肝臓で，蓄積部位は腎臓であると考えられている。現在ではメタロチオネインに類似する蛋白質は，哺乳動物や鳥類は勿論，魚類，軟体動物，節足動物，環形動物，酵母，さらには藍藻類や大腸菌の様な原核生物にまで広く存在することが知られている。植物界にもメタロチオネイン様蛋白質の広く

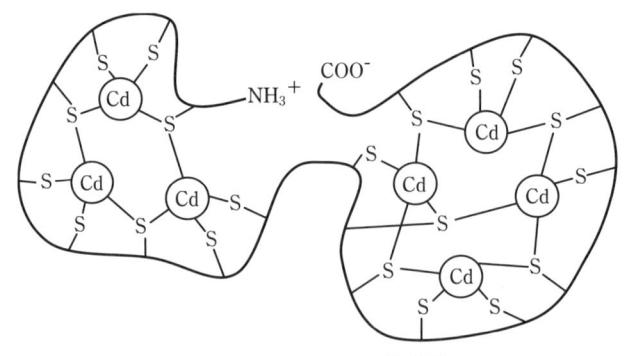

図8 カドミウム・メタロチオネインの模式図
1分子内に7原子のカドミウム原子を取り込んだ低分子量蛋白質である。

存在することが知られているが，高等植物に広く分布するメタロチオネイン様蛋白質の多くはグルタミン含量が高くファイトケラチン（Phytochelatins, PCs）と区別して呼ばれる。メタロチオネインの生理機能としては，必須元素である銅，亜鉛の貯蔵と供給，カドミウム等重金属類の毒性発現抑制，フリーラジカルの除去などがあるとされている。

2) スーパーオキサイド・ジスムターゼ（Superoxide Dismutases, SODs）

生体内の活性酸素は，発癌，炎症，老化などの原因となる。この活性酸素を不均化反応により無毒化する反応を触媒するのがスーパーオキサイド・ジスムターゼ（Superoxide Dismutases, SODs）である。SODは活性中心となる金属元素により，銅亜鉛-SOD，鉄-SOD，マンガン-SODの3種類に分けられている。銅亜鉛-SODは高等動物，植物をはじめ多くの真核生物の細胞に広く分布し，鉄-SODは光合成細菌や藍藻など一部の原核生物のみにみられる。一方，マンガン-SODは大腸菌，乳酸菌およびニワトリの肝臓のミトコンドリア画分でみつかっている。当初，アビマンガニンAvimanganinとして単離されたマンガン蛋白質はこのマンガン-SODである[7]。

引用文献

インターネット上で無料公開されている文献のみ掲げた。9)–11)は本文中では触れていないが，参考となると思われるサイトである。

1) Dufos JH (2002) "Heavy metals"—A meaningless term?, Pure Appl. Chem., 74 (5), 793–807. Available from <http://www.iupac.org/publications/pac/2002/pdf/7405x0793.pdf>
2) Ida Tacke Noddack, Contributions of 20th century women to physics, UCLA. Available from <http://cwp.library.ucla.edu/Phase2/Noddack,_Ida_Tacke@844157201.html>
3) ECOTOX database, US—Environmental Protection Agency. Available from <http://www.epa.gov/ecotox/>
4) 2005 CERCLA priority list of hazardous substances, US—Agency for Toxic Substances and Disease Registry. Available from <http://www.atsdr.cdc.gov/cercla/>
5) Scheuhammer AM and Norris SL (1995) A review of the environmental impacts of lead shotshell ammunition and lead fishing weights in Canada, Occasional Paper Number 88, Canadian Wildlife Service. Avairable from <http://www.projectgutpile.org/archives/pdf/leadshot.pdf>
6) Scheuhammer AM (1995) Metylmercury exposure and effects in piscivorous birds, Environment Canada. Available from <http://www.emanco.ca/eman/reports/publications/mercury95/part1.html>
7) Weisiger RA and Fridovich I (1973) Superoxide dismutase—Organella specificity, J Biol Chem, 248 (10) 3382–3592. Available from <http://www.jbc.org/cgi/content/abstract/248/10/3582>
8) Margoshes M and Vallee BL (1957) A cadmium protein from equine kidney cortex, J Am Chem Soc. 79 (17), 4813–4814. Available from <http://pubs.acs.org/cgi-bin/abstract.cgi/jacsat/1957/79/i17/f-pdf/f_ja01574a064.pdf>
9) WHO—International Programme on Chemical Safety (1989) 環境保健クライテリア 85 鉛—環境面からの検討—（日本語抄訳）. Available from <http://www.nihs.go.jp/DCBI/PUBLIST/ehchsg/ehctran/tran1/lead-en.html>
10) WHO—International Programme on Chemical Safety (1989) 環境保健クライテリア 86 水銀—環境面からの検討—（日本語抄訳）. Available from <http://www.nihs.go.jp/DCBI/PUBLIST/ehchsg/ehctran/tran2/21mercury-en.html>
11) WHO—International Programme on Chemical Safety (1992) 環境保健クライテリア 135 カドミウム—環境面からの検討—）. Available from <http://www.nihs.go.jp/DCBI/PUBLIST/ehchsg/ehctran/tran1/cadmi-en.html>

第14章

鳥類と感染症

髙崎智彦・伊藤美佳子

　感染症のなかには，種の壁があって，鳥から哺乳類には感染しない病原微生物もあるが，時に種の壁を越えSARSウイルスのように人に猛威を振るう場合がある。また，鳥インフルエンザウイルスのように本来鳥類のウイルスが濃厚な接触のためにヒトに病原性を発揮する場合もある。一方で，ウェストナイルウイルスのように鳥類がウイルスの増幅動物として極めて重要である場合，渡りという行動によりウイルスの分布域を広げる主役ともなる。今後の鳥類研究は，病原体の拡散という面からの調査も重要となってくる。また，同じ種類の鳥であっても病原体の感受性が，地域によって異なっている場合も考えられ，このような観点からの研究も必要である。

1　ウェストナイルウイルス

(1) ウイルス学的分類

　ウェストナイルウイルスは，黄熱ウイルスに代表されるフラビウイルス科に属するウイルスである（口絵18）。多くのフラビウイルスは，蚊やダニといった昆虫によって媒介されるアルボウイルスと総称される昆虫媒介性ウイ

ルスの一群である。このアルボウイルスは，蚊やダニとある種の脊椎動物との間で感染環を維持しているわけであるが，鳥類は極めて重要な自然宿主であることが多い。

　ウェストナイルウイルスは，日本脳炎ウイルス，セントルイス脳炎ウイルス，マレーバレー脳炎ウイルス，クンジンウイルスなどと相同性が高く，抗原的に強く交叉反応を示す日本脳炎血清型群（Japanese encephalitis serocomplex）に分類される。日本脳炎ウイルスは哺乳動物（ブタなど）→蚊→哺乳動物（ブタなど）が主たる感染環であるが，ウェストナイルウイルスの感染環は鳥と蚊によって維持されている。

(2) 鳥における症状

　ウェストナイルウイルスは，従来鳥にはあまり症状を起こさなかったが，1999年から米国で流行しているウイルス株はカラスやタカなど比較的大型の鳥を中心に脳炎や心筋炎などを発症する。

　しかし，ハトやスズメのように感染しても発病しない鳥類もいる。シチメンチョウに対する実験では，ウイルスを皮下接種後，2日から10日にかけてウイルス血症をきたし，12羽中1羽が死亡したと報告されている。また，ニワトリでも接種後2日から8日まで量的には少ないがウイルス血症がおこり，心筋・脾臓・腎臓・肺・小腸からは10日目でもウイルスが分離されることが報告されている[1]。

(3) ウェストナイルウイルスの伝播・拡散における鳥類・媒介昆虫の役割

　2002年，2003年のヒトの患者発生は，7月上旬であった。その1〜2ヶ月前から鳥や蚊からウイルスは分離されている。このことは，感染蚊の密度がある程度高くなった時点でヒトやウマといった終末宿主に感染する機会が高まると考えられる。2002年の北米大陸での患者発生数は，南部の州では，7月初旬からなだらかに患者数が増加し，北部の州では，患者発生のピークは9月初

旬であった。このことは，夏季に入り南部のウイルスに感染した渡り鳥が，北部に移動した結果であることが考えられる。実際北部諸州でも五大湖周辺で患者発生が急増し，カナダでも五大湖周辺の州で患者発生をみた。感染鳥の多くが水の豊富な地域に移動したと考えられる。蚊の移動距離が風に流されたとしても数キロメートルであることを考えると，北米におけるウイルスの伝播拡大の主役は鳥類であったことがうかがわれる。2006年には南米アルゼンチンでもウェストナイルウィルスの活動が確認されている[2]。鳥類のなかでもその主役は渡り鳥であるが，留鳥がウイルスを運ぶ場合もある。たとえばロシアの場合，北部カスピ海沿岸地域のウェストナイルウイルスが年々東に移動して，西シベリアのノボシビルスクでは2002年にミヤマカラスやコガモからウイルスが分離され，2004年には3人の患者が発生した。2003年から2004年にかけて東シベリアのウラジオストク周辺でも死亡野鳥（クロハゲワシ，アマサギ，ハシブトカラス，カササギなど）から，ウェストナイルウイルスが検出されている[3]。

2　鳥インフルエンザウイルス

　鳥インフルエンザウイルスの病因は，A型インフルエンザウイルスで，鳥類のインフルエンザウイルスには，H1からH15までの15種類の亜型が存在するが，高病原性を示しうるのはH5とH7のみである。Hというのは，A型インフルエンザウイルスの表面に存在するガチョウの赤血球を凝集（固まらせる）する機能をもつ突起のような構造物である。H5とH7型インフルエンザAウイルスにより，引き起こされるものが，高病原性インフルエンザ（法定伝染病）である。その他のHAインフルエンザAウイルスによる鳥インフルエンザの症状は，元気消失・食欲減退・羽毛逆立・呼吸器症状・産卵率低下をきたすが，不顕性感染の場合も多い。しかし，高病原性鳥インフルエンザウイルスは，特に鶏に対して強い病原性を示す。鳥インフルエンザに感受性のある鳥類は，表1に示す如くである。

　高病原性鳥インフルエンザウイルスは，「鶏に致死率の高い感染を起こす

表1 鳥インフルエンザウイルスに感受性のあるウイルス[4]

感受性鳥類
家禽
ニワトリ, シチメンチョウ, ホロホロチョウ, ウズラ, キジ, ガチョウ, アヒル, ダチョウ
野鳥
カモ, シギ, アジサシ, ハクチョウ, カモメ, サギ, ツノメドリ, ミズナギドリ, ムクドリ, ハタオリドリ, フィンチ類, インコ, オウム, タカ, エミュー

インフルエンザウイルス」であり，ニワトリ以外の鳥類への病原性は，必ずしも高いとは限らない。ヒトのインフルエンザ流行は冬期であるが，高病原性鳥インフルエンザは，高温多湿な夏季にも流行する。

　家禽，家畜およびヒトのインフルエンザAウイルスの遺伝子は，カモのウイルスに起源がある。ヨーロッパでは1999年にイタリアでH7N1ウイルスによる流行，2003年にはオランダでH7N7ウイルスによる流行が発生した。（Nという構造物は，A型インフルエンザウイルスの表面に存在する）一方，アジアでは2003年12月からH5N1ウイルスによる家禽の被害が相次ぎ，2004年にはその発生が10ヶ国に及んだ。このアジアの流行は，我が国にも及び山口県，大分県，京都府で高病原性鳥インフルエンザが発生した。そしてこのウイルスの遺伝子解析から，韓国で流行したウイルスに極めて近いことが明らかになった。このことは，渡り鳥によるウイルスの持込が存在する可能性を示唆した事例であった。2005年には，鳥インフルエンザウイルスのヒトへの感染事例がインドネシア，ベトナム，中国，トルコでも発生し，ヒトのウイルスへの変化が危惧されている。2006年にはいり，鳥インフルエンザがフランスなどヨーロッパでも発生し，鳥がウイルスを運んだ可能性が指摘されているが，その広がりの早さからヒトや車などがウイルスを運んだ可能性も否定できない。鳥がウイルスを運ぶ可能性を明らかにするには，野鳥の移動についてのデータ収集が極めて重要だと考えられる。

　現在，鳥インフルエンザウイルスに対しては不活化ワクチンが使用可能であるが，ウイルス量を1万分の1程度に減らすことはできるが，ウイルスの排

泄を完全に抑えることはできない。したがって，やみくもなワクチン接種は，ウイルスの多様化を促進するだけである。ワクチン接種の条件としては，「感染拡大が非常に急速で大きな被害が予想される場合」「経済的に高価値な系統の鳥や希少な鳥類が高リスクにあるような場合など」に限られるべきである。

3　ニューカッスル病ウイルス

　ニューカッスル病は，高い死亡率と強い感染力で，鳥類の中でも特に恐れられているウイルス性伝染病である。ニューカッスルウイルスによって引き起こされる急性の疾患で，法定伝染病に指定されている。よって，本疾病を発見または疑った場合は，家畜保健衛生所または獣医師へ届け出なければならない。ニューカッスルウイルスはパラミクソウイルス科に分類されるRNAウイルス（ウイルスには遺伝子としてDNAをもつものとRNAを持つものがあり，それぞれRNAウイルス，DNAウイルスと呼ばれる）である。世界中に広く分布し，わが国でも発生がみられる。多種類の鳥類に感染する。50目の内，27目236種の鳥類で自然または実験感染の成立が確認されている。また，50種以上の野鳥にも自然感染が認められている。感受性の高い種は鶏で，小鳥や野鳥は不顕性感染である。主な伝播様式は鼻水，涙，排泄物やそれに汚染された飲水，汚染物などを介して接触伝播する。さらに，感染鶏・野鳥，人による持込によって伝播する。第2次大戦前には全国各地に発生し，戦後はアメリカの冷凍鶏によりウイルスが新たに持ち込まれ，大規模な発生があった。1967年以降の生ワクチン接種により大規模な発生が抑えられていたが，近年，2002年に2万5656羽，2001年に3011羽が発生し，甚大な被害をもたらしている[5]。

　本ウイルス疾患は病勢から，アジア型（急性致死・内臓型）とアメリカ型（慢性の神経型）に大別される。アジア型では食欲不振または廃絶，沈うつ，肉冠はチアノーゼのため赤褐色および黒褐色となる。消化管出血や腸の壊死，吸気道の粘液がたまり，開口呼吸や奇声を発するなどの呼吸器症状，結膜炎，緑色水様性下痢，脚麻痺や頚部捻転などの神経症状を示し，3～5日程度で死

亡し, 致死率は90％に達する。アメリカ型では慢性化し, 下痢, 鳴音や喘鳴音を伴う喉呼吸器症状, さらに神経症状を呈する。産卵は下痢と同時に急激に低下する。肉眼所見として, アジア型では腺胃や盲腸扁桃の出血潰瘍, 気管粘膜の充・出血が認められる。アメリカ型では, 血腫卵, 異状卵胞など卵巣の変状が比較的著明である。ウイルス株により病原性に差がある。

　ワクチンにより予防が図られているが, ニューカッスル病が一度発生してしまうと, 周辺に瞬く間に感染が及ぶため, 予防が最も重要である。ワクチンの適切な接種時期や種類の選択を行い, 鶏舎内への野鳥や部外者の侵入防止などを図ることが重要である[6,7]。

4　家禽のサルモネラ症

　サルモネラ症は世界的に発生頻度の高い人畜共通伝染病で, 馬, 牛, 羊, 豚, 鶏などの家畜, 家禽に発生がみられる。サルモネラ属菌は自然界に広く分布している。グラム陰性通性好気性桿菌 (桿菌とは長細い形状の細菌である) で, 菌体抗原と鞭毛抗原から, 2000以上もの血清型に分類される。集団食中毒の原因菌として最も多いものの一つ。食中毒としては, *Salmonellae enteritidis* (ゲルトネラ菌), *S. typhimurium* (ネズミチフス菌) が多い。従来, 日本においてはひな白痢以外のサルモネラによる鶏の汚染度は低いとされていたが, 近年, 環境中のサルモネラによる汚染度が広がっている。また, 輸入産物等の増加と共に, 家禽サルモネラ感染症の発生頻度も高まっている。家禽サルモネラ感染症は鶏肉や鶏卵を通じて人への感染源となるので, 公衆衛生上重要である。

　家禽サルモネラ感染症のうち, ひな白痢菌と鶏チフス菌は家畜伝染病に指定されている。ひな白痢は2週齢までの幼雛の疾病で, 病原体は *S. Pullorum* である。卵黄が菌に汚染される介卵感染で広がり, 敗血症死する急性疾患である。成鶏では無症状で保菌鶏となることが多い。鶏チフス菌 (*S. Gallinarum*) はひな白痢菌と血清学的には同一であるが, 病原性が異なり, 成鶏に対して病原性が強い。

家禽のサルモネラ症の症状として幼ひな期（孵化後10日以内）に発症し，死亡する。元気喪失，嗜眠状態を呈し，白色下利便を排出し肛門周辺の羽毛に糞便が付着する。関節炎，盲目症が発生することもあり，不顕性に経過する場合が多い。成鶏は保菌鶏として経過することが多く，保菌母鶏から卵を介してひなに伝搬するため，食品衛生上監視すべき重要な疾病である。

ひな白痢はわが国において全国的に発生してきたが，近年では著しく減少し，発生数はほとんどない。しかし，2002年には，51羽，2001年は7羽発生している。鶏チフスの発生はない。ひな白痢および家禽チフスは法定伝染病なので，対策として，伝播経路の遮断，保菌鶏を淘汰し，種鶏群を清浄化して介卵感染を防止することが重要である。ひな白痢，鶏チフス以外のサルモネラ症の場合，原因菌に適切な薬剤を投与する。また，保菌鶏となることもあるので，治療より，予防を常に考慮することが本症の基本的な対策となる[6,7]。

5 鳥とヒトの感染症の関係

そのほかのニワトリの監視伝染病は表2に示すとおりである。鳥の感染症

表2 監視伝染病[8]

家畜伝染病（法定伝染病）	届出伝染病
家禽コレラ	鳥インフルエンザ
高病原性鳥インフルエンザ	鶏痘
ニューカッスル病	マレック病
家禽サルモネラ感染症（省令で定める病原体によるものに限る）	伝染性気管支炎
	伝染性喉頭気管炎
	伝染性ファブリキウス嚢症
	鶏白血病
	鶏結核病
	鶏マイコプラズマ病
	ロイコチトゾーン病
	アヒル肝炎
	アヒルウイルス性腸炎

を引き起こす微生物がヒトに感染する場合，媒介昆虫などを介してヒトに感染する場合と直接感染する場合がある。通常微生物には種の壁がある場合が多く，鳥の微生物が直接感染する場合は，かなり濃厚な接触があることが多い。したがって，死亡した鳥を処分する場合は，ゴム手袋やビニール袋などを使用して直接手で触るといったことは避けなければならない。

しかしながら，鳥類とヒトの共通の感染症の場合，野鳥に免疫を賦与する方法としては，人工的に作った病原体の一部分のタンパクをえさに混ぜる方法などが考えられているが，家禽は別として野鳥に免疫を付与しコントロールすることは極めて困難であるし，それによってヒトの間での流行を阻止できる可能性は極めて低い。

野鳥の保全という立場から考えると，極めて希少な鳥類であればその保存のために何らかの感染予防対策を講じる必要性が生じる場合があるだろうが，通常は死亡鳥のモニタリングを行ないながら自然に任せるべきであろう。その感染症に対して抗体を有する野鳥が増えてくることによって種は保存されるはずである。

引用文献

1）高崎智彦（2003）「フラビウイルス感染症およびその流行における鳥類の役割」『鶏病研究会報』39：1-6.
2）Moraks MA., Barrandeguy M, Fabbri C *et al*. (2006) West Nile virus isolation from Eguines in Argentina, 2006. *Emerg. Infect. Dis.* 12: 1559-1561.
3）Ternovoi, V.A., Shchelkanov, M. Iu., Shestopalov, A. M., *et al*: (2004) Detection of West Nile virus in birds in the territories of Baraba and Kulunda lowlands (West Siberian migration way) during summer-autumn of 2002 (in Russian). *Vopr Virusol*. 49: 52-56.
4）喜田　宏（2004）「鳥インフルエンザウイルス」『ウイルス』54：93-96.
5）鳥病発生状況：家畜保健衛生所報告病名　http://www.ebird.ne.jp/kiji/kaho.htm
6）『獣医微生物学』　養賢堂　584-591, 296-304.
7）『畜産大辞典』　養賢堂　847-853.
8）監視伝染病（法定伝染病，届出伝染病）：動物衛生研究所
　　http://niah.naro.affrc.go.jp/disease/fact/kansi.html#hotei

第15章

油汚染と海鳥

岡　奈理子

　ごく少量の油が,ほんの小さな面積,羽毛と皮膚に付着するだけで,冬季,1羽の海鳥を殺しうることが最近の研究で分かってきた[1, 2]。一方,その致死量の数百,数千億倍にもなる530〜680万tもの油が,毎年,海洋に流出し続けてきた(口絵19)。この二つの事実は,石油が支えた大量生産,大量消費,大量廃棄を特徴とする私たちの現代文明が,鳥類をはじめとする多くの野生の動植物にとって,とてつもなく過酷だろうことを物語る。

　本章では,油で汚染される鳥類をどう保全できるかを探るため,次の4点に焦点をあて,最新の知見に基づき論述する。まず,(1)日本での油汚染と被害鳥,(2)油に汚染されやすい水域と生活型別鳥類,(3)指標としての海岸漂着鳥,(4)油に遭遇して死に至るメカニズム,についてである。特に(3)では,海岸漂着した油汚染鳥は被害鳥全体をどの程度,指標するかについて,海外で行われた漂着率,死体の沈降率についての実験結果を紹介し,総被害鳥を推定する場合の,留意点を説明した。(4)の,油に遭遇して死に至るメカニズムでは,日本で最も多く犠牲になったウトウをケーススタディーとして,栄養生態学的視点から油汚染鳥にみられる大きな特徴と,汚染し死ぬまでの時間の推定方法を論述し,栄養生態学的な根拠を示して,汚染現場での効果的なレスキューの指針,どんな鳥を優先的に救助すべきかを提言する。

1　日本での油汚染と被害鳥

　油の流出による鳥類への被害は，水圏のわずか3％を占める沿岸域とその周辺で，これまで集中的に報じられてきた[3]。航行する船舶数が多く，浅瀬が多いため，沿岸域とその周辺では事故や過失などによる汚染が起こりやすく，さらに陸の汚染源に近く，人目にもふれやすいためである。

　日本の沿岸と周辺海域での油汚染件数は，確認されたものだけでも年間400件近くにのぼる。これは1日1件の割合である。この約7割が船舶からの流出で，陸からが約1割，残りの2割強は排出源すら不明である。船舶では漁船と貨物船からの流出が多い。原因は取扱いの不注意が最多の約4割を占め，海難事故が約3割（全体では2割にあたる），破損と不法投棄がともに約1割ある[4]。いいかえれば，注目を集めやすい海難事故以外の原因による油汚染が，日本では全体の8割を占めている。事故や不注意以外にも，たとえば国内を航行するタンカーのバラスト水[1]の排出時に必然的に混ざる油も，油汚染の慢性的な発生源として見過ごせない。現在，バラスト水をオイルタンクから隔離して搭載できるのは，一部の新造タンカーに過ぎない。

　このような油汚染の状況下にある日本では，他の国々と同様に，海鳥の大きな死亡被害が沿岸域で，特に冬季，集中している。なかでも近年の大きな汚染被害は，1986年1月に発生した山口・島根県沖での原因不明の重油汚染と，1997年1月，鳥取県沖約200 kmでのロシア船籍タンカー，ナホトカ号沈没による重油汚染，そして2006年2月末の流氷離岸時に，北海道斜里町の海岸で発見された重油汚染鳥漂着事故，の三つが挙げられる。前二つはどちらも，油は本州日本海沿岸を北上する対馬暖流と，冬季，卓越する北西風に輸送され，日本海南部で越冬中の鳥類を汚染しながら，弧を描くようにのびる本州の500〜1000 kmの海岸へ次々に漂着した。ナホトカ号事故では折損分離した船首は南東方向へ約250 km漂流し，石川県境に近い福井県三国町に漂着し

---

　[1]荷である油を積載していない時に，船の重心を下げて転覆を防ぐために，オイルタンクに注入する海水

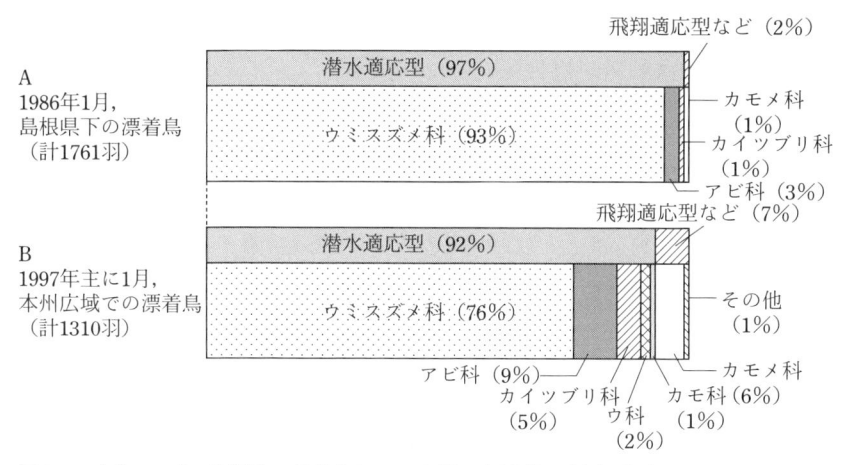

A
1986年1月,
島根県下の漂着鳥
(計1761羽)

潜水適応型 (97%) ／飛翔適応型など (2%)
ウミスズメ科 (93%)
カモメ科 (1%)
カイツブリ科 (1%)
アビ科 (3%)

B
1997年主に1月,
本州広域での漂着鳥
(計1310羽)

潜水適応型 (92%) ／飛翔適応型など (7%)
ウミスズメ科 (76%)
その他 (1%)
アビ科 (9%)
カイツブリ科 (5%)
ウ科 (2%)
カモ科 (1%)
カモメ科 (6%)

図1 日本海の2度の油汚染で犠牲となった鳥類の生活型・分類別割合。
付表1に基づき作成．両年とも各1％を占めた種不明鳥は図から削除した．

た。

　海岸漂着鳥は，1986年1月末に行われた島根県の全域調査で約1800羽を数えた[5]。1997年のナホトカ号海難では主に1月に，島根県から青森県まで約1300羽が記録された。最多は石川県の約600羽，ついで福井県170羽，新潟県160羽，京都府と秋田県で各100羽，島根県，鳥取県，兵庫県，山形県が30～40羽で続き，山口県，富山県，青森県でも各数羽，漂着した[6,7]。

　1986年の島根県沖の重油汚染では，潜水適応型海鳥のウミスズメ科ウトウが全体の75％を占め，約1300羽，次いでウミスズメ類が全体の18％にあたる約320羽で，合計で全体の93％を占めた（口絵20）。その他の潜水適応型鳥類は少なく，アビ科では3％弱の約50羽，カイツブリ科では約1％であった。飛翔，歩行，水面・あるいは倒立して採食する型では，飛翔適応型のミツユビカモメが最多であったが，付表1に列記したように，これらの生活型の鳥類をすべて合計してもわずか2％に過ぎなかった。このように潜水適応型鳥類は漂着鳥全体の97％を占めたのに対して，その他の生活型の鳥類はごく少ない（図1-A）。

　1997年のナホトカ号海難でも，潜水適応型鳥類が漂着鳥全体の約90％の

約1200羽を占めた（図1-B）。このうちウミスズメ科が約75％にあたる約1000羽，ついでアビ科が約10％の約120羽，カイツブリ科が5％の60羽，ウ科が2％の20羽，カモ科のうち潜水適応型カモ類（章末の付表1）が約10羽であった。飛翔適応型などは全体の7％，約100羽で，この中でカモメ科が約80羽を数えた他は，カモ科のうち非潜水採食型のカモ類（付表1）と，サギ科，タカ科，ハヤブサ科，チドリ科，カラス科が1～2羽であった。種別にみると，最多が，1986年と同様にウトウで全体の約40％，約500羽を数え，ついで，やはりウミスズメが35％，450羽，その他は，はるかに少なく，シロエリオオハム，オオハムがほぼ同数の各約50羽（全体の各4％），ウミネコ，アカエリカイツブリがほぼ同数の約40羽，ハシブトウミガラス約30羽，ウミウ約20羽，アビ，ミミカイツブリ，ミツユビカモメ，オオセグロカモメ，セグロカモメ，マダラウミスズメが各約10羽，そしてごく少数で，ウミウ，ヒメウ，カイツブリ，ハジロカイツブリ，ミミカイツブリ，カモメ，クロガモ，カンムリウミスズメ，コウミスズメ，ウミガラス，などが続いた（付表1：学名を併記）。これらの油汚染鳥のうち，死体で回収されたのは全体の約30％，生きて発見されたのは約70％であった。被災鳥の最多で，全体の約40％を占めたウトウでは，15羽を除くすべてが死体で発見されたのに対して，ウミスズメ，アビ類，カモメ類，カイツブリ類では半数が発見時に生きており，岸にごく近い海域に生息する傾向を示した。漂着域は，(i) 一極集中，(ii) 広域分散，(iii) 北日本型，に3分類された。(i) はウミスズメが該当し，漂着鳥の約90％にあたる約400羽が石川県に，隣の福井県に25羽，5％が漂着し，他県での漂着は稀だった。(ii) はウトウが該当し，石川県での漂着鳥が多かったが，その割合は約25％，130羽で，残りの約370羽は島根県から青森県まで広域に分散して漂着した。数は少ないが，アビ，オオハム，シロエリオオハム，アカエリカイツブリ，ウミウなどの大半の鳥種もこの広域分散漂着型であった。ハシブトウミガラスとウミガラスは (iii) の北日本漂着型であった。日本の周辺海域では，洋上分布のデータが乏しいだけに，漂着鳥の発見場所の情報も価値を持つ。

2　油に汚染されやすい水域と生活型別鳥類

　これまで鳥類を死亡させた流出油の種類は，燃料油，原油，ディーゼル油，ガスオイル，重油，軽油，混合油，植物油，ジェット燃料など，実にさまざまである。粘度の高い油は，水面に浮いているうちに波や風の作用によって泡（ムース）状に膨潤しやすく，量も増す。水中に漂うこれらの風化油も水面で暮らす水鳥にとって脅威となってきた。

　いずれの油の場合もいったん流出すると，その規模に応じて鳥類の大量死を引き起こすと考えがちであるが，油の汚染で死亡する海鳥数と油の流出量との間には，実は相関がないことが報告されている[8]。油の流出量が少ない場合でも海鳥の死亡数が多い，あるいはその逆も発生している。

　たとえばノルウェー北部で1979年に起こった事例では，3月下旬，出所も原因も不明の少量の軽油が沿岸を漂流し，ハシブトウミガラスを中心に5000羽もの海鳥を死亡漂着させた[9]。当時，カラフトシシャモ *Mattorus villosus* が産卵のために沿岸に回遊集合しており，ウミガラス類とみられる，それぞれ数万羽単位の海鳥3群が周辺の沿岸域に集まっているのが，この油汚染の現況を調査した航空機から観察され，実際に被害にあった鳥は海岸漂着鳥よりはるかに多く，1〜2万羽にはなるだろうとみられた。

　この例が示すように，海鳥の分布は餌生物の生活史に強く結びついている。鳥類にとって採食しやすい特定の餌生物が回遊集合する時期に，捕食者として海鳥が多数集結する。そのため，生物生産量が著しく高まる時期に，その水域がひとたび油に汚染されると，たとえ僅かな量の流出であっても大量死が発生しやすくなる。つまり，汚染がいつ，どこで起こるかで，被害の規模は決定されることが多い。これが油の流出量と死亡数が相関しない理由の一つである。

　油による鳥の汚染被害はどこででも起こりえるが，死亡被害は，寒冷時，あるいは高緯度な海域に多く発生する。さらに，鳥の行動パターンと採食習性によっても死亡被害は特定の鳥類に選択的に起こる。

　鳥による水域の利用形態は，(i) 採食，休眠をすべて水圏で行う型（水域全

面依存型）と，(ii) 採食と休眠のどちらかを水域で行う型（水域半依存型），の二つがある（付表1-1）。これに，どのように餌を探し採食するかの採食型が関わる。大きく分けて，(a) 多くの時間を着水して過ごし，潜水遊泳で採食する型（潜水適応型），(b) 多くの時間を飛翔して過ごし，餌生物を発見すると着水，もしくは表層に潜って採食する型（飛翔適応型），(c) 多くの時間，水面を泳いで餌生物を探し採食する型（水面適応型），そして，(d) 主に歩行や待ち伏せて採食する型（歩行適応型），に4分される（付表1-2）。

油に遭遇しやすく，一旦遭遇すると深刻な被害が出る鳥類を，それぞれの生息域[10), 11)]と，生活型，採食型[12)]，これまで世界で起きた油の汚染被害の実態[3]に基づいて分類し，油への汚染被害が最も高い鳥類群から順に並べて記すと，①大陸棚・沿岸　潜水適応型鳥類，②大陸棚・沿岸　飛翔適応型鳥類，③潮間帯　水面適応型・歩行適応型鳥類，④外洋　飛翔適応型鳥類，そして，⑤淡水域生息性鳥類の順となる[13)]。

それぞれの類型別鳥類の生態的特徴と油汚染の被害を受けやすい理由を，主に日本に生息する鳥類を中心に次に記す。

①第1型（大陸棚・沿岸　潜水適応型鳥類）

沿岸から大陸棚海域にほぼ終日着水して生息，遊泳力の高い魚類などを潜水追跡して採食する。油による汚染率が極めて高く，油の付着部分に生じる浮力で採食効率を下げるか，採食不能になりやすい。油の付着で羽毛の防水・保温機能が失われるため，寒冷時は発熱量が増し急速に蓄積エネルギーを消耗しやすく，代謝機能も大幅に低下する。アビ類，カイツブリ類，ペンギン類とウ類の大半，海鴨類，ウミアイサ類，ウミスズメ類，ウミガラス類，ウミバト類，ツノメドリ類がこの型に含まれる。

②第2型（大陸棚・沿岸　飛翔適応型鳥類）

これに属する鳥類は第1型と同様に，油汚染が多発する沿岸から大陸棚海域と，大洋の島嶼周辺域などにも生息する。索餌飛翔して過ごす鳥類が多いので，油による汚染率は第1型より低い。岸に上がって休息するものでは，仮に体が油に汚染されても，熱の大量消耗が引き起こす衰弱が潜水適応型鳥類

ほど高くないことが予想される。空中から海面へ突撃して採食する鳥類では，翼などへの油の付着は，採食効率を下げると予想される。ネッタイチョウ類，グンカンドリ類，カツオドリ類の全種，ペリカン類，ヒレアシシギ類，カモメ類，アジサシ類，トウゾクカモメ類がこの型に含まれる。

③ 第3型（潮間帯　水面遊泳・歩行適応型鳥類）

　これに属するのは，干潟で主に底生動物や付着生物を採食する鳥類で，ミヤコドリ類，セイタカシギ類，ツバメチドリ類，シギ類，チドリ類，カモメ類と，ツクシガモ類，磯や入り江で魚類などを採食するサギ類，トキ類，入り江で海藻類などを採食するコクガン類，ミサゴ，オジロワシ，オオワシなどの魚食性のワシタカ類が該当する。このグループの多くは歩行しながら採食するため，体部が油に汚染される機会は少ないが，カモメ類やコクガン類，ワシタカ類では，汚染頻度がやや高まる。このグループへの影響の多くは，油が潮間域に漂着，堆積して採食環境が劣化したり，汚染した餌生物を食べることで起こる。

④ 第4型（外洋　飛翔適応型鳥類）

　繁殖期の一時期を除き，沖合から外洋域で過ごす外洋性鳥類がこのグループに分類される。10 mあるいはそれ以上深く潜水し，動物プランクトンや小魚，イカ類を採食するミズナギドリ類と南半球のモグリウミツバメ類を除き，海のごく表層で採食するか，ウミツバメ類では海面を飛翔しながら動物プランクトンなどの小型動物を採食する。いずれも表層に上がってくる餌生物の探索に多くの時間を飛翔して過ごす。主要な生息域が沖合から外洋のため油への遭遇率は低いと考えられるが，仮に沖合あるいは外洋で油が流出し汚染されると，海岸に漂着する可能性も極めて低い鳥類である。アホウドリ類，ミズナギドリ類，ウミツバメ類，モグリウミツバメ類，ミツユビカモメ類がこれに該当する。

⑤ 第5型（淡水域生息鳥類）

　このグループに該当するのは，湖沼，川などの陸水域と，湿性植物などが

生育する陸域で索餌ができる鳥の仲間である。淡水性のカイツブリ類，ウ類，ヘビウ類，ペリカン類，サギ類，コウノトリ類，トキ類，ガンカモ類，クイナ類，レンカク類，タマシギ類，セイタカシギ類，チドリ類，シギ類，カモメ類がこれに含まれる。油の流出が陸水域で起こり防除の対応が遅れれば，潜水して採食する淡水性のカイツブリ類，ウ類，ヘビウ類，ペリカン類，一部のカモ・アイサ類などで被害が出やすい。サギ類，コウノトリ類，ツル類などのように歩行採食する仲間では，仮に体の表面が油で汚染されても，致死的な状況に陥る可能性は比較的少ない。

*

　以上をまとめると，油汚染による鳥類への被害は，生息域，1日の生活型，採食型に応じて選択的に起こり，大陸棚と沿岸域に生息する潜水適応型の鳥類に死亡被害が拡大しやすく，次いで，同じ大陸棚と沿岸域に生息する水面適応型の鳥類に多く被害が出る。その次は，海辺の潮間帯に生息する水面・歩行適応型の鳥類が被害を受けやすく，外洋に生息する飛翔適応型の鳥類や淡水域に生息する鳥類では，汚染の被害は比較的少なくなるといえる。4節(2)で述べるように，油の付着部分から大量の熱が失われ，栄養状態が急速に悪化するため，特に冬季の低温時，あるいは寒冷な中・高緯度域で死亡被害が大きくなる。

　鳥類が採食する動物プランクトン，魚類，イカなどの頭足類が高密度で生息する海域は，沿岸域以外にも，深海の栄養塩が表層へ輸送されやすい湧昇流域や，寒流と暖流の混合域に多い。こうした生物生産量が豊かな海域は，海鳥の分布密度も高まる。もし，このような良好な採食環境で寒冷時に油が流出すると，たとえわずかな量でも被害が出やすくなる。

3　指標としての海岸漂着鳥

　羽毛に空気を含む鳥類は，死亡後，沈降するまで比較的長く海面を浮遊し続けるため，海岸への漂着率は，他の動物群より高く，人も関心を向けやすい。そのため海岸で沿岸域の油汚染をモニターする上で，鳥類は格好な指標

動物になりうる。

では，海岸漂着鳥は被害鳥全体をどの程度，指標するのだろうか。これまで欧米で行われた鳥と木製ブロックを使った漂着実験（表1）に基づき考える。

(1) 漂着率

鳥の大きさに模した木製ブロック計600個を海上投下したところ，沖合1〜2 kmでの投下では海岸漂着率がいずれも50％前後であったのが，沖合40〜50 kmになると約20％に低下し，沖合約100 kmでは1％以下に下がった[14]。しかし，ひとたび条件が異なれば，海岸近くで投下しても，漂着率は劇的に異なり，最高では約60％から，最低では1％，あるいは0％も起こりえる[15, 16]。湾内の，しかも沿岸の海上で投下しても，漂着率がわずかに7％という結果もある[17]。潮の流路や速度，漂流物の比重も影響する[14, 18]（表1A）。

木製ブロックの漂着率は，カナダ・ニューファンドランド50 km沖での投下で66％，アラスカ沿岸6 kmでの投下で61％，ついで同ニューファンドランドと，ブリテッシュ・コロンビア沖などでの約20〜50％という比較的高い結果があり，最低値はブリテッシュ・コロンビア沖の1％未満，ニューファンドランド沖での0％が記録されている。これらいくつかの海域での木製ブロックを用いた漂着率は0％から最高66％，平均漂着率は22％である。この変動係数は0.9と高い。

木製ブロックは沈まないが，死体はやがて浮力を失い沈む。死体では，波浪による羽毛の空気層の減少や，腐敗や捕食による損壊で海水が体内に浸透して浮力が失われていくし，漂着率には浮遊時間も深く関わる。漂流物が流れ着く海岸線の位置，長さ，海岸の質（砂浜，磯，堤防の有無など）も漂着率に影響する。

こうして風波などの物理的な影響や，地形・地理的，生物的影響を受けながら，鳥の死体が海岸に漂着した洋上実験結果が，表1-Bである。漂着率が最も高かったのが，アイルランド―イギリス間の巨大な海峡といえるアイリッシュ海でカモメ類約350羽を投下して行った漂着実験での，59％である。次いで同海域での44％，三方を陸が囲む北海でカモメ類を投下した場合の

表1 海上投下した木製ブロックと鳥の死体の海岸漂着実験結果

A) 木製ブロックによる漂着実験

投下地点の海岸からの距離	ブロックサイズ (cm)	N	漂着率 (%)	海域	出典
1–2 km	4×9×10/20/40	300	43–53	ブリティッシュ・コロンビア沿岸	Hlady & Burger 1993
35–56 km	4×9×10/20/40	150	18.6	ブリティッシュ・コロンビア沖	Hlady & Burger 1993
86–116 km	4×9×10/20/40	150	0.6	ブリティッシュ・コロンビア沖	Hlady & Burger 1993
50 km	10×10×10	100	30–66	ニューファンドランド・ケープ・セントメアリー沖	Piatt et al. 1985
6 km	9×9×20	302	0.7–61	アラスカ湾沿岸	Flint & Fowler 1998
–	10×10×20	600	24	ニューファンドランド・ケイプ・レイス–セイブル島間	Threlfall & Piatt 1982
5 km	10×10×20	120	7	ニューファンドランド・プラセンティア湾	Chardine & Pelly 1994
–	10×10×20	400	0	ニューファンドランド・セント・ジョーンズ–ベルニア間	Threlfall & Piatt 1982

B) 死体による漂着実験

投下地点の海岸からの距離	鳥	N	漂着率 (%)	海域	出典
100 km以下	カモメ類	347	59	アイリッシュ海	Bibby & Lloyd 1977
100 km以下	カモメ類	305	44	アイリッシュ海	Bibby & Lloyd 1977
–	カモメ類	–	40.8	北海	Stowe 1982
–	ウミスズメ科とカモメ類	186	29.9	カリフォルニア沖	Page et al. 1982
–	ヒメウ類	–	25	英国	Coulson et al. 1968
–	カモメ類	144	20	英国海峡	Hope-Jones et al. 1978
100 km以下	ウミスズメ科	400	20	アイリッシュ海	Hope-Jones et al. 1970
–	カモメ類	–	11.3	北海	Stowe 1982
100 km以下	カモメ類	300	11	アイリッシュ海	Bibby & Lloyd 1977
10 km以上	カモメ類	600	9.8	北海	Bibby 1981
–	ウミスズメ科とカモメ類	–	7.5	アラスカ湾沿岸	Lloyd et al. 1974
10 km	カモメ類	100	3	カリフォルニア沖	Piatt et al. 1990
–	ウミガラス類	63	0	ニューファンドランド・セント・ジョーンズ–ベルニア間	Page et al. 1982
10–500 km	ウミガラス類	115	0	ニューファンドランド・ケイプ・レイス–セイブル島間	Threlfall & Piatt 1982
–	ウミスズメ科	129	0	ニューファンドランド・セント・ジョーンズ–ベルニア間	Threlfall & Piatt 1982

(Wiese & Jones 2001[18]を改変)

–:不明, /:および

41％，カリフォルニア沖でカモメ類とウミスズメ科鳥類を投下した30％が高く，フランスとイギリスとの海峡，アイリッシュ海などでの20％台が3例，アイリッシュ海，北海などでの10％前後が4例で，アラスカ湾沿岸での3％，カリフォルニア沖とニューファンドランド沖での0％が3例報告された。このように鳥の死体を用いた洋上実験では，最低の0％から最高59％，平均漂着率は19％，変動係数は1.0と，沈降を考慮しなくてもよい木製ブロックと同様に，漂着率のばらつきは大きい傾向にあった。

　これらのことから，漂着率は，岸からの距離に従う場合もあるが，従わない場合もあり，湾内であっても漂着しない事例もある。風向風力，潮流方向と強さ，地理・地形的条件が複合的に影響して，漂着率を決めていると考えられる。つまり，すべての海域に通用する漂着率の一般則はなく，個別性が強い。そのため海岸漂着死体が総死亡鳥の氷山の，わずかな一角を示すのか，かなりの部分を示すのかは，一概にはいえない。

(2) 1日当たりの死体の沈降率

　漂着率に大きく関わるもう一つの重要な要因は，鳥の死体の浮遊可能時間，もしくは1日当たりの死体の沈降率である。

　死体の投下実験で先駆的だった，イギリス北西部リバプール沖のアイリッシュ海で1969年春に起こったタンカー，ハミルトン・トレーダー号の重油流出事故時の結果を記す。この事故で約4500羽の油汚染鳥が海岸に漂着し，ウミガラスがこの9割を占めた。最も多く被災したウミガラスの漂着死体のうち410羽に識別用の足環を付け汚染海域に投下したところ，前項で示したように全投下鳥の20％にあたる約80羽が漂着した。この65％が海上投下後1～2週間以内に漂着し，投下後7週間以内に97％が漂着した。それ以後の漂着も3％（2体）あった。これらに基づき漂流していた死亡鳥の半数以上が11日以内に海底に沈降すると見積もられた。海流や風向，風速などの影響を加味した結果，この事故で最低で5900羽，最高では1万600羽が死亡したと推定された[19]。

　密猟され押収されたウミガラスの死体を用いてアメリカ・オレゴン州の海

上で実験したところ，死体は平均約8日で沈降し，90％が2週間以内に沈降し，1日当たりの沈降率は13％と高い値を示した[20]。タンク内に，重度な油汚染で死亡したウミガラスとウトウ，ミミカイツブリを浮かせた沈降実験では，種によって沈降速度が違い，ウミガラスとウトウは1日当たり2％ずつ沈降したが，ミミカイツブリでははるかに早く，1日当たり9％ずつ沈降し，ウミスズメ科とカイツブリ科では沈降速度に違いが生じることを示唆した。その結果，波浪がない条件下では，油に汚染した死体は1日当たり5〜10％沈降し，汚染死鳥は早いものでは10日，遅いものでも20日までに沈降すると見積もられた[21]（表2）。

　油汚染死したウミガラスとウミスズメ類に発信機を装着して春期，アラスカ湾のプリンス・ウイリアム・サウンドの海上に投入した洋上実験では，体サイズの異なるウミスズメ科2種間では沈降速度には有意な差はみられず，中央値で15〜20日で浜に漂着した。漂着した死体は浜辺に最長5日間留まり，再び波にさらわれ浮遊する場合も多く含まれた。夏のアラスカ湾で行われた実験で得られた沈降日数は，中央値でそれぞれ7日，9日，11日，18日が得られ，18日という長目の中央値は，海が穏やかな条件下での値であった[22]。

　カナダでの油汚染で死亡被害が最多のウミガラスの解凍死体を，非汚染，軽度な汚染，重度な汚染の3グループに分けて，晩秋，桟橋に係留固定したかごに入れた実験では，いずれのグループも最初の5日以内に70％が水中に没し始め，大半が6〜11日間に完全に沈降し，最も遅いものも20日までに沈降した[23]。1日当たりの沈降率は9〜16％と，値が高い。一度沈降した鳥は2〜4日で再浮上し，まもなく再沈降した。漂流中に水棲捕食者に体の一部を捕食される可能性を想定して，体を傷つけたグループと傷つけないグループに分けて沈降速度を比較したところ，損傷グループは非損傷グループより2.5倍有意に早く沈降している。実験に用いた油は大西洋でこれまで頻繁に海鳥を汚染したバンカーC重油の風化油である。新鮮な死体は羽毛に多くの空気を含むため，沈降し始めるのは，実験に使用した解凍死体より幾分遅いと予想される。浮遊中に傷が出来て体腔の気嚢に貯えられた空気が抜けたり，波浪が高いと沈降は早まるし，腐敗してガスが体内に発生すると，浮遊期間が延びるだろう。

表2 海鳥の死体の漂着期間，平均沈降速度の実験結果

鳥　種	漂着期間	平均沈降率/日	漂着率(%)	沈降日数のレンジ	実験海域もしくは方法	出　典
ウミガラス*	1-2週間以内		65		アイリッシュ海	HopeJones et al. 1970
ウミガラス*	7週間以内		97		アイリッシュ海	HopeJones et al. 1970
ウミガラス*			0.6		アイリッシュ海	HopeJones et al. 1970
ウミガラス		13%			オレゴン州沖	Ford et al. 1991
ウミガラス*		2%			タンク内実験	Burger 1991
ウトウ*		2%			タンク内実験	Burger 1991
ミミカイツブリ*		9%			タンク内実験	Burger 1991
潜水性鳥類*		5-10%		10-20		
ウミガラス*	平均15-20日				アラスカ湾プリンス・ウイリアム・サウンド　発信機装着	Ford et al. 1996
ウミスズメ類*	平均15-20日				アラスカ湾プリンス・ウイリアム・サウンド　発信機装着	Ford et al. 1996
ウミガラス類*		9-11%		7-18	アラスカ湾沿岸	
ウミガラス類 (非・軽・重油汚染)		9-16%		～20	カナダ 港湾の浮きケージ内	Wiese 2003
損傷ウミガラス類		非損傷鳥より平均2.5倍早く沈降する			カナダ港湾の浮きケージ内	Wiese 2003

*油の付着死体

以上をまとめると，海鳥は死後，早ければ1週間から2週間で沈降し，遅くとも3週間までにはほぼ沈降する。一度沈降した死体は2〜4日で再浮上し，その後，再沈降する。仮に漂流中に体が損傷すると沈降は格段（2.5倍）に早くなる。

4 油に遭遇して死に至るメカニズムを考える——犠牲が最多のウトウをケーススタディーとして

鳥は油に汚染して，どのように死に至るのだろうか。日本で油に汚染し多数が死亡漂着したウトウを取り上げ，栄養生態学的な研究[1]に基づき考えてみよう。すでに述べたように，日本で海鳥に大きな死亡被害を出した2件の油汚染で海岸漂着した計3100羽（1986年約1800羽，1997年約1300羽）のうち，ウトウの漂着数は全体の約6割にあたる1800羽にものぼった。ウトウは日本に生息するウミスズメ科鳥類14種のなかでは中型で，全長約40 cm，体重約600 gの潜水適応型鳥類である。イカナゴやイワシなどの魚類を，水中で翼をはばたいて，毎秒約1 mの速度で遊泳し[24]，水深30〜50 mまで潜る[25]。油に汚染して島根県に漂着したウトウの少なくとも10羽余りが繁殖期に北海道西岸沖の天売島で足環標識されていたことから伺えるように，日本海南部は天売島繁殖個体群の主要な越冬海域の一つとみられる。今後も日本海南部が油で汚染されると，天売島個体群も含めた越冬中のウトウが多く被害を受け続ける。

(1) 油汚染死鳥の栄養状態

重油が付着して死んだウトウの栄養状態は，全ての個体で著しく悪かったことが，健常に生活していたウトウの栄養状態を比較した図2から分かる。図2A列が油汚染死したウトウ44羽，B列が潜水中に漁網にかかるなどして死亡したウトウの健常鳥19羽の体重，体の主要な栄養指標部位の平均値である[1]。

本項に関係する部位や組織の機能のうち，胸筋は前肢骨筋とも呼び，翼の上下動を担い，空中での飛翔と，ウミスズメ科やミズナギドリ科などでは潜

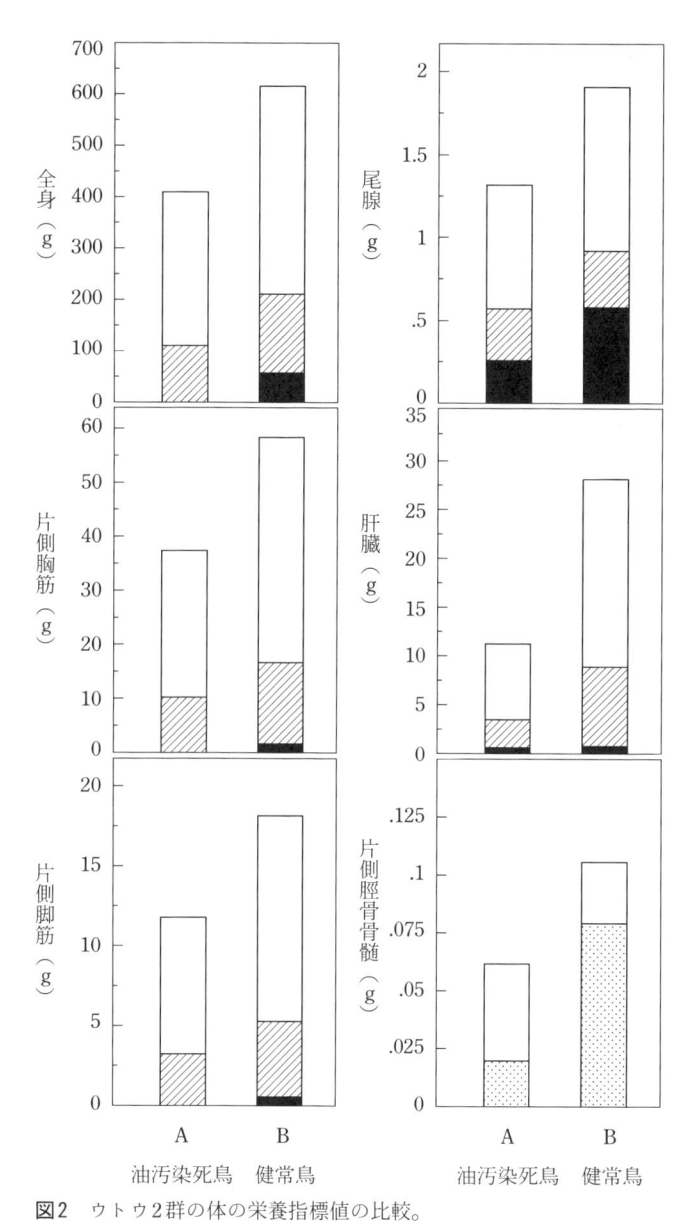

図2 ウトウ2群の体の栄養指標値の比較。
油汚染死鳥（A列）は1986年1月，島根県に大量漂着した中から，鮮度の高い44羽を分析，健常鳥（B列）は，主に漁網などで溺死した19羽を分析。いずれも平均値で示す。□水分，▨タンパク質他，■脂肪，▨タンパク質＋脂肪他（Oka & Okuyama 2000[1]を改変）

水時の推進力となる。脚筋は後肢骨筋ともいい，水面を泳いだり，アビ，カイツブリ，ウ，潜水ガモの仲間では，ひれ脚で交互に水をかいて潜水する。尾腺は尾羽の生え際近くの皮下に発達した腺組織で，ここから分泌される油脂を羽づくろい時に嘴や頭部に塗りつけて全身の羽毛に塗布し，防水と防虫効果をもたらす。骨髄は骨の中空部にある海綿状の造血器官で，ここにある造血幹細胞の分裂で顆粒性白血球，赤血球，栓球，リンパ球などが絶えず造られる。顆粒性白血球と，その後，胸腺に送られるリンパ球は，さまざまな感染症の発症や異常細胞の増殖を抑制する免疫機能をつかさどる。

　肝臓は，消化管につながる最大の腺組織で，小腸から消化吸収された栄養素を蓄積，分解，合成し，送り出す器官で，この過程で解毒も行う。肝臓から血中に入ったブドウ糖は，中枢神経，血球など，体のさまざまな部位に運搬されエネルギーとして消費される。糖の補給が途絶えると，肝臓に貯蔵されたグリコーゲンを分解してブドウ糖に変え血中に放出して補うが，枯渇し始めると，蓄積された脂肪が分解されて，遊離脂肪酸が血中に放出されるとともに，筋肉などを構成するタンパク質を分解してブドウ糖に変え始める[26]。こうして，筋肉の減少が進行し始める。

1) 健常鳥に比べた油汚染鳥の体重，各部位の重量

　図2A列の油汚染鳥では，体重，胸筋，脚筋，尾腺，肝臓，骨髄重量のいずれも，健常鳥（図2B列）と比較して軒並み有意に低下していた。重量比で，筋肉重量では胸筋，脚筋ともに35％減，尾腺重量も約30％減，骨髄重量も30％減，肝臓重量にいたっては60％減と，各器官の重さが大幅に減少した結果，体重は全体で約30％減っていたことがわかる。

2) 健常鳥に比べた油汚染鳥の脂質重量

　変化したのは重量にとどまらず，部位における脂質の割合も変化していた。脂質lipidとは，タンパク質，糖質，核酸とならぶ生体を構成する主要な成分で，体表面の保護層や生体膜を構成し，様々な細胞にも微量に含まれる。大半が中性脂肪（triacylglycerol）として主に皮下や腹腔に貯蔵される。車に例えれば，中性脂肪はガソリンに，少量だが生体膜，細胞などに含まれる複合脂

質は，エンジンオイルや車の各パーツの潤滑油に相当する。脂肪の燃焼エネルギーは体の構成物質として最大で，1 g当たり9.1 kcal，ちなみにタンパク質では1 g当たり5.6 kcal，糖質（炭水化物）では1 g当たり4.1 kcalである[27]。体脂肪率とは，微量な複合脂質を含む全脂肪重量が体重に占める割合をいう。

　油汚染鳥の筋肉内の脂肪含有率，すなわち胸筋重量に占める脂肪重量の割合は2％を有意に下回ったのに対して，水分が占める割合，すなわち含水率は有意に上昇し75％近くになっている。尾腺の脂肪率も20％に有意に落ちたのに対し含水率は60％近くに有意に上昇し，骨髄も脂肪などが低下し，含水率は大腿骨で75％，尺骨でも約50％に上昇していた。このように，それぞれの器官や部位に占める水分割合が有意に上昇し，結果として全身に占める水分割合は70％を超えた。そのように各部位に占める脂肪含有率の低下に伴い，全身の脂肪量はわずかに7 g，スプーン1杯程度にまで減少し，体脂肪率も2％を下回る極めて低い値となっていた（図2-A）。このスプーン1杯の脂肪は，鳥の体の最大筋肉である胸筋と脚筋にその2割が，肝臓に1割が，尾腺にごく微量が，そして残りの6割余りが，皮膚組織なども含めて，他のさまざまな組織，細胞に含まれていたに過ぎない（図3-A）。骨髄の脂肪はすでにみたように，ほとんど失われ，水分が高い割合を占めていた。

　健常なウトウは，体脂肪率は10％と比較的高く，60 g余りの体脂肪量を持つ。全身の含水率は逆に60％余りと，油汚染死鳥に比べて約10％近く低い。筋肉内の脂肪率は約4％と，2倍になり，尾腺の脂肪率も約30％と，その差10％の上昇である（図2-B）。骨髄の含水率は，大腿骨で約30％，尺骨でも約20％と低く，逆に油脂の中では低温でも固まらないオイル態の脂肪をよく蓄え，骨髄細胞とともに骨髄内に充満していた。健常鳥の計60 gの脂肪は，主に腹腔と皮下に全体の約90％近くにあたる53 gが中性脂肪の形で蓄えられ，胸筋と脚筋にも全体の10％に当たる6 g弱，肝臓には2 g弱，尾腺に1 g弱が分布する（図3-B）。

　油汚染死鳥は，このように健常鳥と比べることで，栄養状態が明確に浮き彫りにされた。つまり，油に汚染された鳥は，筋肉量が減少して運動能力が大幅に低下していただけでなく，筋肉中の脂肪量も70％減，肝臓の脂肪量も60％減，尾腺の脂肪量も70％減になり，羽毛の防水・防虫機能を失い，全身

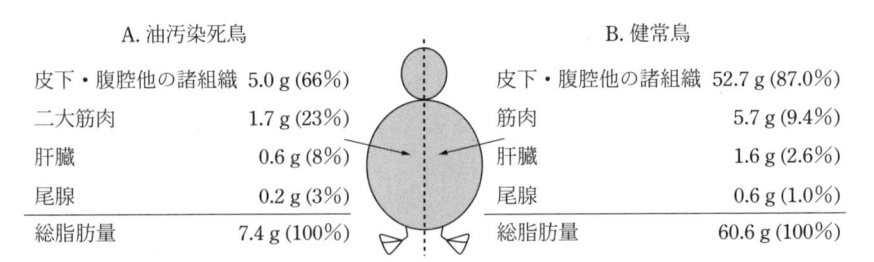

A. 油汚染死鳥			B. 健常鳥	
皮下・腹腔他の諸組織	5.0 g (66%)		皮下・腹腔他の諸組織	52.7 g (87.0%)
二大筋肉	1.7 g (23%)		筋肉	5.7 g (9.4%)
肝臓	0.6 g (8%)		肝臓	1.6 g (2.6%)
尾腺	0.2 g (3%)		尾腺	0.6 g (1.0%)
総脂肪量	7.4 g (100%)		総脂肪量	60.6 g (100%)

図3　ウトウ2群の脂肪の貯蔵場所と貯蔵割合の比較。
A. 油汚染死鳥44羽，B. 健常鳥19羽。各平均値で示す（Oka & Okuyama 2000[1]から作図）

に占める脂肪量は10分の1近くにまで著しく減少していた。これに加えて，骨髄の萎縮で，造血・免疫機能を低下させていた。つまり移動や運動はもとより，生存を維持する代謝・免疫システムも不全に陥り，全機能を停止させた状態で死亡していた。

　ウトウへの油の付着は，全検体鳥の平均では，付着面積は40％，付着量は130 gであった。個別にみると，体の表面積の1割にも満たない付着から，頭部の一部を除くほぼ全身が油にまみれたものまで，量ではわずか10 g程度，つまり硬貨1～2枚程度から，300 gにおよぶものまでばらつきがあった。にもかかわらず，すでに見たように，すべての個体は，おしなべて蓄積脂肪を使い果たし，細胞の代謝機能を失うまでの一定期間，生残していたことを，逆に示している[1]。1997年のナホトカ号油汚染事故時に死亡回収されたウトウでも，油の付着量はいずれも，ばらつきが大きく，栄養状態とは相関せず，ほとんどが飢餓状態で死亡していたことが報告された[2]。ウミウ，オオハムとシロエリオオハムでも検体鳥のほとんどが，ウトウと同様に，末期的な栄養状態にあり，全身の機能不全に陥っていた[28, 29]。小型のウミスズメでは，しかし，こうした中・大型鳥類とは異なって，油の付着割合が多い鳥では体脂肪を残したまま死んでいたことは，体の大きさによって油汚染への耐性が異なる可能性も岡・濱外の研究結果（未発表）から伺え，興味深い。希少種で東アジア固有なカンムリウミスズメや，同じく希少種のマダラウミスズメなどのウミスズメ科の小型種や，アカエリカイツブリ，カンムリカイツブリなどカイツブリ科の中型種では油汚染時の栄養状態が調べられておらず，どういう

時間的経過で死にいたったかを指標する栄養生態学的研究の実施が必要とされる。

　ウトウではほぼすべてが死体で発見されたが，同じく栄養状態が極めて悪かったアビ類，ウミウ（付表1）などでは，半数以上が発見時に生きていた。確実にいえることは，これら生存鳥を多く含む鳥種は，海岸に極めて近い沿岸で生息し，ごく短時間で海岸に漂着したのに対して，ウトウは比較的沖合に生息し，漂着までに時間を要しただろう点にある。では，どのくらいウトウは生き続けたのだろうか。

（2）熱量から生存期間を推定する

　ウトウが油に汚染して，どのくらいの間，生き続けるかは，蓄積したエネルギーと，単位時間当たりのエネルギー消費量に基づき推定できる[1]。ウトウが使うエネルギーは，成長期や繁殖期以外は，基本的には基礎代謝（Basal Metabolism）に要するエネルギーと運動に使うエネルギーの，大きく二つからなる。基礎代謝とは，動物が栄養素を摂取して体内に吸収し，体の各器官，組織でさまざまな化学反応を行うことをいう。この代謝によって，呼吸，発熱，細胞の再生，各器官の機能の維持などの生体システムがはじめて稼動する。油汚染したウトウは，油の付着による運動機能の低下や油の摂取による消化機能の低下，油の汚染による採食環境の悪化などが複合的に働き，漂流中に，索餌，採食，移動などを積極的には行えない状態にあったとみられる。そこで油汚染したウトウの洋上での単位時間当たりのエネルギー消費量は，ごく限定的な運動エネルギーを，基礎代謝エネルギーに加えた，生存維持代謝（Existence Metabolism）エネルギーから推定できる。これは，以下の方程式で表される。

　冬季0℃での通常の鳥の1日当たりの生存維持代謝エネルギー（EME）：

$$EME\,(\mathrm{kJ/day}) = 17.719 W^{0.5316} \pm 4.923 \quad (W=体重)\,[30]$$

　1 kcal は 4.184 kJ（キロジュール）に相当する。W は健常時のウトウの平均体重620 gで示せる。体重を変数に置くので，体重の変動で代謝量も変化するが，ここでは考慮しない。その結果，冬季，ウトウは1日当たり541 kJのエネ

ギーを消費すると計算される。一方，生存期間中に消費した総エネルギーは，主要エネルギー源の脂肪（発生熱量9.4kcal/g）[27]，タンパク質（同4.3kcal/g），そして糖質（同4.2kcal/g）の総減少量から算出できる。糖質由来のエネルギーは脂肪，タンパク質由来と比べて少ないためここでは除外して考えると，ウトウの生存日数（SD）は，以下の方程式から求められる。

$$SD = \frac{(9.4 \text{ kcal}F + 4.3\text{kcal}P) \cdot 4.184 \text{ kJ}}{EME} \quad (F = 脂肪量\text{g}, \ P = タンパク質量\text{g})$$

健常なウトウと油汚染死したウトウの脂肪量差（53.2 g, 500.1 kcal）と粗タンパク質量差14.0 g（二大筋肉内含有量差，60.2 kcal）の総熱量560.3 kcal＝2343 kJが，代謝過程でのロスを考慮せずに，1日当たり541 kJ消費されたと計算すると，ウトウは冬季，約4.3日（蓄積脂肪3.8日分，タンパク質0.5日分）生存したと計算された。

しかし低温下，羽毛が油に汚染されると，陸に上がった状態で平常値の1.3〜2倍，水に漬かった状態では平常値の3.6倍もの大量なエネルギーを消費することが知られている[31, 32]。油汚染後も洋上で過ごし続ける潜水性の海鳥の多くにこの3.6倍を採用すると，次の29時間の生存時間が推定できる。

$$4.3日 \div 3.6 \times 24時間 = 29時間$$

糖質由来のエネルギーを数時間分として加算しても，ウトウはせいぜい1日半程度，生存したに過ぎないことになる。

このように冬季4日は持ちこたえうる蓄積エネルギーを，油に汚染すると，ほんの1日半で使い果たし，死亡していたことになる。

(3) 体のどこを栄養指標にするか

油汚染が冬季，沿岸域で発生すると，短期間に多数の水鳥が油に汚染され海岸に漂着しやすい。1997年のナホトカ号海難事故による油汚染[33]では，わずか1週間で一つの県に約250羽の海鳥が生きて漂着した。本州全体では420羽にも上っている。地元の動物病院には1日10羽を超える鳥が連日持ち込まれ，最も多く収容した動物病院では1週間で計40羽にも達した。まさに戦場の野戦病院，あるいは救命治療室ERさながらである。それに対して，海岸漂

着鳥は前項4節（1）で見たように体の栄養をほぼ使い果たし，多くが造血機能や免疫機能が衰え，命の灯火が今にも尽きなんとしているものが多いとみて間違いない。限られた収容スペースと設備，人員で，体に付着した油の洗浄，羽毛の乾燥，保温，人工給餌，効果的な施療を，しかも一刻も早く行うことが要求される。ストレスが高まると鳥の免疫機能は更に落ちる。一羽でも多く救済するには，基礎体力を残す栄養状態が良い漂着個体を現場で的確に選別し，良好な飼育環境下で重点的に看護することが不可欠である。

そこで油汚染鳥の回収時と放鳥時に際して次の提言を行う。

1）回収時

生きて海岸漂着した体の栄養状態を現場で素早く知る。油汚染鳥は，すでにみたようにたとえば中型のウトウで平均130gもの油（健常時の平均体重の約2割に相当）が付着し，砂や水を含むことが多いため，体重は油汚染時には即戦的な栄養指標にならないことが多い。体重に替わる唯一，簡便な方法が，胸筋の触診である。鳥は胸骨の真ん中に竜骨突起という尖った骨が体軸にそって外に張り出すように形成され，竜骨突起の左右に胸筋がそれぞれ分かれて発達する。体重と胸筋重量は図4にみるように正の相関関係にあり，体重が減れば直線的に胸筋も減少する。栄養状態が良好なら胸筋が竜骨突起を挟んで発達しているのが触診で分かるが，悪化につれ胸筋がやせ，皮膚の上から竜骨突起のするどい尖りの稜線が指でつまめるまでになる。逆に，栄養状態が良好ならば，分厚い胸筋で，竜骨突起の尖りは浅くなる。

2）放鳥時

何を基準に放鳥すればよいか。油を洗浄され，保護飼育された鳥のもっとも簡単な指標が体重である。あるいはすでに述べた胸筋の発達度でも良い。採血し，生化学的な分析が可能であれば，血球容積（率），またはヘマトクリット値，白血球数などの血中パラメーターが，免疫力の回復を図る指標として使われている[11]。慣れない人には採血そのものが鳥にストレスを与え，感染症などの発症の危険を増すので，採血は野生鳥獣に詳しい獣医師との連携のもとに行われなければならない。体重を栄養回復の指標とする理由を次

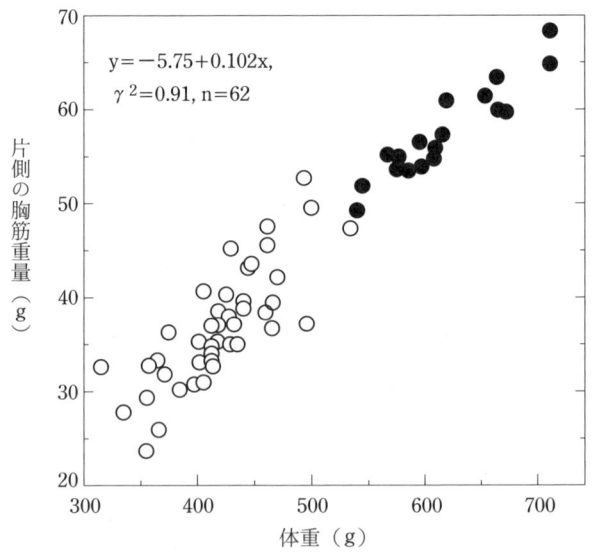

グラフ内: y=−5.75+0.102x, r^2=0.91, n=62

縦軸: 片側の胸筋重量（g）
横軸: 体重（g）

図4 ウトウの体重と胸筋重量との関係（Oka & Okuyama 2000[1] を改変）
○油汚染死鳥，●健常鳥

に述べる。

3）体重が示す体内器官の回復状態

　体重と，胸筋，脚筋，肝臓などの組織の重量との関係は，体重が増えると各器官の重量も直線的に増え，体重が減ると各器官の重量も直線的に減る関係にある（図4，図5-1列）。一方，体重と体脂肪量は図5-2列に示すように，ある体重に到達すると脂肪量が激変する指数関係にある。ウトウでは体重550 gがこの変曲点のめやすとなる。550 gを下回ると脂肪量は激減し，これを上回ると脂肪量が激増すると考えてよい（図5-2列）。体重400 gや450 gではせいぜい10 g程度の脂肪（17時間相当分の生存維持代謝量）しかなく，羽毛の防水性や殺菌力を高める尾腺の脂肪量も健常時の半分程度である（図5-2列）。さらに，潜水，飛翔に不可欠な胸筋の発達も2，3割劣る（図2）。

　一方，尾腺，筋肉，骨髄に含まれる脂肪はいずれも体脂肪率が極端に悪化するまで温存され[34]，危機的な臨界値を越えると一気に消費される傾向にあ

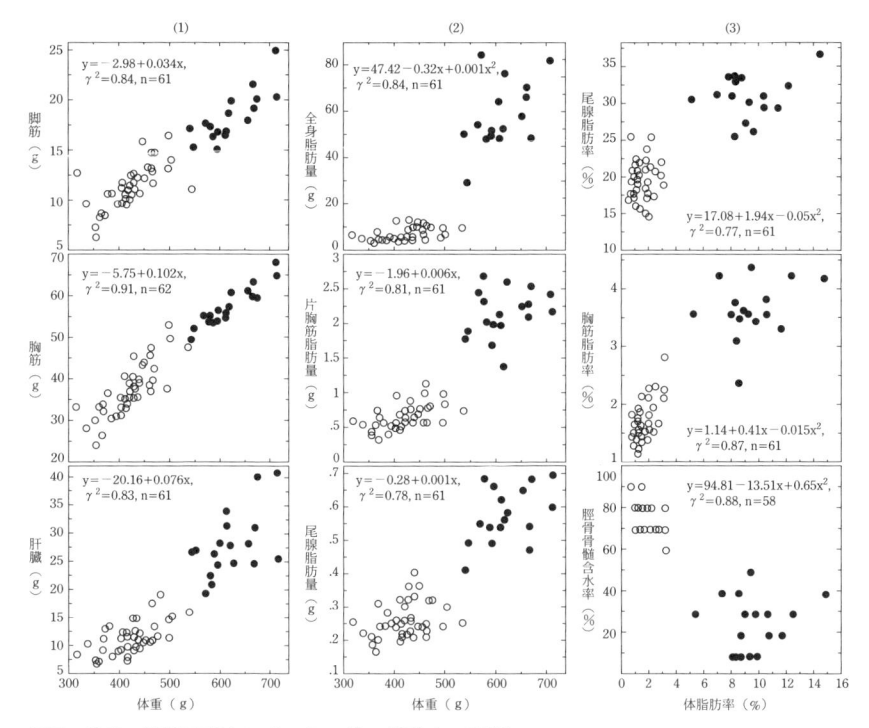

図5 体重，体脂肪率といくつかの体の部位との関係。
1. 体重と各器官の重さの関係，2. 体重と各器官が含む脂肪量との関係，3. 体脂肪率と，各部位の脂肪率との関係，○油汚染死鳥，●健常鳥
(Oka & Okuyama 2000[1] を改変)

る（図5-3列）。回復順序は逆転し，これらの重要な部位から回復し，やがて脂肪は皮下，腹腔に蓄積されてゆく。600〜700 gの体重になれば50〜80 gの体脂肪を持ち，尾腺の脂肪量，骨髄量も顕著に充実するが，海鳥は遊泳場所がない施設での飼育は難しいため，放鳥の体重基準は造血能力を維持し，羽毛の防水，殺菌機能を保持し，数日間，採食できずとも持ちこたえうる600 g程度を目安とすべきだろう。他の鳥類でもこの基準値を調べることが必要である。

　以上をまとめると，潜水性海鳥は冬季，羽毛と皮膚にほんのわずかでも油が付着すると，付着部分から大量放熱し，これに伴ってエネルギー代謝量が極端に上昇し，短期間に蓄積脂肪を使い果たすだけでなく，体のさまざまな

器官の組織，細胞を維持する脂質，タンパク質なども消費して，極限レベルの貧栄養状態に達する。その過程で，造血機能をはじめ，各器官の機能が低下し，代謝が停止し，死に至るとみられる。寒冷期，ウトウは油に汚染して死ぬまでにわずかに1日半程度と早い。油汚染時には，瀕死状態の鳥も含めて多くの海鳥が一斉に海岸に漂着するため，やみくもな収容は収容先の施療力そのものを破綻させかねない。漂着鳥発見時には基礎体力の残る鳥を重点的に選び出す。この簡便な方法が胸筋の触診である。保護後の回復過程は，体重が，骨髄，尾腺，蓄積脂肪の程度全般を指標することを，図をまじえて解説した。

　日本と共通生息種の多い欧米では，これまでウミガラス科などの潜水適応型鳥類を中心に，少なくとも3〜4万羽が油を洗浄され，保護飼育を経て放鳥されたが，その後の生残は軒並み悪いことが検証されている[35]。これに対して，南半球の中緯度に生息するペンギン類（南アフリカ共和国沿岸のジャッカスペンギン *Spheniscus demersus* と豪州タスマニア沿岸のコガタペンギン *Eudyptula minor*）では，リハビリ放鳥個体の生残率は高い[35, 37]。繁殖成功率は通常年に比べて有意に下がったが，翌年以降を期待させる繁殖成績も納めている[38]。同じ潜水性鳥類で何がこの明暗を分けているのかは，依然として不明である。ペンギン類のように水中飛翔に特化せず，通常でも脂肪蓄積が少なく，空気をはらむ羽毛の構造で防寒する北半球の潜水性鳥類には，より戦略的な対応とプランが求められる。その一つには，基礎体力の残る鳥，保全ランキングの高い絶滅危惧種，希少種などの選択的な保護と施療，放鳥技術の開発が必要である。

　2005年4月に発効した，新造船タンカーの二重底の義務付けと，運行中のタンカーでは規模に応じて段階的に二重底化を義務付ける国際海事機関（IMO）による海洋汚染防止条約は，批准国を航行するタンカーの海難事故の際に，搭載油が船底，船腹から流出するのを防ぐうえで，今後，大きな効果が期待される。その一方で，日本周辺での油の流出の8割は，本章1節で述べた

ように海難事故以外の原因による。ごく微量な油でも冬季,潜水適応性鳥類の体に付着すると,羽毛の防水,防寒機能が破壊され,水中に熱が奪われ始める。低下する体温を上げるために,場合によっては通常の4倍近い大量のエネルギーが消費され,わずか1日半程度で栄養状態が急速に悪化し,代謝が行えない極限状態に達する。その過程で,骨髄の造血機能,免疫機能も衰える。油汚染で死亡した鳥類にかなりの割合でみられる消化管内の黒液は,重油などの黒色油に誤認されやすいが,水溶性の成分で占められ,組織液や血液を含む体組織成分に由来するとみられている[39,40]。肝臓組織に取り込まれたアルカン物質[2]が羽毛の付着油と同一であり,体内への取り込みが示された例[40]がある一方で,羽毛に付着した油とは異なる起源のアルカン物質が水溶性の黒液から検出されたり,油が付着しない海岸斃死体も消化管にアルカン物質を取り込んでいた事例[39]があり,日常的な油汚染が日本沿岸,沖合域で潜在的に広がりをみせていることを示唆する。石油類の主成分の様々な有機物質と,微量成分の無機物質のなかで,構造内にベンゼン環を持つ多環芳香族炭化水素化合物には,催奇性や発がん性を持つ化合物が多く知られており,海鳥を含む海洋生物への毒性も懸念されている。欧州や南米では慢性的な油汚染が海鳥に大きな被害を与えており,一つの海域に面する隣国同士で共同調査を実施し,広域な汚染実態が明らかになっている[3]。東アジアの海域では近年,海底に埋蔵されたエネルギー資源の開発が激化している。ロシア,サハリンのオホーツク海沿岸では海底油井の操業と,原油の輸送がすでに日常化した。流出した油は海流と波浪で拡散しながら,汚染域を広げやすいだけに,1国だけでは解決できない性格を持つ。汚染を防止する対策を立てるには,まず日本が自国の海岸に漂着する油と漂着鳥とその付着油の実態調査を行い,ついで中国,ロシア,韓国などの近隣諸国との共同調査を行って,鳥類のような国境を越えて移動する生物群の油汚染の状況把握が必要であることを述べて,本章を閉じたい。

　本稿に獣医学的な視点からコメントをいただいた日本獣医畜産大学の梶ヶ

---

[2] 石油の精製過程で生まれる。石油の成分に応じて組成が異なるため,ガスクロマトグラフィー法などによる組成の比較と,同定が可能である.

谷博氏と石岡克己氏に謝意を表します。

引用文献

1) Oka, N. & Okuyama, M. (2000) Nutritional status of dead oiled Rhinoceros Auklets (*Cerorhinca monocerata*) in the Southern Japan Sea. *Mar. Pollut. Bull.* 40: 340-347.
2) 新妻靖章・石川宏治・森　宏枝・荒木葉子・長　雄一・綿貫　豊(2001)「ナホトカ号油流出によって死亡したウトウの外部形態と栄養状態に関する報告」『Strix』19: 81-89.
3) 岡　奈理子・高橋晃周・石川宏治・綿貫豊(1999)(総説論文)世界における海鳥の油汚染死の歴史的推移と現状. 山階鳥研報 31: 108-133.
4) 海上保安庁(2004)『海洋汚染の現状──未来に残そう青い海──』(平成15年1月-12月).
5) 佐藤仁志(1999)「1986年1月に発生した日本海における海鳥の油汚染被害について」『山階鳥研報』31：134-141.
6) 日本ウミスズメ類研究会(1997)『ナホトカ号重油流失事故と海鳥』日本ウミスズメ類研究会, 羽幌.
7) フリーズ／ジョン・植松一良・高木純一・東梅貞義(1998)『ナホトカ号油汚染鳥類の救護保全活動から何を学か？』日本財団, 東京.
8) Burger, A. E. (1993a) Estimating the mortality of seabirds following oil spills: Effects of spill volume. *Mar. Pollut. Bull.* 26：140-143.
9) Barrett, R. T. (1979) Small oil spill kills 10-20,000 seabirds in north Norway. *Mar. Pollut. Bull.* 10: 253-255.
10) del Hoyo, J., Elliott, A. & Sargatal, J. (1992) Handbook of the Birds of the World, Vol. 1. Lynx Edicions, Barcelona.
11) del Hoyo, J., Elliott, A. & Sargatal, J. (1996) Handbook of the Birds of the World, Vol. 3. Lynx Edicions, Barcelona.
12) Ashmole, N. P. (1971) Seabird ecology and the marine environment. In *Avian Biology* Vol. 1, Farner, D. S., King, J. K. & Parker, K. C. (eds.), Academic Press, New York, 224-286.
13) 梶ヶ谷　博・岡　奈理子(1999)「(総説論文)油汚染が鳥類の体に及ぼす影響」『山階鳥研報』31: 17-38.
14) Hlady, D. A. & Burger, A. E. (1993) Drift-block experiments to analyze the mortality of oiled seabirds off Vancouver Island, British Columbia. *Mar. Pollut. Bull.* 26: 495-501.
15) Threlfall, W. & Piatt, J. F. (1982) Assessment of offshore seabird oil mortality and corpse drift experiments. Unpublished report, St. John's, Newfoundland. (In Wiese & Jones 2001)
16) Flint, P. L. & Fowler, A. C. (1998) A drift experiment to assess the influence of wind on recovery of oiled seabirds on St. Paul Island, Alaska. *Mar. Pollut. Bull.* 36: 165-166.

17) Chardine, J. & Pelly, G. (1994) Operation clean feather: Reducing oil pollution in Newfoundland waters. Canadian Wildlife Service Technical Report series No. 198. 40pp.
18) Wiese, F. K. & Jones, I. L. (2001) Experimental support for a new drift block design to assess seabird mortality from oil pollution. *Auk* 118: 1062-1068.
19) HopeJones, P., Howells, G., Rees, E. I. S. (1970) Effects of 'Hamilton Trader' oil on birds in the Irish Sea in May 1969. *Brit. Birds 63*: 97-110.
20) Ford, R. G., Casey, J. L., Hewitt, C. H., Lewis, D. B., Varoujean, D. H., Warrick, D. R. & Williams, W. A. (1991) Seabird mortality resulting from Nestucca oil spill incident, winter 1988-89. Report for Washington Dept. Wildlife. Ecological Consulting Inc., Portland, Oregon.
21) Burger, A. E. (1991) Experiments to improve the assessment of mortality in oiled seabirds. Unpublished rep. (In Wiese 2003)
22) Ford, R. G., Bonnell, M. L., Varoujean, D. H., Page, G. W., Carter, H. R., Sharp, B. E., Heinemann, D. & Casey, J. L. (1996) Total direct mortality of seabirds from the *Exxon Valdes* oil spill. *American Fisheries Society Symposium* 18: 684-711.
23) Wiese, F. K. (2003) Sinking rates of dead birds: Improving estimates of seabird mortality due to oiling. *Marine Ornithology* 31: 65-70.
24) Burger, A. E., Wilson, R. P. Garnier, D. & Wilson, M. P. T. (1993) Diving depths, diet, and underwater foraging of Rhinoceros Auklets in British Columbia. *Canadian J. Zool.* 71: 2528-2540.
25) 綿貫　豊(1998)「魚資源とウトウの採食生態／多様な時空間スケールにおける反応」『月刊海洋』30: 249-254.
26) 奥村純市・田中桂一　編(1995)『動物栄養学』朝倉書店, 東京.
27) 菅野道廣・谷口巳佐子・矢部一紀・飯尾雅喜・長　修司(1986)『栄養学総論』朝倉書店, 東京.
28) 岡　奈理子(2002a)「ウミウの栄養状態と死亡原因について」『ナホトカ号油流出事故による海鳥類への影響調査等業務』pp. 511-525. 日本鳥類保護連盟, 東京.
29) 岡　奈理子(2002b)「シロエリオオハムとオオハムの栄養状態について」『ナホトカ号油流出事故による海鳥類への影響調査等業務』pp. 529-534. 日本鳥類保護連盟, 東京.
30) Furness, R. W. & Monaghan, P. (1987) Seabird Ecology. Blackie & Son Ltd., London.
31) McEwan, E. G. & Koelink, A. F. C. (1973) The heat production of oiled mallards and scaup. *Canadian J. Zool.* 51: 27-31.
32) Jenssen, B. M., Ekker, M. & Bech, C. (1989) Thermoregulation in winter-acclimatized Common Eiders (*Somateria mollissima*) in air and water. *Canadian J. Zool.* 67: 669-673.
33) 日本鳥類保護連盟編(2002)「油汚染による海鳥の収容状況調査」『ナホトカ号油流出事故による海鳥類への影響調査等業務』pp. 11-37. 日本鳥類保護連盟, 東京.
34) Oka, N., & Maruyama, N. (1985) Visual evaluation of tibiotarsus and femur marrows as a method of estimating nutritive conditions of Short-tailed Shearwaters. *J. Yamashina Inst. Ornithol.* 17: 57-65.

35) 岡　奈理子 (1999)「(総説論文) リハビリした油汚染海鳥の放鳥後の生残の検証」『山階鳥研報』31: 1-15.
36) Briggs, K. T., Gershwin, M. E. & Anderson, C. W. (1997) Consequences of petrochemical ingestion and stress on the immune system of seabirds. ICES *Journal of Marine Science* 54: 718-725.
37) Goldsworthy, S. D., Giese, M., Gales, R. P., Brothers, N. & Hamill, J. (2000) Effects of the *Iron Baron* oil spill on little penguins (*Eudyptula minor*). II. Post-release survival of rehabilitated oiled birds. *Wildlife Research* 27: 573-582.
38) Giese, M, Goldsworthy, S. D., Gales, R. P., Brothers, N. & Hamill, J. (2000) Effects of the *Iron Baron* oil spill on little penguins (*Eudyptula minor*). III. Breeding success of rehabilitated oiled birds. *Wildlife Research* 27: 583-591.
39) Oka, N. & Okuyama, M. (1998) Gas chromatographic analysis of digestive blackish liquid contents of oil-polluted Rhinoceros Auklets (*Cerorhinca monocerata*) in the southern Japan Sea. *J. Yamashina Inst. Ornithol.* 30: 109-116.
40) 野生動物救護獣医師協会 (2002)「ナホトカ号油流出事故による海鳥類への影響調査・病理学的検討 詳論2」『ナホトカ号油流出事故による海鳥類への影響調査等業務』pp. 483-503. 日本鳥類保護連盟, 東京.

付表1　日本海で油汚染した鳥類の生活型と漂着数、生死の割合

目科名	種名	学名	水域依存型 (*1)	適応型 (*2)	島根県全域 1986年1月末			本州日本海海岸 (*4) 1997年1-3月			
					個体数	%		個体数	%	生体	死体
アビ目アビ科	アビ	Gavia stellata	A	D				10	0.8	5	5
	オオハム	Gavia arctica	A	D	4			52	4	33	19
	シロエリオオハム	Gavia pacifica	A	D	25	1.4		56	4	21	35
	アビ類sp	Gaviidae sp.	A	D	18	1					
カイツブリ目カイツブリ科	カイツブリ	Tachybaptus ruficollis	A	D	2			1		1	
	ハジロカイツブリ	Podiceps nigricollis	A	D	2			4		2	2
	ミミカイツブリ	Podiceps auritus	A	D				1		1	
	アカエリカイツブリ	Podiceps grisegena	A	D	7			43	3	27	16
	カンムリカイツブリ	Podiceps cristatus	A	D	2			11		1	10
ミズナギドリ目ミズナギドリ科	オオミズナギドリ	Calonectris leucomelas	A	F	1						
	ミズナギドリ科sp	Procellariidae sp.	A	F	1						
ペリカン目ウ科	ウミウ	Phalacrocorax capillatus	P	D				18	1	5	13
	ヒメウ	Phalacrocorax pelagicus	P	D				2			2
コウノトリ目サギ科	クロサギ	Egretta sacra	P	W	1			1			1
カモ目カモ科	マガモ	Anas platyrhynchos	P	S				1			1
	カルガモ	Anas poecilorhyncha	P	S				2			2
	ホシハジロ	Aythya ferina	A	D				1			1
	クロガモ	Melanitta nigra	A	D				3		3	
	ビロードキンクロ	Melanitta fusca	A	D	1			1		1	
	シノリガモ	Histrionicus histrionicus	A	D				1			1
	ウミアイサ	Mergus serrator	A	D				1		1	
	カワアイサ	Mergus merganser	A	D				1			1
タカ目タカ科	トビ	Milvus migrans	P	F				1		1	
ハヤブサ科	ハヤブサ	Falco peregrinus	P	F				1			1

科	和名	学名	P	W						
チドリ目チドリ科	シロチドリ	*Charadrius alexandrinus*	P	W		1	1			1
シギ科	ハマシギ	*Calidris alpina*	P	W	2					5
トウゾクカモメ科	トウゾクカモメ	*Stercorarius pomarinus*	A	F	1					9
カモメ科	ユリカモメ	*Larus ridibundus*	P	F		1				1
	セグロカモメ	*Larus argentatus*	P	F		8	0.6	3		5
	オオセグロカモメ	*Larus schistisagus*	P	F	1	11	0.8	2		9
	ワシカモメ	*Larus glaucescens*	P	F		1				1
	カモメ	*Larus canus*	P	F		4		2		2
	ウミネコ	*Larus crassirostris*	P	F	6	44	3	33		11
	ミツユビカモメ	*Rissa tridactyla*	A	F	17	14	1	8		6
	カモメ類 sp	Laridae sp.	—	F	2					
ウミスズメ科	ウミガラス	*Uria aalge*	A	D		2	2	3		2
	ハシブトウミガラス	*Uria lomvia*	A	D		31	2	3		28
	マダラウミスズメ	*Brachyramphus marmoratus*	A	D	4	8	0.6	4		4
	ウミスズメ	*Synthliboramphus antiquus*	A	D	12	455	35	244		211
	カンムリウミスズメ	*Synthliboramphus wumizusume*	A	D	2	3				3
	コウミスズメ	*Aethia pusilla*	A	D		3		1		2
	ウミスズメ類 sp	*Synthliboramphus* sp.	A	D	17					
	ウトウ	*Cerorhinca monocerata*	A	D	302	497	38	15		482
					1,326					
					75					
スズメ目カラス科	カラス sp.	*Corvus* sp.	P	W		1		1		1
不明種						14				14
合計					1,761 (*5)	1,310	100	418		892
					100					

*1: A：全面依存型（採食，休眠をすべて水域で行う型），P：半依存型（採食と休眠のどちらか一方を水域で行う型），F：飛翔適応型，W：歩行適応型，S：水面適応型
*2: D：潜水適応型，F：飛翔適応型，W：歩行適応型，S：水面適応型
*3: 佐藤1999から
*4: 日本ウミスズメ類研究会（1997）を，岡2002a, 2002bに基づき一部修正．すなわち，散弾銃による死亡1羽と，油汚染の痕跡が皆無のオオハム1羽の計2羽と，死亡1羽と，釣り針の飲み込みと釣り糸が絡み死亡した2羽の計3羽のウミスズメを除く．
*5: 生体で標本，保護された鳥はほとんどが，発見時にはほとんど死亡していた．

第16章

保全鳥類学における「人間の心」
――ハシブトガラスを例として――

松原　始

　我々は，ある生物の生存が脅かされている場合に保全を考える。しかし，カラスに関しては違う。東京都に塒をとるカラスは2001年に3万羽を超えたという。人間の生活環境，もしくは他の鳥類を保全するために，カラスを減らせという声が出て来ている。筆者はある人に「カラスを1羽駆除するのは小鳥を10羽保護することだ」と言われたこともある。確かにカラスはゴミを漁り，他の鳥類を捕食することもあり，さらに不吉なイメージがつきまとう。このような邪魔者は排除してしまった方が良いのだろうか。

　確かに，動物の個体数を調整する必要も時にはあるだろう。しかし，その前にカラスの何が問題であり，その被害を防除する手段として何が効果的かを考える必要がある。残念ながら，カラスに関してはあまりにイメージが悪く，かつ絶滅から程遠いが故に，「カラスがいるから悪いのだ」という印象をもたれがちである。この章ではカラス問題とその対策を取り上げるとともに，価値判断の基準となる人間の心についても触れたいと思う。

1　カラスの現在

　午前5時30分。ハシブトガラスの声がビルの間に響いている。高層ビルの

ミラーガラスに姿を映しながら，3羽のハシブトガラスが飛び抜けて行く。

飲食店の立ち並ぶ区画に向かうと，山積みのゴミ袋にハシブトガラスが群がり，1羽が袋の中身を引き出している。割り箸や紙おしぼりは捨てるが，次に出て来たのはフライドチキンだった。足で押さえてつついていたが，すぐに餌をくわえて飛び上がり，手近な屋根の上で食べはじめる。ゴミ袋には次のカラスが接近するが，もう1羽が素早く割り込み，声を上げて威嚇する。威嚇されたカラスは慌てて後ろへ下がる。路地の反対側ではカラスがアスファルトをつついている。酔客の吐瀉物を平らげているようだ。数羽が群がっているところを見ると御馳走なのだろう（これはカラスが役に立っている例であって，カラスが食べ終わるときれいに片付けられている）。

急にカラスが飛び立った。店の片付けが終わったのだろう，路地からゴミ袋を持った人が現れ，ゴミ袋の山に追加する。飛び立ったカラスは時折声をあげながら，付近の電線や看板に止まって人が去るのを待っている。人が立ち去ってもすぐには降りないが，不意に1羽が舞い降りてゴミ袋に近付く。すると周囲で見ていたカラス達も舞い降り，先程の光景がくり返される。少し離れて人が通り過ぎてもカラスは逃げない。抜け目なく顔を動かして注意は向けているのだが，通り過ぎるだけだと判断すると逃げることはしない。さらに近くを人が通ろうとすると，前傾して飛び立てる姿勢にはなるが，なかなか逃げない。しかし，傘を振り回す人がいると離れていても即座に逃げ出す。

7時過ぎになり，通勤者が増えはじめる頃にはカラスの饗宴は一段落し，周辺のビルの屋上に止まっている個体が増えてきた。ゴミ収集車も姿を現し，カラスの食事時間は終わったようである。収集車にゴミ袋が投げ込まれると，路上に残ったのはカラスに引っ張り出された野菜屑，割り箸，紙屑，ラップ，紙おしぼり等々……

これは，筆者のフィールドノートをもとにした，新宿の朝の風景である。いまやカラスといえば当然のように街の鳥であり，しかも多くの場合は嫌われている。

ただし，これは東京のカラスの印象かもしれない。日本にはカラスの少ない都市もあるし，どの都市でも新宿のように多数のカラスがゴミ漁りをして

図1 『ANGEL HEART』（北条司, 新潮社）[2] 1巻　p. 175より

いるわけでもない。中小の地方都市だけでなく，農村，河川敷，漁村，海岸，さらに人家から遠く離れた山中にもカラスは生息する。しかし，「カラスの現在」を語る時に最も印象的なのは東京の繁華街の朝であろう。一例をあげよう。1985年から1991年まで連載された漫画『CITY HUNTER』[1] は新宿を舞台にしているが，カラスが目立って登場したことはない。しかし，同じ作者が2001年から連載している，やはり新宿を舞台とした漫画『ANGEL HEART』[2] では早朝の風景にカラスが登場している（図1）。90年頃までカラスが少なかったというより，この10年程の間にカラスは「新宿の朝の風景」として認知されたと考えるべきだろう。しかしながら，カラスに対する印象が好転したわけではない。

2　カラスとは?

　新宿の風景描写で「ハシブトガラス」と何度か書いた。カラスは1種類ではないし，カラスという種名の鳥もいない。日本で記録されたカラス（カラス属）は7種あるが，最も一般的に目にするのは日本で繁殖するハシブトガラスとハシボソガラスである（表1）。

　ハシブトガラスは全長50〜58 cm，体重が600〜800 gほどである（図2）。鳴き声は「カーカー」と，ごく普通の「カラスの鳴き声」。外見では嘴が太く，額にあたる部分が出っ張っているのが特徴だが，羽毛を寝かせていることもある。ハシブトガラスは中近東から東南アジア，中国，日本，ロシアの一部に分布し，日本では北海道から沖縄まで全国に分布する。世界的には様々な環境に暮らしているが，基本的には森林の鳥のようである。英名はJungle Crowといい，まさにジャングルのカラスと名付けられている。新宿で登場したのは全てハシブトガラスである。

　ハシボソガラスはハシブトガラスよりやや小柄で，全長50センチ，体重が350〜600 gほどである（図3）。鳴き声は「ガー」と濁った，しゃがれ声である。嘴も顔も細長い。分布はハシブトガラスよりも広く，ユーラシアの温帯・寒帯に生息している（ただし一部では別亜種のズキンガラスが分布する）。主に草原やまばらな林，河原など開けた場所を好み，密生した森林には見られない。

表1　日本で記録のあるカラス属の鳥類。ホシガラスやカケス，カササギもカラス科であるが，カラス属ではない。

標準和名	学名	英名	特徴
ハシブトガラス	*Corvus macrorhynchos*	Jungle Crow	日本全国で繁殖・留鳥
ハシボソガラス	*Corvus corone*	Carrion Crow	日本全国で繁殖・留鳥（沖縄で冬鳥）
ミヤマガラス	*Corvus flugilegus*	Rook	冬鳥として日本各地に渡来
コクマルガラス	*Corvus dauuricus*	Daurian Jackdaw	ミヤマガラスの群れに混じって少数渡来
ワタリガラス	*Corvus corax*	Raven	冬鳥として主に北海道に渡来
イエガラス	*Corvus splendens*	House Crow	迷鳥
ニシコクマルガラス	*Corvus monedula*	Jackdaw	迷鳥

第16章　保全鳥類学における「人間の心」　355

図2　ハシブトガラス

図3　ハシボソガラス

日本では北海道から九州まで分布する。沖縄では冬鳥として記録があるが，近年は見つかっていないという。英名は Carrion Crow で「死肉ガラス」の意味だが，特に好んで死体を漁るわけではない。

　本章では日本中でごく普通に見られ，ごく普通に繁殖しているハシブトガラスとハシボソガラスについて話を進める。そして特に断らない限り，2種をまとめてカラスと呼ぶ。区別されないこともあるハシブトガラスとハシボソガラスであるが，2種の生活はかなり異なっている。ハシブトガラスは森林・都市部・海岸に多く見られるが，ハシボソガラスは比較的小さな都市・農地・河原・海岸に見られる[3]。東京都心でも以前はハシボソガラスが見られたが，1970年代にほぼいなくなり，その後ハシブトガラスが急増したという[4]。京都府京都市[5]や大阪府高槻市[6]，北海道帯広市[7]など地方都市では両種とも生息している。

　ハシブトガラスが森林と大都市という，両極端な環境を好むのはいささか奇妙に感じるが，これは彼らの行動と関連しているらしい。ハシブトガラスは地上で過ごす時間が極めて短く，1日の大半を高い場所に止まって過ごしている。地上に下りても長居をせず，すぐ飛び立ってしまう[5]。森林のハシブトガラスを研究した例は全くないのだが，「飛び回って餌を探し，高い所に止まって様子を伺った後で舞い降りて食べる」という生活パターンは，森林に適応して進化した結果と思われる。このようなハシブトガラスにとっては，ビルや電線など止まる所が豊富にあり，かつ地上で短時間のうちに餌（生ゴミ）を得られる大都市は極めて生活しやすいのだと考えられる。おそらく，森林では樹上で果実類や小動物を食べる他，地上の動物の死体を探して漁っていたのだろう。

　一方のハシボソガラスは地面を歩いていることが多く，しきりに地面をつついたり，ほじくったりして餌を探している。ゴミ漁りもするが，どちらかと言えばミミズや昆虫や種子類を餌とする鳥のようである。農地，河原などはハシボソガラスにとって好適な餌場となる。都市でも舗装されない地面が残っていればハシボソガラスが生活しやすいだろう。カラス類の生態学的な特徴の一つはジェネラリスト，すなわち「何でも屋」だということである。植物質・動物質を問わず，カラスは極めて多様な餌を食べている[8]。もう一つ

は，死体や，肉食獣の食べ残しを利用するスカベンジャー（掃除屋）としての性格が強いことである。カラスのこのような性質は多様な環境に適応する能力を示すものだが，一方でこの広い食性が人間との摩擦を生んでいるとも言える。

ハシブトガラス，ハシボソガラスともに一夫一妻で，繁殖のためにペアでなわばりを防衛する。最も早い例でハシブトガラスは3月半ば，ハシボソガラスは2月末から産卵する。卵は4〜6個で，ほぼ雌だけが抱卵する。卵は3週間ほどで孵化し，雌雄ともに餌をやって，30〜35日で雛が巣立つ。巣立ち雛は2，3羽であることが多い。巣立ちといっても劇的なものではなく，巣から出て来て，枝に止まってみるだけである。しかも大抵の場合，すぐまた巣に戻ってしまう。やがて親の後をついて飛ぶようになり，ハシブトガラスでは8〜9月頃に独立するようである。ハシボソガラスではもっと遅いことがあり，10月になっても親と一緒にいたことがあるし，翌年まで親と一緒に暮らしていたという報告もある[9,10]。繁殖は年1回だが，途中で失敗すると2度目の営巣・産卵を行なうことがよくある。

若鳥は群れて暮らしていると考えられる。カラスの成長過程をくまなく調査した例はなく，未知の部分が多いのだが，いわゆる「カラスの群れ」は若鳥や，成鳥でも非繁殖個体から成ると考えられている。非繁殖個体は，なわばりは持っていない。どの集団に入るかも固定されたものではないらしい。いくつかの観察から，なわばりを確保して繁殖できるようになるまで普通3年くらいかかるのではないかと言われている[11,12]。

夜は集団でねぐらに集まって眠るが，繁殖中の個体は自分のなわばりで眠ることも多いようだ。ただし，これも確認するのは難しい。

結論として，カラスについてはペア形成も，繁殖開始年齢も，巣立ち雛数も，寿命も，死亡率も，日中と夜間を過ごす場所も，すなわち個体群動態の研究に絶対必要な事項は断片的にしかわかっていない。これは鳥類の移動能力の高さと相まって，現段階では個体数の変動を調査・予測することが極めて難しいことを意味する。

3 カラス問題とその検証

　カラス問題には農作物への被害もあるが，近年クローズアップされているのは都市部における苦情である。東京都の例が最も有名だが，ゴミを散らかす，人を攻撃する，群れて鳴くのでうるさい，糞を落とすなど，様々な苦情がある。この中で最も多いのはゴミ関連だという。

　ここでは，都市部におけるカラス問題をとりあげる。というのは，「都市に野鳥が多すぎる」という希有な事態であると共に，人間と野鳥の生活圏が重なった場合のテストケースでもあるからである。以下に，どういう問題があり，どのような個体が何をするから問題なのかを挙げる。

(1) カラスが人を襲う時

　「カラスは人を襲う」という印象が強いが，実はカラスは街のあちこちで繁殖しており，東京での調査によると最も高密度な場所では1ヘクタールあたり1.3ペアが営巣していたという[13]。カラスの多くは人知れず営巣しており，意外とおとなしいと言うこともできる。

　ところで，カラスによる攻撃とはどんなものだろうか？

　これは多くの研究者が指摘していることだが，カラスが攻撃的になるのは雛の巣立ちの頃（5月〜6月がピーク）である。巣立ち直後の雛は飛ぶのが下手な上，経験も乏しいので，自力で身を守ることができない。そのため親は雛に接近する外敵（らしきもの）に対して極めて神経質になる。個体によって性格が違うが，特に神経質な親では観察者が数十メートル離れて，枝に止まった雛を見上げているだけでも威嚇して来ることがある。一方，のんびりした親は雛のすぐ横を人間が通っても平気である。巣立ち雛がいない時期や，繁殖していないカラスが攻撃して来ることはまずない。

　カラスはまず，音声によって威嚇する。「カラスが突然襲って来た」という言い方をされることがあるが，恐らく，威嚇を聞き逃していたのだと思われる。普段からカラスが鳴いているようだと，つい聞き流してしまうかもしれ

ないが，本気で威嚇を始めたカラスの声は普段とは比較にならないほど迫力がある。それでも侵入者が立ち去らない場合，頭上近くまで舞い降りてはサッと上昇する行動をくり返す。テレビニュース等ではこれが「攻撃」と呼ばれていることもあるが，実際には攻撃ではなく，威嚇の一種である。空手で言う「寸止め」であって，実力行使ではない。これでもまだ侵入者が立ち去らない場合，接触を伴う本当の攻撃を行なう場合がある。

ところで，カラスの攻撃は嘴でつつくものと信じられているようである。しかし，飛びながら自分よりはるかに大きな相手（人間の体重はカラスの100倍ほどある）に頭から激突するのは，攻撃するカラスにとって，あまりにも危険が大きい。映像資料を見る限り，カラスは後ろから人の頭上をかすめて飛び越えざまに，脚を出して蹴っているように見える。明らかに嘴による傷を負った例も数例あるようだが，これはごく稀な例か，もしくはカラスの「操縦ミス」による事故ではないかと考える。

ほとんどの攻撃は「後ろから頭を蹴るか，頭髪をつかんで引っ張る」というものであり，わずかなりとも怪我をした例は全体の17％だったという[14]。「怪我」の大半は頭を擦りむいたという程度である。これは「襲われた」として行政に苦情が提出された例だけであるが，大きな怪我をすれば間違いなく通報されているはずだから，結局，カラスに攻撃されても滅多に怪我はしないと考えて良さそうだ。それ以上に，実際の攻撃にまで及ぶ例がむしろ少数であることは忘れてはならない。さらに攻撃に至るまでに何段階かの威嚇がある場合がほとんどであるから，攻撃される前に気付いて避けることも可能である（ごく稀に怒ったカラスが八つ当たり的に通行人に次々と攻撃をかける場合もあるので，こういう時はとばっちりを食うこともある）。

もっとも，カラスの威嚇だけでも大変な迫力なので，怖いことは怖い。怪我をしなくても怖い目にあうだけで十分に問題だとも言える。

くり返しになるが，攻撃，威嚇については，繁殖ペアが，巣立ちの頃に，繁殖ナワバリで起こす問題である。また，全てのペアが必ず人間を攻撃するわけではなく，ごくおとなしいペアもいる。攻撃的なペアがいる場合でも，全ての人間が常に攻撃されるわけではない。人を襲うというと，ヒチコックの映画「鳥」がしばしば引き合いに出されるが，カラスの群れが人を襲うこと

はない。餌をもらえると思って寄って来ることはあるが，それは襲ったとは言わない（どうかするとテレビニュースではこういった映像まで攻撃扱いされているので敢えて述べる）。

(2) ゴミ問題

　カラスはゴミを散らかす（口絵22）。カラスが好んで食べるのは肉類や油もので，野菜はあまり食べない。また可燃ゴミには紙屑や割り箸なども大量に入っているから，全く食べられない内容物も多い。こういった雑多な内容をとりあえず引っぱりだして，食べられないものは捨てるため，結果として周囲をひどく散らかす。ゴミを漁るのは攻撃と異なり，全ての個体が，いつでも行なう可能性がある問題である。

　この問題はもちろん，カラスがいなければ起こらない。しかし，カラスが何万羽いようと，ゴミ袋の前にたむろしていようと，ゴミに触れなければ何もできず，やはりカラスによるゴミ問題も起こらない。だからゴミ漁りについては，個体数と被害とは本当は別の問題である。

(3) うるさい，怖い，イメージが悪い

　カラスは明け方からよく鳴く。カラスは鳥類の中でも特に早起きな印象がある。夜明け1時間近く前から起きて鳴いているし，ねぐらを出て行く時にも鳴く。ねぐらに戻って来た時は，もっとよく鳴く。カラスがいる限り，鳴き声を止めることは不可能である。特にハシブトガラスは音声コミュニケーションが発達しているのか，ハシボソガラスよりも頻繁に鳴く。確かにうるさいと言えば，うるさい。

　「怖い」という意見もある。確かに，怖いと感じる人がいても不思議ではない。ただし，「カラスは嘴で急所を一突きして大怪我をさせる」とか，「カラスの群れに襲われる」とかいった心配ならば，先に述べたように，ほぼ取り越し苦労である。しかし，それでも怖いという人にとっては，カラスは1羽でもいれば怖いだろう。「カラスがいるとイメージが悪い」についても同様である。

これはもう「カラスをどう感じるか」という問題なのだが，カラス研究者としては，「カラスは知れば知るほど，かわいいですよ」と申し上げておきたい。それでも嫌いなら仕方ないが，だから何をしてもいいという事ではあるまい。

4　どのような対策があるのか

(1) 追い払う

　ホームセンターや通販を見ると，種々の「カラス除けグッズ」が販売されている。しかし，どんな物に対しても，カラスはいずれ慣れてしまう。これはカラスに限らず，ハトやスズメでも同じである。

　筆者があるハシブトガラスのペアを観察していた時，巣立ち雛と共にビルの屋上に止まったことがあった。この家族は両親と雛3羽の合計5羽だったのだが，どう見ても6羽いるように見える。スコープを出してよくよく見ると，1羽はビニール製のカラスで，カラス除けに取り付けられているのだった。カラス達はそのすぐ横で，のんびりと止まっていた。要するに，カカシであるとか，CDであるとか，常にそこにあって，自分達が何をしようと反応しない物に対しては，最初は警戒してもすぐ慣れてしまうということである。何種類も用意して，カラスが慣れた頃に交換して行けば幾分かは長もちするのではないかと思うが，絶対的な効果は期待できない。

　磁力による効果を謳った商品もあるのだが，効果があったとしても，それが磁力によるものかどうかはっきりしない，という研究もある[15]。確かに鳥は地磁気を感知して渡りに用いることが知られているが，見えている餌を食べるのをためらうかどうかは別であろう。

　要約すれば，餌を狙ってくる鳥を簡単かつ永続的に追い払う方法は今のところ，ない。

(2) 巣の撤去

「襲われる」場合，東京都では巣の撤去も行なっている。例えカラスであっても卵や雛に手を触れることは厳重に禁止されているが，人間を襲う場合は「緊急対策」として行なわれている。確かに，非常に神経質で攻撃的な個体が，人間が多数通る場所に巣を作ってしまった場合，やむを得ない場合がある。人通りの少ない場所に移動してくれれば，それほど問題にはならないからである。カラスは営巣に失敗すると，別の場所に新たに巣を作って繁殖することが多い（その年の繁殖期間内に間に合わないようなら再営巣しないこともある）。

なお，送電線など，ショートの恐れがある場所でも巣の撤去は行なわれている。中部電力などでは送電鉄塔のショートの恐れがない場所にわざと巣を作りやすそうな棚を取り付け，そちらへカラスを誘導して被害を防ぐ方法も用いている。

(3) 駆除（捕殺，射殺）

カラスは狩猟鳥でもあるし，有害鳥獣駆除の対象でもある。全国で毎年40万羽ほどを捕殺・射殺している。これはほとんどが農耕地，あるいはゴミ処理場で行なわれているのだが，東京都では2001年度より市街地に箱罠をしかけて捕殺している。2001年には4210羽，2002年には1万2050羽，2003年には1万8761羽を捕殺したという[16]。カラスがいるからこそ各種の問題が起こると考えれば，数を減らすのは一番簡単な解決とも言える。東京都ではカラスの生息数を約7000羽まで減らすとしている。これは，1980年頃に東京で就塒していたカラスが7000羽程度であり，その当時はカラス問題が顕著でなかったことから決められている。

5　駆除の効果

北海道の池田町ではゴミ処分場に集まるカラスを駆除し，減少させるのに

成功している。だが，恐るべきはそれにかかった期間と，その間に駆除した個体数である。約1万羽いたカラスが目に見えて減るまで，実に5年がかりで，のべ1万7600羽を駆除したという[17]。駆除数がカラスの個体数より多いのは，ゴミ目当てに集まるカラスが後を断たなかったからだろう。ゴミ処分場ゆえにゴミをなくすこともできず，駆除に頼るよりなかったわけだが，駆除は意外と効率が悪い。

東京都では2002年に1万2050羽を捕殺した。さて，その効果はどの程度か。東京都の発表によると，2001年度の冬に東京の主要な塒で塒入りしたカラスの個体数は3万6400羽。これが2002年度冬には3万5200羽になったという。確かに減っているのだが，3万数千羽のうちの1200羽である。これは全体の3％ほどでしかない。夕方，塒に入って来るカラスの数を数えた結果だから，当然，誤差もあるだろう。3％の違いというのは，飛んで行くカラスの群れを数えて100羽か97羽かと議論するようなもので，明らかに減少したと言える差ではない。

測定誤差の問題は置くとしても，1万2050羽捕殺して1200羽減少した，とはどういうことか？　残りの1万羽あまりはその年生まれの子供なのだろうか。あるいは，他所からカラスが続々と流入しているのだろうか。東京都での調査によると，ハシブトガラス1ペアあたりの平均巣立ち雛数は1.1羽だったという[18]が，そもそも営巣数がわかっていないので，出生数を推定することができない。巣立ち雛が冬まで生き残る割合も不明である。また，巣立った雛が東京都に残存するのか，別の場所へ分散するのかもわからない。別の場所から流入する個体数についても全くわかっていない。となると，捕殺によって何が起こったのか，さっぱり検証できないということになる。

さて，では2003年度冬にはどうなったか？　この年は捕獲のための餌を改善（ドッグフードだったのを生肉に改めた）したことなどにより，捕殺数はさらに増え，1万8761羽になったという。その結果，3万5200羽だったカラスが2万3400羽になった[16]という（ただし2005年5月2日の毎日新聞ニュースによると2003年度の個体数算定には不備があったとのことで，東京都もこれを認めている）。その後も2004年度に1万9800羽，2005年度に1万7900羽と減少したことになっている。また2005年度までの捕獲総数は6万8000羽に達している（図3）。

さて，捕殺はあまり効率が良くないことは上で例を挙げて述べた。実際，2001年度に捕殺を開始して以来，就塒個体数は約1万8500羽が減少したことになる。ざっと捕殺数の27％にしかならない。仮に目標個体数を達成しても，維持するには毎年相当な数を捕殺し続ける必要がある。餌がある限り，カラスはやって来るからである。

また，初年度の就塒数の減少はわずか1200羽に過ぎず，その後激減したことになる。捕殺は同じように行っており，捕殺による効果が年によって全く違うとは考えにくいので，捕殺のみによって減少したとは思えない。東京都の対策が効果を上げているとしたら，ゴミ対策の方ではあるまいか。

話題性としては巣の撤去や捕殺の影に隠れているかもしれないが，東京都下の各自治体ではカラス除けのネットの配付や，ゴミを入れる金網ボックスの設置（品川区ほか）など，ゴミ対策も同時に行なわれている。一部地域では試験的に夜間回収も実施された。これが効果を発揮しているならば，カラスの利用可能な餌資源が減少していることになる。すなわち，餌不足による死亡率の上昇・出生率の低下が，また良い餌場がないために流出数の増加・流入数の減少が，起こっている可能性が考えられる。

もちろん，これは現段階では推測にすぎない。研究ではなく緊急対策なので仕方ないことではあるが，いくつもの対策が同時に行なわれ，それぞれの効果が判定されないままになっているのは非常に残念なことである。

6　カラスをめぐる都市の生態系

前節ではゴミ対策に効果があったのではないか？　という疑問を呈した。これはつまり，環境収容力を減らせばカラスは減るだろう，という意味である。環境収容力とは，「その環境はどれだけの個体数を受け入れられるか」を示す指標である。環境収容力の確保は保全の基礎であって，普通は好適な生息環境や餌を増やすことで環境収容力を増加させ，個体数の維持なり増加なりを計るものである。カラスの場合，もし多すぎるなら環境収容力を減らしてやればよい。

カラスの環境収容力を決める要因は，主要なものとして，餌・営巣場所・塒・非繁殖個体の居場所の四つが考えられる。営巣場所は街路樹や社寺林，住宅や学校の植栽等であるが，これを消滅させるのは難しい。塒は大きな樹林であることが多く，しばしば公園や社寺林である。アメリカでは塒のある森の樹木に手榴弾を大量にぶら下げ，塒入りした鳥を森ごと爆破したという例もあるのだが，東京では絶対に無理である（シンガポールでは街なかで銃猟を許可したが，これも日本では絶対に無理である）。また公園や社寺林の機能から言って伐採するのも無理がある。非繁殖個体の日中の居場所は公園であることが多いが，公園を無くすこともかえって住民へのサービスを低下させる。こうなると，封じられるのは餌資源であろう。

カラスも当然，生態系を構成する一員である。ただし，大都市における生態系は，我々が普段考えるものとは多少異なる。

教科書に出て来るような生態系は，まず無機物から有機物を合成する生産者（植物など）があり，それを食べる一次消費者，一次消費者を食べる二次消費者…と続き，生物の死体や排泄物を無機物に還元する分解者がいる。都市部にもこのような生態系は存在するのだが，公園や社寺林や並木など，一般に小規模かつ孤立的である。我々が「都市は自然が乏しい」という時，このような生態系を念頭に置いている。もちろんカラスも果実，昆虫，死体等を食べており，この生態系のあちこちに関わる野生動物である。

さて，都市部における最大・最多の動物，人間はどうなっているか？　人間の餌（食料）は産地から都市に運ばれて来る。流通・購買・消費の過程では，食料は基本的に人間以外の生物の口に入ることはない。この食料が脆弱なビニール袋に入って街角に姿を現すのが，ゴミとして捨てられる瞬間である。このゴミは当然，スカベンジャー（掃除屋）にとっては餌である。都市の生態系の特殊性は，都市に生息しないはずの餌が，長距離を流通し最後にゴミになることによって，突然街角にわいて出ることにある。こうなれば，本来の消費者である人間と，ゴミを利用するスカベンジャー以外の生物は存在しようがない（図4）。この特殊性を考慮するならば，都市はもともと人間とカラスにだけ都合の良い世界なのである。もっと言えば，カラスを放し飼いにしているに等しい。こう考えると，カラス問題は野生動物の餌付け問題の一つ

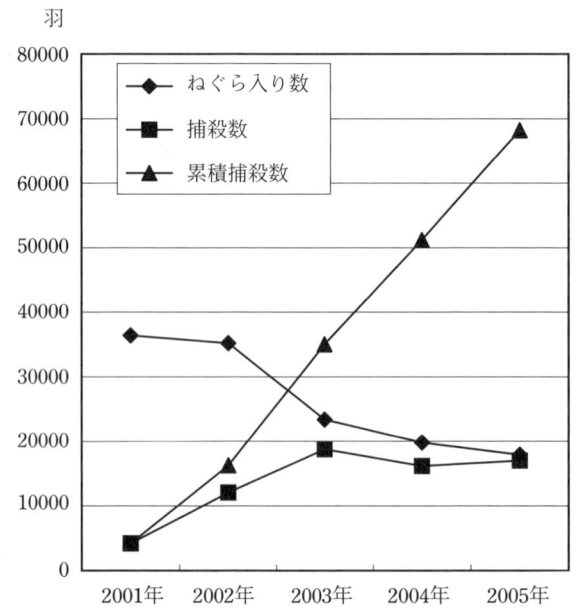

図4 東京の塒に入るカラスの個体数と，東京都のカラス対策による捕殺数の変化（東京都発表）。

とも言える。

　3節(2)で，カラスの数を減らすか，カラスをゴミに触らせないか，どちらでも解決すると書いた。これは独立した二つの出来事ではない。カラスがゴミに触れられなければ，餌資源が減る。つまり環境収容力自体を減らすことになり，結果としてカラスの個体数が減少することが予測できる。一方，ゴミを減らさずにカラスを駆除した場合，環境収容力は変わっていないので，駆除をやめればカラスは再び増加する。農耕地などで射殺する場合は，撃ちもらしたカラスも警戒して採餌に来なくなる可能性があるが，罠による捕獲の場合はこのような効果は期待できないと考えられる。

　このように，現在の都市構造と生態系はカラスにとって極めて好都合であり，餌資源を減らさない限り，カラスを簡単に減らすことは期待できない。

7　検証——ゴミ対策

　北海道の札幌市はゴミ対策を徹底した。札幌市の繁華街では，ゴミを道路に出すのは回収車が来る直前と決められており，それまでは屋内に保管されるか，蓋付きの容器に収納されている。筆者は数年前に札幌市を訪れたことがあるが，カラスはいるものの，ゴミを漁っている姿を見たのは2例だけだった。1例はゴミを出すのが早すぎたためであった。1例は大変に剛胆なカラスで，管理人がゴミを出して，次のゴミ袋を取りにビル内に戻っている間に餌を漁っていた。かつて札幌は「カラス天国」だったそうだが，観光都市としてあまりに体裁が悪いという意見があり，ゴミ対策を徹底した結果だそうである[4, 19]。ゴミを漁っていた頃のクセが抜けないのか，カラスはそれなりに多数（東京ほどではない）いたが，被害を与えている姿はほとんど見なかったし，実際に被害は激減しているという。

　東京都銀座では一部で夜間回収を実施したことがある。カラスが夜間にゴミを漁った例はなく，その防除効果は完璧である。夜間回収を実施した場所ではカラスの被害は全く無くなったそうだが，一部分だけで行なわれたため，銀座全体として見ればあまり変化した印象はないという。筆者の住んでいる奈良市では飲食店の閉店時間が早いせいもあってか，事業系ゴミ（飲食店など）の夜間回収が徹底している。その結果，繁華街（ささやかなものではあるが）よりもむしろ住宅地の方がカラスを多く見かける。さらに，東京と並ぶ大都市でありながらカラスが少ないことで有名なのは大阪市である。大阪市の中心部ではカラスをほとんど見かけない。大阪城公園にはある程度の数はいるし，カラスが繁殖している例はないわけではないのだが，東京とは比較にならない程少数である。一つには緑地が少ないせいもあると思うが，大阪の多くの事業系ゴミの回収時間が極めて早いことも理由の一つであろう。道頓堀の例を挙げると，午前3時半になるとゴミ回収車が現れ，あっという間に片付けてしまう。このように，カラスの活動時間とゴミが出ている時間が重ならないようにするのも効果がある。

　ゴミ袋にネットをかけるだけでも，カラスは餌を遮断される。ただし，手

公園，緑地などに成立する生態系　　人間用に流通してくる物質を基盤とする生態系

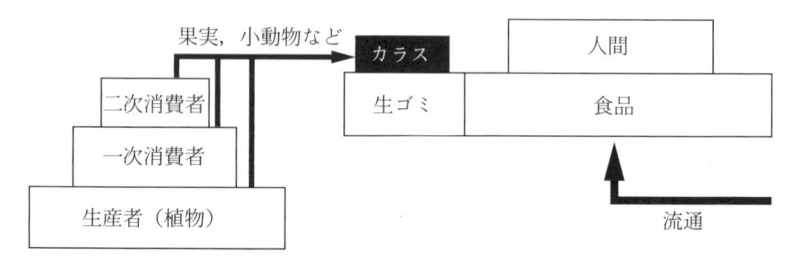

図5 都市の生態系と，その中でカラスの占める位置。

軽なだけにネットからゴミがはみ出す場合もあり，上手に使わないと効果が得られない。軽すぎるとカラスが引っ張って動かしてしまうこともある。しかし，適切に用いればカラスによる食い荒らし被害が減ることが検証されている[18]し，完全に防除できなくても採餌効率が下がるだけでカラスにとっては不利になる。ゴミ置き場を囲ってしまうのも効果的である（図6）。あるいは蓋つきの収納容器を用いる手もある。東京都ではゴミ袋の透明化が義務付けられ，ゴミ袋で出さなければいけないような気がしてしまうが，実は以前からゴミバケツに入れて出す事を推奨している。ただし，ゴミバケツを置いておくスペースも馬鹿にならないので，次善の策としてゴミ袋のままでも良い，ということだそうである。東京都日野市や品川区でダストボックスが導入されると，食い荒らし被害は激減したという（日野市ではその後廃止）。

　最近開発された特殊なゴミ袋に，人間には半透明だが，カラスには不透明に見えるものがある。カラスは基本的に視覚を用いて餌を探すため，内容物が見えないよりは見えるゴミ袋を選んで採餌する。実験条件下では有効とのことであるが，これが普及した場合，すなわち内容物の見えるゴミ袋を選べなくなった場合にどうなるかは不明である。例え中身が見えなくてもゴミ袋であること自体はわかるので，手当りしだいに破られそうな気もする。また強度を高めると共にカプサイシン（唐辛子エキス）を配合してカラスに食い破られにくくしたものもある。いずれも採餌効率を低下させる（あるいは，より簡単な餌のある方へ移動させる）効果はあると思うが，完全に防除するのは難しいかもしれない。

餌の遮断がカラスに及ぼす影響を研究した例はほとんどないのだが，筆者が奈良市で調査した例では，ゴミ袋へのネットかけを実施すると，ハシブトガラスはネットかけから逃げるように行動圏を変化させていた。また繁殖成功も低下した可能性がある[20]。地味に見えるが，ゴミ対策は個体数を減らす効果もありそうである。

一方，ゴミ対策は人間の側にコストを要求する。ネットをかけたり，ゴミバケツに入れたり，あるいはバケツを洗って保管したりする手間がかかるし，マナーの向上も必須である。カラスに荒らされないようなゴミ置き場を作るにもそれなりに費用がかかる。「たかがカラスごときのために」そこまで手間をかけるのは癪かもしれないが，やはり人間の出したゴミは人間が始末すべきだろう。一手間かけるだけで，ゴミに関する被害はなくなるのだから。

このような対策を取るにあたって，比較的対策が進みやすいのは住宅地である。ゴミを出す人と被害を受ける人が同一なのがその理由であろう。東京都町田市では戸別回収に切り替えた所，ゴミ出しのマナーが向上し，カラスによる被害も減ったという。一方，繁華街では，事業者は直接被害を受けないことが多いため，対策が進みにくいようである。早朝ないし夜間回収が有効なのだが，深夜勤務の増加や騒音，閉店時刻が店によって異なることなどが問題となっている。東京都新宿区では2005年より早朝回収を開始したが，2005年12月に筆者が観察した限りでは，以前より回収は早まったものの，まだ遅すぎるようだ[1]。なお，カラスによるゴミの食い荒らしが大問題になっているのは，筆者の知る限り日本とシンガポールだけである。アメリカではゴミを出しっ放しにしている場所にはカラスが来るが，ディスポーザー（生ゴミを粉砕して下水に流す装置）やダンプスター（蓋付きの巨大な鉄製ゴミ箱）が普及しているので，あまりカラスを見かけないという。オーストリアを旅行した時には市内の公園にズキンガラス（ハシボソガラスの亜種）が多数いたが，やはりダンプスターを用いているせいか，住宅地でゴミを漁る姿は見なかった。一方，インドのムンバイではシンガポールと同様にイエガラスが非

---

［1］東京都の発表によると歌舞伎町1丁目に飛来するカラスは，687羽であったのが，3カ月後には308羽減少したという。また，ゴミネット等も合わせて導入されている。

常に多く,都市部でゴミ漁りをしているそうだが,文化の違いなのか特に気にしていないらしいと聞いたことがある。また韓国ではカラスではなくカササギがゴミを漁ることがあるそうだが,カササギは人気のある鳥でもあり,あまり問題視されていないという。このように,ゴミ収集の方法によっても,また人間の持つイメージによっても,ゴミの食い荒らし問題は変化するのである。

8　カラス問題と人の心

　ここまでの文章では,なるべく「多すぎる」という言葉を用いないことにして来た。というのは,カラスの適正数というものが規定しにくいものだからである。

　東京都が7000羽という目標を打ち出したのは「7000羽だった頃は問題がなかったから,その程度ならいいだろう」という意味であって,これは一つの基準として使えるものだとは思うが,実際に7000羽ならいいのか,あるいはそれでも苦情が出るのか,逆にもっと多くても苦情が出ない場合があるのか,それはやってみないとわからないことである。さらに,7000羽とか3万5200羽とか発表されている個体数は,ある調査日に,調査した塒に集まった個体数である。実は7000羽とカウントされた時と2000年代の調査では,調査した塒の数からして違う。就塒個体の全てが東京で餌をとっているとは限らないし,逆に東京に流入してゴミを漁る個体もいるだろう。カラスの移動が毎日同じとも限らない[21]。だから,7000羽なら良いだろうとするのも,ある程度の目安でしかない。極端に言えば,ゴミに全て蓋をしてしまうか,あるいは東京の風物詩としてカラスを気にしないことにすれば,何万羽いようと問題にはならない。この場合の「適正数」とは,「見すごせるレベルの被害」のことだからである。

　では,小鳥の卵・雛の捕食についてはどうだろう。実際,東京ではオープン・ネスト（上の開いた皿形の巣）を作る鳥が繁殖に失敗しやすい傾向があり,カラスが卵や雛を捕食するせいではないかという[22]。これは生態系における

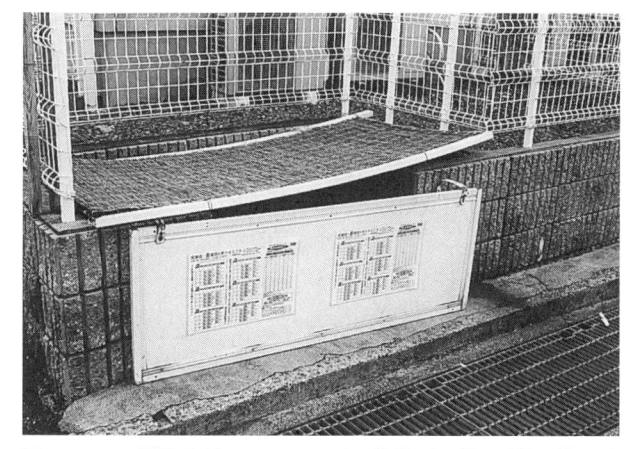

図6 カラス対策を行なっているゴミ集積所の例。手製の蓋と壁を追加してある。

図7 東京都の地下鉄構内にある公共広告機構のポスター(撮影・森下英美子氏)。

適正なバランスを崩していると言えるだろうか？

　ところが，環境収容力から言えば過剰とは言えないのである。前述したように，都市には街路樹や公園や庭木を生産者とする生態系と，人間由来の餌を用いる生態系の2系統が並立している。カラスは両方にまたがって採餌してはいるのだが，餌に見合うだけカラスがいるという点では，全く過剰では

ない。都市の生態系における「バランス」はゴミとカラスを含めて決まっており，人里離れた森林生態系のそれとは違うと言わざるを得ない。

　もちろん，カラスより小鳥にこそ身近にいて欲しいという願望も，人間にとっての快適性の一つの基準ではある。しかしながら，これは「可愛い小鳥たちはもっとたくさん身近にいて欲しいが，カラスなんか目障りにならない程度なら許してやる」という意味である。確かに，緊急に保護の必要な鳥類個体群でも付近にあるならば，カラスによる捕食圧を急いで下げることが必要な場合はあり得る。しかし，カラスにとっては極めて住みやすく，他の鳥類には住みやすくない都市環境を自ら作り出しておいて，カラスが生態系を破壊していると言ってみても始まらない。そのような都市の生態系の構造が望ましくないのであれば，まずゴミを減らすか蓋をする方が先だろう。

　ゴミは手軽に出したい，小鳥はもっといてほしい，だからカラスはいらない。これはある意味で理想的な環境かもしれないが，箱庭や水槽ならともかく，生態系はそのような「いいとこ取り」ができない。そして，悪役にうってつけであるが故に，カラスにしわ寄せが行っているような気がしてならないのである。

　ハシブトガラスは恐らく森林の鳥だったろうが，日本では今や人間という最強生物の隣で食べ残しを漁って暮らすことを選択したように見える。東京のように「生ゴミバイキング食べ放題」を大盤振る舞いしている限り，カラスは必ずやって来る。東京はまさに「住みやすい街」なのである（図7）しかし，人間はこのスカベンジャーを排除しつつある。それはそれで一つの人間の選択である。何より，野生動物に対する態度として，恣意的にせよ結果的にせよ不用意に餌を与える行為は慎むべきだと思う。その意味でゴミをなるべく遮断し，むやみにカラスに与えないことには賛成できる。

　人間がゴミを完全に遮断した時，日本のハシブトガラスは人間から離れて生活する鳥になるだろう。森林で餌をまかなうにはかなりの面積が必要であり，個体数はそう多くはなるまい。その時，彼らは晴れて保全鳥類学の対象

となるのだろうか。

引用文献

1 ）北条　司（1985～1991）『CITY HUNTER』集英社
2 ）北条　司（2001～）『ANGEL HEART』新潮社
3 ）Higuchi H. (1979) Habitat segregation between the Jungle Crow and the Carrion Crow (*Corvus macrorhynchos, C. corone*), in Japan. *Japanese J. of Ecology* 29: 353-358.
4 ）唐沢孝一（1988）『カラスはどれほど賢いか』中公新書
5 ）Matsubara H. (2003) Comparative study of territoriality and habitat use in syntopic Jungle Crow (*Corvus macrorhynchos*) and Carrion Crow (*C. corone*). *Ornithological Science*. 2: 103-111.
6 ）中村純夫（2000）「高槻市におけるカラス2種の営巣環境の比較」『日鳥学会誌』46: 213-223.
7 ）玉田克己・藤巻祐蔵（1993）「帯広市とその周辺におけるハシボソガラスとハシブトガラスの繁殖生態」『日鳥学会誌』49：39-50.
8 ）池田慎次郎（1957）「カラス科に属する鳥類の食性に就いて」『農林省林野庁鳥獣調査報告』
9 ）羽田建三・飯田洋一（1965）「ハシボソガラスの生活史に関する研究（I）繁殖期（第一報）」『日生態会誌』16：97-105.
10）中村純夫（1997）「ハシボソガラス Corvus corone における幼鳥の独立過程」『山階鳥研報』29：57-66.
11）黒田長久（1981）「バフ変化ハシブトガラスの観察とそのなわばり生活」『山階鳥研報』13：215-227.
12）吉田保晴（2003）「ハシボソガラス Corvus corone のなわばり非所有個体の採食地と塒の利用」『山階鳥研報』34：257-269.
13）黒沢令子・松田道生（2003）「東京におけるカラス類の繁殖状況」*Strix*. 21: 167-176.
14）森下英美子・堤たか雄・宮崎久恵・樋口広芳（2001）「カラスはなぜ人を襲うのか？」『日本鳥学会2001年度大会講演要旨集』
15）藤岡正博（1999）「音や磁力で鳥害を防げるか」『日本鳥学会1999年度大会講演要旨集』
16）東京都ホームページ／カラス対策の進捗状況
17）深松　登（1998）『カラス課長奮戦記』北海道新聞社出版局
18）黒沢令子・成末雅恵・川内　博・鈴木君子（2000）「東京におけるハシブトガラスと生ゴミの関係」*Strix*. 18: 71-78.
19）Takenaka, M. (2003) Crows problems in Sapporo Area. Global Environmental Research. 7: 149-160.
20）松原　始（2003）「ゴミステーションへのネットかけがハシブトガラスの行動圏と繁殖成功に及ぼす影響」*Strix*. 21: 207-213.

21) Morishita, E., Itao K., Sasaki K. and Hguchi H. (2003) Movement of Crows in Urban Areas, Based on PHS Tracking. *Grobal Environmental Research*. 7: 181-191.
22) 植田睦之 (1998)「東京都の緑地における開放巣性小型鳥類の低い繁殖成功率」*Strix*. 16: 67-71.

読書案内

[鳥類学全体にかかわる本]

山岸 哲, 樋口広芳 編 (2002) 『これからの鳥類学』裳華房
鳥類学のさまざまな分野について, 第一線の研究者の研究成果を集めたもの。個々の研究の意義や特徴について丁寧に解説しており, 鳥類学に興味のある方には必読の書である。

[第 I 部　鳥類保全の単位]

馬渡峻輔 (1994) 『動物分類学の論理　多様性を認識する方法』東京大学出版会
日本語で書かれた動物分類学の入門書。著者の主張は進化分類学の立場からのものであることに留意する必要があるが, 分類学の理論を平易に解説した良書である。

小池裕子, 松井正文 (2003) 『保全遺伝学』東京大学出版会
野生生物の保全について遺伝学的手法からのアプローチを紹介した入門書。

[第 II 部　絶滅の危機に向き合って]

長谷川博 (2003) 『50 羽から 5000 羽へ　アホウドリの完全復活をめざして』どうぶつ社
著者がアホウドリの保護研究に取り組んでから 25 年間に書いたさまざまな文章を集成したもの。重複があるが, この鳥の保護活動の軌跡を知ることができる。

長谷川博 (2006) 『アホウドリに夢中』新日本出版社
著者がアホウドリの保護研究を志すようになったきっかけから, 多くの人々と協力して行われた保護活動, さらに今後の展望まで, だれにもわかるように書かれた物語。

大町山学博物館編 (1992) 『ライチョウ　生活と飼育への挑戦』信濃毎日新聞社
大町山学博物館が実施してきたライチョウの生態調査と飼育について解説するとともに, ライチョウの生活等について解説したものである。

中村浩志 (2006) 『雷鳥が語りかけるもの』山と渓谷社
日本のライチョウについての入門書。生息数の最近の減少, 遺伝的多様性, 野生動物の高山帯への進出, 温暖化の影響といった今日の日本のライチョウの現状について, わかりやすく解説されている。

ジェフ・ワトソン (2006) 『イヌワシの生態と保全』山岸 哲・浅井芝樹 訳, 文一総合出版
鳥類の王・イヌワシの生態を包括的に取り扱ったモノグラフ。イヌワシの個体数や繁殖成功を制限している要因を, そのどちらにも重要な影響を及ぼす食物供給に関連させて探求した科学書。

[第 III 部　群集と生態系の保全]

宮下　直，野田隆史（2003）『群集生態学』東京大学出版会
日本語で書かれた数少ない群集生態学の教科書。基本的な考え方応用分野まで，最新の成果を盛り込みながら，幅広い内容をわかりやすく解説している。

ロバート・A・アスキンズ（2003）『鳥たちに明日はあるか　景観生態学に学ぶ自然保護』黒沢令子 訳，文一総合出版
景観の変化が鳥類にどのような影響を与えるかを豊富な事例をあげて説明している。最終章に日本の事例も付け加えてあり，景観生態学の入門書としても適当である。

日本生態学会（2002）『外来種ハンドブック』地人書館
日本生態学会が，外来生物は日本の生態系への大きな脅威であるとして，あらゆる分類群における外来生物問題を網羅してまとめた書。この書にある外来生物対策についての生態学会の働きかけが，外来生物法制定につながった。

[第 IV 部　鳥類保全にハイテクを使う]

樋口広芳 編（1994）『宇宙からツルを追う』読売新聞社
鳥類の人工衛星追跡に関して，初めて日本語で詳細に紹介したもの。衛星用送信機の開発と，国内外でのツルの追跡を多角的に取り扱っている。

樋口広芳（2005）『鳥たちの旅　渡り鳥の衛星追跡』日本放送出版協会（NHK ブックス）
ツル類，オオハクチョウ，オジロワシ，サシバ，ハチクマなど多くの鳥類での衛星追跡の結果と環境との関わり，渡り鳥の生態や保全への利用について詳述している。

[第 V 部　鳥類保全と人間生活]

レイチェル・カーソン（1974）『沈黙の春』青樹築一 訳，新潮社（新潮文庫）
化学物質による環境汚染の重大性を生態学者として警告したエッセイである。彼女の警告は，その後，実際問題となった。今日の環境ホルモンの問題にもつながるものであり，いま読んでも色あせていない有意義な書である。

シーア・コルボーン，ジョン・ピーターソン・マイヤーズ，ダイアン・ダマノスキ（2001）『奪われし未来』（翻訳増補改訂版）長尾　力，堀千恵子 訳，翔泳社
外因性内分泌攪乱化学物質（いわゆる環境ホルモン）の問題を世に知らしめたベストセラーに，原著初版（1996 年）がもたらしたインパクトによる大きな状況の変化をフォローするため，増補改訂を施した。

桜井　弘 編（1997）『元素 111 の新知識　引いて重宝、読んでおもしろい』講談社（ブルーバックス）
生命との関わりという視点も取り入れて，銅，亜鉛，マンガン，クロム，コバルト，モリブデンといった生体内微量元素の働きについて紹介する。また，ヒ素，水銀，カドミウム

などはなぜ毒となるのか，そのメカニズムを分子レベルまで踏み込んで解説している．

奥村純市，田中圭一 編（1995）『動物栄養学』朝倉書店
家畜，家禽を対象に，体の基本構造，必要な栄養素，消化吸収，エネルギー産出と代謝のしくみ，について書かれた専門書．動物が取り込んだ栄養素が体内でどう変化し，どのように代謝機能を維持するかを，基礎から丁寧に解説している．

神山恒夫，山田章雄（2003）『動物由来感染症　その診断と対策』真興貿易（株）医書出版部
動物由来感染症は，生物間相互作用の重要な側面の一つであり，生態系とのかかわりが深い．本書は生態系への理解に重点を置いた良書である．

樋口広芳，森下英美子（2000）『カラス、どこが悪い!?』小学館（小学館文庫）
東京のカラスを中心に，人間とカラスとの関わり，都市のカラスの生態について読みやすく書かれた本．PHSを用いた個体追跡やカラスの奇妙な行動など，実際の研究結果を多数紹介している．

バーンド・ハインリッチ（1995）『ワタリガラスの謎』渡辺政隆 訳，どうぶつ社
アメリカ東部のワタリガラスについての著書であるが，野外でのカラス研究に関する第一級の書物．「野生の」カラスの姿を伺い知ることができる．生物学的に非常に興味深いワタリガラスの行動と生活史，そしてカラスを追う研究者自身の姿をも描き出した傑作．

索　引 [事項索引・鳥名索引]

事項索引

[あ行]

亜鉛　282, 292, 295-296, 305-306, 309-310
アクトグラム型発信機　239-240, 250, 253-254
亜種　2, 13-14, 16-23, 25, 34, 37, 43, 51-53, 57, 105, 129-130
脚輪装着　243
足環標識　273, 334
油汚染　x, 321-323, 325-326, 328, 332, 334, 338-340, 345, 349-350
アメリカ合衆国魚類・野生生物（連邦政府魚類野生生物保護）局　102, 134
　——「アホウドリ再生チーム」　102
アルゴス・システム　262, 266, 275
安定同位体　175-176
アンテナ　238-239, 241, 244-248, 255, 264, 274
アンブレラ種　156-158
アンモニア希散　174, 176-177, 179, 181
異地性流入（allochthonous input）　179-180, 184
逸出個体　195, 199-201
遺伝子攪乱　199, 201
遺伝子流動　42, 51-52, 59-60, 67, 69, 75-77, 83
遺伝子多様度　59, 78, 81
遺伝的多様性　4, 49-51, 57-60, 63, 65-67, 78, 81-83, 114-115, 118, 125
遺伝的浮動　53, 58
遺伝的分化係数　69
移動分散　33, 36-37, 40, 42, 46, 49, 52, 152
異名　20, 27
入れ子分布　160-161
ウェストナイルウイルス　ix, 313-315
海鳥　169, 171-173, 176-177, 179-180, 300, 303, 321-322, 325, 328, 332-334, 340, 343-345
埋め込み（インプラント）法　274
栄養指標部位　334
栄養状態　328, 334, 337-339, 341, 345
栄養段階（trophic level）　172
エコトーン　154

X線分光分析　283-284
エッジ環境　152
エネルギー　63, 155, 169, 336-337, 339-340, 343, 345
塩基多様度　79-82
大町山岳博物館　109, 122-124
　——ライチョウ保護事業検討委員会　124
オゾン層　211, 223, 229
尾羽装着　243-244

[か行]

回遊性魚類　170-172
海洋島　33, 173, 180-182, 184
柿田川　viii, 156-157
核DNA　63, 67
火山性地震　89
河川環境データベース　162
カドミウム　292-296, 300, 306-307, 309-310
カーネル法　250, 252
カルシウム　174, 212, 228-229, 292
環境アセスメント　66, 157
環境改変　153, 158, 167, 187, 215, 275
環境指標　212, 230
環境収容力　364-366, 371
環境省　2-3, 5, 7-9, 14, 57, 91, 93, 102, 106, 114, 129, 136, 138-139, 145, 162, 191, 193, 198, 204, 207, 217, 231, 273
環境選好性　39
監視伝染病　319
感染症監視　206
管理の単位　52
擬似営巣地　94
気象衛星ノア　263
気象庁鳥島気象観測所　89
ギャップ　218-219, 221-222, 253
給餌禁止　195
競合　192, 196-197, 200, 202
協同性ギルド　151
銀　294, 306, 309
近交弱勢　50
近親交配　50
グアノ　174, 179-180, 184-185
駆除　129, 134, 195, 362-363, 366
クライン　15, 18-19, 22, 37, 51

グリッド・セル法　250-253
グロージャーの法則　37
クロム　292, 296, 302
蛍光X線分析法　284-285
形態学的種概念　15-16, 18
系統学的種概念　18, 52
血液脳関門　297
原子吸光法　283-285
原子発光法　283, 285
元素普存説　290-291
攻撃　358-360
高山帯　105, 116, 118-121, 125
行動圏解析　242, 250-251, 253, 256
国際自然保護連合　1, 129, 131-132, 134, 140
国際ツル財団　135
国際動物命名規約　19-21
国際保護鳥　3, 9
古(旧)固有種(遺存固有種)　34-35
誤差範囲(error polygon)　248, 256
個体群　4, 36-38, 42, 49-53, 57-60, 69, 75-76, 78-79, 81, 129-130, 135, 142, 151-154, 195, 217, 226, 229, 231
　——サイズ　58-59, 80, 152
　——動態　39, 143, 236, 255, 357
コバルト　292, 296, 304
ゴミ対策　364, 367, 369
コロニー　168, 172→集団営巣地
コントロール領域　64-66, 114-115

[さ行]
最外郭法　250-252
採餌効率　368
再導入　129-130, 134, 137, 139, 141→導入
サルモネラ症　318-319
山岳信仰　108
三角測量法(triangulation)　241, 247-248
酸性雨　211, 223, 226, 228-229
GIS　253, 256, 275→地理情報システム
飼育管理の徹底　206
紫外可視分光分析　283
脂質　336, 344
自然環境保全基礎調査　162, 193-194, 196, 198, 207, 217, 231→緑の国勢調査
質量分析法　283, 286
シノニム　20→同物異名
GPS　258, 262, 275-276
指標種　157-158, 223, 230
脂肪率　337, 343

種　1-2, 4, 7, 9, 13-21, 34, 42-43, 46, 48, 50-52, 58, 65, 90, 127, 129-131, 142-143, 146, 151-152, 157, 192, 206, 230, 237, 253, 313, 320
周縁効果　223
重金属　282-283, 290, 296, 302, 309
　——分析法　283
集団営巣地　168, 180→コロニー
周波数帯　239
周期律表　282-283
種の保存法　2-4, 106, 128, 136, 138→絶滅のおそれのある野生動植物の種の保存に関する法律
象徴種　156-158
食物網　168, 172-173, 176, 179-180, 182, 184, 187, 300-301
食物連鎖　57, 172, 192, 230, 300-301
初卵日　225
新営巣地形成　93
進化(学)的に重要な単位　19, 52
シンク個体群　154
シンクソース　42
人工衛星　236, 243, 255, 258, 261-263, 275
人工気候室　123
人工飼育　2, 124, 151
人工増殖　2, 4, 9
人工孵化　123
新固有種(隔離分化固有種)　34, 36
新・生物多様性国家戦略　13, 191
森林の断片化　152, 223
水銀　239, 281, 284, 288, 293-296, 299-301, 306, 309
スカベンジャー　357, 365, 372
スズ(錫)　292, 299, 307
巣の撤去　362, 364
生殖隔離　17, 42
生息地の孤立化　152
生存時間の推定式　340
生態系エンジニアリング(ecosystem engineering)　173
生態的罠　152-153, 159, 162
生物学的種概念　16-19, 50
生物多様性　13, 50, 142, 152, 191, 206, 211
生物濃縮　212, 301
接着法　273
絶滅　1-3, 7-8, 13-14, 24-25, 29, 34, 40-41, 46-48, 58, 83, 89-90, 100, 114, 116, 122, 125, 127-128, 130-131, 133-137, 140-143,

146, 151, 154, 158, 160-161, 199, 206, 211,
　　　224, 229, 261 →野生絶滅 EW
　　――EX　2, 3
　　――危惧IA類 CR　2, 3
　　――危惧IB類 EN　2, 3
　　――危惧II類 VU　2-3, 106
　　――危惧種　3, 6-7, 9, 58-59, 79, 82-83, 90,
　　　102, 204, 256, 344
　　――リスク　152-153, 158
　　鳥類の――　1, 127
絶滅のおそれのある野生動植物の種の保存に関
　　する法律　128 →種の保存法
遷移　219
尖閣諸島　6, 89, 100-101
先取権の原理　20
潜水適応型鳥類　323, 326, 334, 344
選択的捕獲技術　206
創始者　49-50
ソース個体群　154
ソフトリリース　144

[た行]
代謝　338-339, 344-345
タイプ化の原理　20-21
タイプシリーズ　21, 24
対立生物の管理　128-129
大量死　129, 325
托卵　200
多型種　15-17 →種
単型種　17 →種
炭素　168-169, 175-177, 292
チェッカー盤分布　160
(地球)温暖化　118, 121-122, 125, 211, 223-
　　226
窒素　168-171, 174-177, 179-182, 184, 292,
　　308
中央環境審議会野生生物部会　4
中性子放射化分析法　287
鳥獣の保護及び狩猟の適正化に関する法律(鳥
　　獣法)　128
重複侵入　50, 53
鳥類群集　151-152, 154, 156, 159-160, 162,
　　214-215, 218-221, 231
　　――の組成変化　201
鳥類相　22, 47-48, 171, 214-216, 218-220
鳥類標識調査　231, 261
地理情報システム　253, 275 →GIS
沈降率　321, 331-332

ツンドラ　106-107, 270
定量限界　289-290
デオキシリボ核酸(DNA)　34, 50, 60-67, 82-
　　83, 169, 317
適正数　370
デコイ(実物大の模型)　94-95
鉄　120, 292, 294, 296, 299, 303-304, 308, 310
天然記念物　3, 9, 25, 89, 109, 139, 185
　　特別――　3, 9, 89, 105-106, 138
天然保護区域　89
電波発信機　235
　　小型――　270
銅　292, 294-296, 304, 307-310
導入　127-130, 133, 135 →再導入, 補強的導入,
　　保全的導入
同物異名　20 →シノニム
毒性　212, 290, 292-294, 296, 298, 345
特定外来生物　144, 191-192, 204-205, 207
特定外来生物による生態系等に係る被害の防止
　　に関する法律(外来生物法)　191, 202,
　　204-205
都市の生態系　365, 368, 372
突然変異　53, 63-65, 82, 229
トップダウン効果(top-down effect)　173
ドップラー効果　263
ドナーコントロール(donor-control)　180
鳥インフルエンザウイルス　313, 315-316

[な行]
ナホトカ号　322-323, 338, 340
鉛　ix, 182, 281, 292-293, 295-296, 298, 300,
　　307
なわばり　78, 109-114, 121, 198, 215, 357
　　――数　111-113
二か国間渡り鳥等保護条約／協定　128
ニッケル　292, 296, 299, 304, 308
ニューカッスル病　317-319
ネットワーク樹　70-72, 78

[は行]
排泄物　168-169, 171-179, 181, 184, 317, 365
破壊分析法　283
ハードリリース　144
バナジウム　292, 296, 302, 308
ハーネス　243-244, 246, 274
ハプロタイプ　52, 67-71, 79, 115
　　――多様度　59, 69, 79-80, 82, 116-117
パラタイプ　21

反射波　239, 248
繁殖集団の数　90
繁殖成功率　82, 91-93, 95-96, 98-99, 197, 200, 231, 244, 344
半数致死濃度　293
ハンティング　145, 236, 244, 253-254
PCR法　65
ビスマス　299, 307, 309
砒素　282, 285, 292, 295-296, 305-306
必須性　291-292, 296, 306
PTT（Platform Transmitter Terminal）　262-265, 270, 276
非破壊分析法　283-284
漂着率　321, 328-329, 331, 333
普通種鳥類センサス（CBC）　215-216, 231
物質循環　170, 173, 176, 182, 184, 187
物質輸送　167-173, 175-176, 179-180, 182-184, 186
夫木和歌抄　108
文化財保護法　128, 138
分光分析法　283-286
分析感度　288, 290
分類学　13-15, 19, 22, 28, 51, 53
ヘテロ接合体　58
ベルグマンの法則　226
放鳥　131-133, 136-137, 195, 199, 203, 341, 343
法的規制　128
補強的導入　129-130, 134, 137→導入
母系遺伝　63
保護増殖事業計画　2-4, 6
捕食　105, 129, 133, 136, 142-143, 172, 202, 329, 370
保全的導入　129, 135, 141→導入
北極圏　107
ボトムアップ効果（bottom-up effect）　172
ボトルネック　81-82
ホーミング　255
ポルフィリン　297, 302, 308-309
ホロタイプ　21, 27

[ま行]
マンガン　292, 296, 303, 310
ミトコンドリアDNA　35, 41, 52, 63-67, 83, 114-115
　　──コントロール領域　65, 67
緑の国勢調査　217, 231→自然環境保全基礎調査

メタ個体群　42
メタロチオネイン　306-307, 309-310
猛禽類　7-8, 57, 110, 131, 145, 212, 235-237, 239, 242-244, 246-247, 249-251, 253, 255, 257, 259, 298-300
モニタリング　89, 141-142, 145, 159, 213-214, 219, 229-232, 243, 281, 300, 320

[や行]
夜間回収　364, 367, 369
野生馴化訓練　137, 144
野生絶滅EW　2-3, 9→絶滅
野生復帰　2, 9, 127, 130-131, 135, 137, 139-142, 144, 151
有機肥料　184→グアノ
輸入鳥類の届出制　206
翼帯マーカー装着　243

[ら行]
雷震記　122
ラジオテレメトリー　235-236
ラジオトラッキング　235-238, 242-243, 245-247, 250, 252, 256-259
ラムサール条約　128, 206
卵模型　94
陸橋　33, 43, 46
領土問題　101
リン　169-172, 174, 179-184, 292
林縁種　223
林内種　222-223
霊鳥　108
レッドデータブック（RDB）　1-2, 4, 7-9, 14, 57, 82-83
ロケーション　247-248, 256

鳥類索引────────

[あ行]
アイガモ　203
アイサ類　328
アオガラ（*Parus caeruleus*）　225, 229
アオゲラ（*Picus awokera*）　34, 222
アオツラカツオドリ　3
アオバト（*Treron sieboldii*）　223
アカアシカツオドリ　3
アカアシシギ　3
アカエリカイツブリ（*Podiceps grisegena*）　198, 324, 338, 349

索 引　383

アカオカケス（*Perisoreus infaustus*）　79-80, 218
アカオタテガモ　202
アカオネッタイチョウ　3
アカガシラカラスバト（*Columba janthina nitens*）　3, 44
アカコッコ（*Turdus celaenops*）　3, 34-36, 44, 47, 53
アカヒゲ（*Erithacus komadori*）　3, 25-26, 34, 36, 44
　亜種アカヒゲ（*E. k. komadori*）　25, 27
　亜種ウスアカヒゲ（*E. k. subrufus*）　3, 23, 25, 27-28, 36
　亜種ホントウアカヒゲ（*E. k. namiyei*）　3, 25, 45
アカモズ（*Lanius cristatus*）　3, 39
アジサシ　316
アジサシ類　327
アデリーペンギン（*Pygoscelis adeliae*）　176-177
アトリ（*Fringilla montifringilla*）　79-80
アビ（*Gavia stellata*）　324, 336, 349
アビ科　323-324
アビ類　324, 326, 339
アビ類sp（*Gaviidae* sp.）　349
アヒル　202-203, 304-305, 316
アホウドリ（*Phoebastria albatrus*）　iv-v, 3, 5-6, 9, 89-92, 94, 96-103, 128, 185, 270-271
アホウドリ類　171, 264, 272, 301, 327
アマサギ　315
アマミヤマシギ（*Scolopax mira*）　3, 5, 34, 44
アメリカオシ　202
アメリカシロヅル（*Grus americana*）　128, 130, 134-135, 139, 143
アメリカトキコウ　275
アラビアヒヨドリ（*Pycnonotus xanthopygos*）　226
アンデスコンドル（*Vultur gryphus*）　131
イイジマムシクイ（*Phylloscopus ijimae*）　3, 43-44
イエガラス（*Corvus splendens*）　354
イエスズメ（*Passer domesticus*）　202, 226
イシチドリ（*Burhinus oedicnemus*）　218
イヌワシ（*Aquila chrysaetos japonica*）　3, 5, 57, 80, 82-83, 238, 249, 256
インコ類　196, 203, 316
インドカケス（*Garrulus lanceolatus*）　35, 51
インドクジャク（*Pavo cristatus*）　191, 199, 202-203, 205-206
インドトキコウ　202
インドハッカ　202
ウ　336
ウ科　324
ウ類　171, 326, 328
ウグイス（*Cettia diphone*）　13, 23, 25, 37, 41-42, 53, 197
　亜種ウグイス（*C. d. cantans*）　25, 41
　亜種カラフトウグイス（*C. d. linensis*）　41
　亜種ダイトウウグイス（*C. d. restricta*）　iii, 2-3, 13, 23-25, 41-42, 44-45
　亜種ハシナガウグイス（*C. d. diphone*）　41
　亜種リュウキュウウグイス（*C. d. riukiuensis*）　iii, 13, 23-25, 41, 44
ウズラ（*Conturnix japonica*）　195, 316
ウソ（*Pyrrhula pyrrhula*）　216
ウタツグミ（*Turdus philomelos*）　216-217
ウチヤマシマセンニュウ　3
ウトウ（*Cerorhinca momocerata*）　321, 332-335, 338-340, 342, 344, 350
ウミアイサ（*Mergus serrator*）　349
ウミアイサ類　326
ウミウ（*Phalacrocorax capillatus*）　x, 324, 338-339, 349
ウミガラス（*Uria aalge*）　3, 5, 79-80, 324, 331-335, 350
ウミガラス類　326, 330, 333
ウミスズメ（*Synthliboramphus antiquus*）　3, 324, 338, 350
ウミスズメ科　324, 330-332, 334, 338
ウミスズメ類　323, 326, 332-333
ウミスズメ類sp（*Synthliboramphus* sp.）　350
ウミツバメ類　327
ウミネコ（*Larus crassirostris*）　xi, 176-177, 324, 350
ウミバト類　326
ウロコインコ類　18
エゾライチョウ（*Bonasa bonasia*）　80, 106
エトピリカ　3, 5
エボシドリ科　305, 308
エミュー　316
オウゴンチョウ　202
オウム　316
オオアジサシ　3
オオクイナ　3
オオジュリン（*Emberiza schoeniclus*）　216-217
オオシロムクドリ　202

オオセグロカモメ（*Larus schistisagus*）　324, 350
オオセッカ　3
オオタカ　3, 7-9, 201, 238, 242, 249
オオトラツグミ（*Zoothera dauma major*）　3, 5, 45
オオハクチョウ　265
オオハシウミガラス（*Alca torda*）　79-80
オオハム（*Gavia arctica*）　324, 338, 349
オオヒシクイ　270, 272-273
オオホンセイインコ　202
オオミズナギドリ（*Calonectris leucomelas*）　173, 349
オオヨシゴイ　3
オオルリ（*Cyanoptila cyanomelana*）　222
オオワシ　ix, 3, 5, 255, 327
オガサワラガビチョウ（*Cichlopasser terrestris*）　3, 44, 47
オガサワラカラスバト（*Columba versicolor*）　3, 44, 47
オガサワラマシコ（*Chaunoproctus ferreorostris*）　3, 44, 47
オキナインコ　194, 202
オジロライチョウ　106
オジロワシ　3, 5, 291-292, 327
オーストンウミツバメ　3
オーストンオオアカゲラ（*Dendrocopos leucotos onstoni*）　3, 45
オナガ　200

[か行]
カイツブリ（*Tachybaptus ruficollis*）　324, 336, 349
　亜種ダイトウカイツブリ（*T. r. kunikyonis*）　44
カイツブリ科　324, 332, 338
カイツブリ類　324, 326, 328
カエデチョウ　202
カオグロガビチョウ（*Garrulax perspicillatus*）　193-194, 197, 202, 205
カオグロクマタカ（*Spizaetus alboniger*）　66
カオジロガビチョウ　197, 202, 205
カケス（*Garrulus glandarius*）　35, 354
　亜種カケス（*G. g. japonicus*）　35
　亜種サドカケス（*G. g. tokugawae*）　35
　亜種ヤクシマカケス（*G. g. orii*）　35, 45
カササギ（*Pica pica*）　192, 202-203, 205, 315, 354, 370

カシラダカ　8
カタシロワシ（*Aquila heliaca*）　79-80
ガチョウ　316
カツオドリ類　327
カッコウ　200
カナダガン（*Branta canadensis*）　136
　亜種シジュウカラガン（*B. c. leucopareia*）　3, 130, 136-137
　亜種シジュウカラガン（大型亜種, 国外亜種, *B. c.* spp）　198, 200-206
カナダヅル（*Grus. canadensis*）　128
ガビチョウ（*Garrulax canorus*）　vii, 191, 193-194, 196-197, 200-203, 205
カモメ（*Larus canus*）　316, 324, 350
カモメ科　324
カモメ類　171, 324, 327-331
カモメ類 sp.（Laridae sp.）　350
カモ科　324
カモ類　136, 171, 324, 328
カヤクグリ（*Prunella rubida*）　34
カラス　314, 351, 354
カラス科　324
カラス属　354
カラス sp.（*Corvus* sp.）　350
カラスバト（*Columba janthina*）　47
　亜種ヨナクニカラスバト（*C. j. stejnegeri*）　3, 44
カラフトアオアシシギ　3
カリフォルニアコンドル（*Gymnogyps californianus*）　128, 130-131, 139
カルガモ（*Anas poecilorhyncha*）　203, 349
カワアイサ（*Mergus merganser*）　349
カワウ（*Phalacrocorax carbo*）　180-182, 185-186
カワガラス（*Cinclus pallasii*）　36, 40, 172, 213-214
　亜種カワガラス（*C. p. pallasii*）　40
カワラバト（ドバト, *Columba livia*）　193-195, 202
カワラヒワ（*Carduelis sinica*）　223
　亜種オガサワラカワラヒワ（*C. s. kittlitzi*）　3, 44
ガンカモ類　273, 328
カンムリウミスズメ（*Synthliboramphus wumizusume*）　x, 3, 324, 338, 350
カンムリカイツブリ（*Podiceps cristatus*）　338, 349
カンムリシロムク（*Leucopsar rothschildi*）　130,

132–133
カンムリツクシガモ　3
カンムリワシ　3
ガン類　136, 267
キアオジ（Emberiza citrinella）　215–216
キクイタダキ（Regulus regulus）　219, 223
キジ（Phasianus colchicus）　38, 43, 51, 316
　亜種コウライキジ（P. c. karpowi）　202–203, 205
　亜種シマキジ（P. c. tanensis）　44
キジオライチョウ（Centrocercus urophasianus）　79–80
キジバト（Streptopelia orientalis）　223
　亜種リュウキュウキジバト（S. o. stimpsori）　44
キタタキ　3
キタヤナギムシクイ（Phylloscopus trochilus）　219
キツツキ類　196
キバシリ（Certhia familiaris）　218
キビタキ（Ficedula narcissina）　222
　亜種リュウキュウキビタキ（F. n. owstoni）　45
キョウジョシギ（Arenaria interpres）　79–80
キングペンギン（Aptenodytes patagonicus）　174
ギンザンマシコ（Pinicola enucleator）　218
キンバト　3
キンパラ（Lonchura atricapilla）　196, 202
ギンパラ（Lonchura malacca）　194, 196, 202
キンメフクロウ　3
キンランチョウ　194, 202
グアナイウ（Phalacrocorax bougainvillii）　184
グァムクイナ（Gallirallus owstoni）　iii, 129–130, 133, 139
クイナ類　328
クーパーハイタカ（Accipiter cooperii）　153
クマゲラ（Dryocopus martius）　3, 218
クマタカ（Spizaetus nipalensis）　i, 3, 7, 57, 59, 64, 69, 76, 78–79, 82–83, 238, 244, 247, 249, 251, 253–256
　亜種クマタカ（Spizaetus nipalensis orientalis）　80
クロアシアホウドリ　102, 301
クロウタドリ（Turdus merula）　219
クロウミツバメ　3
クロエリセイタカシギ（Himantopus himantopus mexicanus）　199, 201–203, 205
クロガシラムシクイ（Sylvia melanocephala）

226
クロガモ（Melanitta nigra）　324, 349
クロコシジロウミツバメ　3
クロサギ（Egretta sacra）　349
クロツラヘラサギ　3
クロハゲワシ　315
グンカンドリ類　327
ケイマフリ　3
コアジサシ　3
コアホウドリ　xii, 3
コウウチョウ　200, 202
コウカンチョウ　194, 202
コウノトリ（Ciconia boyciana）　ii, 2–3, 124–125, 128, 130, 137, 139–140, 151
コウノトリ類　328
コウミスズメ（Aethia pusilla）　324, 350
コウヨウジャク　202
コウラウン　202
コガタペンギン（Eudyptula minor）　344
コガモ　315
コクガン　3
コクガン類　327
コクチョウ（Cygnus atratus）　198
コクマルガラス（Corvus dauuricus）　354
コゲラ（Dendrocopos kizuki）　36, 51
　亜種アマミコゲラ（D. k. amamii）　3, 37, 454
　亜種エゾコゲラ（D. k. ijimae）　37
　亜種オリイコゲラ（D. k. orii）　37, 45
　亜種キュウシュウコゲラ（D. k. kizuki）　37
　亜種コゲラ（D. k. seebohmi）　37
　亜種シコクコゲラ（D. k. shikokuensis）　37
　亜種ツシマコゲラ（D. k. kotataki）　37
　亜種ミヤケコゲラ（D. k. matsudairai）　37, 43–44
　亜種リュウキュウコゲラ（D. k. nigrescens）　37, 45
ゴシキヒワ（Carduelis carduelis）　216
コシジロキンパラ（Lonchura striata）　193–194, 202
コシジロハゲワシ　275
コシャクシギ　3
ゴジュウカラ（Sitta europaea）　218
コジュケイ（Bambusicola thoracica）　193–195, 202, 204
コジュリン　3
コトラツグミ（Zoothera dauma horsfieldi）　45
コハクチョウ　265
コブハクチョウ（Cygnus olor）　193, 199–200,

202-203, 205-206
コマドリ（*Erithacus akahige*） 36, 43, 51
　亜種タネコマドリ（*E. a. tanensis*） 3, 43-46
コムクドリ（*Sturnus philippensis*） 225
コリンウズラ（*Colinus virginianus*） 193-194, 202-203, 205

[さ行]
サギ科　324
サギ（類）　171, 316, 327-328
サシバ　3, 9, 243, 255
サンカノゴイ　3
サンコウチョウ　230
サンショウクイ　3, 230
シギチドリ類　273
シギ（類）　316, 327-328
シジュウカラ（*Parus major*）　222-223, 225, 229
　亜種アマミシジュウカラ（*P. m. amamiensis*）45
　亜種イシガキシジュウカラ（*P. m. nigriloris*）45
　亜種オキナワシジュウカラ（*P. m. okinawae*）45
シジュウカラガン→カナダガン
シチトウメジロ（*Zosterops japonicus stejnegeri*）45
シチメンチョウ　306, 316
シノリガモ（*Histrionicus histrionicus*）　349
シベリアコガラ（*Paruscinctus*）　218
シマアオジ　3
シマキンパラ（*Lonchura punctulata*）　193-194, 196, 202
シマクイナ　3
シマフクロウ　3, 5
シメ（*Coccothrautes coccothrautes*）　216
ジャッカスペンギン（*Spheniscus demersus*）344
シラコバト　3
シリアカヒヨドリ　202
シロエリオオハム（*Gavia pacifica*）　324, 338, 349
シロガシラ（*Pycnonotus sinensis*）　22, 202-203
シロカツオドリ（*Morus bassanus*）　212
シロチドリ（*Charadrius alexandrinus*）　350
シロビタイジョウビタキ（*Phoenicurus phoenicurus*）　218
ズアオアトリ（*Fringilla coelebs*）　79-80

ズアカアオバト（*Sphenurus formosae permagnus*）　44
ズアカマシコ　202
ズキンガラス　354, 369→ハシボソガラス
ズグロカモメ　3
ズグロミゾゴイ　3
スズメ（*Passer montanus*）　36, 39-40, 222-223, 314, 361
　亜種スズメ（*P. m. saturatus*）　39
スペインカタシロワシ（仮称）（*Aquila adalberti*）　79-80
セイタカシギ　3, 199
セイタカシギ類　327-328
セキセイインコ　194, 202
セグロカモメ（*Larus argentatus*）　324, 350
セグロセキレイ（*Motacilla grandis*）　34
セグロヒタキ　229
セグロヒタキ（*Ficedula hypoleuca*）　225
セスジハウチワドリ（*Prinia gracilis*）　226
センダイムシクイ（*Phlloscopus coronatus*）　223
ソウゲンハヤブサ　244
ソウゲンライチョウ属の一種（*Tympanuchus pallidicinctus*）　80
ソウシチョウ（*Leiothrix Lutea*）　vii, 191, 193-194, 196-197, 200-203, 205

[た行]
ダーウィンフィンチ類　49
タイワンツグミの一亜種（*Turdus poliocephalus seebohmi*）　35
タカ　314, 316
タカヘ（*Porphyrio mantelli*）　129, 133
タカ科　324
タカ類　204
タゲリ（*Vanellus vanellus*）　216
ダチョウ　316
タネアオゲラ（*Picus awokera takatsukasae*）　45
タネヤマガラ（*P. v. sunsunpi*）　45
タマシギ類　328
ダルマインコ　202
タンチョウ（*Grus japonensis*）　3, 5, 79-80, 82-83, 129-130, 143
チゴモズ　3
チシマウガラス　3
チシマシギ　3
チドリ科　324
チドリ類　327-328
チフチャフ（*Phylloscopus collybita*）　219

チメドリ類　220-221
チャタムヒタキ（*Petroica traversi*）　128
チュウサギ（*Egretta intermedia*）　215
チュウダイズアカアオバト（*Sphenurus formosae medioximus*）　44
チュウヒ　3
チョウゲンボウ　105
チョウセンメジロ　201
ツクシガモ　3
ツクシガモ類　327
ツツドリ（*Cuculus saturatus*）　223
ツノメドリ　316
ツノメドリ類　326
ツバメチドリ　3
ツバメチドリ類　327
ツル類　264, 273, 328
テンニンチョウ　200, 202
トウゾクカモメ（*Stercorarius pomarinus*）　350
トウゾクカモメ類　327
トキ（*Nipponia nippon*）　2-3, 9, 124-125, 130, 139-140, 151
トキ類　327-328
トビ（*Milvus migrans*）　225, 349
トモエガモ　3
トラツグミ　50, 53

[な行]
ナキコウウチョウ　202
ナキハクチョウ　305
ナベヅル　3, 143, 265-267
ニシコクマルガラス（*Corvus monedula*）　354
ニシツノメドリ（*Fratercula arctica*）　94
ニュージーランドヒタキ（*Petroica macrocephala*）　128
ニワトリ　202, 229, 302-304, 306, 314, 316, 319
ヌマライチョウ　106
ネッタイチョウ類　327
ノグチゲラ（*Sapheopipo noguchii*）　3, 5, 34, 44
ノスリ（*Buteo buteo*）　65
　亜種オガサワラノスリ（*B.o b. toyoshimai*）　3, 44
　亜種ダイトウノスリ（*B. b. oshiroi*）　3, 44
ノドジロムシクイ（*Sylvia communis*）　216
ノバリケン　202-203
ノビタキ（*Saxicola maura*）　219

[は行]
ハイイロハッカ　202
ハイタカ　216
ハイタカ（*Accipiter nisus*）　212
ハクガン（*Anser caerulescens*）　128
ハクチョウ（類）　136, 264, 297, 316
ハクトウワシ　172, 242, 275
ハシグロヒタキ（*Oenanthe oenanthe*）　218
ハシブトウミガラス（*Uria lomvia*）　324-325, 350
ハシブトガラス（*Corvus macrorhynchos*）　xi, 16, 28, 223, 315, 351-352, 355-357, 360, 363, 369, 372
　亜種オサハシブトガラス（*C. m. osai*）　28, 45
　亜種チョウセンハシブトガラス（*C. m. mandshuricus*）　28
　亜種ハシブトガラス（*C. m. japonensis*）　28
　亜種リュウキュウハシブトガラス（*C. m. connectens*）　23, 28-30, 45
ハシブトゴイ（*Nycticorax caledonicus crassirostris*）　3, 44
ハシボソガラス（*Corvus corone*）　16, 216, 354-357, 360, 369
ハジロカイツブリ（*Podiceps nigricollis*）　324, 349
ハタオリドリ　316
ハタホオジロ（*Miliaria calandra*）　216-217
ハチクマ　243, 255
ハッカチョウ（*Acridotheres cristatellus*）　193-194, 202-203
ハト　314, 361
ハマシギ（*Calidris alpina*）　79-80, 350
ハヤブサ（*Falco peregrinus*）　3, 8, 65, 212, 349
　亜種シマハヤブサ（*Falco peregrinus furuitii*）　3, 44
ハヤブサ科　324
バリケンアイガモアイガモ　202
ハワイガン（ネネ）（*Branta sandvicensis*）　129
ヒガラ（*Parus ater*）　223
ヒクイナ（*Porzana fusca*）　3, 215
　亜種リュウキュウヒクイナ（*P.f. phaeopyga*）　44
ヒゲガビチョウ（*Garrulax cineraceus*）　197
ヒゲワシ　304
ヒシクイ（*Anser fabalis*）　3, 136-137
ヒバリ（*Alauda arvensis*）　216-218
ヒメウ（*Phalacrocorax pelagicus*）　3, 324, 349

ヒメウ類　330
ヒメクロウミツバメ　3
ヒヨドリ (*Hypsipetes amaurotis*)　20, 222-223
　亜種アマミヒヨドリ (*Hypsipetes amaurotis ogawae*)　45
　亜種イシガキヒヨドリ (*H. a. stejnegeri*)　45
　亜種エゾヒヨドリ (*H. a. hensoni*)　20
　亜種オガサワラヒヨドリ (*H. a. squameiceps*)　44
　亜種ダイトウヒヨドリ (*H. a. borodinonis*)　44, 48
　亜種タイワンヒヨドリ (*H. a. nagamichii*)　45
　亜種ハシブトヒヨドリ (*H. a magnirostris*)　44
　亜種ヒヨドリ (*H. a. amaurotis*)　20
　亜種リュウキュウヒヨドリ (*H. a. pryeri*)　45
ヒヨドリ類　220-221
ヒレアシシギ類　327
ビロードキンクロ (*Melanitta fusca*)　349
フィンチ類　316
フウチョウ類　18
フクロウオウム (カカポ) (*Strigops habroptilus*)　129-130
フクロウ類　204
ブッポウソウ　3
ブンチョウ　194, 202
ヘキチョウ　194, 202
ベニアジサシ　3
ベニスズメ (*Amandava amandava*)　193-194, 196, 202-203
ベニマユマシコ (*Propyrrhula subhimachala*)　47
ヘビウ類　328
ヘラシギ　3
ペリカン類　171, 327-328
ベンガルハゲワシ　275
ペンギン (類)　171, 173-174, 178-179, 181, 326, 344
ホウオウジャク　202
ホウコウチョウ　202
ホウロクシギ　3
ホオアカトキ (*Geronticus eremita*)　130, 135
ホシガラス　354
ホシハジロ (*Aythya ferina*)　349
ホシムクドリ　202
ホロホロチョウ　316
ホンセイインコ (*Psittacula Krameri*)　193-195, 202-203

[ま行]

マガモ (*Anas platyrhynchos*)　203, 349
マカロニペンギン (*Eudyptes chrysolophus*)　174-175
マガン (*Anser albifrons*)　128, 136, 267-270
マキバタヒバリ (*Anthuspratensis*)　218, 226, 228-229
マダラウミスズメ (*Brachyramphus marmoratus*)　324, 338, 350
マナヅル　3, 265-268
マミジロクイナ (*Poliolimnas cinereus brevipes*)　3, 44, 47
マミジロノビタキ (*Saxicola rubetra*)　219
ミサゴ (*Pomdion haliaetus*)　212, 327
ミズナギドリ　316
ミズナギドリ科　334
ミズナギドリ類　327
ミズナギドリ科 sp. (*Procellariidae* sp.)　349
ミゾゴイ　3
ミソサザイ (*Troglodytes troglodytes*)　219
　亜種オガワミソサザイ (*T. t. ogawae*)　45
　亜種ダイトウミソサザイ (*T. t. orii*)　3, 44
　亜種モスケミソサザイ (*T. t. mosukei*)　3, 44
ミツユビカモメ (*Rissa tridactyla*)　323-324, 350
ミツユビカモメ類　327
ミドリツバメ (*Tachycineta bicolor*)　226
ミフウズラ (*Turnix suscitator okinavensis*)　44
ミミカイツブリ (*Podiceps auritus*)　324, 332-333, 349
ミヤコショウビン (*Halcyon miyakoensis*)　3, 44
ミヤコドリ類　327
ミヤマガラス (*Corvus flugilegus*)　315, 354
ミユビゲラ (*Picoides tridactylus*)　3, 218
ムクドリ　316
ムクドリ類　203
ムナグロアカハラ (*Turdus dissimilis*)　35
ムナジロカワガラス (*Cinclus cinclus*)　213-214
メキシコカケス (*Aphelocoma ultramarina*)　226
メグロ (*Apalopteron familiare*)　34, 44, 47, 53
　亜種ハハジマメグロ (*A. f. hahajimra*)　3, 47
　亜種ムコジマメグロ (*A. f. familiare*)　3, 44, 47
メグロヒヨドリ (*Pycnonotas goiavier*)　221
メジロ (*Zosterops japonicus*)　201-202

亜種イオウジマメジロ（*Z. j. alani*） 44
亜種シマメジロ（*Z. j. inslaris*） 45
亜種ダイトウメジロ（*Z. j. daitoensis*） 45, 48
亜種リュウキュウメジロ（*Z. j. loochooensis*） 45
メジロ外国亜種 205
メンハタオリドリ 202
モグリウミツバメ類 327
モズ（*Lanius bucephalus*） 36, 38, 49, 53
モリハッカ 202

[や行]
ヤイロチョウ 3
ヤドリギツグミ（*Turdus viscivorus*） 218
ヤブサメ（*Urosphena squameiceps*） 222
ヤマガラ 223
ヤマガラ（*Parus varius*） 37, 222
ヤマガラ 40
　亜種アマミヤマガラ（*P. v. amamii*） 40, 45
　亜種オーストンヤマガラ（*P. v. owstoni*） 3, 40-41, 45, 47, 51
　亜種オリイヤマガラ（*P. v. olivaceus*） 3, 40, 45
　亜種ダイトウヤマガラ（*P. v. orii*） 3, 40, 44
　亜種タイワンヤマガラ（*P. v. castaneoventris*） 41
　亜種タネヤマガラ（*P. v. sunsunpi*） 40
　亜種ナミエヤマガラ（*P. v. namiyei*） 3, 40, 45
　亜種ヤクシマヤマガラ（*P. v. yakushimensis*） 40, 45
　亜種ヤマガラ 41
　亜種ヤマガラ（*P. v. varius*） 40
ヤマドリ（*Syrmaticus soemmerringii*） 34, 51, 195
　亜種アカヤマドリ（*S. s. soemmerringii*） 38
　亜種コシジロヤマドリ（*S. s. ijimae*） 38
　亜種ヤマドリ（*S. s. scintillans*） 38
ヤマムスメ 194, 202
ヤンバルクイナ（*Gallirallus okinawae*） 3, 5-6, 22, 34, 44, 129, 134
ユリカモメ（*Larus ridibundus*） 350

ヨーロッパカヤクグリ（*Prunella modularis*） 215-216
ヨーロッパコウノトリ（*Ciconia ciconia*） 138
ヨーロッパヤマウズラ（*Perdix perdix*） 216
ヨタカ 3

[ら行]
ライチョウ（*Lagopus mutus*） vi, 3, 6, 105-115, 118-119, 121-125, 224
　亜種ニホンライチョウ（*L. m. japonicus*） 107
ライチョウ類 79
リュウキュウアオバズク（*Ninox scutulata totogo*） 45
リュウキュウオオコノハズク（*Otus lempiji pryeri*） 3, 44
リュウキュウカラスバト（*Columba jouyi*） 3, 44
リュウキュウコノハズク（*Otus elegans elegans*） 44
　亜種ダイトウコノハズク（*O. e. interpositus*） 44, 48
リュウキュウサンコウチョウ（*Terpsiphone atrocaudata illex*） 45
リュウキュウサンショウクイ（*Pericrocotus divaricatus tegimae*） 45
リュウキュウツバメ（*Hirundo tahitica namiyei*） 45
リュウキュウツミ（*Accipiter gularis iwasakii*） 3, 44
リュキュウアカショウビン（*Halcyon coromanda bangsi*） 45
ルリカケス（*Garrulus lidthi*） 3, 34, 44, 51
レンカク類 328

[わ行]
ワシカモメ *Larus glaucescens* 350
ワシタカ類 57, 65
ワシミミズク 3
ワタリガラス（*Corvus corax*） 354

著者一覧 (執筆順)

山岸　　哲 (やまぎし　さとし)

1939 年　長野県生まれ
1961 年　信州大学教育学部卒業
現在　(財)山階鳥類研究所所長，京都大学理学博士

山﨑　剛史 (やまさき　たけし)

1974 年　高知県生まれ
1998 年　京都大学理学部卒業
2004 年　京都大学大学院理学研究科博士後期課程修了
現在　(財)山階鳥類研究所研究員，理学博士

高木　昌興 (たかぎ　まさおき)

1967 年　東京都生まれ
1997 年　北海道大学大学院農学研究科博士後期課程修了
現在　大阪市立大学大学院理学研究科講師，博士 (農学)

浅井　芝樹 (あさい　しげき)

1973 年　兵庫県生まれ
1997 年　大阪市立大学理学部卒業
2002 年　京都大学大学院理学研究科博士後期過程修了
現在　財団法人山階鳥類研究所研究員，博士 (理学)

長谷川　博 (はせがわ　ひろし)

1948 年　静岡県生まれ
1976 年　京都大学大学院理学研究科博士課程単位取得退学
現在　東邦大学理学部教授 (生物学教室)

中村　浩志 (なかむら　ひろし)

1947 年　長野県生まれ
1969 年　信州大学教育学部卒業
1977 年　京都大学大学院理学研究科博士課程修了
現在　信州大学教育学部教授，理学博士

大迫　義人（おおさこ　よしと）

1957 年　鹿児島県生まれ
1982 年　京都大学理学部卒業
1991 年　大阪市立大学大学院理学研究科博士後期課程単位取得退学
現在　兵庫県立大学自然・環境科学研究所助教授／兵庫県立コウノトリの郷公園主任研究員，理学博士

村上　正志（むらかみ　まさし）

1970 年　京都府生まれ
1999 年　北海道大学大学院地球環境科学研究科後期博士課程修了
現在　北海道大学北方生物圏フィールド科学センター助手（苫小牧研究林）

平尾　聡秀（ひらお　としひで）

1980 年　東京生まれ
2003 年　帯広畜産大学畜産学部卒業
現在　北海道大学環境科学院博士後期課程在学中（苫小牧研究林）

金井　裕（かない　ゆたか）

1955 年　東京生まれ
1982 年　千葉大学大学院理学研究科修士課程（生態学専攻）修了
現在　財団法人日本野鳥の会自然保護室主任研究員

亀田佳代子（かめだ　かよこ）

1966 年　神奈川県生まれ
1996 年　京都大学大学院理学研究科博士後期課程修了
現在　滋賀県立琵琶湖博物館専門学芸員，博士（理学）

永田　尚志（ながた　ひさし）

1960 年　鹿児島県生まれ
1982 年　九州大学理学部卒業
1991 年　九州大学理学研究科後期博士課程修了
現在　独立行政法人国立環境研究所生物圏環境研究領域主任研究員，理学博士

山﨑　亨（やまざき　とおる）

1954 年　滋賀県生まれ
1977 年　鳥取大学卒業

現在　アジア猛禽類ネットワーク会長

尾崎　清明（おざき　きよあき）

1951 年　滋賀県生まれ
1976 年　東邦大学理学部卒
現在　（財）山階鳥類研究所標識研究室長

市橋　秀樹（いちはし　ひでき）

1958 年　東京生まれ
1991 年　愛媛大学大学院連合農学研究科後期博士課程修了
現在　独立行政法人水産総合研究センター瀬戸内海区水産研究所主任研究員，農学博士（愛媛大学）

高崎　智彦（たかさき　ともひこ）

1957 年　兵庫県生まれ
1982 年　大阪医科大学医学部卒業
現在　国立感染症研究所室長，医学博士

伊藤美佳子（いとう　みかこ）

1973 年　神奈川県生まれ
1998 年　日本大学農獣医学部卒業
2002 年　日本大学大学院獣医学研究科博士課程終了
現在　国立感染症研究所主任研究官，獣医学博士

岡　奈理子（おか　なりこ）

山口県生まれ
早稲田大学卒業
現在　（財）山階鳥類研究所鳥学研究室長，東京農業大学客員教授，北海道大学水産学博士

松原　始（まつばら　はじめ）

1969 年　奈良県生まれ
2003 年　京都大学理学研究科後期博士課程修了
現在　京都大学大学院理学研究科研究員，理学博士

保全鳥類学
　　　　　Ⓒ S. Yamagishi, Yamashina Institute for Ornithology　2007

2007年3月25日　初版第一刷発行

　　　　　　　　　監　修　　山　岸　　　哲
　　　　　　　　　編　者　　(財)山階鳥類研究所
　　　　　　　　　発行人　　本　山　美　彦
　　　　発行所　京都大学学術出版会
　　　　　　　　　京都市左京区吉田河原町 15-9
　　　　　　　　　京　大　会　館　内　(〒 606-8305)
　　　　　　　　　電　話（075）761 - 6182
　　　　　　　　　F A X（075）761 - 6190
　　　　　　　　　U R L　http://www.kyoto-up.or.jp
　　　　　　　　　振　替　01000 - 8 - 64677

ISBN 978-4-87698-703-0　　　印刷・製本　㈱クイックス東京
Printed in Japan　　　　　　　定価はカバーに表示してあります